No. 5

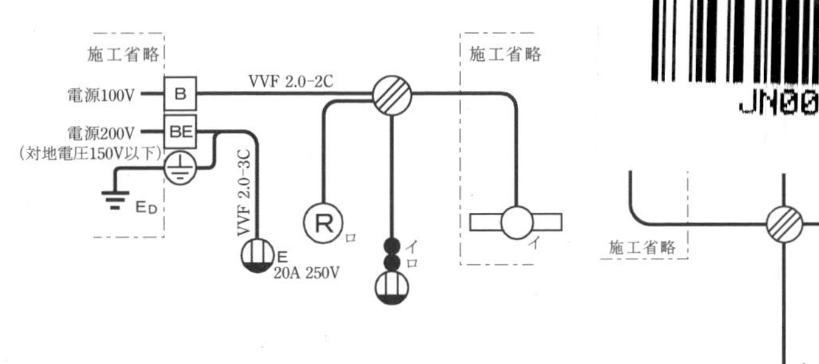

No. 7

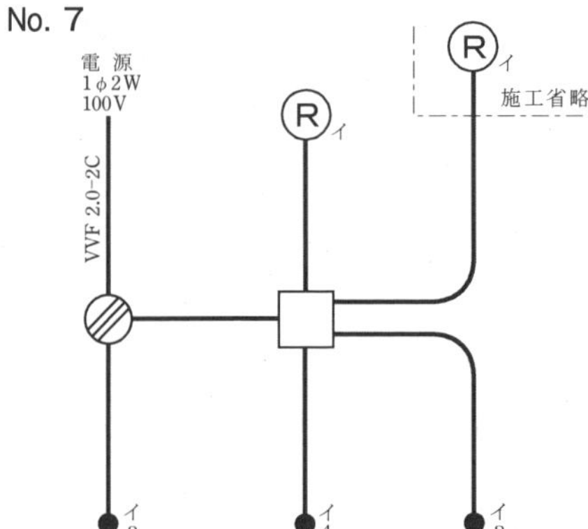

No. 8

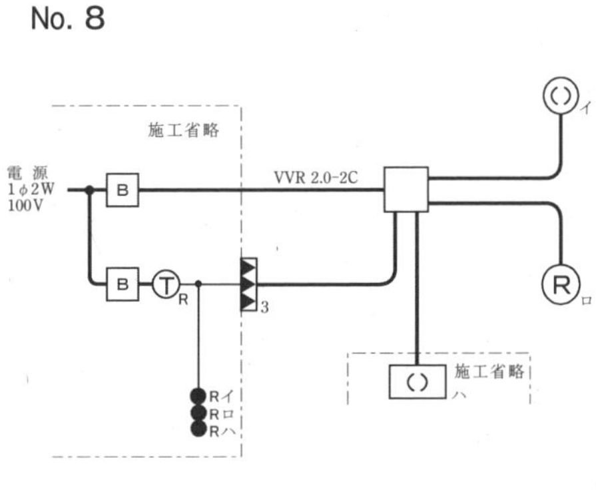

No. 9

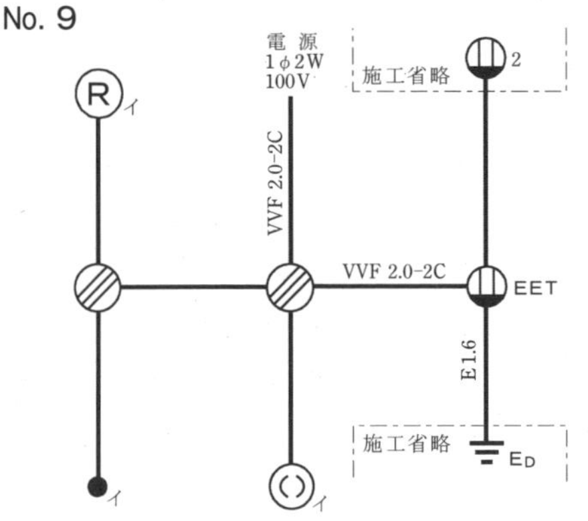

No. 10

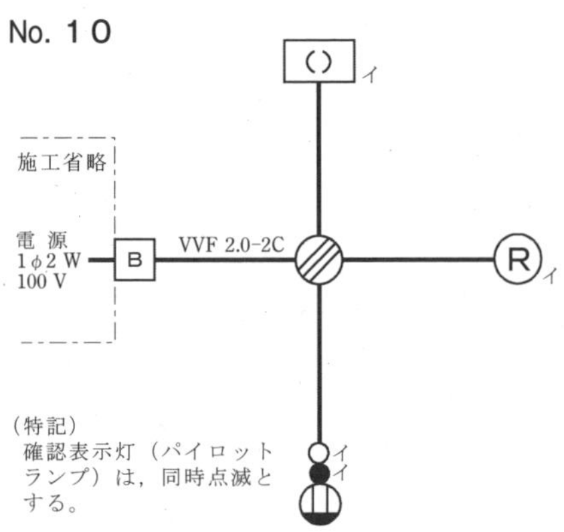

No. 11

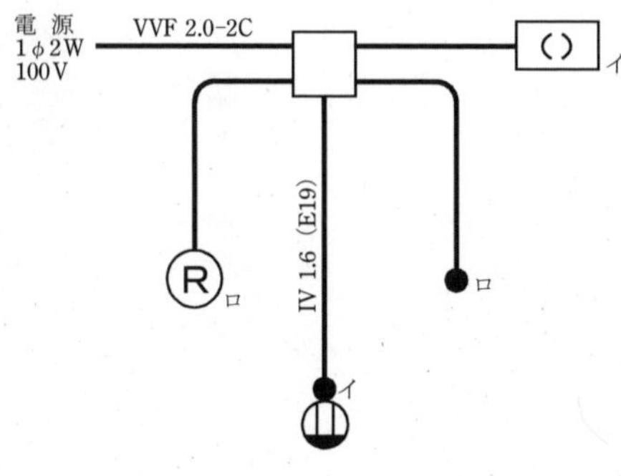

No. 12

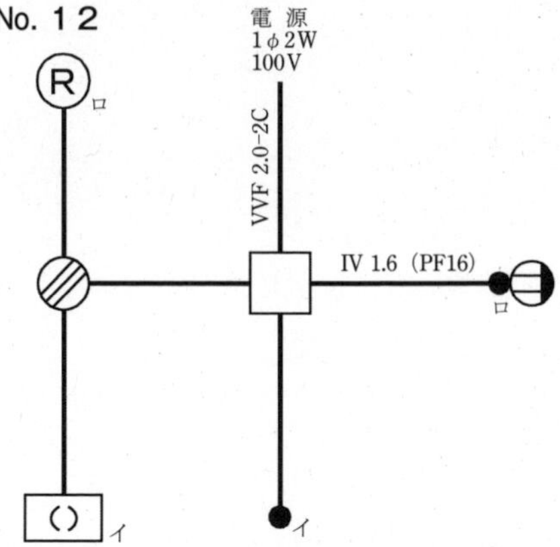

No. 13

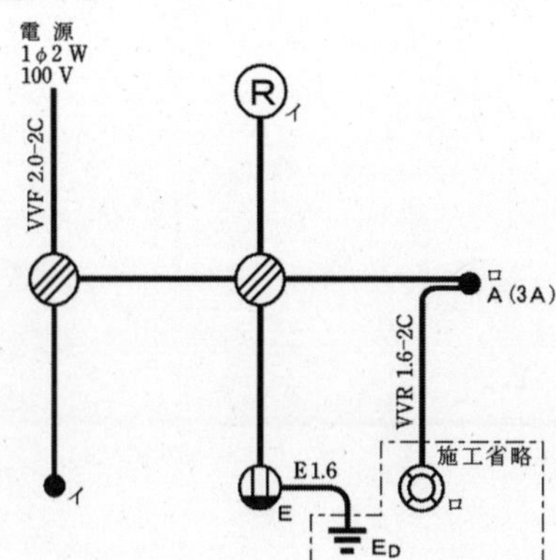

みんなが欲しかった！

第二種 電気工事士 技能試験の完全攻略

TAC出版開発グループ 編著

本書の特長と使い方

1　過去の技能試験を徹底分析した紙面構成

本書は，第二種電気工事士試験の過去の技能試験を徹底的に分析し，短期間で合格するために必要な技能を養うために，効率的に学習できるように配列しています。

◎本書の構成

■ CHAPTER 01　オリエンテーション

■ CHAPTER 02　単位作業

■ CHAPTER 03　複線図の描き方

■ CHAPTER 04　公表問題の解答と解説

この2つを早くマスターして，CHAPTER 04 の学習に時間をとりましょう。

制限時間内に作成できるまで繰り返し学習しましょう。わからないところは CH02，CH03 に戻りましょう。

2　CHAPTER 01　オリエンテーションで準備万端

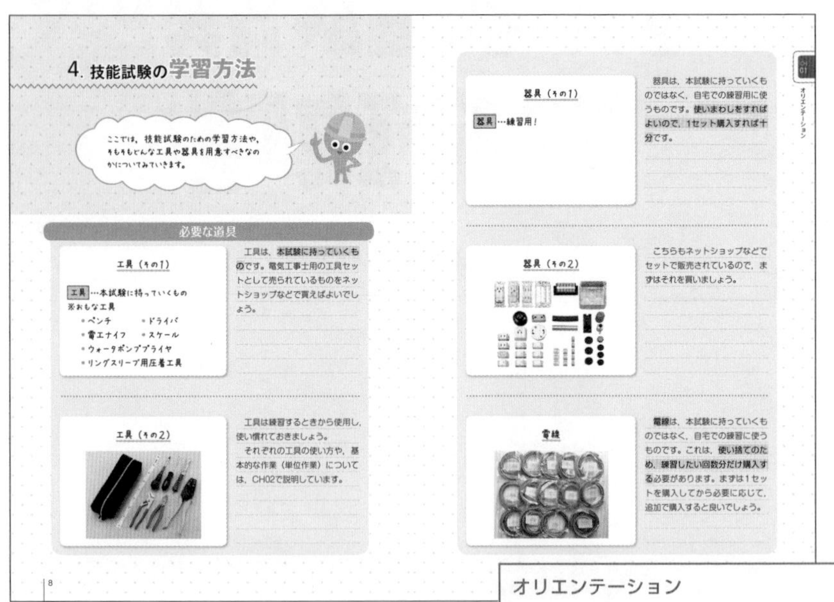

4. 技能試験の学習方法

ここでは，技能試験のための学習方法や，そもそもどんな工具や器具を用意すべきなのかについてみていきます。

必要な道具

工具（その1）

工具…本試験に持っていくもの
※おもな工具
・ペンチ　・ドライバ
・電工ナイフ　・スケール
・ウォータポンププライヤ
・リングスリーブ用圧着工具

工具は，本試験に持っていくものです。電気工事士用の工具セットとして売られているものをネットショップなどで買えばよいでしょう。

工具（その2）

工具は練習するときから使用し，使い慣れておきましょう。
それぞれの工具の使い方や，基本的な作業（単位作業）については，CH02で説明しています。

器具（その1）

器具…練習用！

器具は，本試験に持っていくものではなく，自宅での練習用に使うものです。使いまわしをすればよいので，1セット購入すれば十分です。

器具（その2）

こちらもネットショップなどでセットで販売されているので，まずはそれを買いましょう。

電線

電線は，本試験に持っていくものではなく，自宅での練習に使うものです。これは，使い捨てのため，練習したい回数分だけ購入する必要があります。まずは1セットを購入してから必要に応じて，追加で購入すると良いでしょう。

8

オリエンテーション
そもそもどんな道具を用意すればよいの？など初めて受験する人が気になるポイントをまとめました。

3 CHAPTER 02とCHAPTER 03で必要な技能を養おう

■ CHAPTER 02 単位作業

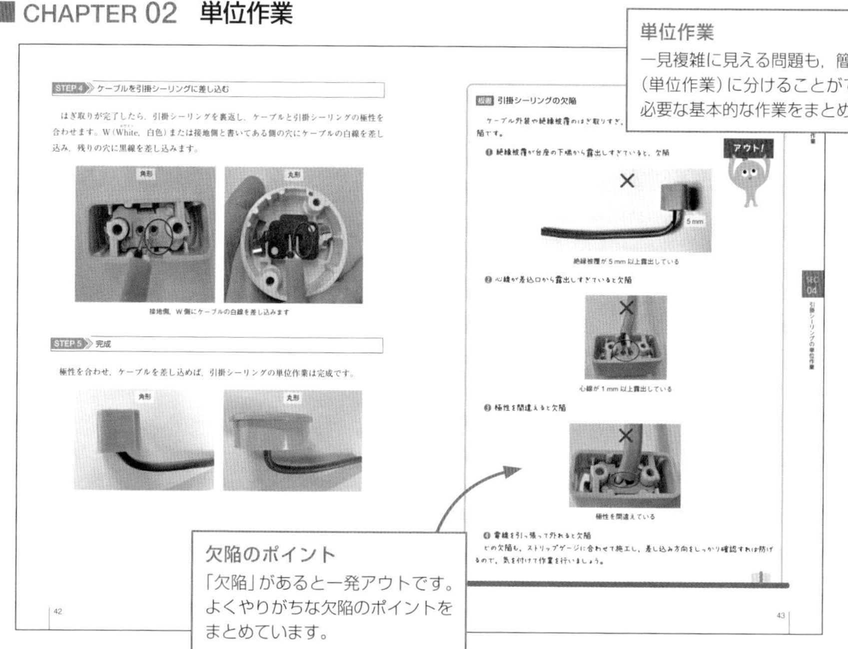

STEP 4 ケーブルを引掛シーリングに差し込む

はぎ取りが完了したら，引掛シーリングを裏返し，ケーブルと引掛シーリングの極性を合わせます。W（White，白色）または接地側と書いてある側の穴にケーブルの白線を差し込み，残りの穴に黒線を差し込みます。

接地側，W側にケーブルの白線を差し込みます

STEP 5 完成

極性を合わせ，ケーブルを差し込めば，引掛シーリングの単位作業は完成です。

欠陥 引掛シーリングの欠陥

ケーブル外装や絶縁被覆のはぎ取りすぎ，…陥です。

❶ 絶縁被覆が台座の下端から露出しすぎていると，欠陥

絶縁被覆が5 mm以上露出している

❷ 心線が差込口から露出しすぎていると欠陥

心線が1 mm以上露出している

❸ 極性を間違えると欠陥

極性を間違えている

❹ 電線を引っ張って外れると欠陥

どの欠陥も，ストリップゲージに合わせて施工し，差し込み方向をしっかり確認すれば防げるので，気を付けて作業を行いましょう。

42　43

単位作業
一見複雑に見える問題も，簡単な作業（単位作業）に分けることができます。必要な基本的な作業をまとめました。

欠陥のポイント
「欠陥」があると一発アウトです。よくやりがちな欠陥のポイントをまとめています。

■ CHAPTER 03 複線図の描き方

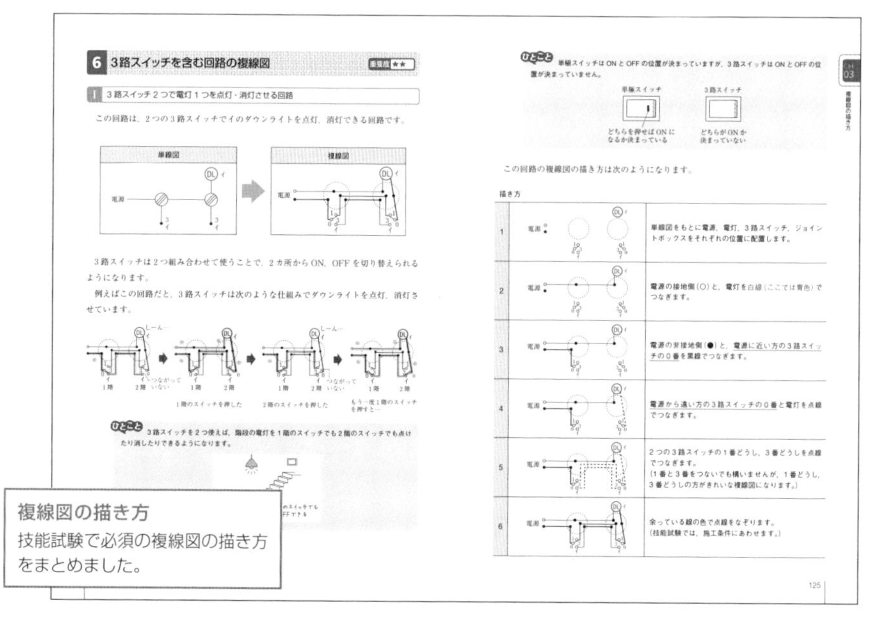

6 3路スイッチを含む回路の複線図 重要度★★

1 3路スイッチ2つで電灯1つを点灯・消灯させる回路

この回路は，2つの3路スイッチでイのダウンライトを点灯，消灯できる回路です。

3路スイッチは2つ組み合わせて使うことで，2カ所からON，OFFを切り替えられるようになります。

例えばこの回路だと，3路スイッチは次のような仕組みでダウンライトを点灯，消灯させています。

ひとこと 3路スイッチを2つ使えば，階段の電灯を1階のスイッチでも2階のスイッチでも点けたり消したりできるようになります。

ひとこと 単極スイッチはONとOFFの位置が決まっていますが，3路スイッチはONとOFFの位置が決まっていません。

この回路の複線図の描き方は次のようになります。

描き方

1		単線図をもとに電源，電灯，3路スイッチ，ジョイントボックスをそれぞれの位置に配置します。
2		電源の接地側（○）と，電灯を白線（ここでは青色）でつなぎます。
3		電源の非接地側（●）と，電源に近い方の3路スイッチの0番を黒線でつなぎます。
4		電源から遠い方の3路スイッチの0番と電灯を点線でつなぎます。
5		2つの3路スイッチの1番どうし，3番どうしを点線でつなぎます。（1番と3番をつないでも構いませんが，1番どうし，3番どうしの方がきれいな複線図になります。）
6		余っている線の色で点線をなぞります。（技能試験では，施工条件にあわせます。）

125

複線図の描き方
技能試験で必須の複線図の描き方をまとめました。

4　公表問題の解答と解説で作品をつくってみよう！

本書のCHAPTER 04では，なるべく見ながら作品を作成できるように詳しく説明しています。

まずは，読みながらまねをし，慣れてきたら問題文を読みながら複線図を自分で描き，作品をつくってみましょう。

◎想定問題文

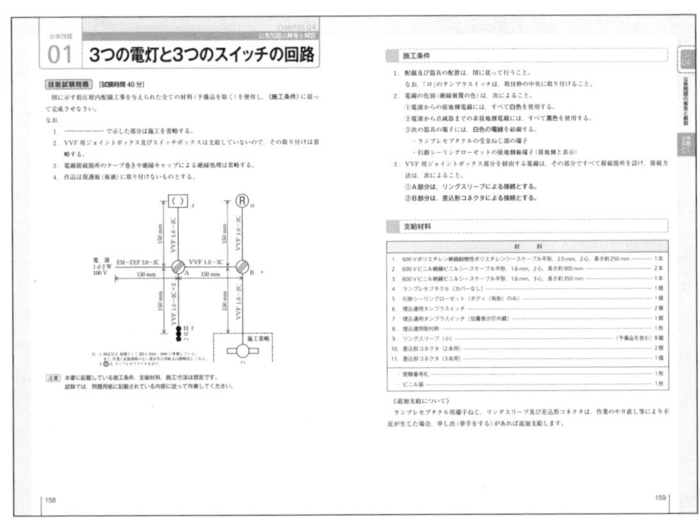

CHAPTER 04

公表問題の解答と解説

公表問題 01　3つの電灯と3つのスイッチの回路

技能試験問題　[試験時間40分]

図に示す低圧屋内配線工事を与えられた全ての材料（予備品を除く）を使用し，〈施工条件〉に従って完成させなさい。

なお，

1. ------------ で示した部分は施工を省略する。
2. VVF用ジョイントボックス及びスイッチボックスは支給していないので，その取り付けは省略する。
3. 電線接続箇所のテープ巻きや絶縁キャップによる絶縁処理は省略する。
4. 作品は保護板（板紙）に取り付けないものとする。

注意　本書に記載している施工条件，支給材料，施工寸法は想定です。試験では，問題用紙に記載されている内容に従って作業してください。

施工条件

1. 配線及び器具の配置は，図に従って行うこと。なお，「ロ」のタンブラスイッチは，取付枠の中央に取り付けること。
2. 電線の色別（絶縁被覆の色）は，次によること。
   ①電源からの接地側電線には，すべて白色を使用する。
   ②電源から点滅器までの非接地側電線には，すべて黒色を使用する。
   ③次の器具の端子には，白色の電線を結線する。
   ・ランプレセプタクルの受金ねじ部の端子
   ・引掛シーリングローゼットの接地側極端子（接地側と表示）
3. VVF用ジョイントボックス部分を経由する電線は，その部分ですべて接続箇所を設け，接続方法は，次によること。
   ①A部分は，リングスリーブによる接続とする。
   ②B部分は，差込形コネクタによる接続とする。

支給材料

材料	
1. 600Vポリエチレン絶縁耐燃性ポリエチレンシースケーブル平形，2.0 mm，2心，長さ約250 mm	1本
2. 600Vビニル絶縁ビニルシースケーブル平形，1.6 mm，2心，長さ約900 mm	2本
3. 600Vビニル絶縁ビニルシースケーブル平形，1.6 mm，3心，長さ約350 mm	1本
4. ランプレセプタクル（カバーなし）	1個
5. 引掛シーリングローゼット（ボディ（角形）のみ）	1個
6. 埋込連用タンブラスイッチ	2個
7. 埋込連用タンブラスイッチ（位置表示灯内蔵）	1個
8. 埋込連用取付枠	1枚
9. リングスリーブ（小）	（予備品を含む）8個
10. 差込形コネクタ（2本用）	2個
11. 差込形コネクタ（3本用）	1個
・受験番号札	1枚
・ビニル袋	1枚

〈追加支給について〉

ランプレセプタクル用端子ねじ，リングスリーブ及び差込形コネクタは，作業のやり直し等により不足が生じた場合，申し出（挙手をする）があれば追加支給します。

158　159

◎使用する材料

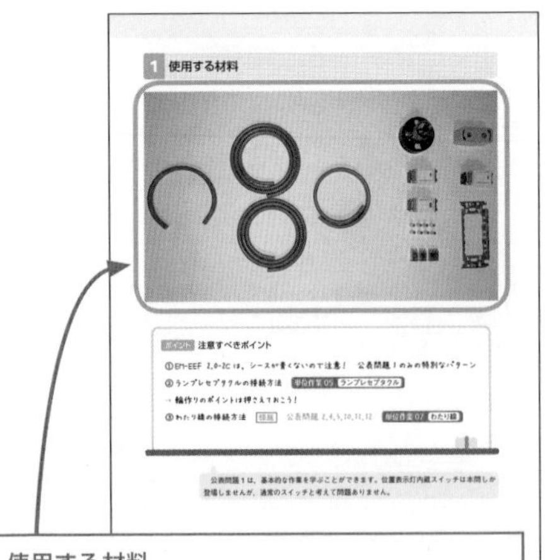

使用する材料
問題文に書かれている「支給材料」から使用する材料を写真で示しています。まずはこれを準備しましょう。

◎作成手順の概要

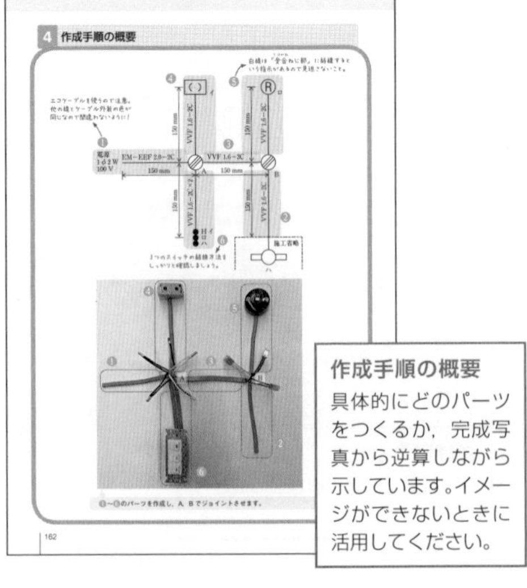

作成手順の概要
具体的にどのパーツをつくるか，完成写真から逆算しながら示しています。イメージができないときに活用してください。

◎作成の手順

作成の手順をわかりやすく示しています。単位作業については，参照ページをつけていますので，わからない作業が出てきたら，確認しましょう。

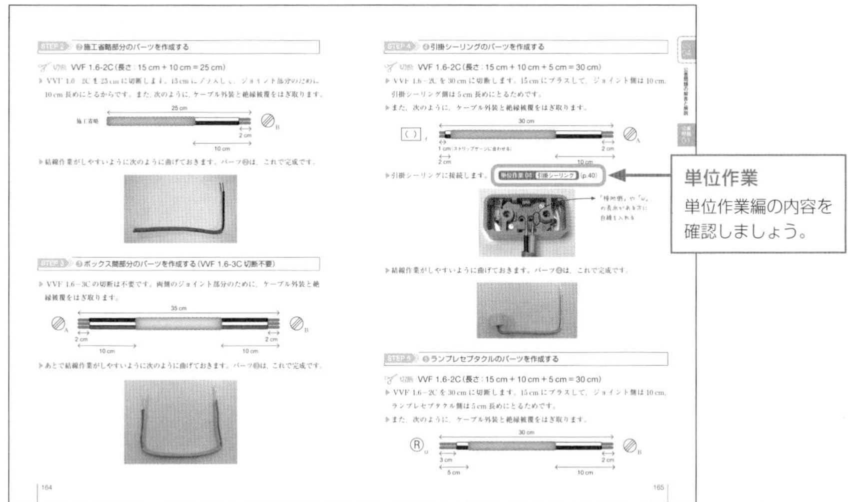

STEP 2 ❷施工省略部分のパーツを作成する

切断 VVF 1.6-2C（長さ：15 cm + 10 cm = 25 cm）

▶ VVF 1.6−2C を 25 cm に切断します。15 cm にプラスして，ジョイント部分のために 10 cm 長めにとるからです。また，次のように，ケーブル外装と絶縁被覆をはぎ取ります。

▶ 結線作業がしやすいように次のように曲げておきます。パーツ❷は，これで完成です。

STEP 3 ❸ボックス間部分のパーツを作成する（VVF 1.6-3C 切断不要）

▶ VVF 1.6−3C の切断は不要です。両側のジョイント部分のために，ケーブル外装と絶縁被覆をはぎ取ります。

▶ あとで結線作業がしやすいように次のように曲げておきます。パーツ❸は，これで完成です。

164

STEP 4 ❹引掛シーリングのパーツを作成する

切断 VVF 1.6-2C（長さ：15 cm + 10 cm + 5 cm = 30 cm）

▶ VVF 1.6−2C を 30 cm に切断します。15 cm にプラスして，ジョイント側は 10 cm，引掛シーリング側は 5 cm 長めにとるためです。

▶ また，次のように，ケーブル外装と絶縁被覆をはぎ取ります。

▶ 引掛シーリングに接続します。 単位作業 04 引掛シーリング (p.40)

▶ 結線作業がしやすいように曲げておきます。パーツ❹は，これで完成です。

STEP 5 ❺ランプレセプタクルのパーツを作成する

切断 VVF 1.6-2C（長さ：15 cm + 10 cm + 5 cm = 30 cm）

▶ VVF 1.6−2C を 30 cm に切断します。15 cm にプラスして，ジョイント側は 10 cm，ランプレセプタクル側は 5 cm 長めにとるためです。

▶ また，次のように，ケーブル外装と絶縁被覆をはぎ取ります。

165

5　作業に慣れてきたら…

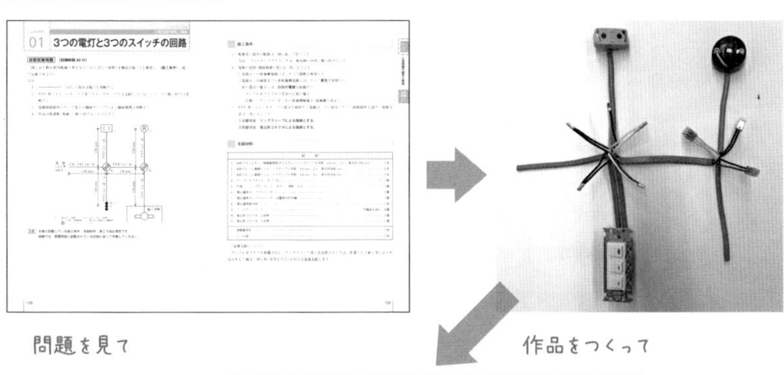

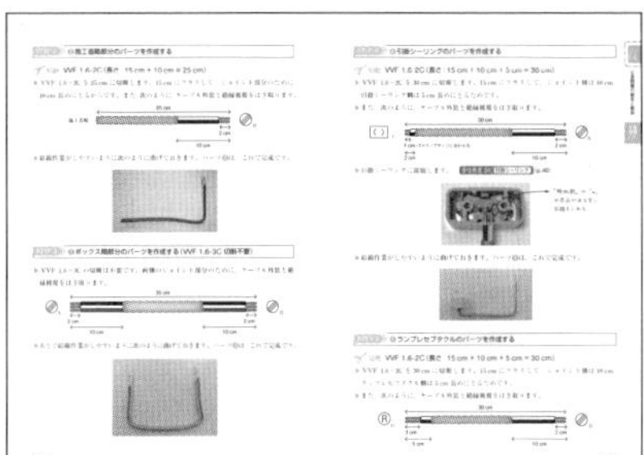

慣れてきたら，問題文を見て，「支給材料」をもとに材料を用意し，複線図を自分で描き作品をつくってみましょう。

解答・解説で確認

目次 Contents

CHAPTER 03 複線図の描き方

CHAPTER 04 公表問題の解答と解説

※CHAPTER 04 では過去の試験問題などをもとに，施工条件，支給材料，施工寸法を想定しています。実際の本試験では，問題用紙に記載されている内容に従って作業してください。

今年の公表問題 13 問と完成写真はこれ！

公表問題 01

配線図（単線図）

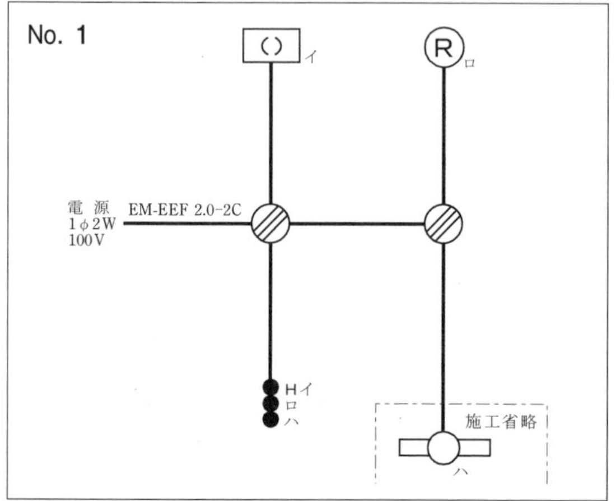

完成写真

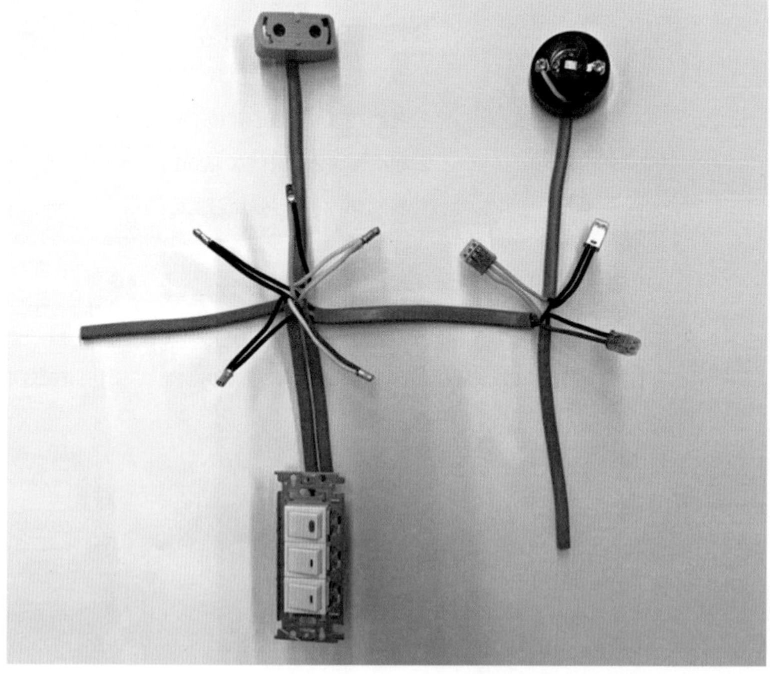

➡想定問題文と解答・解説は p.158

公表問題 02

配線図（単線図）

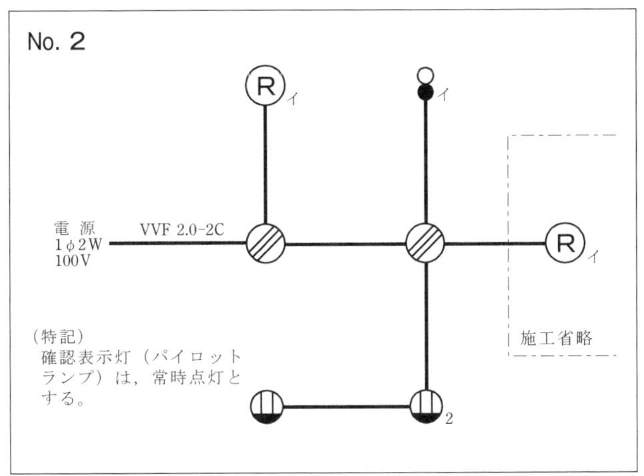

完成写真

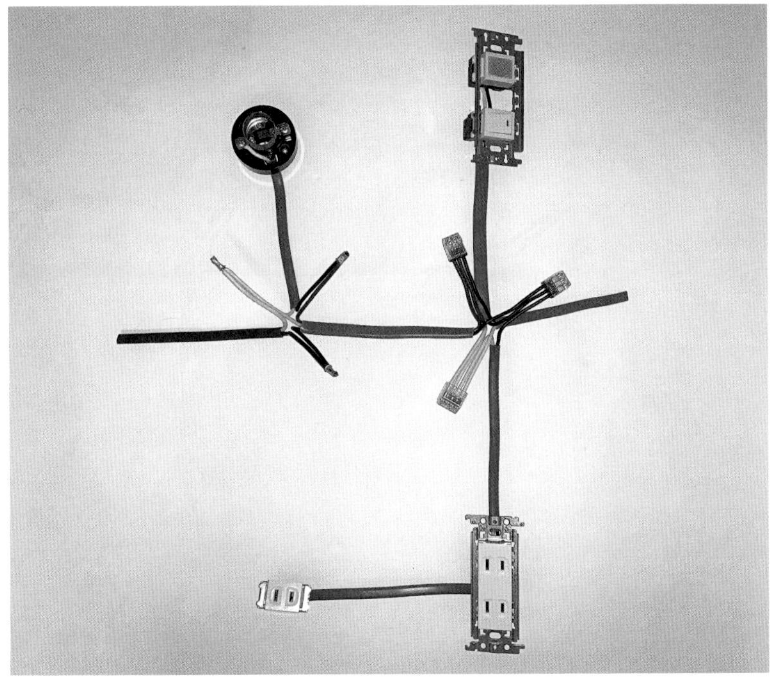

➡想定問題文と解答・解説は p.172

公表問題 03

配線図（単線図）

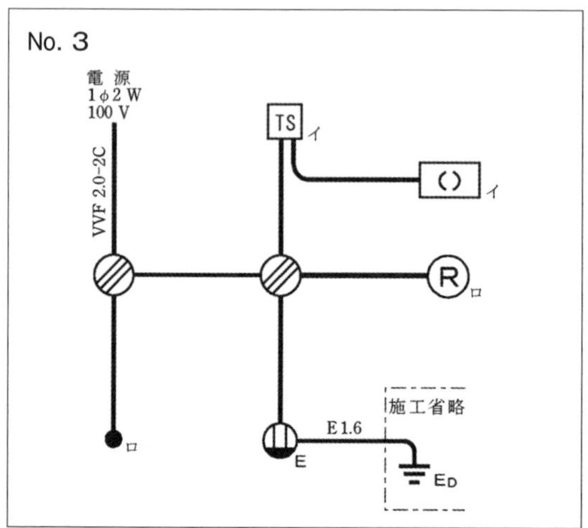

完成写真

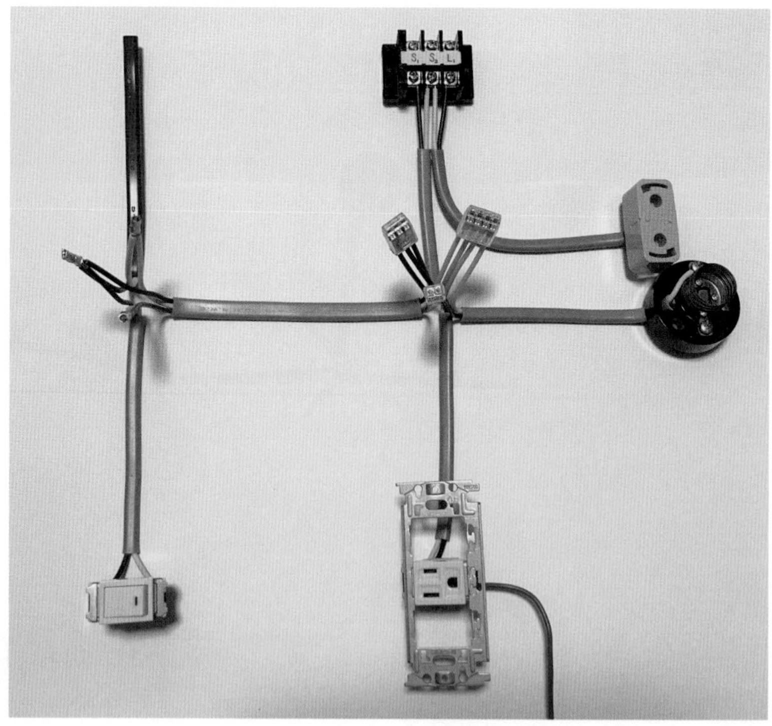

➡想定問題文と解答・解説は p.188

公表問題 04

配線図（単線図）

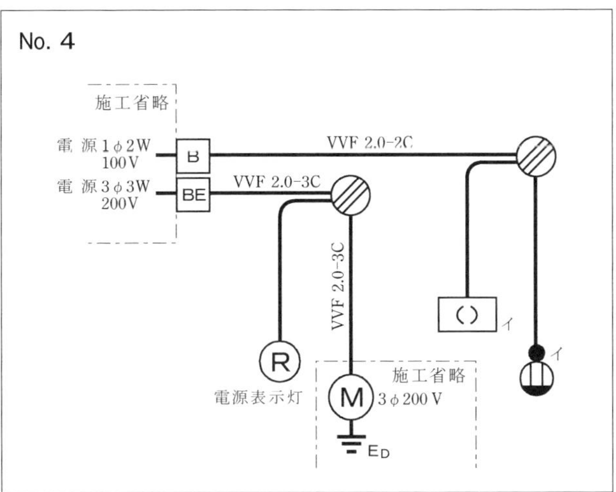

完成写真

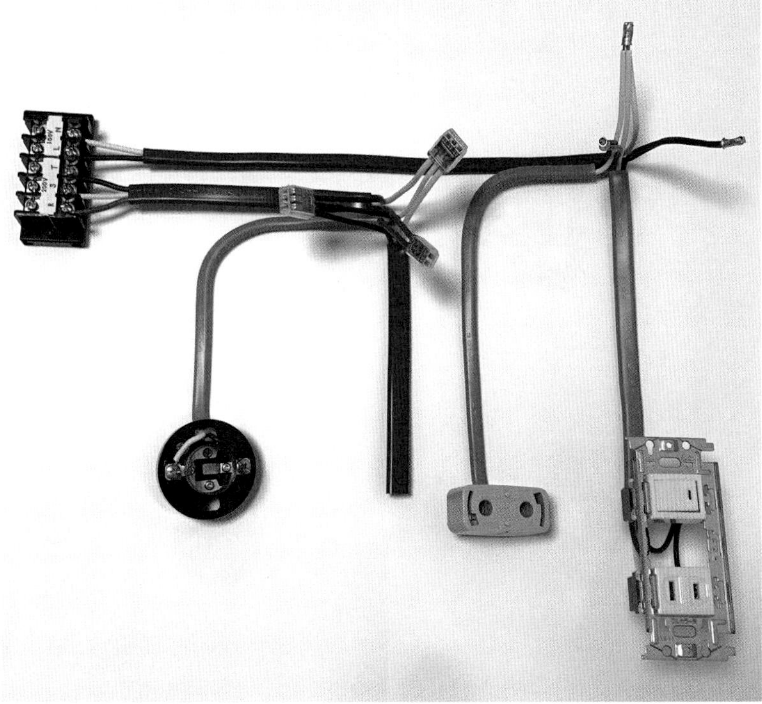

➡想定問題文と解答・解説は p.204

公表問題 05

配線図（単線図）

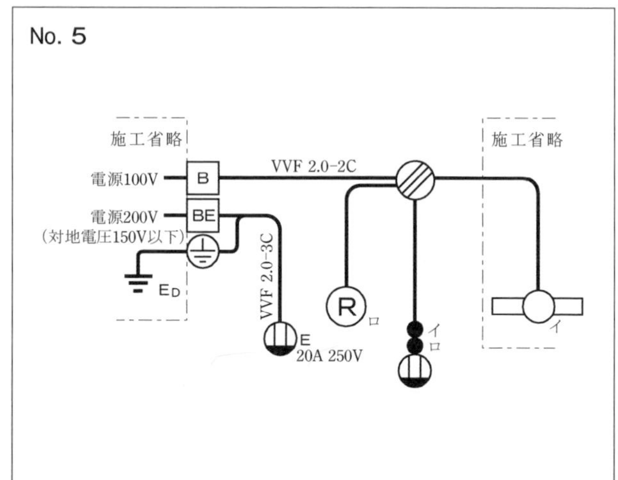

完成写真

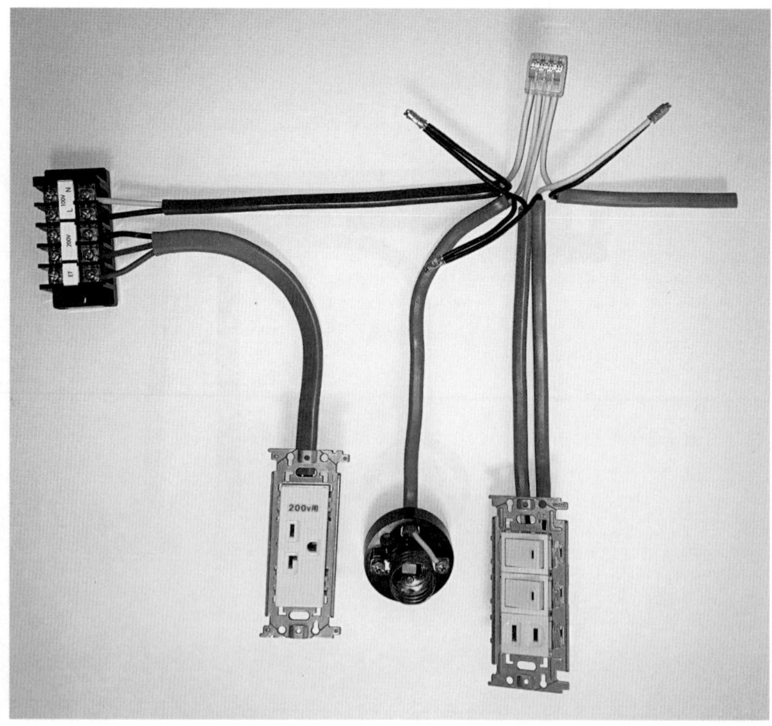

➡想定問題文と解答・解説は p.220

公表問題 06

配線図（単線図）

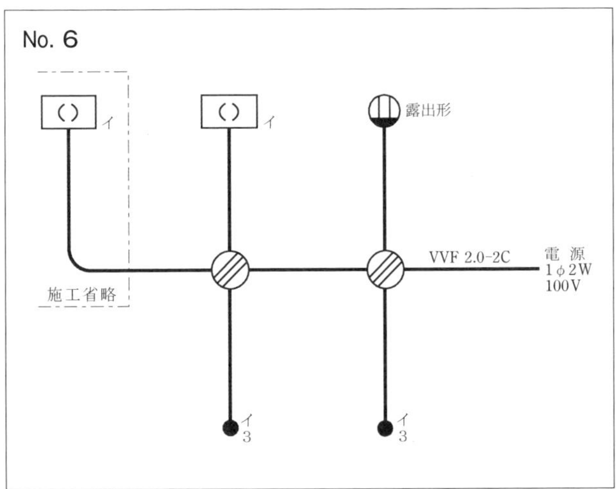

完成写真

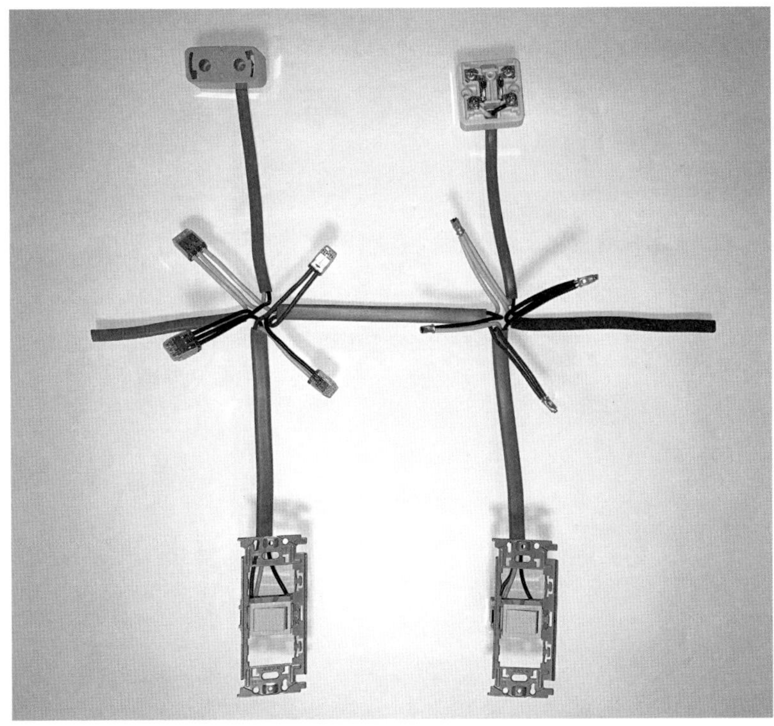

➡想定問題文と解答・解説は p.232

公表問題07

配線図（単線図）

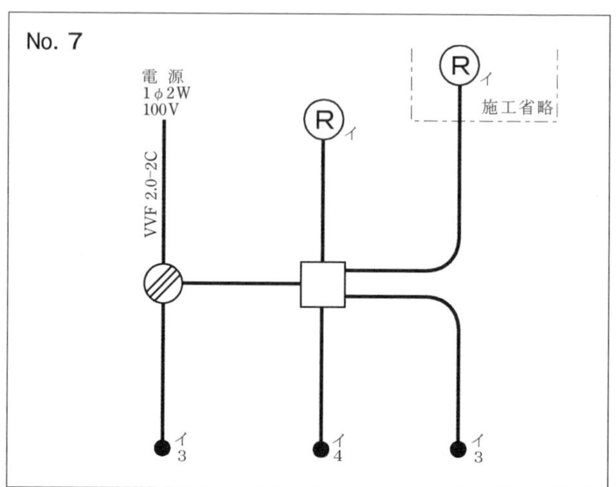

完成写真

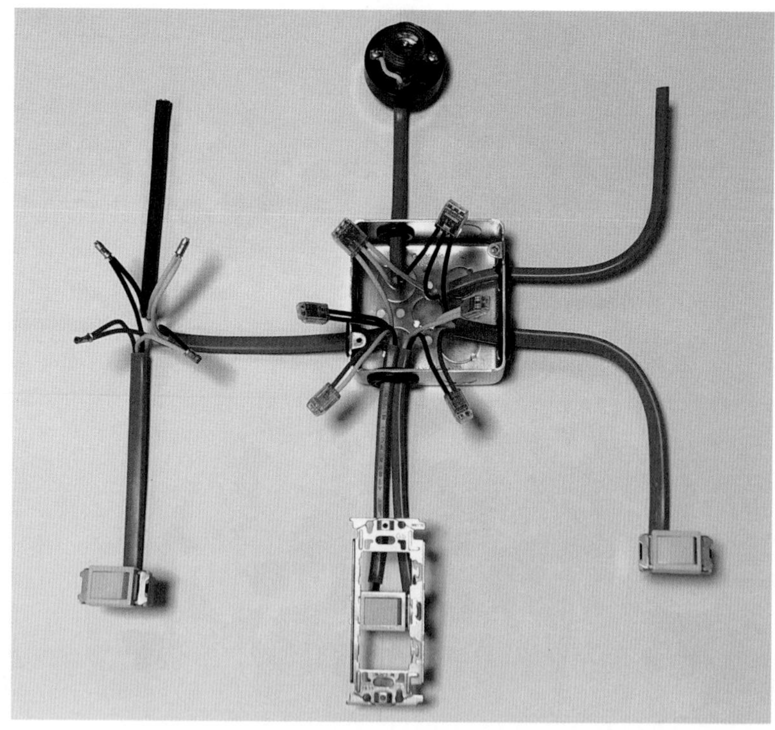

➡想定問題文と解答・解説は p.246

公表問題 08

配線図（単線図）

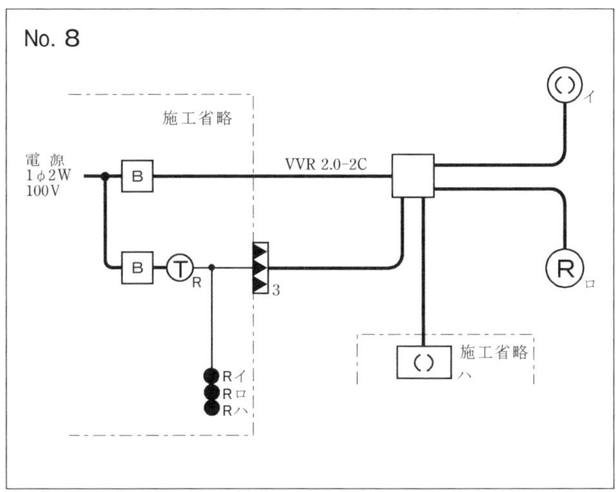

完成写真

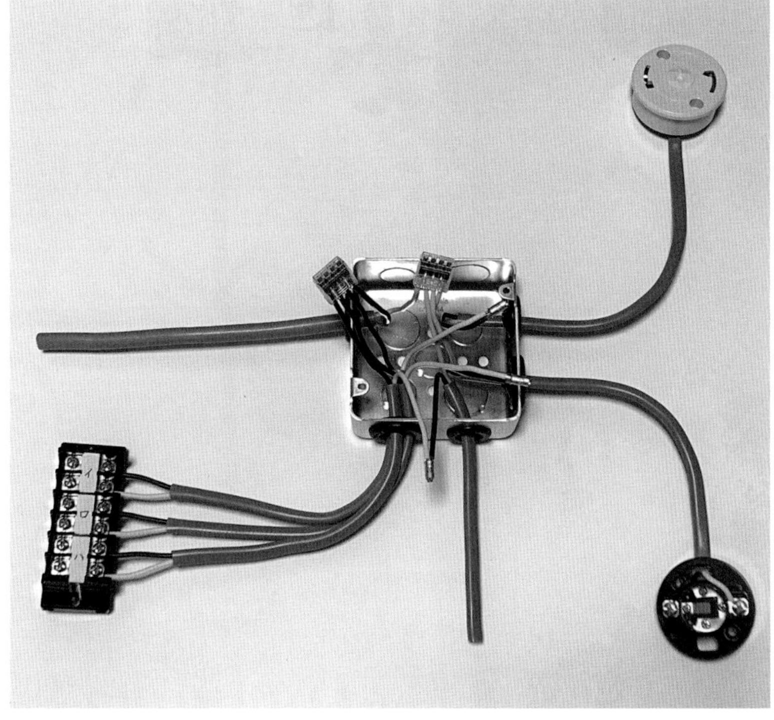

➡想定問題文と解答・解説は p.260

公表問題 09

配線図（単線図）

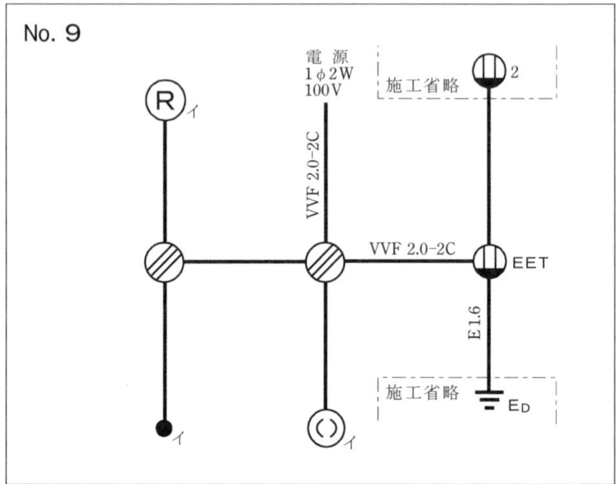

完成写真

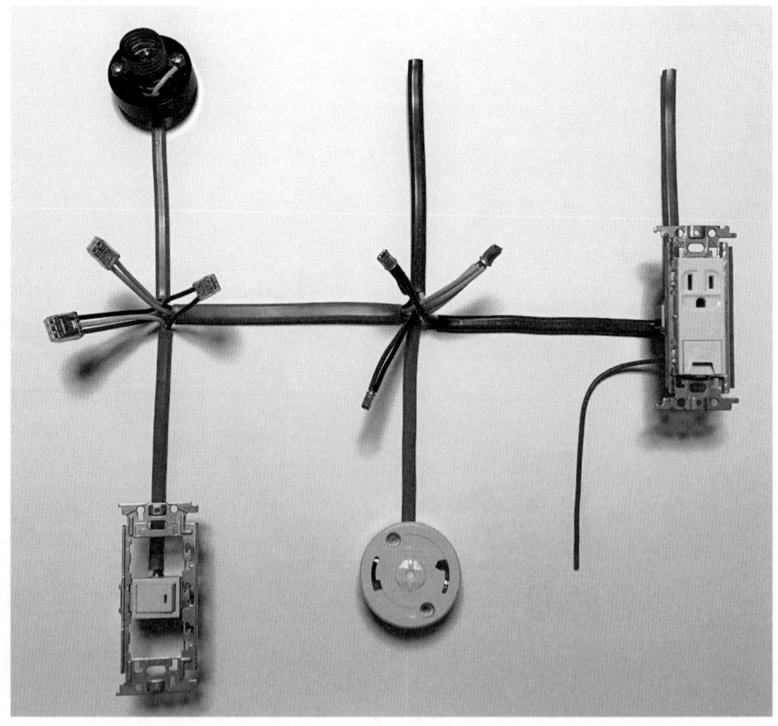

➡想定問題文と解答・解説は p.272

公表問題 10

配線図（単線図）

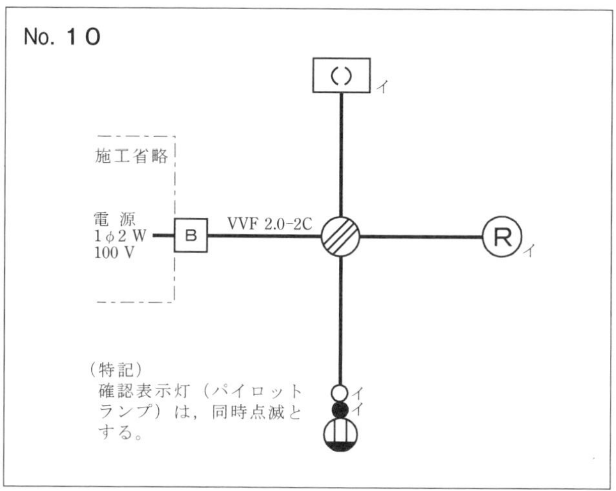

完成写真

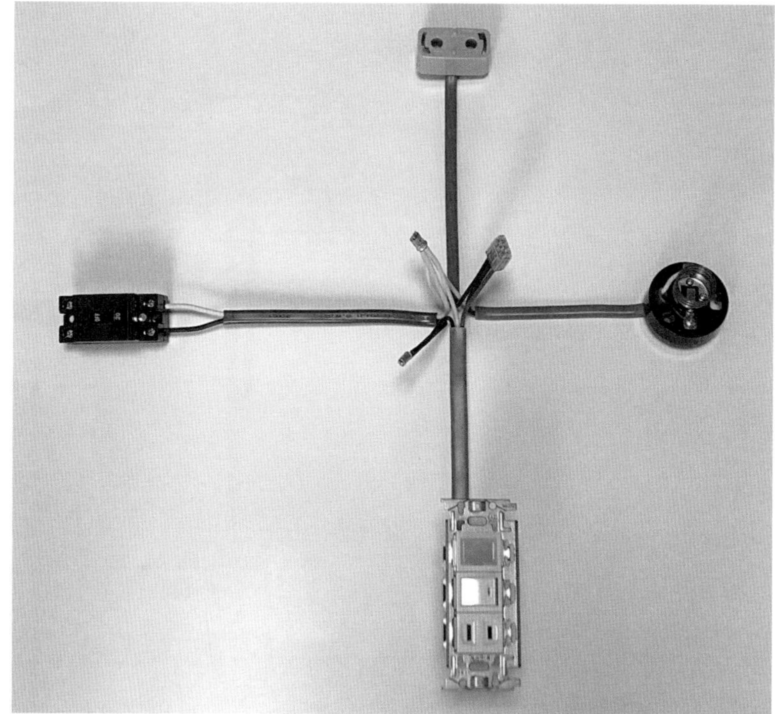

➡想定問題文と解答・解説は p.286

公表問題 11

配線図（単線図）

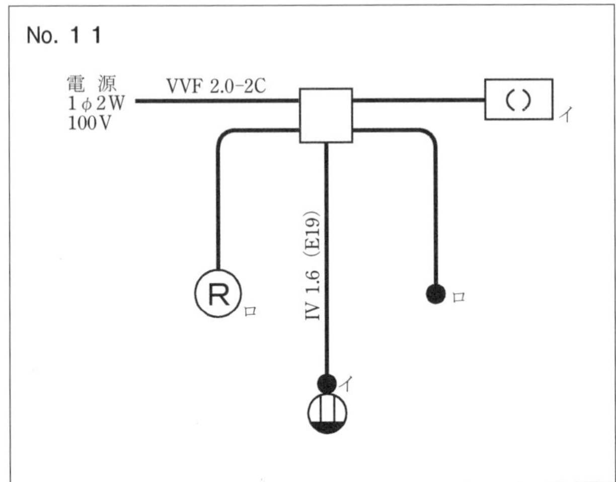

完成写真

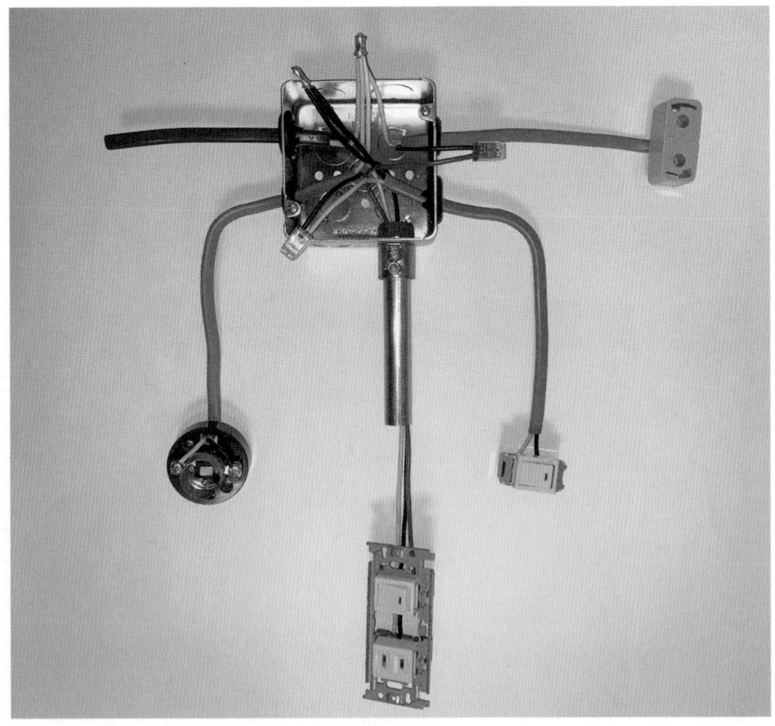

➡想定問題文と解答・解説は p.300

公表問題 12

配線図（単線図）

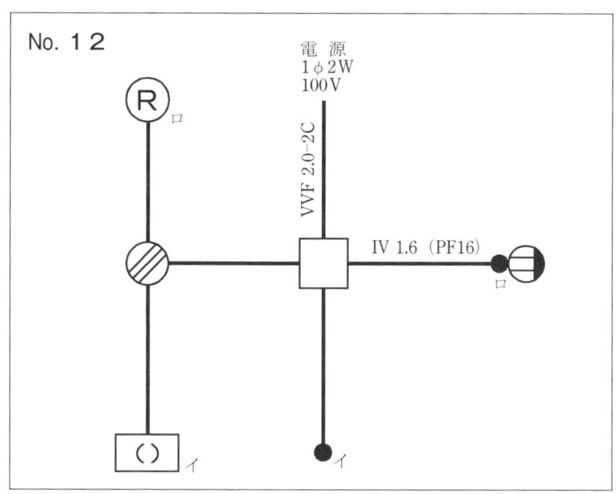

完成写真

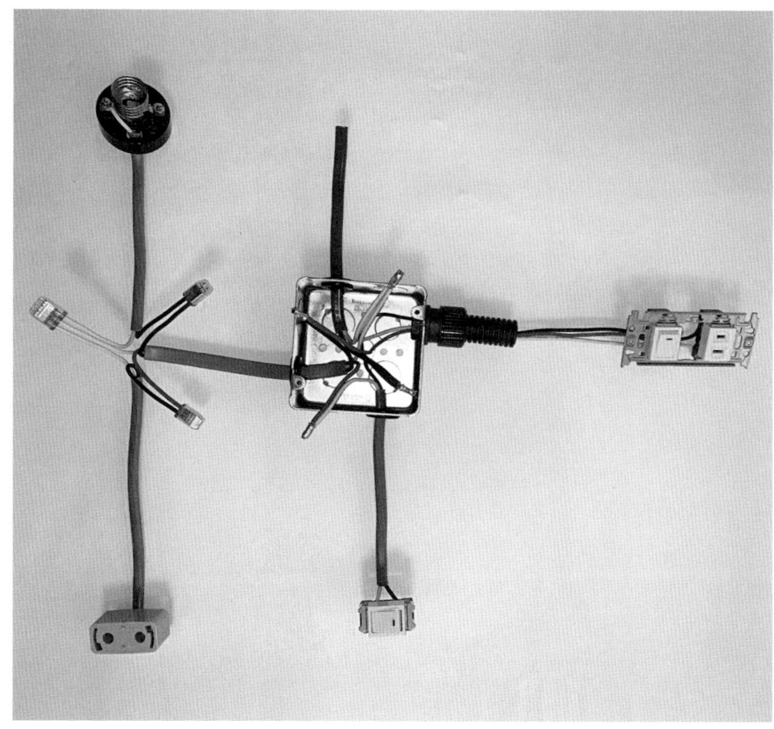

➡想定問題文と解答・解説は p.316

公表問題 13

配線図（単線図）

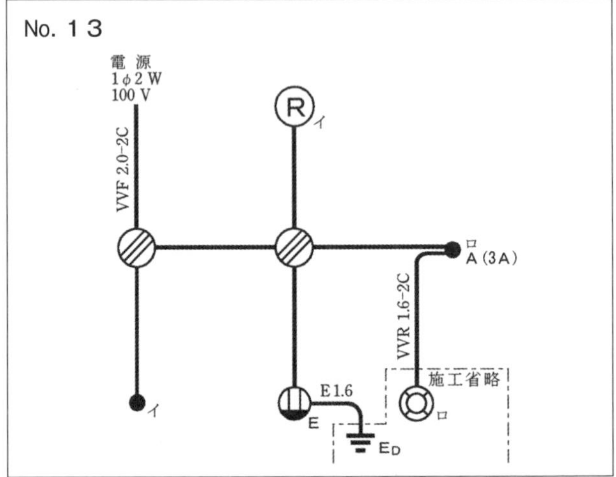

完成写真

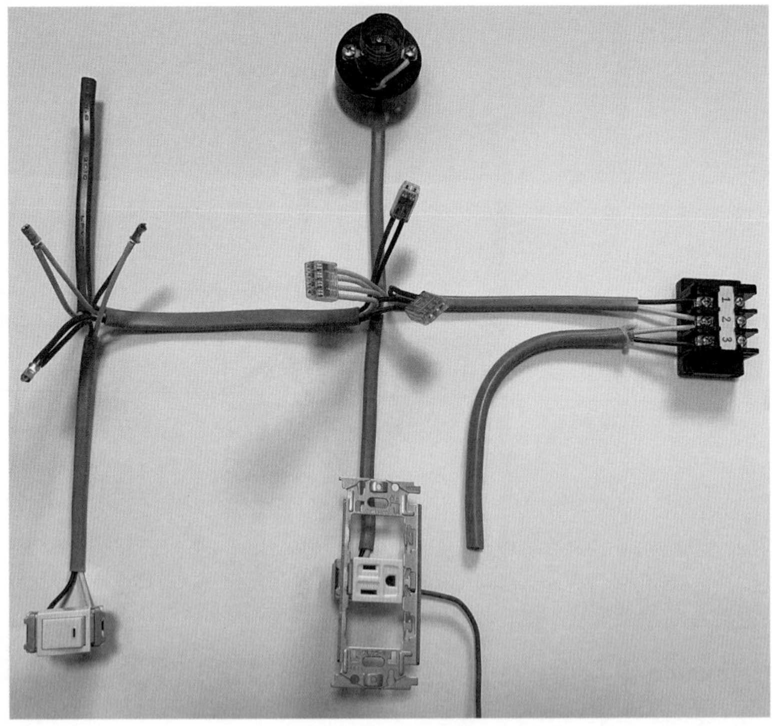

➡想定問題文と解答・解説は p.332

CHAPTER 01
オリエンテーション

1. 電気工事士になるまで

電気工事は一定の資格のある人でなければ行ってはならないと定められています。
その資格のある人を電気工事士といい，第一種と第二種があります。
ここでは，試験に合格し，第二種電気工事士になるまでの流れを紹介します。

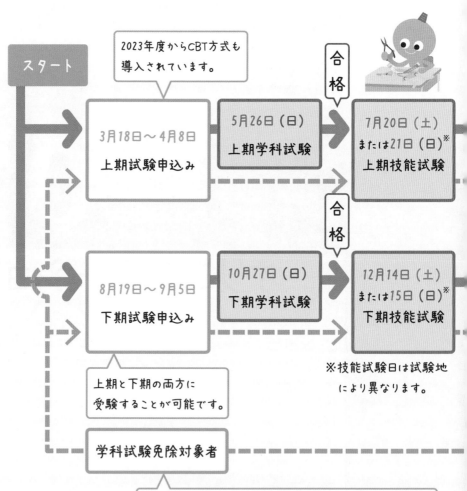

スタート

2023年度からCBT方式も導入されています。

3月18日～4月8日
上期試験申込み

5月26日（日）
上期学科試験

合格

7月20日（土）または21日（日）※
上期技能試験

合格

8月19日～9月5日
下期試験申込み

10月27日（日）
下期学科試験

12月14日（土）または15日（日）※
下期技能試験

※技能試験日は試験地により異なります。

上期と下期の両方に受験することが可能です。

学科試験免除対象者

学科試験に合格し，技能試験に合格できなかった場合，その次の回の学科試験の受験は免除されます。

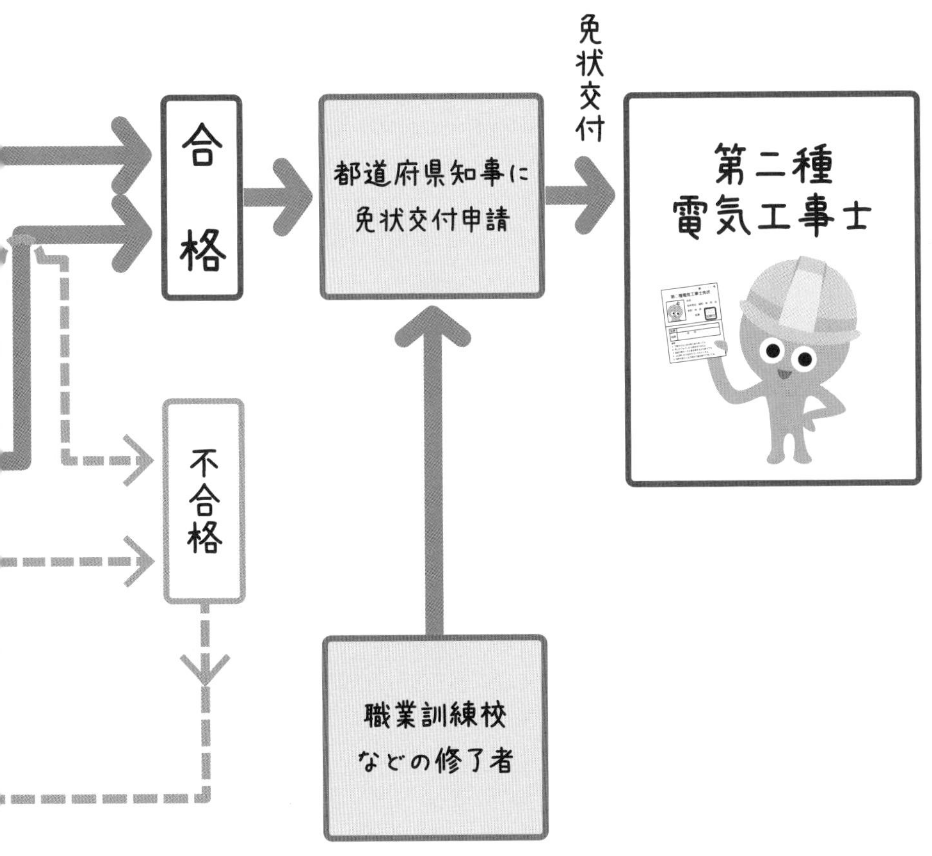

※日程は2024年度のものです（出版時のデータ）

2. 電気工事士とは?

まずは，電気工事士とはどういう仕事をする
資格なのかについてみていきましょう。

電気工事士とは?

わたしたちの身のまわりには，電気を使う製品が多くあります。家電だけでなく，住宅やビル，商店などさまざまな場面で電気を使います。その工事を担うのが電気工事士です。

電気工事って?

たとえば…
- 高い電圧が必要な機器に電線をつなげる
- コンセントを取り付ける

ビルや工場，一般の住宅などにある電気設備の工事は，危険をともなうので，一定の資格のある人でなければ，電気工事を行ってはならないと定められています。

第二種と第一種

- 第二種 …電圧が600V以下の電気工事
  → 一般住宅や小規模の店舗など
- 第一種 …最大電力が500kW未満の電気工事
  → ビルや工場，大規模な店舗など

電気工事士は，第一種と第二種に分かれます。第二種では，一般住宅や小規模な店舗，事業所などのように，電力会社から低圧（600ボルト以下）で受電する場所の電気工事を行うことができます。

第二種電気工事士になると…

- 電気工事ができる
- 就職，転職に有利
  → 電気へのニーズは高い

第二種電気工事士になると，ビルや工場，大規模な店舗でなければ電気工事ができるようになります。持っていないよりもできる工事の幅は広がります。また，就職や転職にも有利です。

いつでも電気は必要ですので，将来性もあります。

第一種電気工事士になるには？

- 電気工事の実務経験3年以上
  → 第二種を取得して実務経験を積むことが重要

ちなみに，第一種電気工事士になるには，試験に合格するだけでなく，一定の実務経験が必要です。

まずは，第二種を取得して実務経験を積むことが重要です。

3. 第二種電気工事士試験を徹底解剖!

第二種電気工事士試験は毎年 15 万人程度の人が受験する資格です。
ここでは，試験のデータのあれこれをみていきます。

本試験スケジュール

第二種電気工事士の試験は毎年2回行われます。

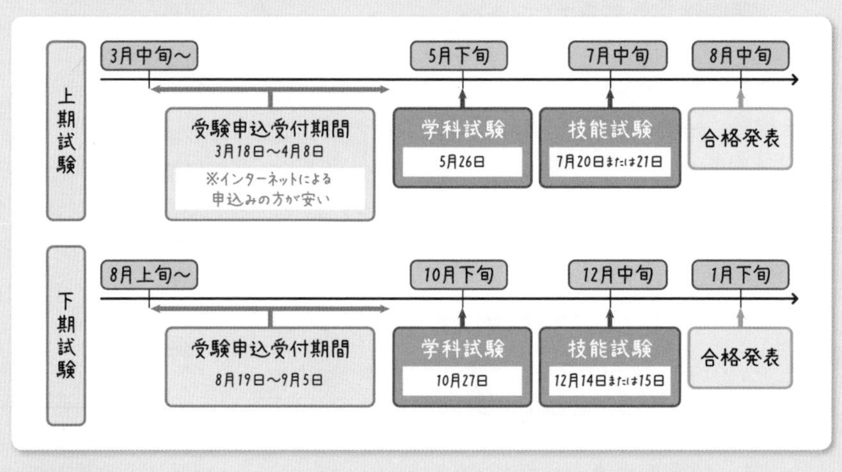

受験手数料 …9,300円（書面による申込だと9,600円）

受験資格 …なし

第二種は年齢や学歴，実務経験などの受験資格は一切ありません。

試験に関する問合せ先はコチラ

一般財団法人電気技術者試験センター
https://www.shiken.or.jp/

本試験をデータで分析!

過去3年の受験者，合格率などは次のとおりです。

受験者数と合格率

◎学科試験

	R3年		R4年		R5年	
	上期	下期	上期	下期	上期	下期
申込者（人）	95,351	79,274	88,008	75,728	78,546	72,300
受験者（人）	86,418	70,135	78,634	66,454	70,414	63,611
合格者（人）	57,176	40,464	45,734	35,445	42,187	37,468
合格率	60.4%	57.7%	58.2%	53.3%	59.9%	58.9%

◎技能試験

	R3年		R4年		R5年	
	上期	下期	上期	下期	上期	下期
申込者（人）	66,577	55,035	57,715	48,159	52,790	49,152
受験者（人）	64,443	51,833	53,558	44,101	49,547	45,790
合格者（人）	47,841	36,843	39,771	31,117	36,250	31,499
合格率	74.2%	71.1%	74.3%	70.6%	73.2%	68.8%

年齢構成

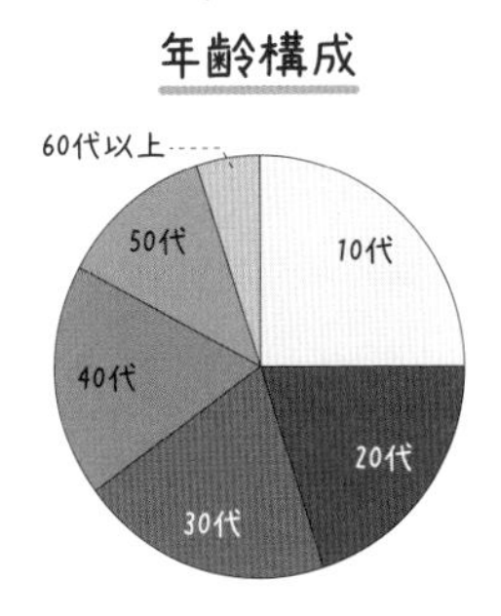

受験者の属性

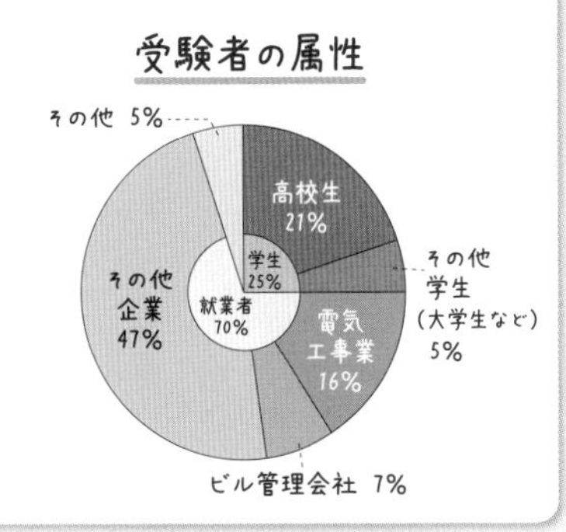

電気技術者センター「令和元年度電気技術者試験受験者実態調査」より

4. 技能試験の学習方法

ここでは，技能試験のための学習方法や，そもそもどんな工具や器具を用意すべきなのかについてみていきます。

必要な道具

工具（その1）

工具…本試験に持っていくもの
※おもな工具
- ペンチ
- ドライバ
- 電工ナイフ
- スケール
- ウォータポンププライヤ
- リングスリーブ用圧着工具

工具は，**本試験に持っていくもの**です。電気工事士用の工具セットとして売られているものをネットショップなどで買えばよいでしょう。

工具（その2）

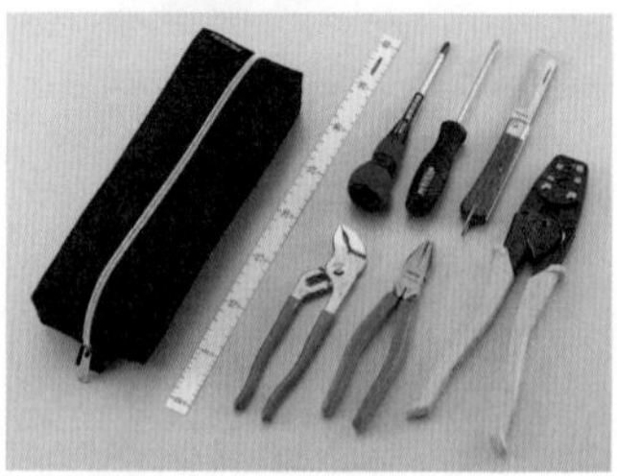

工具は練習するときから使用し，使い慣れておきましょう。

それぞれの工具の使い方や，基本的な作業（単位作業）については，CH02で説明しています。

器具（その1）

器具…練習用！

器具は，本試験に持っていくものではなく，自宅での練習用に使うものです。**使いまわしをすればよいので，1セット購入すれば十分**です。

器具（その2）

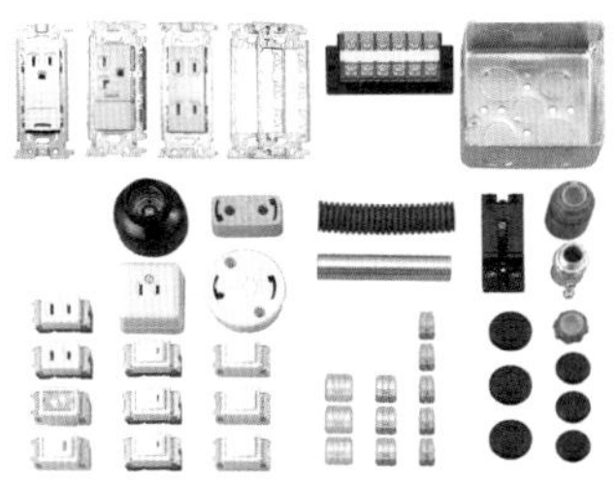

こちらもネットショップなどでセットで販売されているので，まずはそれを買いましょう。

電線

電線は，本試験に持っていくものではなく，自宅での練習に使うものです。これは，**使い捨てのため，練習したい回数分だけ購入する**必要があります。まずは1セットを購入してから必要に応じて，追加で購入すると良いでしょう。

こういうのに注意！

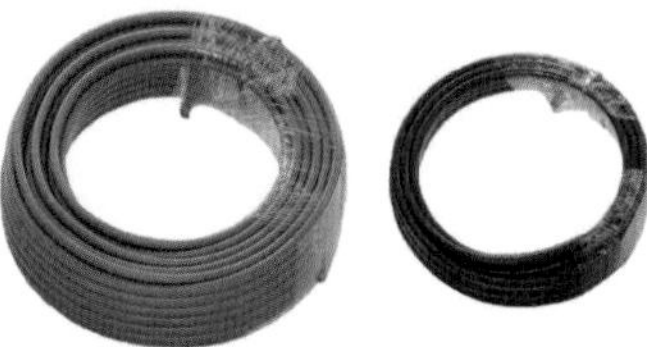

電線を切り分けて，袋に小分けされていない電線セットはダメ。

電線を問題ごとに切り分けるのは大変です。いくらお得とはいえ，小分けになっていないものを買うのはおススメしません。

いくらかかる？

必要な道具	相場の価格
工具セット	約17,000円
器具セット	約12,200円
電線（1セット）	約 6,400円
合計	約35,000円

中古品がネットで売られていることもありますが，試験会場に持っていくものなので，できれば新品を買いましょう。

金額としては左の表のようになります。中古品も出回っていますが，工具については試験会場に持っていくものですので，できれば新品を買いましょう。

ポイント！

- 工具は早めに買って，扱い方に慣れておく
  →できれば新品を
- 器具は練習用のため1セットあればOK
- 電線は小分けになっている物を買う
- いずれも，ネットショップでセットのものを買えばOK

以上をまとめると左のとおりです。

合格に必要なサイクルはこれ!

工具・器具・電線を買う

（講習を申し込む場合，もらえることがあります。事前に確認しましょう）

独学する場合

動画や本を見ながら，13個全ての候補問題作品を作ってみる

はじめは，一個作るのに3時間くらいかかりますが，徐々に40分以内に作れるようになります。

講習を利用する場合

講習を申し込む

本試験を受ける

講習で先生に教えてもらう候補問題の作品を作ってみる

講習で扱わなかった部分は独学

講習のいいところは，自分が作った作品に欠陥がないかどうかを判断してもらえることです。

独学では，練習で不合格品を作っても気がつかないことがあります。

合格！

5. 技能試験当日の流れ

技能試験当日はどんな感じなの？
そんな疑問にお答えして，受験者の体験談をもとに，当日までの流れと，当日の試験の流れをみていきましょう。

試験当日は…？

問題公表～試験当日までの流れ

- 事前に候補問題（13問）は詳細な部分を除いて公表されます。
- そのうち1問が本試験で出題されます。会場によって出る問題はバラバラです。
- 40分以内に指示通りに作品を完成させます。欠陥があれば不合格です。

毎年1月に，候補問題13題が公表されます。そのなかの1題が本試験で出題されます。

当日持っていくもの

- 受験票
- 筆記用具
- 時計
- 工具

当日は慌てないように，前日に必ず持っていくものをチェックしましょう。工具は直前ではなく，事前に買っておくようにしましょう。

試験では…?

試験で配られるもの

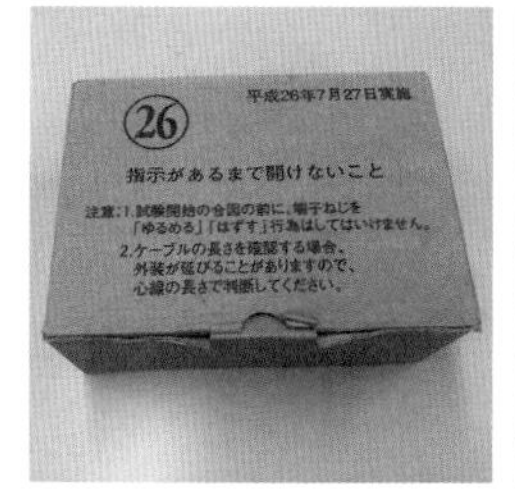

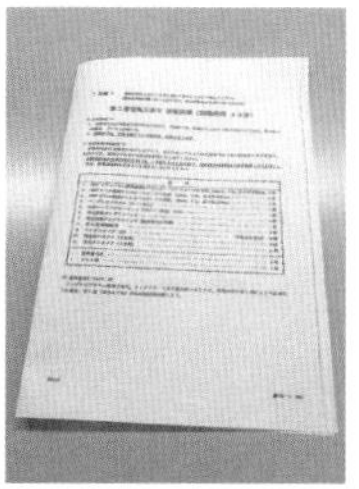

技能試験では，問題用紙と，材料が入った箱が配られます。

材料の確認

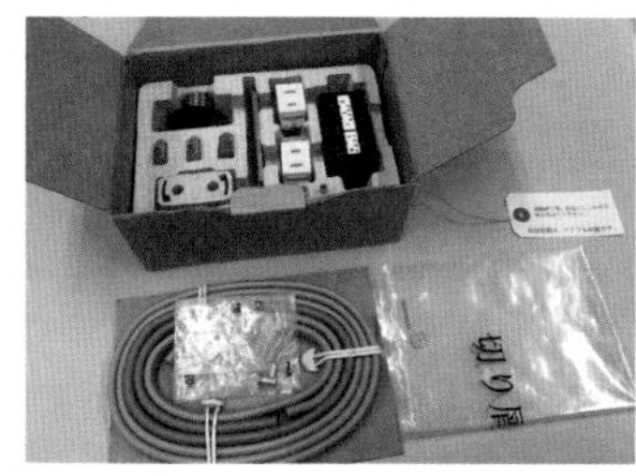

開始前に材料確認の指示があります。材料の入った箱を開けて，問題用紙の表紙に書いてある材料一覧にあるものに不足がないか確認します。

40分以内につくる

試験時間は**40分間**です。余裕をもって作成しましょう。

時間配分

スタート

- 問題文を読んで複線図を描く　…3～5分
- 複線図を見ながらつくる　……30分
- 完成したものを確認する　…5～7分

40分

問題文には「単線図」と「注意事項」「施工条件」が書かれています。

まずは単線図をもとに複線図を描き，それをもとにつくりましょう。

問題文で注意すべきところ

太字のところ注意！

＜ 施工条件 ＞

1．配線及び器具の配置は，図に従って行うこと。

2．**確認表示灯（パイロットランプ）は，常時点灯とすること。**

3．電線の色別（絶縁被覆の色）は，次によること。
　①電源からの接地側電線には，すべて**白色**を使用する。
　②電源から点滅器，パイロットランプ及びコンセントまでの非接地側電線には，すべて**黒色**を使用する。
　③次の器具の端子には，**白色の電線**を結線する。
　　・コンセントの接地側極端子（Wと表示）
　　・ランプレセプタクルの受金ねじ部の端子

4．VVF 用ジョイントボックス部分を経由する電線は，その部分ですべて接続箇所を設け，接続

公表されている候補問題のいずれかの問題について，寸法などの数値が付け加えられています。施工条件を守っていないと欠陥となってしまいますので，太字のところは注意してみましょう。

完成後の確認で注意すべきところ

- うっかりミスに注意
- 施工条件を確認！

完成させたらしっかり確認をしましょう。練習したのと同じ問題がでたとしても注意が必要です。

とくに，極性（プラスとマイナス）をまちがえたり，ねじを締め忘れたりといったうっかりミスは欠陥につながってしまいます。

欠陥って?

欠陥があるとアウト

欠陥が一つでもあると不合格になります。

こういうのに注意!

- 寸法が短すぎる(半分以下)
- 極性をまちがえる
- 台座の通し忘れ
- 電線が抜けてしまう
- ねじの締め忘れ など

欠陥としてよく起こってしまうのは,寸法が短すぎたり,極性(プラスとマイナス)をまちがえてしまったりといった,初歩的なものが大半です。

欠陥に注意しよう

- くわしくは,CH02単位作業で具体的に説明しています!

→最新の「技能試験の概要と注意すべきポイント」もチェック!

それぞれの基本的な作業の説明と一緒に,具体的な欠陥の例や注意すべきポイントをまとめていますので,詳細はCH02の単位作業で押さえていきましょう!

また,電気技術者試験センターのホームページにある最新の「技能試験の概要と注意すべきポイント」も確認しておきましょう。

CHAPTER 02
単位作業

SECTION 01

単位作業とは?

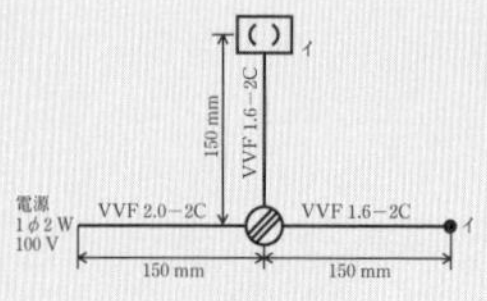

試験本番で出題される問題は，複雑そうに見えますが，実際は簡単な作業を組み合わせたものになっています。この章では簡単な作業である単位作業を学習しましょう。

1 単位作業の考え方

重要度★★★

技能試験で出題される問題は複雑なものに見えますが，実は簡単な単位作業が集まってできたものになっています。

単位作業とは，作品を作るための区分けした基本的な作業のことで，電線どうしの接続や，電線と器具との結線などの作業のことをいいます。

例えば，電線どうしの接続の単位作業とスイッチの単位作業，引掛シーリングの単位作業，ケーブル・電線の単位作業の4つの単位作業を行い，組み合わせることで，スイッチでライトのONとOFFを切り換える回路を作ることができます。(実際にはこれらに加えて引掛シーリングにライトを取り付けます)

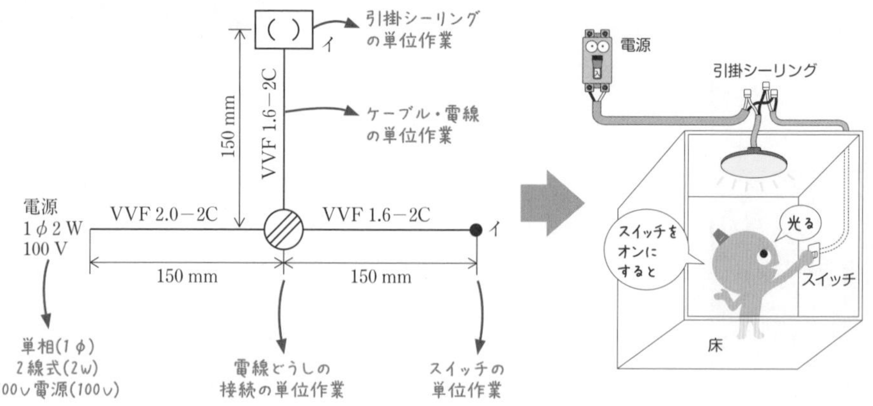

このように，単位作業をマスターすることで，複雑な回路を作ることができます。

板書 本書で学習する単位作業

①ケーブル・電線
②埋込連用取付枠
③引掛シーリング
④ランプレセプタクル
⑤コンセント
⑥わたり線
⑦パイロットランプ
⑧スイッチ
⑨端子台
⑩配線用遮断器
⑪アウトレットボックス
⑫PF管
⑬ねじなし電線管
⑭電線どうしの接続

SECTION 02

ケーブル・電線の単位作業

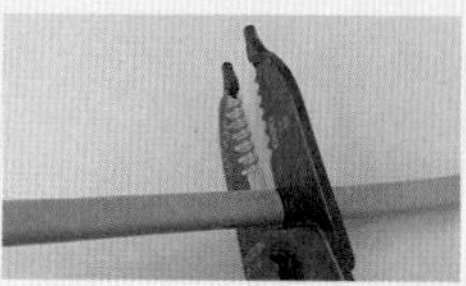

ケーブルや電線の単位作業は回数が多いので，何度も練習して素早く正確に出来るようになることが大切です。

1 出題されるケーブル・電線について

重要度 

技能試験では，まとまった電線が渡され，問題に合わせて寸法を決めて切断する必要があります。第二種電気工事士試験で出題されるケーブル・電線は次の４つしかありません。

板書 技能試験で出題されるケーブル

❶ VVFケーブル（ビニル絶縁ビニルシースケーブル平形）

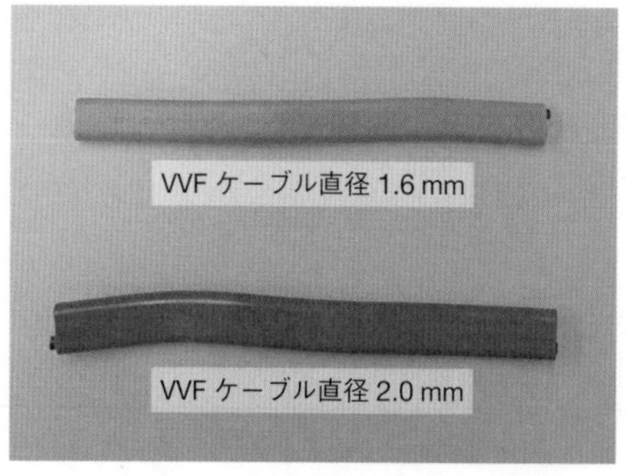

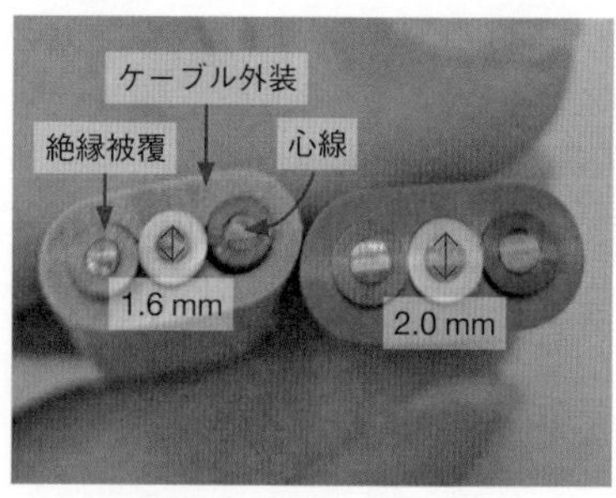

ケーブルの数値は，心線の直径を表します

最も基本的なケーブルです。直径の異なるケーブルを使うことに注意しましょう。また，ケーブルの各部分の名称は図のようになっています。

❷ VVRケーブル（ビニル絶縁ビニルシースケーブル丸形）

VVFケーブルの外装被覆が丸くなったもので，内部に詰め物が入っています。

❸ EM-EEF ケーブル（ポリエチレン絶縁耐燃性ポリエチレンシースケーブル）

環境に配慮したケーブルで，火災や廃却の際に発生する有毒な物質や煙が少ないという特徴があります。

❹ IV 線（ビニル絶縁電線）

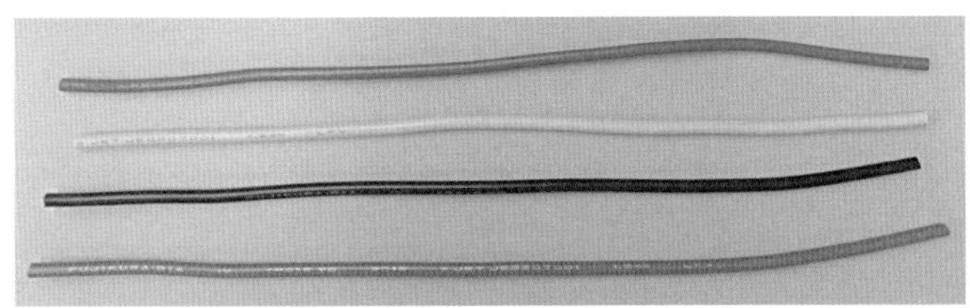

管工事を行う時などに使われます。

基本的には，VVF ケーブルを使います。配線を金属管や合成樹脂管に通す場合や，接地線をつける場合には IV 線を使います。

直径 2.0 mm の電線は，電源に近いところに使い，直径 1.6 mm の電線は電源から遠いところで使います。これは，大電流が流れる電源側に，それに耐えられる太い電線を利用することで安全性を高めるためです。

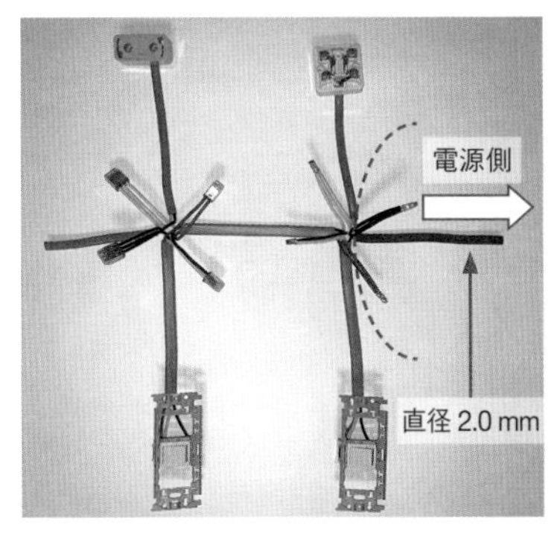

電源側に太い電線を使っている

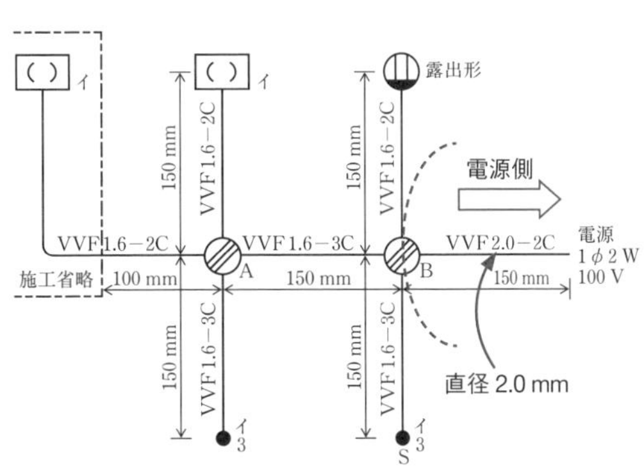

電線の直径が太いほど，流せる電流の量が多くなります。

作品を作るときは，必ず問題文を読み，ケーブルの種類，直径が何 mm かを確認してから作業を進めましょう。電源側の方が電線が太くなることを意識すると間違いが減るはずです。

2 必要な工具について

重要度★★★

よく使われる VVF-1.6，VVF-2.0 の切断や，ケーブル外装と絶縁被覆を簡単にはぎ取ることができるストリッパーがあると便利です。しかし，VVR ケーブルのケーブル外装のはぎ取りには向かないので電工ナイフも用意しましょう。

板書 必要な工具

❶ ストリッパー

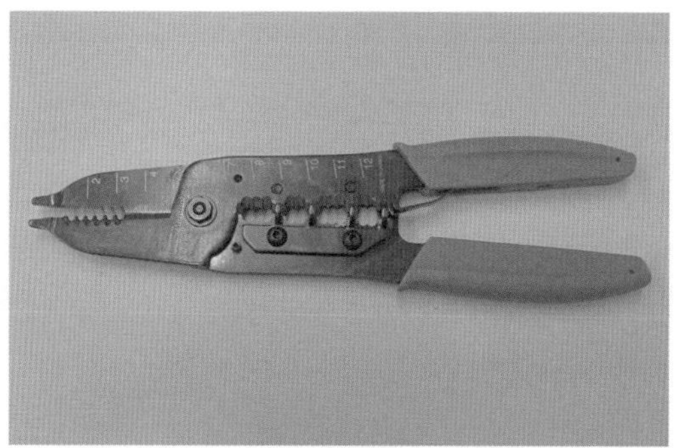

❷ 電工ナイフ

3 VVF，EM-EEFケーブルの作業手順

重要度★★★

VVF ケーブルは，実際の電気工事で使用頻度の高いケーブルです。そのため，技能試験では全ての問題中に VVF ケーブルが使われています。VVF ケーブルの作業を速く行えるようになれば，作業時間を短くすることができるでしょう。

また，EM-EEF ケーブルでも VVF ケーブルと同じ作業を行います。

STEP 1 加算寸法と配線に必要な長さを考え，ケーブルを切断する

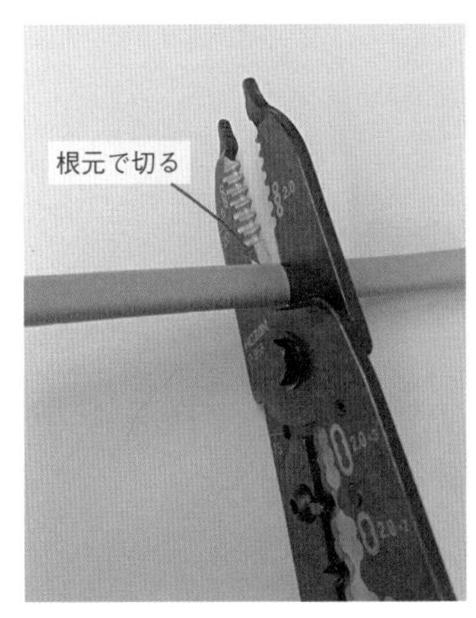

ケーブルはストリッパーの根元の刃を使って切断しましょう。ギザギザのところで切断してはいけません。

例えば，次のような単線図の場合，スイッチの加算寸法 5 cm とジョイントボックスでの加算寸法 10 cm を考慮し，5 cm＋10 cm＋15 cm ＝ 30 cm にケーブルを切断します。加算寸法とは，ケーブルを他のケーブルや器具と接続するために長めにとっておく寸法のことです。

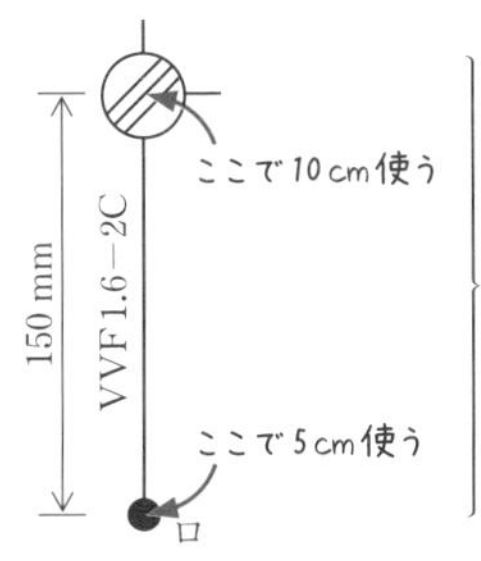

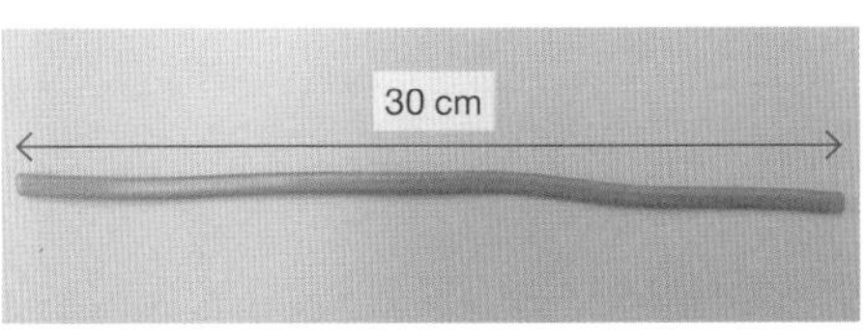

ケーブルや器具によってどれくらい長めにとっておくと良いかは，覚えておきましょう。

器具等	加算寸法
施工省略 端子台（代用） 配線用遮断器	0 cm
埋込連用器具（1 個の場合） ランプレセプタクル 引掛シーリング 埋込コンセント（接地極付接地端子付） 露出形コンセント	5 cm
VVF 用ジョイントボックス アウトレットボックス 埋込連用器具（2 個以上の場合） 埋込コンセント（20A250V 接地極付）	10 cm
一般的なわたり線	10 cm

STEP 2 ケーブル外装をはぎ取る

ストリッパーのものさしを使うと長さを測れます。爪で浅く印をつけてからはぎ取るとよいでしょう。

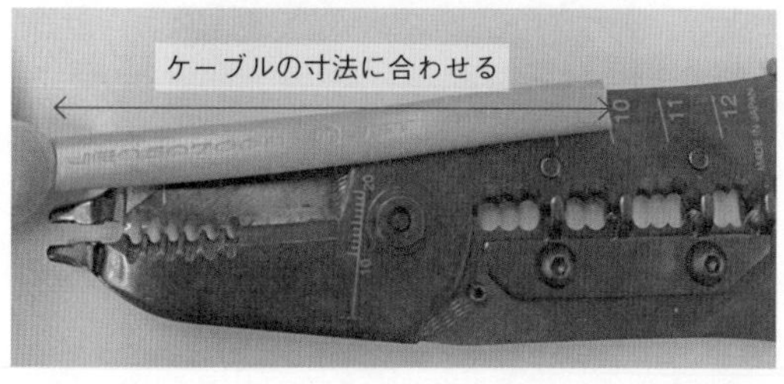

次に，ケーブルの直径と心数を確認し，はぎ取ります。

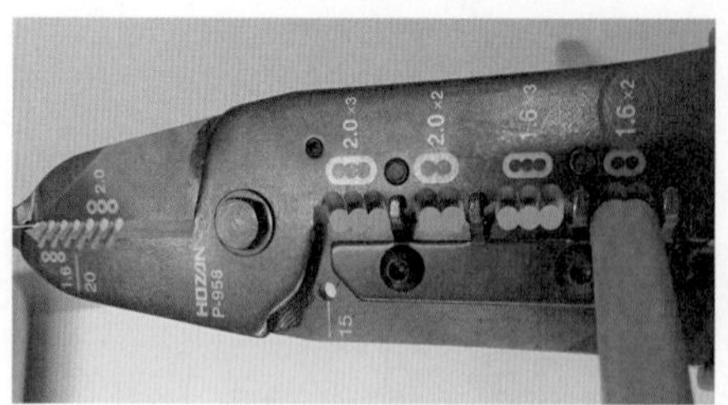

1.6 mm 2 心ケーブルの場合

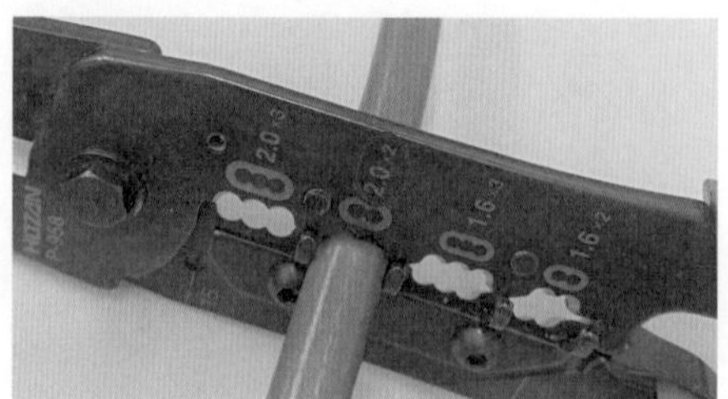

2.0 mm 2 心ケーブルの場合

はぎ取る箇所の直径が違うと，絶縁被覆が傷ついてしまうので，必ず確認を行いましょう。

ひとこと　2心のケーブルは内部に2本の電線があるもので，3心のケーブルは3本の電線があるものです。

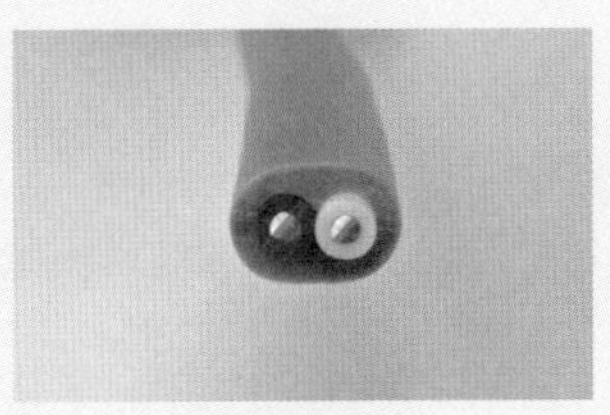
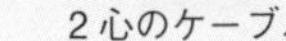
2心のケーブル

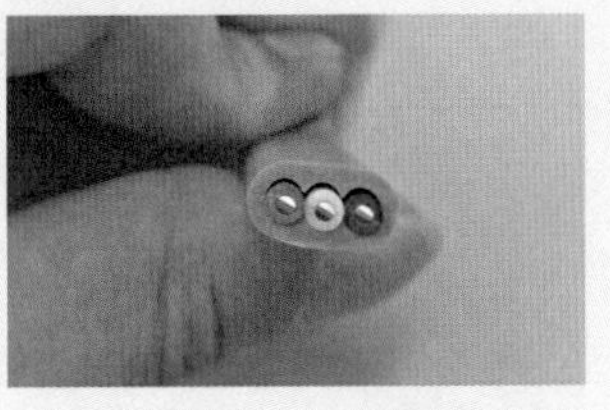
3心のケーブル

ケーブル外装をずらす際，ストリッパーの締め付けをゆるめないと，絶縁被覆を傷つけてしまうため，気を付けましょう。

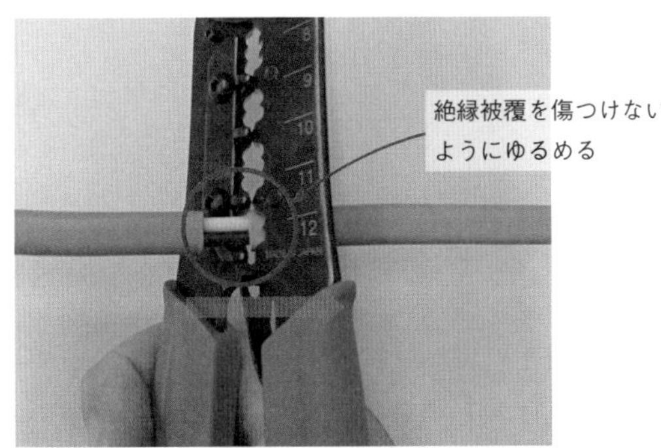

ストリッパーでケーブル外装をずらす

ケーブル外装をずらしたら，手でケーブル外装を抜き取ります。

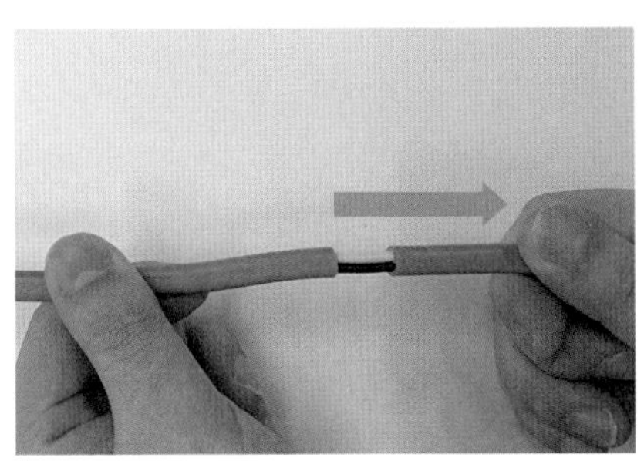
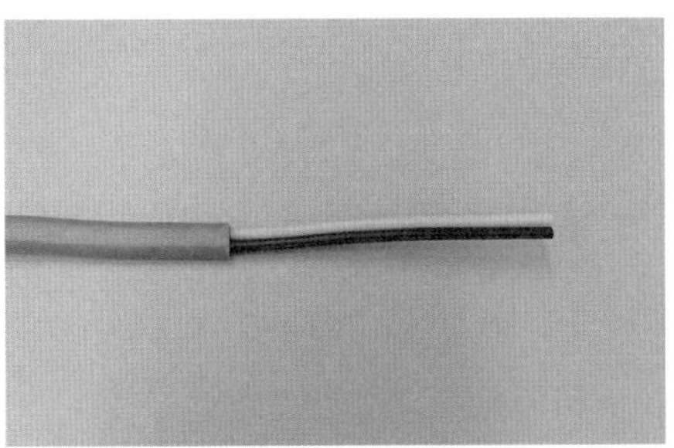
手でケーブル外装を抜き取ります

ひとこと EM-EEF（エコケーブル）やVVRは，ケーブル外装や絶縁被覆をはぎ取る際にケーブル内部の電線がずれることがあります。そのような場合は，手で修正することが出来ますが，不安な場合はケーブルのはぎ取り前に，はぎ取らない側のケーブル端をペンチなどで折り曲げておくと，防ぐことができます。

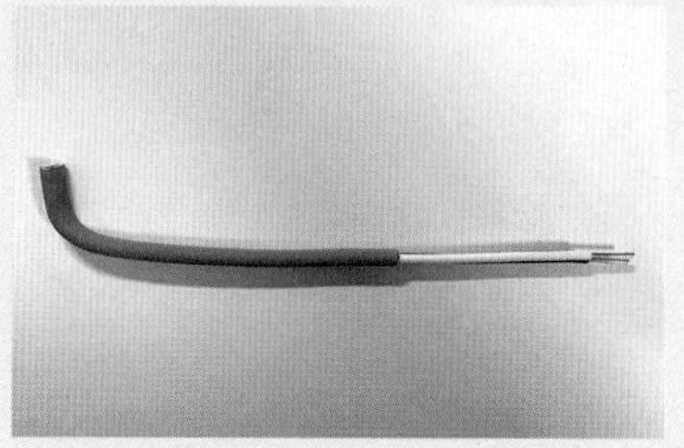

ひとこと はぎ取りの際，ストリッパーをねじりながらはぎ取ると，心線が露出して欠陥になってしまったり，絶縁被覆を傷つけてしまったりすることがあるので，できる限り手ではぎ取るように心がけましょう。

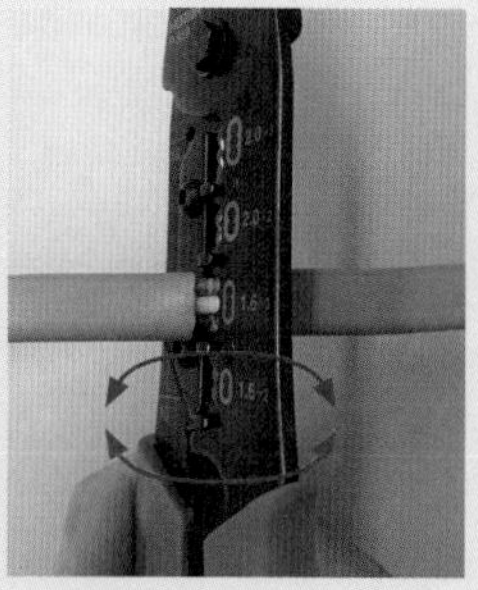
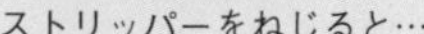

ストリッパーをねじると…

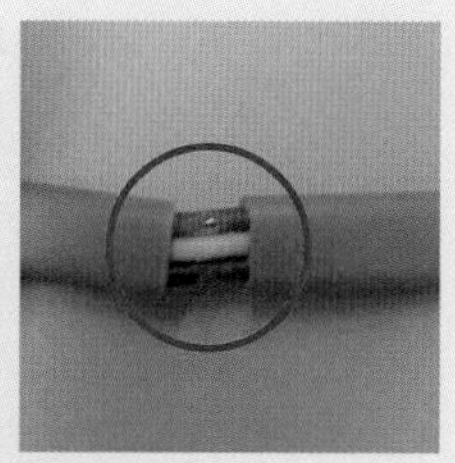

心線が露出し，
欠陥になってしまう

また，ケーブル外装を抜き取る際にストリッパーで無理やり引き抜くと，刃と絶縁被覆が接触し傷が付き，欠陥につながるので，必ず手で抜き取りましょう。

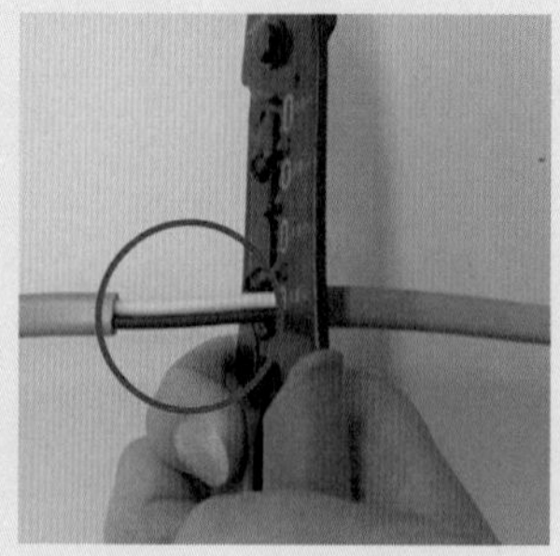

絶縁被覆が傷つくので避けましょう

STEP 3 絶縁被覆をはぎ取る

絶縁被覆のはぎ取り寸法を確認します。

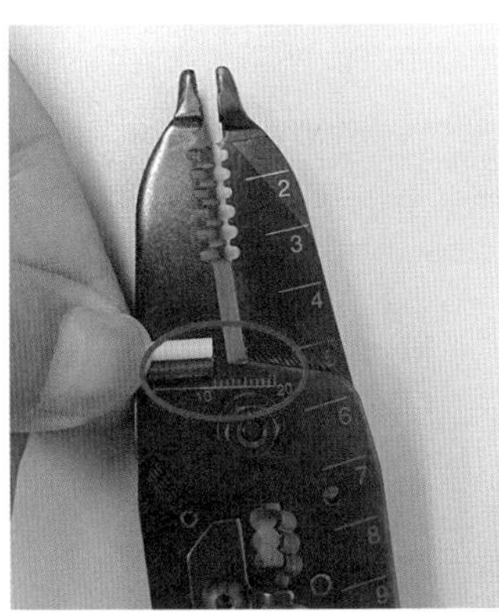

ストリッパーの目盛に合わせます

2心，3心のケーブルに合わせて，ストリッパーの先端部分にあるはぎ取り箇所で絶縁被覆に切れ込みを入れます。垂直に切り込みましょう。このとき，心線の直径が 1.6 mm と 2.0 mm では絶縁被覆をはぎ取る箇所が変わるので注意しましょう。

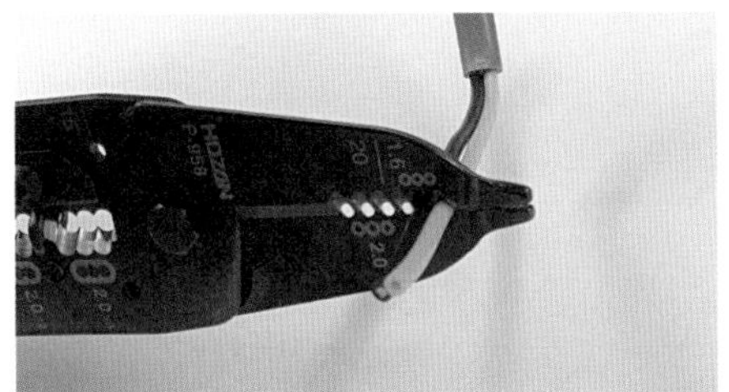

1.6 mm の場合

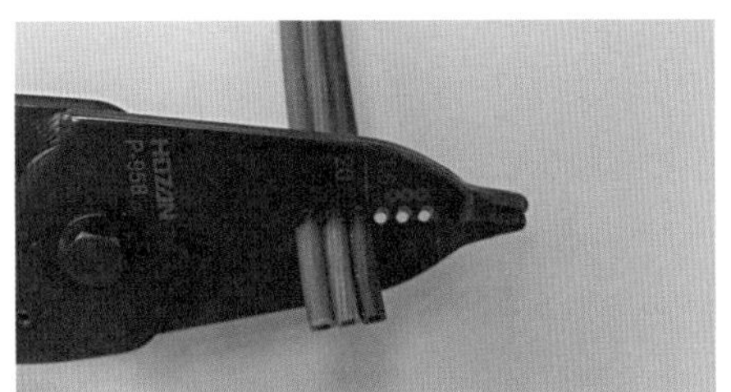

2.0 mm の場合

絶縁被覆に切れ込みを入れたら，ストリッパーで被覆を少しずらし，最後に手ではぎ取ります。このとき，ストリッパーはゆるめてから被覆をずらすように注意しましょう。

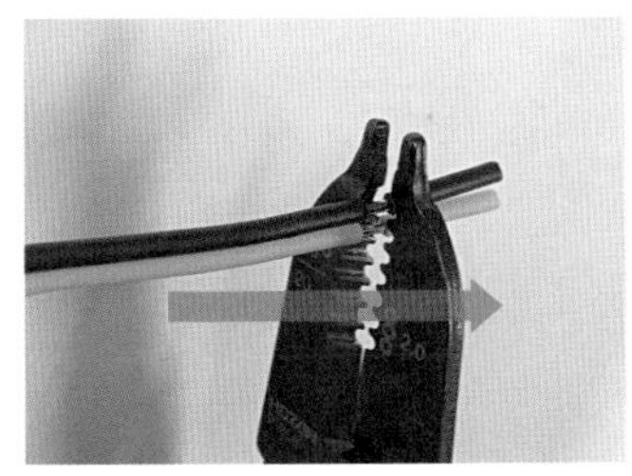

ストリッパーで絶縁被覆をずらす

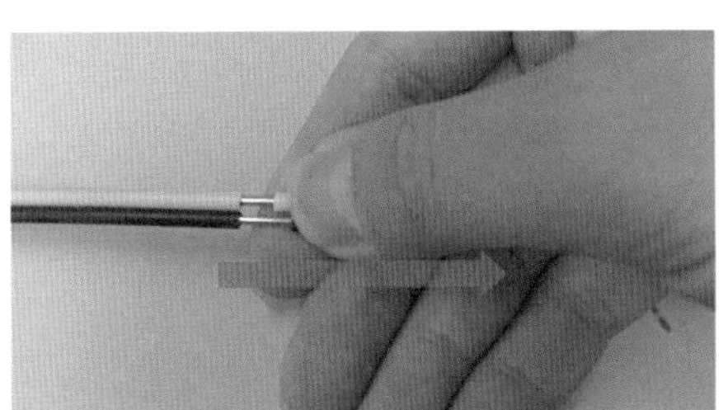

手で絶縁被覆を抜き取る

STEP 4 完成

絶縁被覆をはぎ取れば完成です。

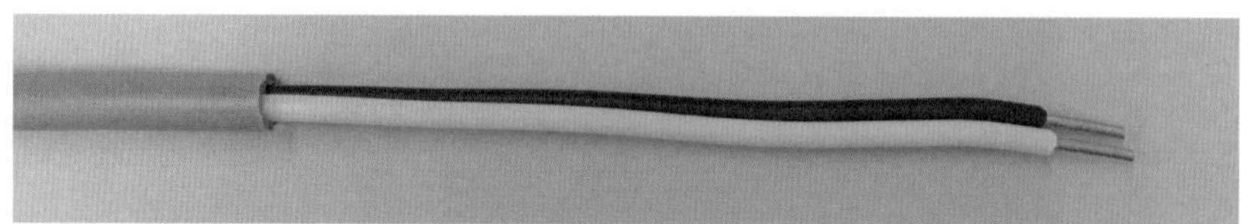

4 IV線の作業手順

重要度★★★

IV 線は，管工事のときやコンセントの接地線として使われます。使う器具に合わせて絶縁被覆をはぎ取ります。

STEP 1 加算寸法と配線に必要な長さを考え，切断する

VVF ケーブルと同様に，単線図上の寸法＋加算寸法の分だけ切断します。

STEP 2 絶縁被覆をはぎ取る

ストリッパーではぎ取りましょう。心線に傷をつけないように慎重にはぎ取ります。

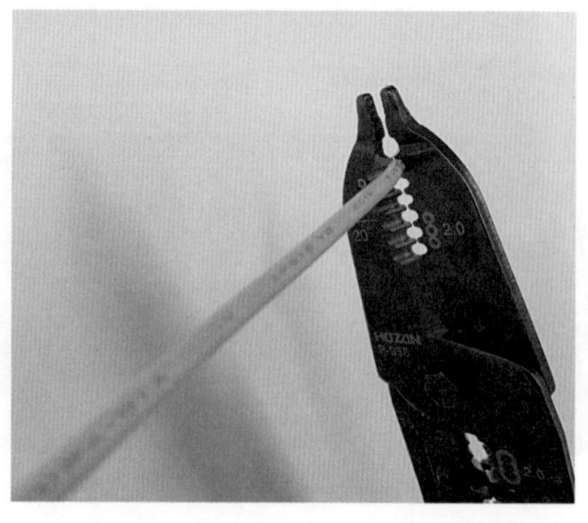

STEP 3 完成

注意点はVVFケーブルの絶縁被覆をはぎ取るときと同じです。

5 VVRケーブルの作業手順

重要度★★★

VVRケーブルは，丸みをおびたケーブルで，作業の方法はほとんどVVFケーブルと同じです。ストリッパーを用いてケーブル外装をはぎ取る場合は，絶縁被覆を傷つけないように注意する必要があります。

STEP 1-1 ケーブル外装をはぎ取る（ストリッパーを使う場合）

ストリッパーを使う場合は，ケーブルの心線の太さに合わせて1.6 mmまたは2.0 mmのはぎ取り箇所を使います。まずは，VVRケーブルの断面を見て，心線の向きとストリッパーの刃の向きを合わせます。

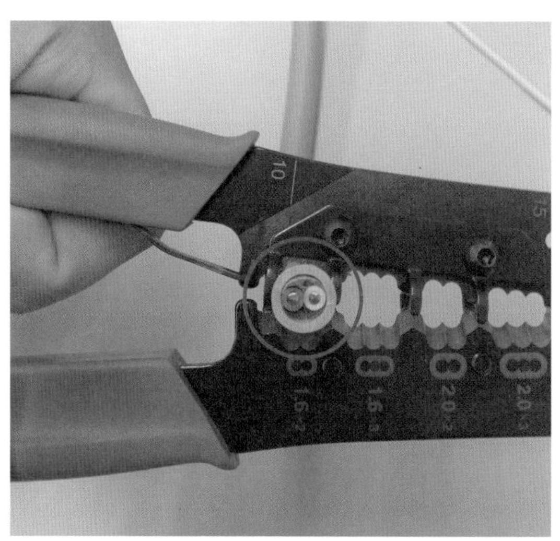

心線の向きと刃の向きを合わせます

向きを合わせ終わったら，はぎ取り寸法に合わせてはぎ取りを行います。このとき，ストリッパーを最大まで握り込むと，絶縁被覆に傷をつけてしまうので，介在物（詰め物）付近まで刃が届く程度に力を加えて切り込みます。

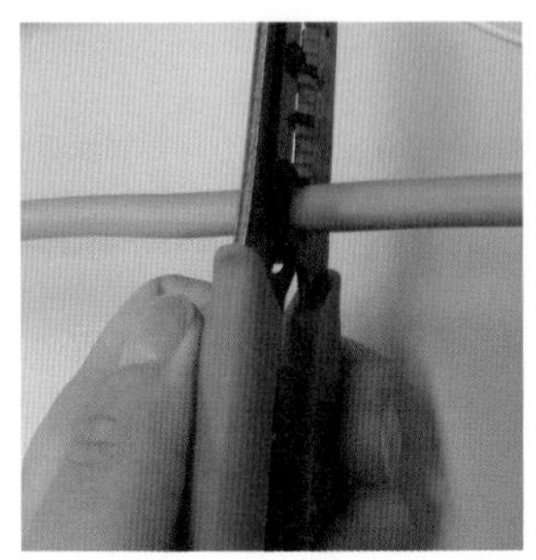

最後まで握りしめると，絶縁被覆を傷つけてしまいます

STEP 1-2 ケーブル外装をはぎ取る（電工ナイフを使う場合）

電工ナイフを用いる場合は，ナイフの刃をはぎ取り寸法に合わせ，VVR ケーブルを刃に沿って回してケーブル外装を切り取り，はぎ取りを行います。

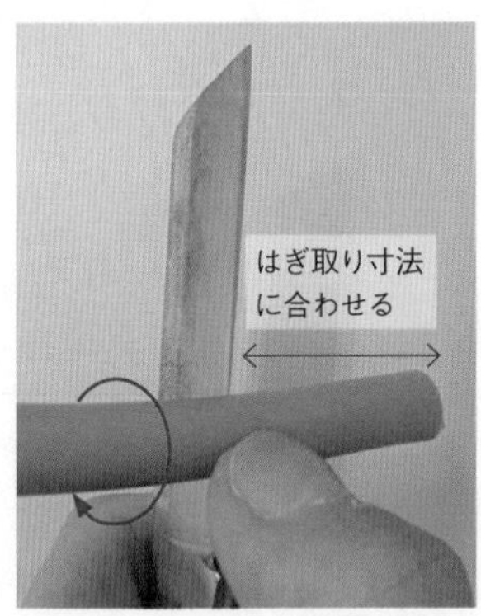

VVR ケーブルを電工ナイフに押し当てながら回します

ひとこと ストリッパーによる VVR ケーブルのはぎ取りは，素早くできますが，絶縁被覆を傷つける可能性があり，リスクがあります。

一方，電工ナイフを使ってはぎ取る場合，作業時間はストリッパーよりも長くなりますが，絶縁被覆を傷つけるリスクは低くなります。

どちらのはぎ取り方法も自分で試し，失敗のリスクが低い方を選択して作業を行いましょう。

STEP 2 介在物を取る

ケーブル外装をはぎ取ると次のように介在物が露出します。

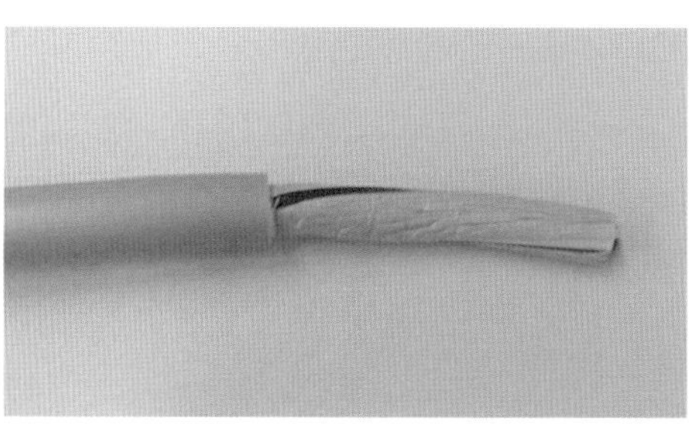

介在物をほぐしてから，ペンチやニッパーを使い，切り取ります。できる限り根元から切り取ることを心掛けましょう。

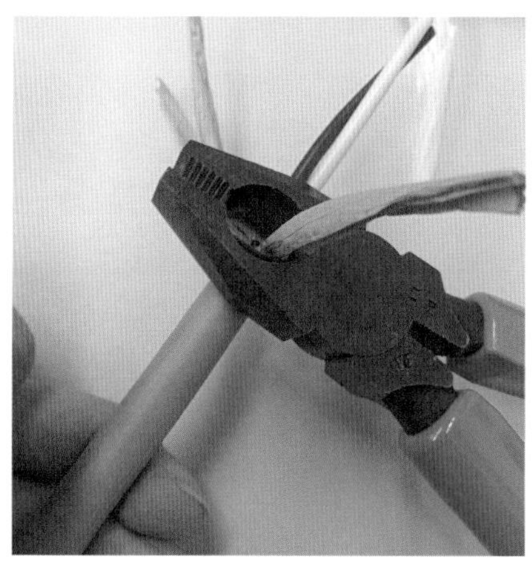

介在物を切り取ると，次の写真のように根元の部分に切り取りきれない部分が残ってしまいますが，この程度であれば問題ありません。

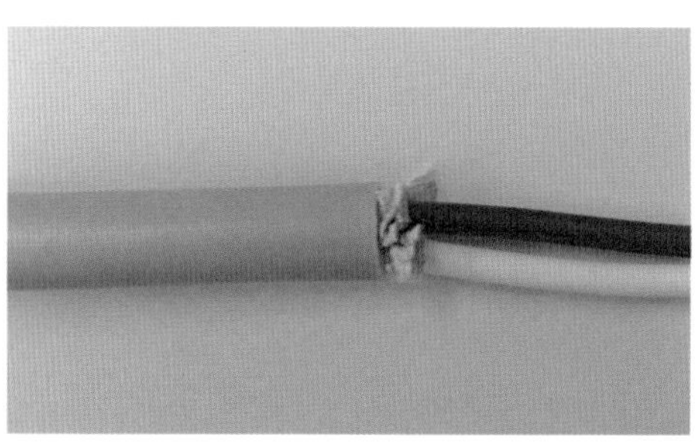

STEP 3 絶縁被覆をはぎ取る

VVF ケーブルなどと同様の手順で絶縁被覆をはぎ取ります。

STEP 4 完成

このようになれば VVR のはぎ取り作業は完了です。

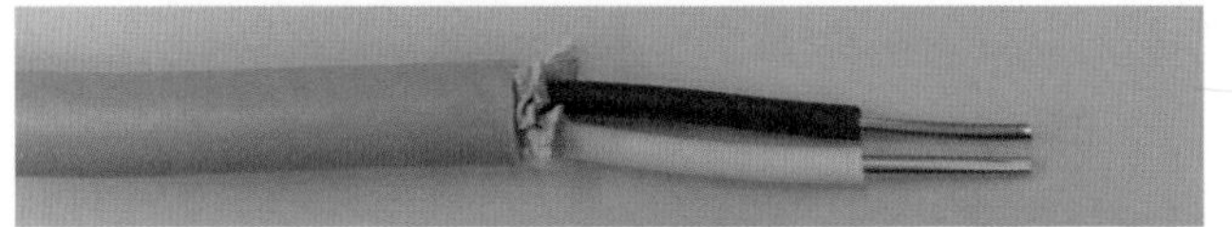

板書 寸法の欠陥

技能試験の問題文に書かれている寸法に対して，半分以下になると欠陥です。ケーブルの寸法を間違えてしまい，長さが短くなってしまった場合には，ケーブルを折り曲げる位置を調節したりすることで，半分より長い長さを確保するようにしましょう。

寸法は，器具の中心から中心までの長さで，作品のケーブル部分のみの長さではありません。例えば，次の単線図のとき，

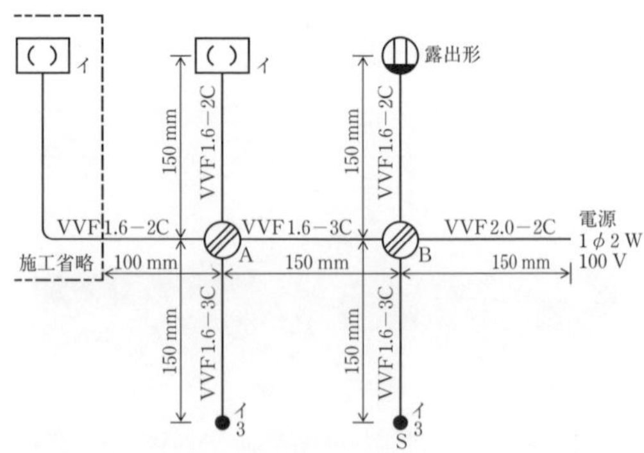

これを実際に組み立てたときの寸法は次の写真のような対応になります。

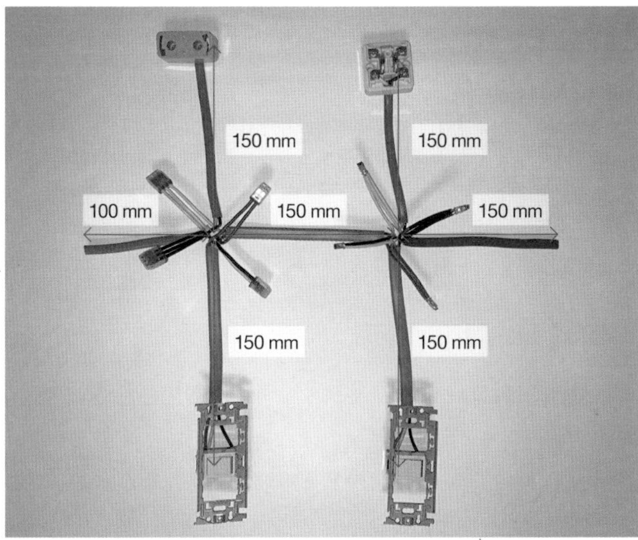

寸法による欠陥は，寸法が半分以下のときに発生します。引掛シーリングの部分に注目してみると，次のように考えることができます。

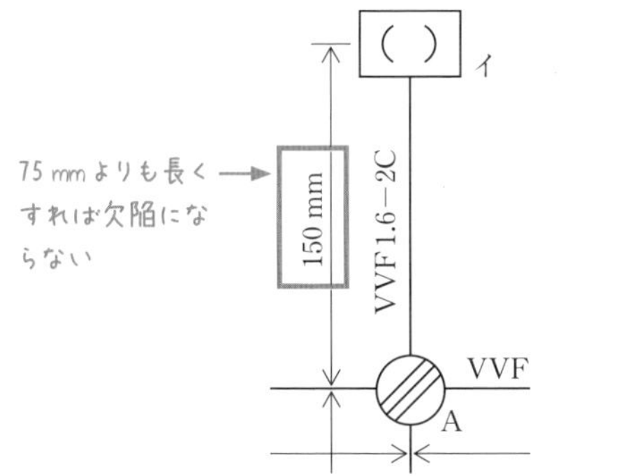

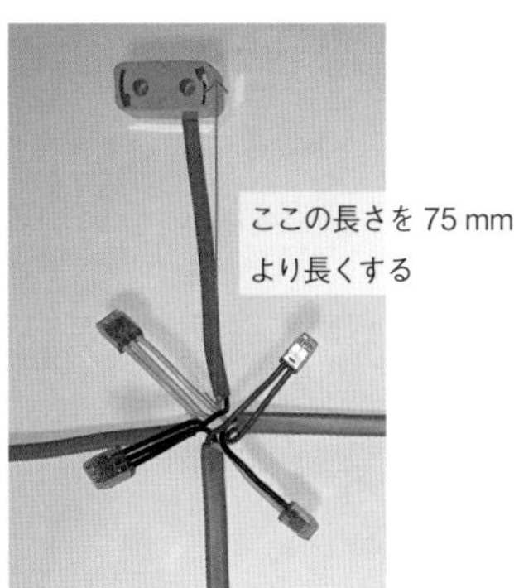

このように，単線図での寸法は150 mmになっているので，実際に組み立てるときは，その半分の長さ75 mmよりも長くすれば欠陥になりません。

技能試験で作品を作るとき，ケーブルを短く切ってしまったときは，あきらめないで，寸法の半分より長くすることを意識して組み立てていきましょう。普段の作業では寸法と同じ長さのケーブルを取れるように気を付けましょう。

SECTION 03 埋込連用取付枠の単位作業

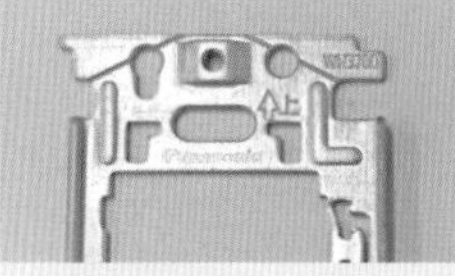

埋込連用取付枠は向きを合わせることとしっかりと器具を固定することが大切です。

1 埋込連用取付枠とは

重要度★★★

通常の電気工事では，壁にコンセントやスイッチを埋め込むために，埋込連用取付枠に取り付けてから作業を行います。技能試験では，複数の場所にスイッチやコンセントなどを施工する場合，施工条件にどの場所に埋込連用取付枠を使うかが書かれるので，必ず確認を行ってからこの作業を行いましょう。

埋込連用取付枠の施工では，マイナスドライバが必要になるので準備しましょう。

板書 必要な工具

●マイナスドライバ

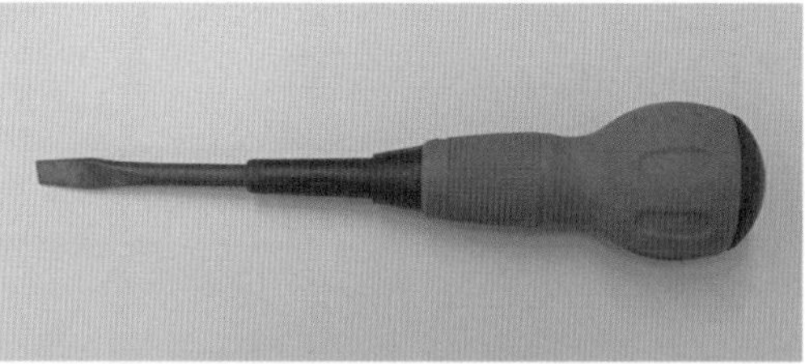

2 作業手順

重要度★★★

STEP 1 埋込連用取付枠の向きを確認する

埋込連用取付枠の表裏と上下の向きを確認しましょう。文字が書いてある向きが表面になります。上下の判別は，上と書いてある向きに合わせましょう。

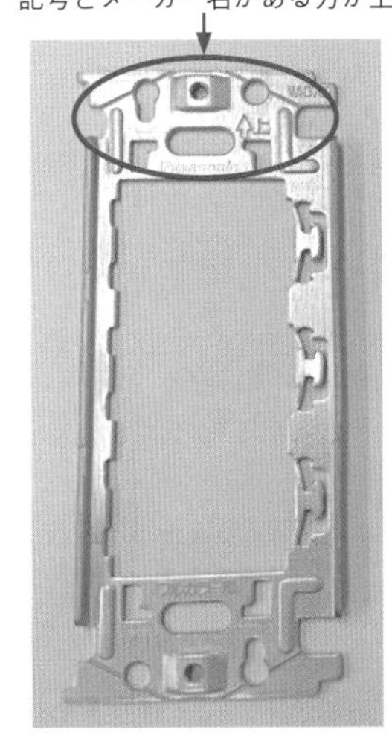

文字が書いてある向きが表

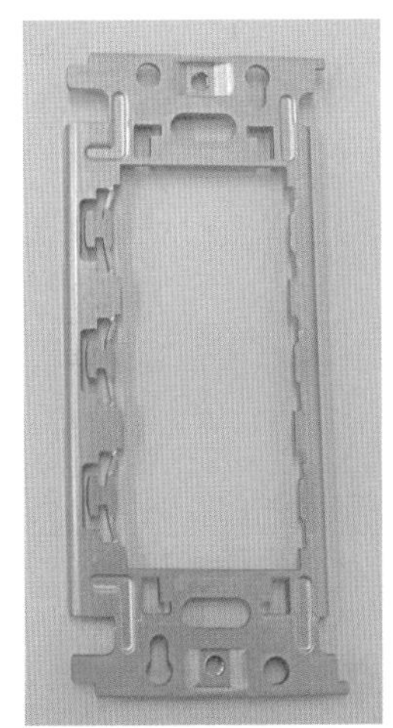

何も書いていない向きが裏

ひとこと 埋込連用取付枠の表裏を間違えてしまうと，コンセントやスイッチをマイナスドライバで固定する際にうまく固定ができなくなってしまいます。さらに欠陥事項となるのでしっかり確認しましょう。

STEP 2 器具の位置を合わせる

スイッチやコンセントなどの器具は下側に定格電流や電圧などの文字が書かれているので，それを見ながら埋込連用取付枠と向きを合わせます。取り付ける器具が1つのときは必ず埋込連用取付枠の真ん中に合わせましょう。

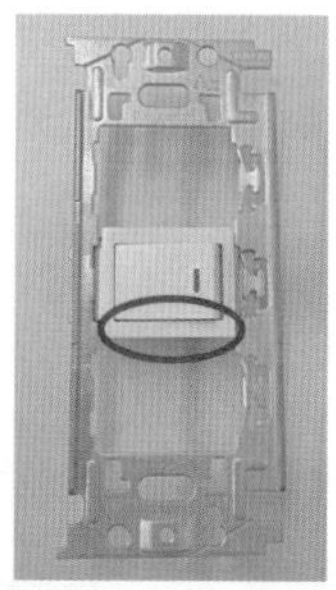

スイッチの文字と取付枠の向きを合わせます

STEP 3 器具を埋込連用取付枠に取り付ける

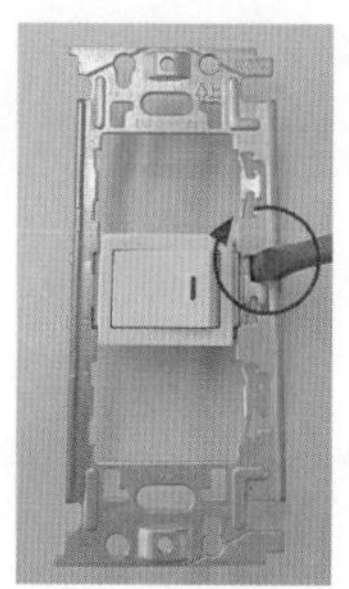

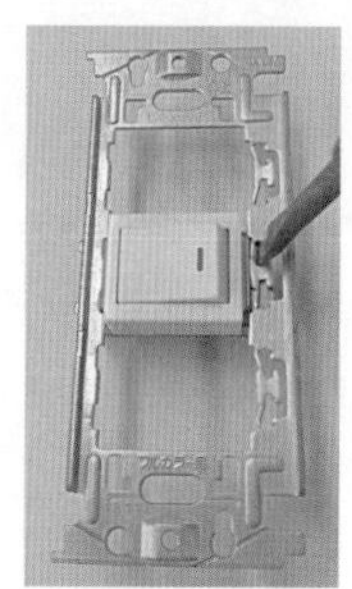

上側の固定は時計回りに回します

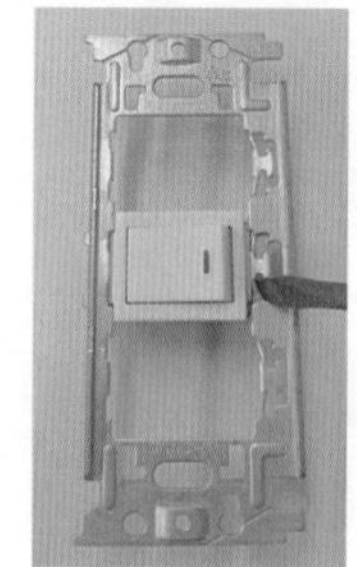

下側の固定は反時計回りに回します

STEP 4 器具が固定されたかどうかを確認する

ドライバの締めが甘いと，埋込連用取付枠から器具が外れてしまうことがあります。そのような施工をしてしまうと欠陥事項になってしまうので，器具がしっかりと固定されているかどうかを必ず確認しましょう。

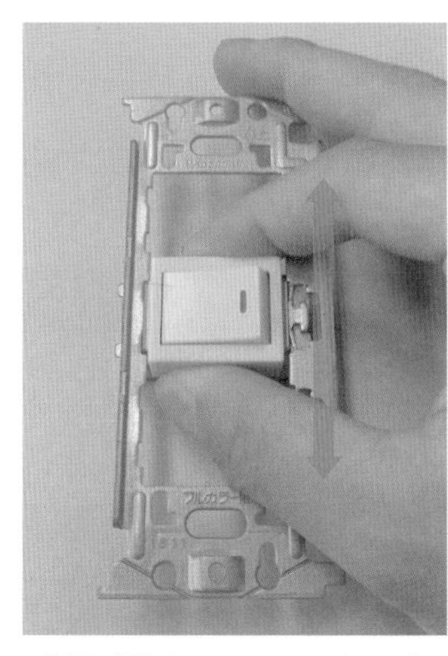

上下に揺らしてチェックしましょう

STEP 5 完成

これで埋込連用取付枠への器具の取り付け作業は完了です。

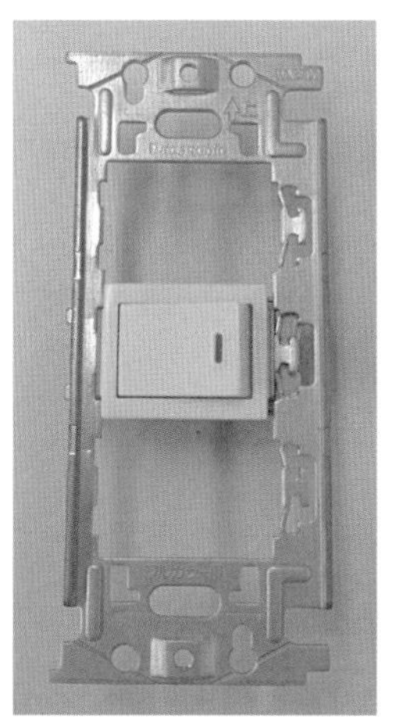

ひとこと　埋込連用取付枠から器具を外す場合は固定したときと逆向きにドライバを回すことで，器具を外すことができます。

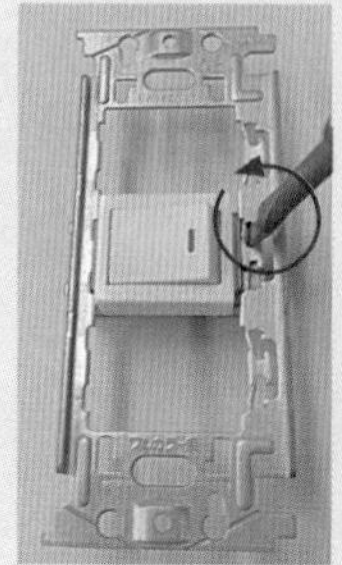

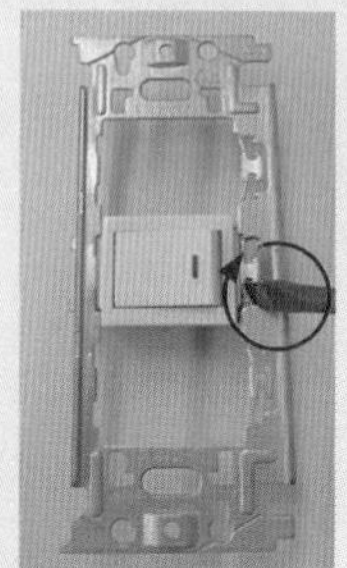

固定と逆の向きに回すと外れます

板書 取り付ける器具が複数個のときはどうするの?

❶ 器具が2つのときは，埋込連用取付枠の上下2つに付けます。上2つや下2つに寄せて取り付けると，欠陥事項になってしまうので注意しましょう。

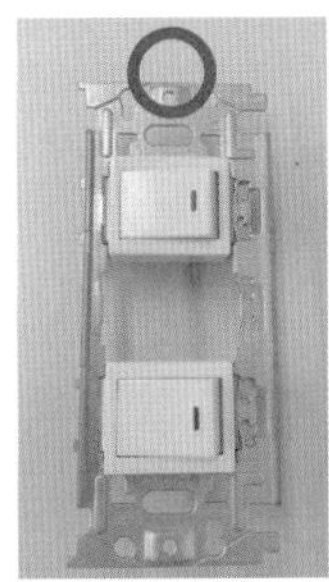
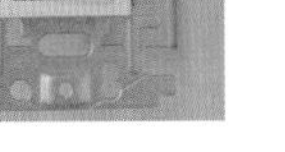
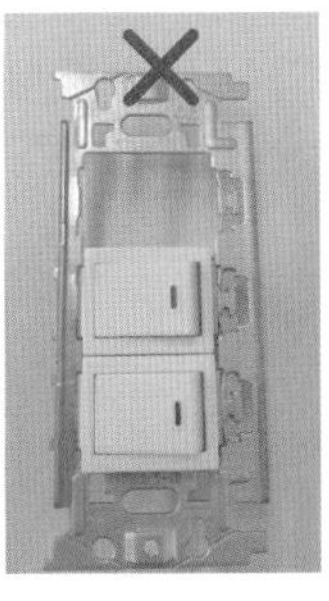

正しい　　欠陥　　欠陥

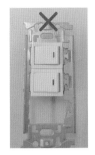

❷ 3つのときは指定された器具の順に取り付けます。

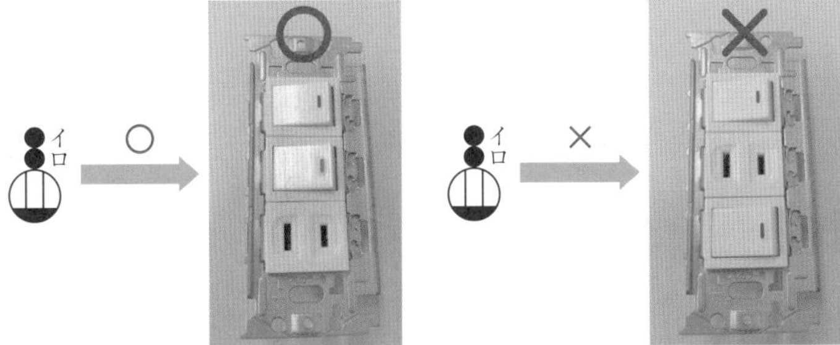

単線図と器具の順が同じ
→正しい

単線図と器具の順が違う
→欠陥

❸ 1つのときは真ん中以外に取り付けてはいけません。

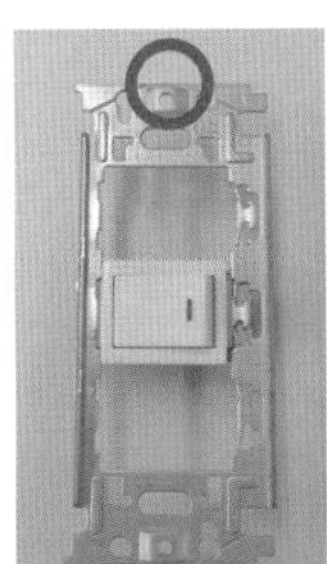
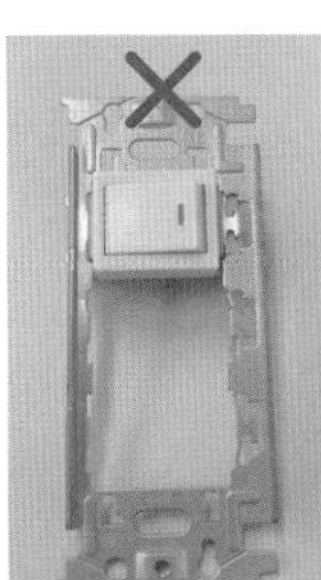
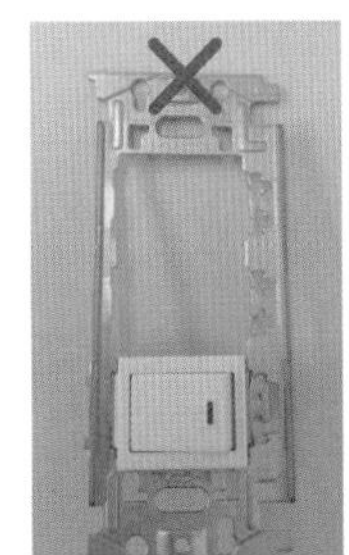

正しい　　欠陥　　欠陥

SECTION 04 引掛シーリングの単位作業

引掛シーリングは部屋の照明器具を取り付ける際に使います。施工するときは，器具の側面にはぎ取りの目安であるストリップゲージがあるので，それを参考にして作業をしていきましょう。

1 引掛シーリングについて

重要度★★★

引掛シーリングには，四角いタイプ（角形）と丸いタイプ（丸形）の二つがあります。どちらも施工方法は同じです。シーリングは天井を表す英単語 ceiling（シーリング）です。天井に引掛シーリングを取り付け，LED 照明器具などを差し込むことで使います。

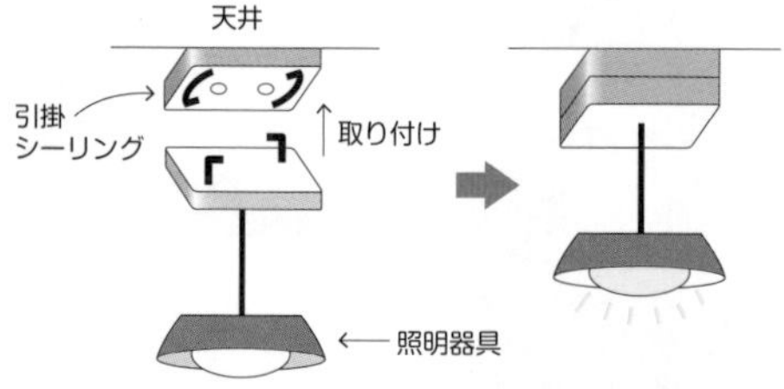

2 作業手順

重要度★★★

STEP 1 はぎ取り寸法を確認する

引掛シーリングの高さ（約 2 cm）を目安にはぎ取り寸法を確認します。

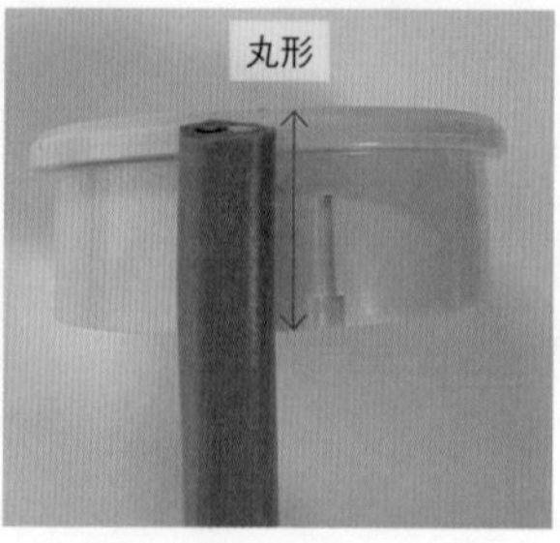

STEP 2 ケーブル外装をはぎ取る

確認した寸法にあわせてケーブル外装をはぎ取ります。ストリップの際，爪でケーブル外装を押さえ，ストリッパーで爪付近を押し当ててはぎ取りを行いましょう。

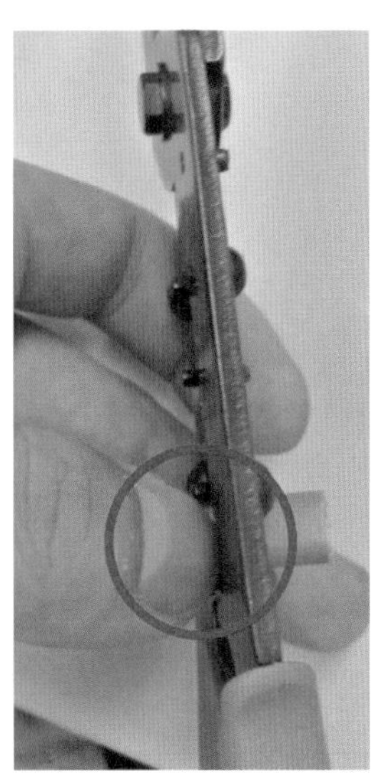

爪で押さえた所からはぎ取ります

STEP 3 絶縁被覆をはぎ取る

STEP 2 と同じようにストリップゲージ（約 1 cm）にあわせて絶縁被覆をはぎ取ります。

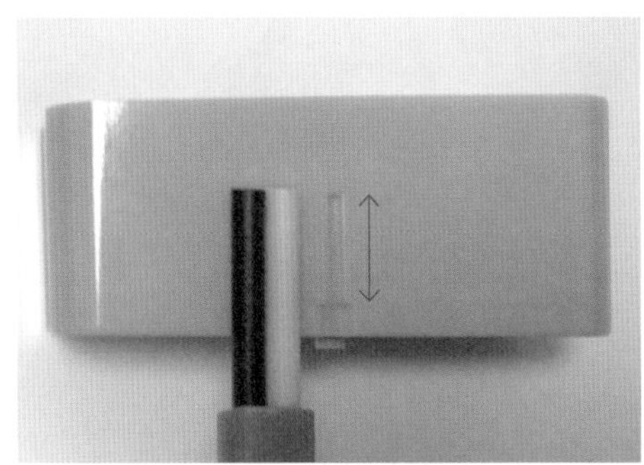

ストリップゲージに合わせます

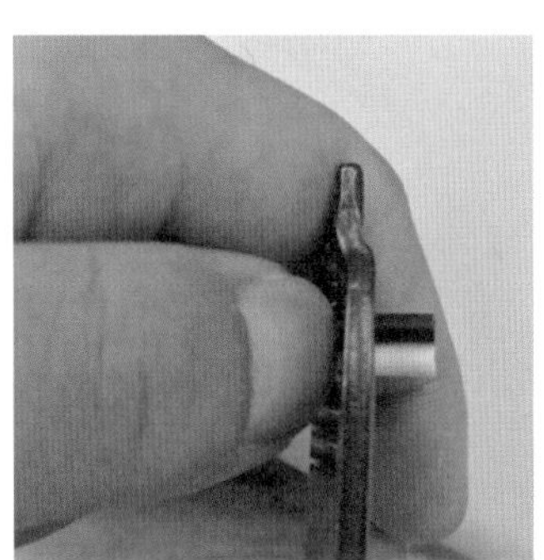

絶縁被覆をはぎ取ります

STEP 4 ケーブルを引掛シーリングに差し込む

はぎ取りが完了したら，引掛シーリングを裏返し，ケーブルと引掛シーリングの極性を合わせます。W（White（ホワイト），白色）または接地側と書いてある側の穴にケーブルの白線を差し込み，残りの穴に黒線を差し込みます。

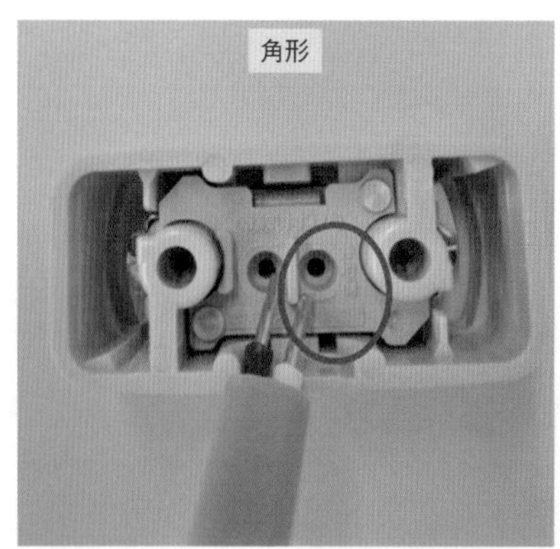

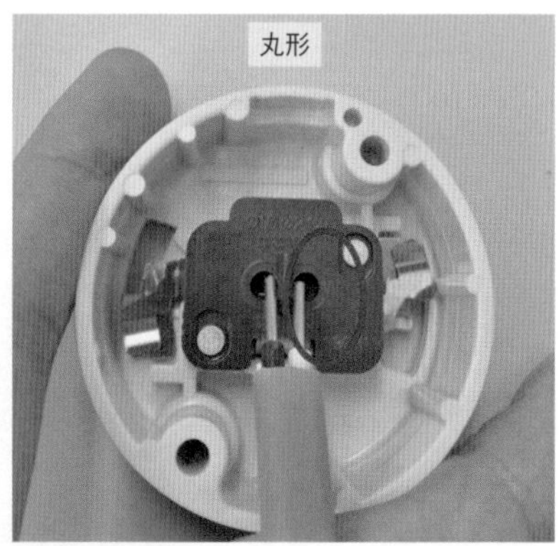

接地側，W 側にケーブルの白線を差し込みます

STEP 5 完成

極性を合わせ，ケーブルを差し込めば，引掛シーリングの単位作業は完成です。

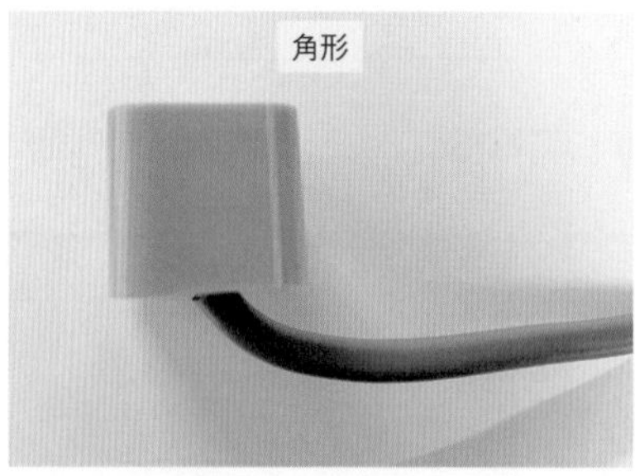

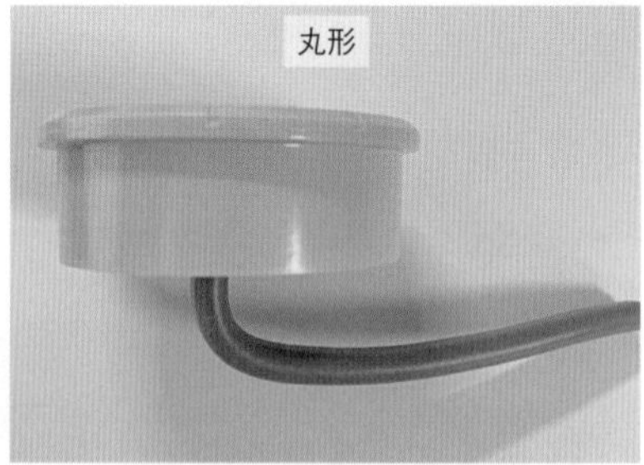

板書 引掛シーリングの欠陥

ケーブル外装や絶縁被覆のはぎ取りすぎ，極性の間違いが引掛シーリングの代表的な欠陥です。

アウト!

❶ 絶縁被覆が台座の下端から露出しすぎていると，欠陥

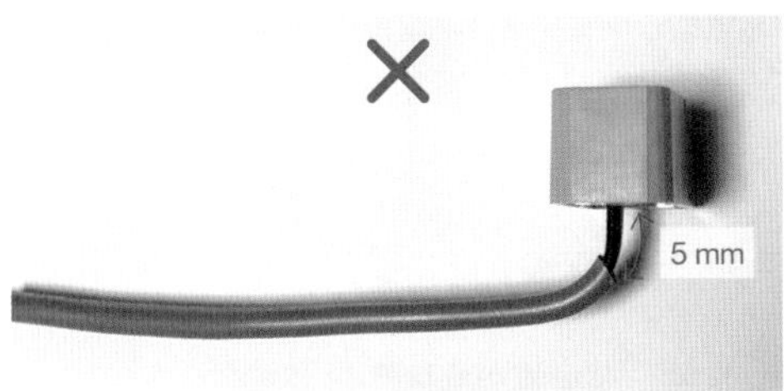

絶縁被覆が 5 mm 以上露出している

❷ 心線が差込口から露出しすぎていると欠陥

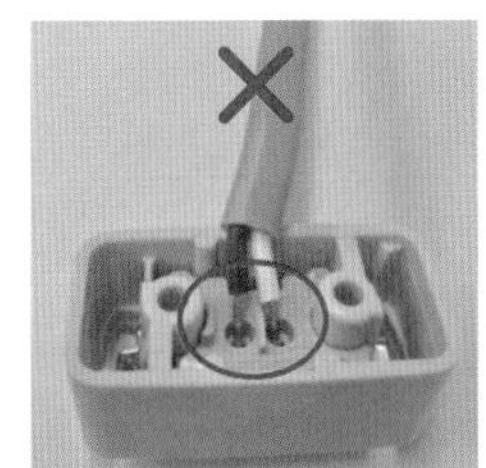

心線が 1 mm 以上露出している

❸ 極性を間違えると欠陥

極性を間違えている

❹ 電線を引っ張って外れると欠陥

どの欠陥も，ストリップゲージに合わせて施工し，差し込み方向をしっかり確認すれば防げるので，気を付けて作業を行いましょう。

SECTION 05 ランププレセプタクルの単位作業

ランプレセプタクルの単位作業では，輪作りを的確に行うことが最も重要です。

1 ランプレセプタクルの単位作業 重要度★★★

電球をつけるときの受け側になるのがランプレセプタクルです。技能試験では，カバーが外されたものが支給されます。

ランプレセプタクルは英語で“lamp receptacle”（ランプ レセプタクル）といい，ランプのソケットを意味します。

実際の電気工事では，単位作業をした後にソケットの部分に電球を取り付けて使います。

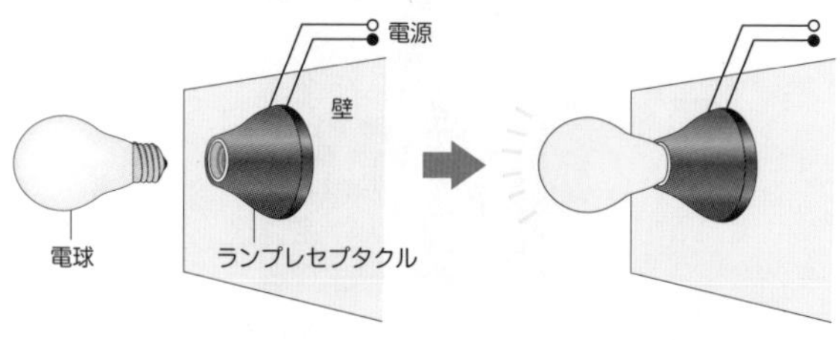

2 作業手順 重要度★★★

STEP 1 ケーブル外装を 5 cm 程度はぎ取る

ランプレセプタクルの直径に合わせてはぎ取ります。

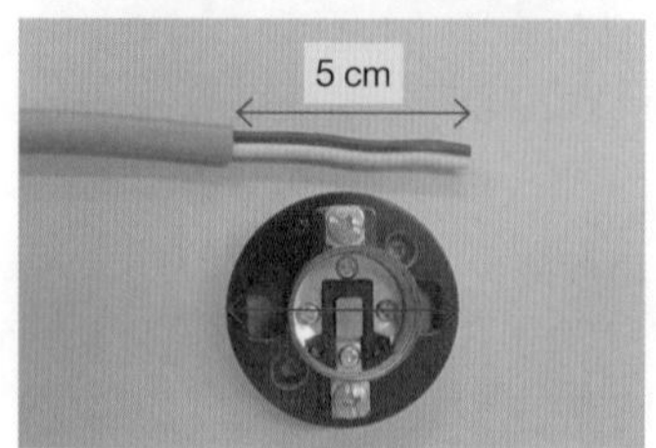

ランプレセプタクルの直径に合わせる

STEP 2 絶縁被覆を 2 cm 残してはぎ取る

2 cm の絶縁被覆を残すことで，取り付けに必要な心線の長さを確保します。

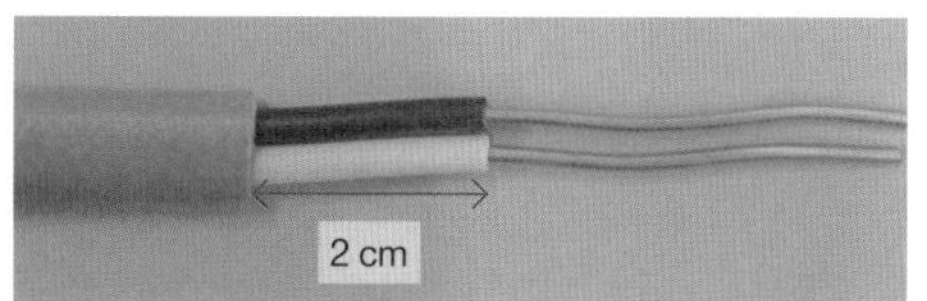

STEP 3 輪作りを行う

まずは 3 mm 程度余裕を持たせてペンチで心線を握り，ペンチで心線を直角に折り曲げます。

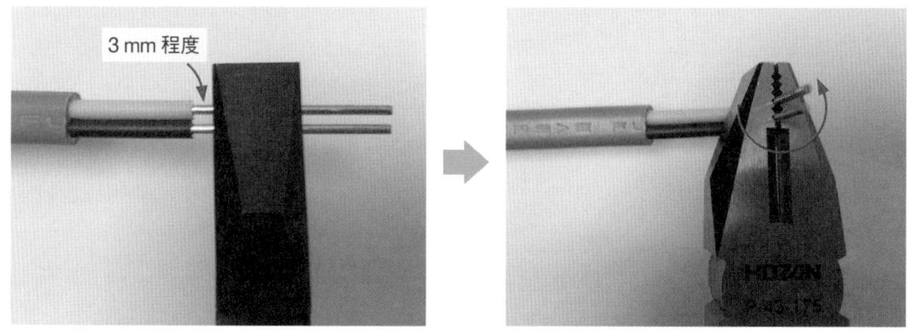

ペンチからはみ出た心線を手で奥側へ折り曲げます。

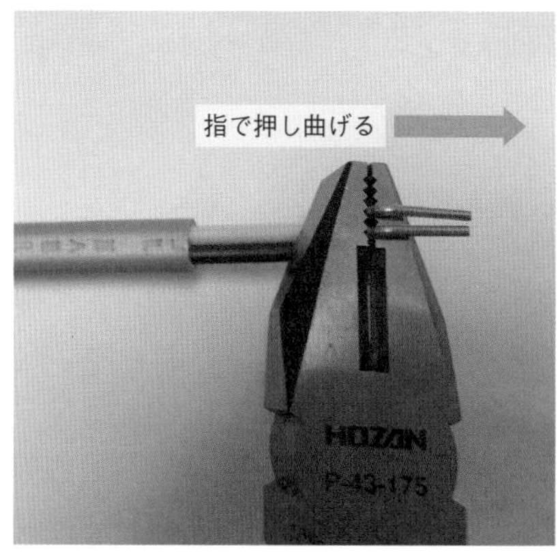

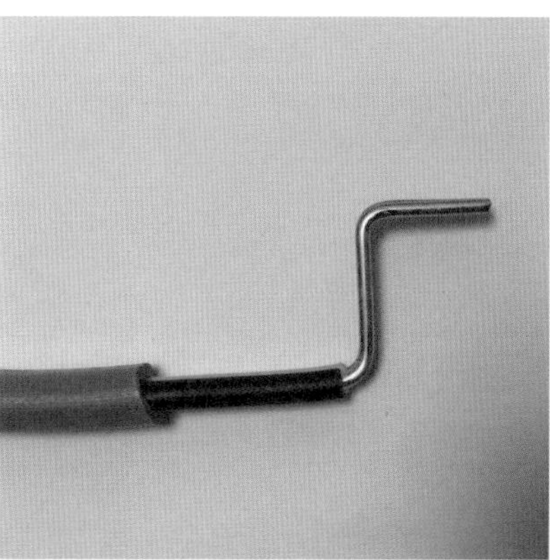

ストリッパーで握れる程度の余裕を確保して心線を切断します。3 mm 程度残して切断すればよいでしょう。

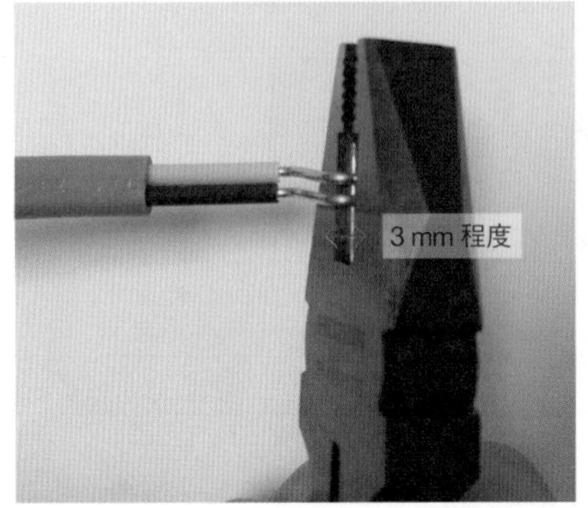

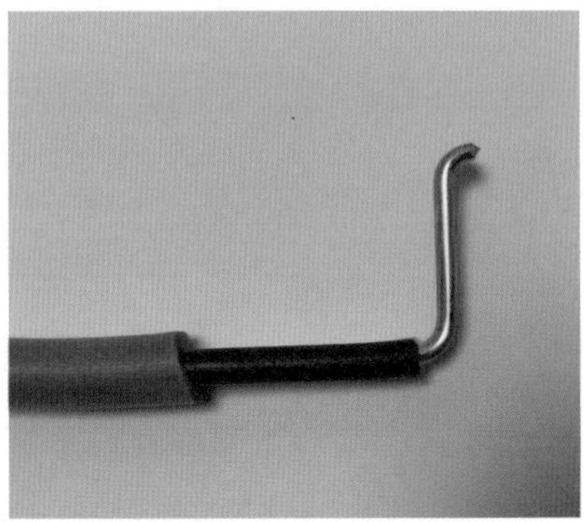

切断したらストリッパーの先端で心線をつまみ，輪を作ります。

一つずつ輪作りします

このような形になれば輪作りは完成です。

板書 輪作りの欠陥

輪作りのひとことで挙げたポイントを満たさないと欠陥になります。
まずは正しい輪作りを行えたときの図を確認しましょう。

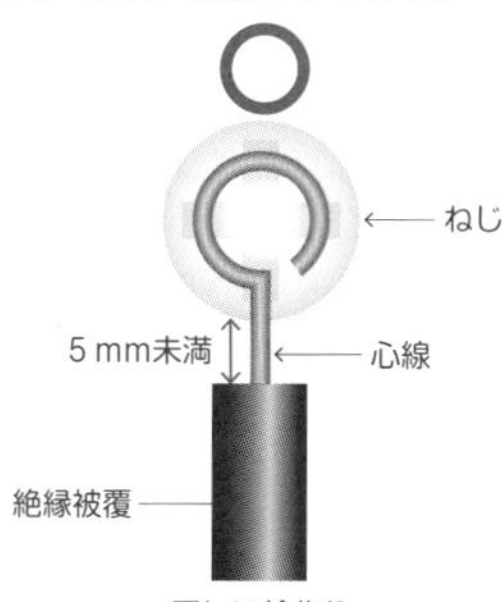

正しい輪作り

心線が5㎜以上ねじから出ないようにし，ねじが絶縁被覆に噛まないようにします。
教科書通りに輪作りを行うときは次の3つの欠陥に注意しましょう。

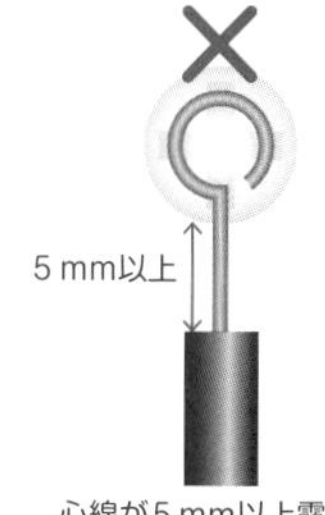

心線が5 mm以上露出

絶縁被覆を締め付けている

心線が左巻き

輪作りの際に，寸法をいいかげんにすると，心線が露出しすぎたり，絶縁被覆を締め付けてしまう可能性があります。また，輪作り後に向きを間違えると左巻きに取り付ける可能性があります。

次の3つは教科書に従えば回避できるので参考程度に抑えておきましょう。

巻き付けが3/4周以下

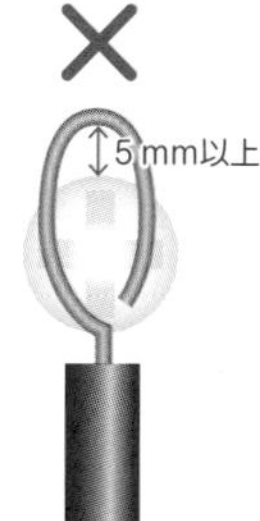

ねじの端からはみ出している

重ね巻をしている

これらの輪作りは欠陥になるので，注意をしましょう。

STEP 4 ランプレセプタクルに電線を通す

輪作りした電線をランプレセプタクルの台座の穴から通します。穴に通さなかった場合，欠陥となるので注意しましょう。

台座の穴に必ず通しましょう

STEP 5 極性を確認する

接地，非接地端子は次のようになります。白線が接地側電線なので，台座のW側に合わせましょう。

極性を必ず確認しましょう

STEP 6 ねじを締める

ねじを締めて固定します。このとき，輪作りした心線を巻いた向きとねじを締める方向が，同じ時計回りになるように注意します。これは，心線を巻いた向きとねじを締める方向が逆だと，ねじを締めるときに輪が緩んでしまうからです。

輪を巻いた方向にネジを回す

STEP 7 完成

これでランプレセプタクルの単位作業は完了です。

板書 ランプレセプタクルの欠陥

極性ミス，台座の通し忘れなどが代表的な欠陥です。

白色と黒色が逆

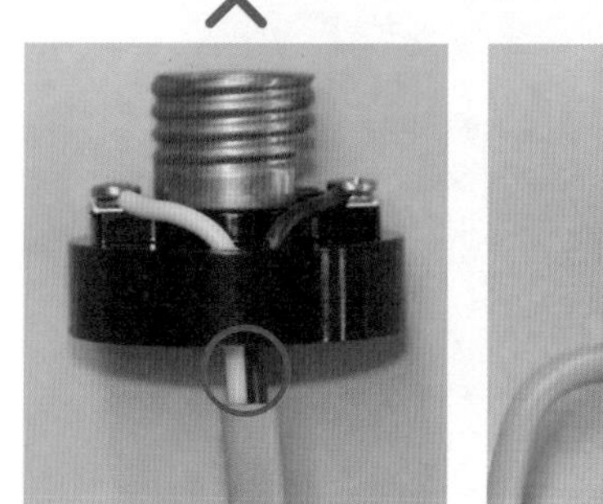

ケーブル外装が台座の中に入っていない

台座の上から結線

出典：「技能試験の概要と注意すべきポイント」

SECTION 06 コンセントの単位作業

一番使われる埋込連用コンセントの施工方法を最初にしっかりと理解しましょう。他のコンセントは埋込連用コンセントが施工できれば自然とできるようになります。

1 コンセントの単位作業について　重要度★★★

日常生活で私達が最もよく使う電圧は 100 V です。一般家庭では定格 15A125V のコンセントが多く使われているので，技能試験でよく出題されます。それ以外のコンセントについても，重要なのでしっかり学習していきましょう。

2 埋込連用コンセント（15A125V）　重要度★★★

単線図の回路図記号で，コンセントの図記号に傍記(ぼうき)がなければ定格 15A125V のコンセントを表します。ほとんどの場合はこのタイプのコンセントを利用するので，この作業を通して大まかな手順を覚えましょう。

STEP 1 ケーブル外装を 5 cm はぎ取る

ストリッパーの表示に合わせてはぎ取ります。

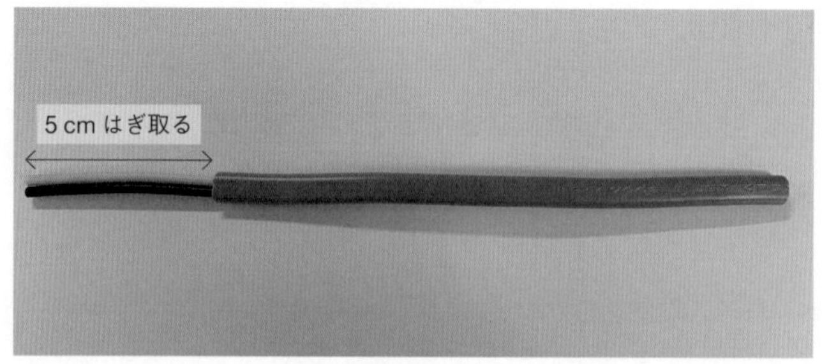

STEP 2 絶縁被覆を 10 mm はぎ取る

コンセントの裏側にあるストリップゲージに合わせるか，ストリッパーの表示に合わせてはぎ取ります。

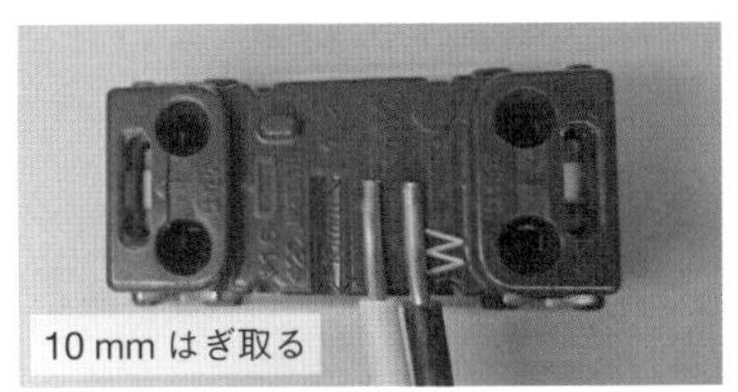

STEP 3 電線をコンセントに差し込む

W 側に接地側電線である白線を差し込み，何も書いていないほうに非接地側電線である黒線を差し込みます。

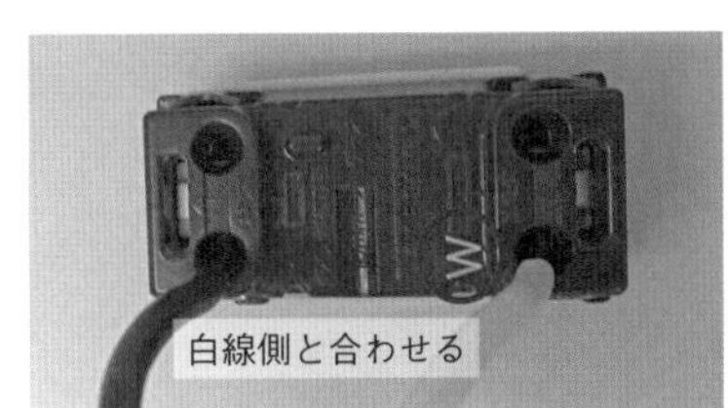

極性に注意して電線を差し込みましょう

STEP 4 完成

コンセントにしっかりと電線を差し込んだら完成です。

電線とコンセントの極性を間違えると欠陥となるので注意をしましょう。

3 埋込コンセント（15A125V接地極付接地端子付） 

基本的な作業は通常の埋込連用コンセントと同じです。接地端子が新たに増えていることに注意して作業を行いましょう。

なお，埋込コンセント（15A125V 接地極付接地端子付）は技能試験の公表問題 No. 9 でしか出題されません。

STEP 1 ケーブル外装を 5 cm，絶縁被覆を 12 mm はぎ取る

コンセントの裏側にあるストリップゲージに合わせるか，ストリッパーの表示に合わせてはぎ取りましょう。また，接地線として緑色の IV 線を使います。

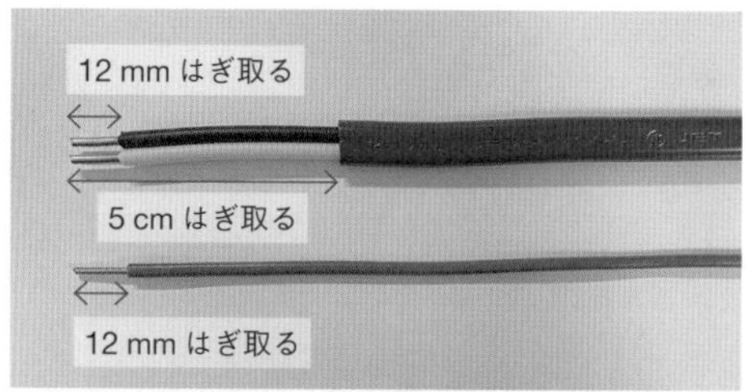

STEP 2 電線をコンセントに差し込む

W 側に接地側電線である白線を差し込み，何も書いていないほうに非接地側電線である黒線を差し込みましょう。

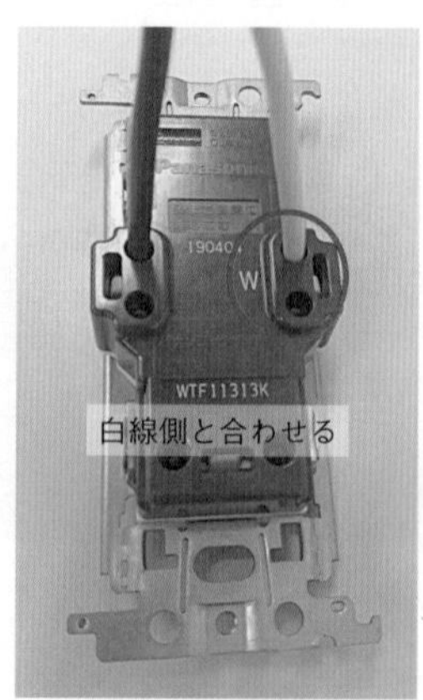

極性に注意して電線を差し込みましょう

STEP 3 接地線を接地記号のある端子（⏚と表示）に差し込む

技能試験では，接地線は緑色で指定されるので必ず緑色の電線を使うことに気をつけましょう。

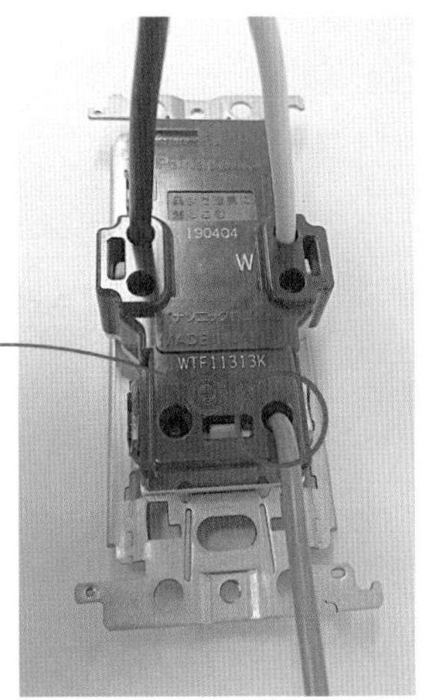

接地線には緑色のものを使います

STEP 4 完成

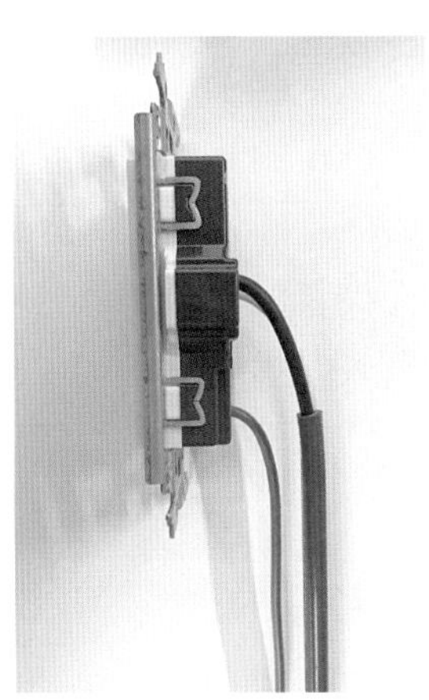

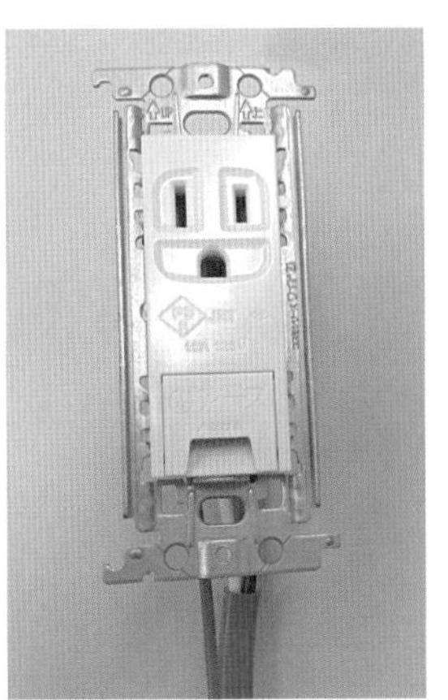

4 埋込コンセント（20A250V接地極付）

接地線を緑色にして接地端子と接続します。それ以外の2端子は極性がないので，電線の色を気にする必要がありません。接地線には緑色のものを使うことに注意しましょう。

なお，20A250V接地極付の埋込コンセントは200Vコンセントとも呼ばれ，技能試験の公表問題No. 5でしか出題されません。

STEP 1 ケーブル外装を10 cm，絶縁被覆を12 mmはぎ取る

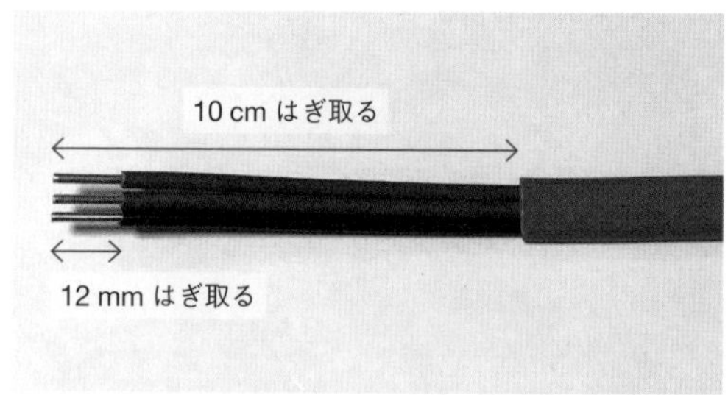

STEP 2 接地線を接地記号のある端子（⏚と表示）に差し込む

技能試験では，接地線は緑色で指定されるので必ず緑色の電線を使うことに気をつけましょう。

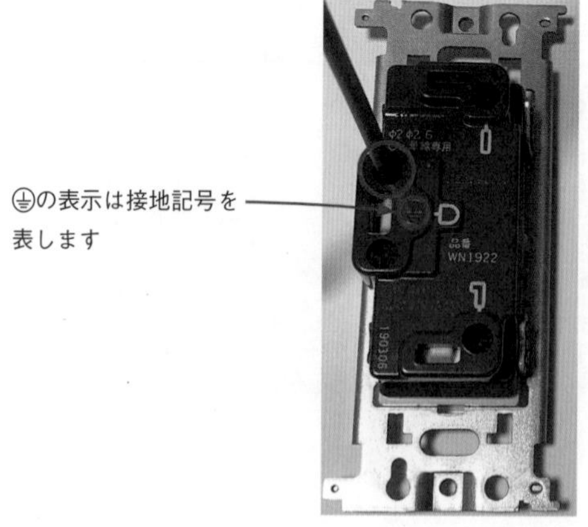

接地端子に緑線を差し込みます

STEP 3 残りの端子に電線を差し込む

200 V のコンセントの非接地端子には極性が存在しないので緑色以外のどの色の線をどの端子に接続してもかまいません。

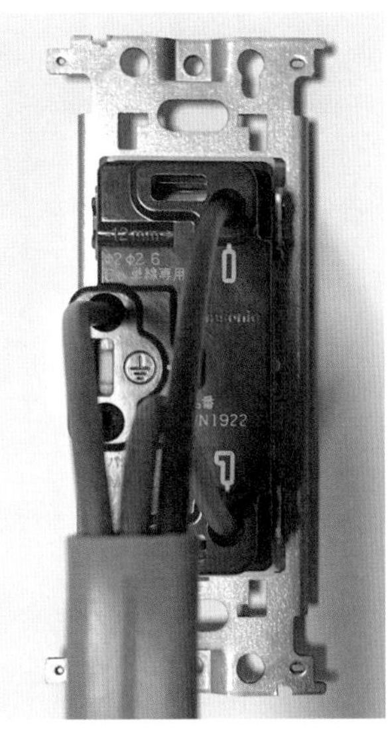

STEP 4 完成

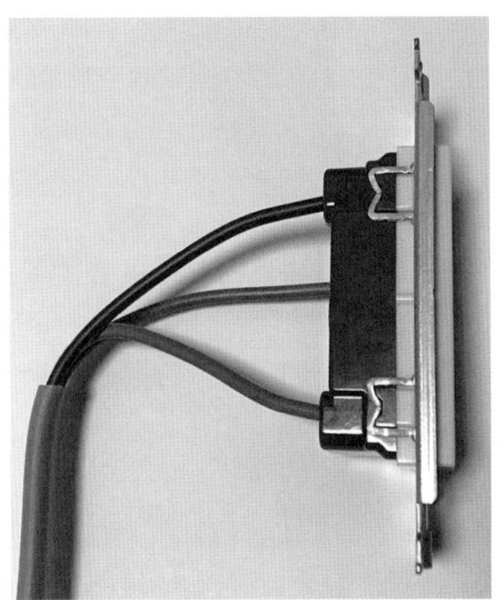

5 露出形コンセント

重要度★★★

露出形コンセントは技能試験の公表問題 No. 6 でしか出題されません。練習回数が不足しないように，単位作業を個別に行って練習をしましょう。

ひとこと 練習するときは，プラスドライバでネジを回し，カバーを外して使います。技能試験では，カバーが外されたものが支給されます。

STEP 1 露出形コンセントの縦方向に合わせて，約 5 cm ケーブル外装をはぎ取る

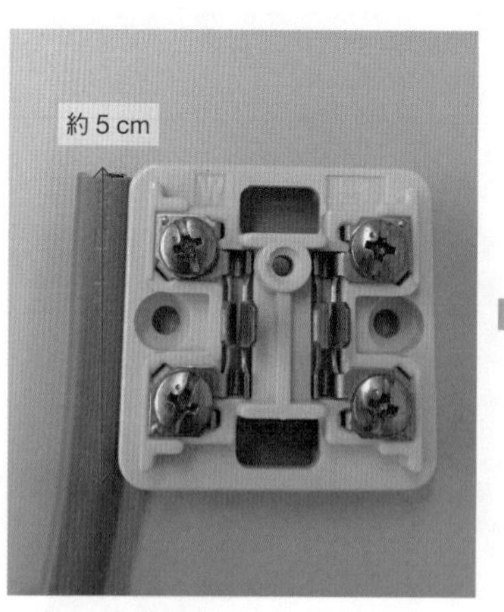

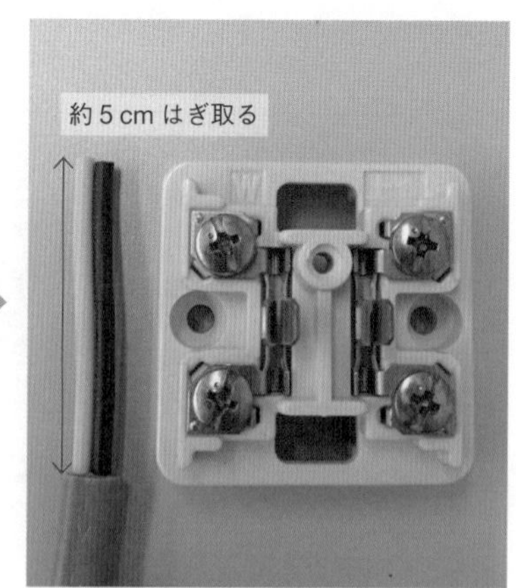

STEP 2 絶縁被覆を 10 mm だけ残してはぎ取る

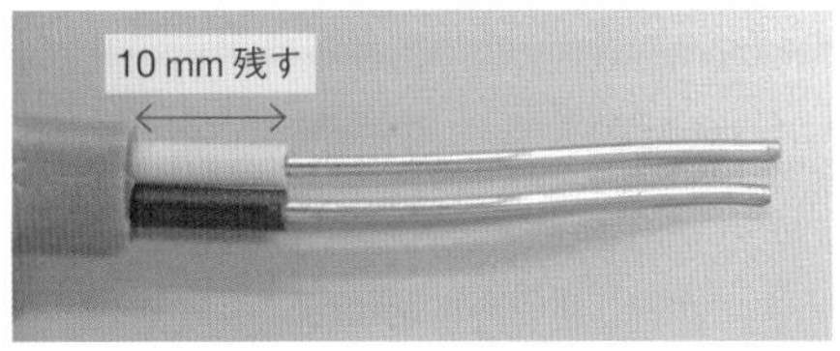

STEP 3 輪作りを行う

ランプレセプタクルの輪作りと
同様の方法です

単位作業 05 ランプレセプタクル (p.44)

STEP 4 極性を合わせてねじ止めを行う(技能試験ではここまで)

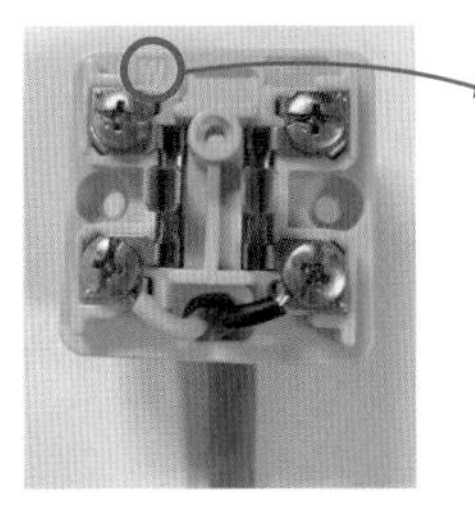

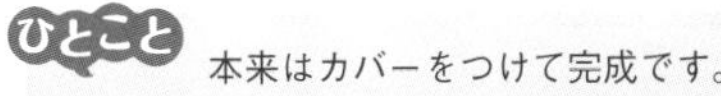

ひとこと 本来はカバーをつけて完成です。

SECTION 07 わたり線の単位作業

埋込連用取付枠に複数個の器具を取り付けるとき，わたり線を使うことで配線をまとめることができます。具体的な複線図を使い，わたり線のつくり方，注意点について学習していきましょう。

1 わたり線とは

重要度★★★

一つの埋込連用取付枠に複数の器具を付けることがあります。わたり線は，そのような場合に結線を簡単に，短く行うために使われます。例えば次のような単線図を考えてみましょう。

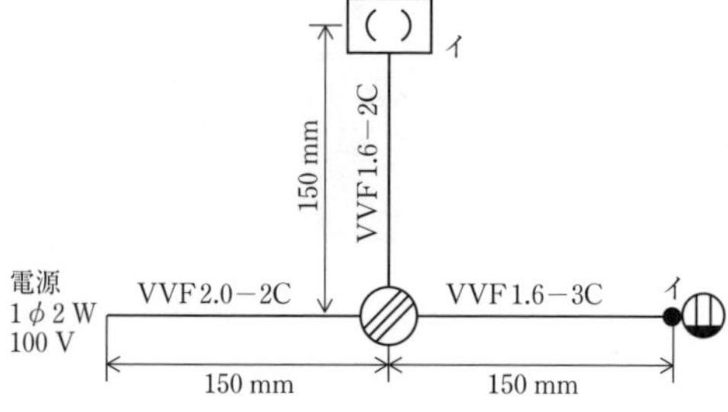

これを複線図にすることを考えてみましょう。

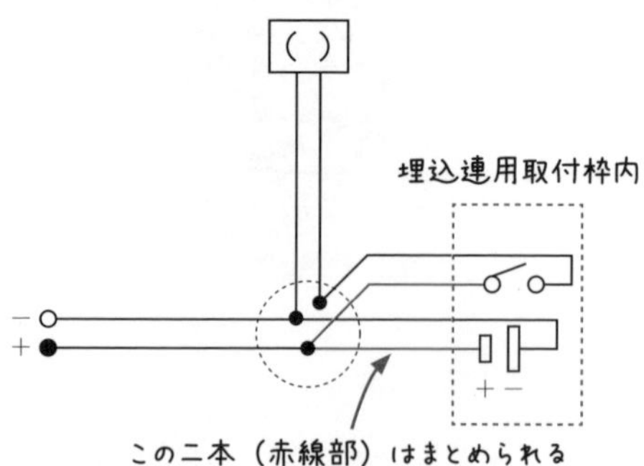

このような複線図を書くと，確かに電気的な接続は正しくなっていますが，スイッチとコンセントに接続されている非接地側電線が無駄に多くなってしまいます。このままでは，埋込連用取付枠とジョイントボックスの間に4つの心線をもつケーブルが必要になってしまいます。

そこで，次のようにわたり線を使ってまとめてしまいます。

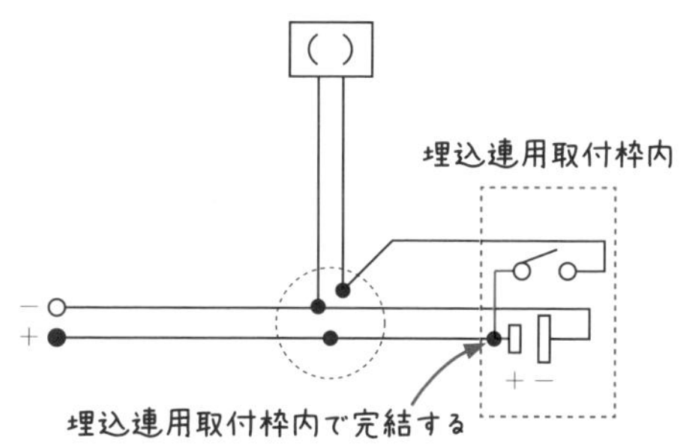

このとき，スイッチとコンセントは同じ埋込連用取付枠に取り付けられているので，非接地側電線を埋込連用取付枠内で共有をした方が配線が効率的になります。このときに使う配線が**わたり線**です。

ひとこと　上の複線図では，赤線で示されていますが実際には非接地側電線なので黒線を使用します。

2 わたり線のつくり方

重要度★★★

STEP 1 使用電線を選定する

わたり線は支給材料や施工条件を考慮し，使用電線を選定する必要があります。わたり線には VVF ケーブルの内部に入っている電線や，IV 線を使用します。

板書 VVF ケーブルの処理手順

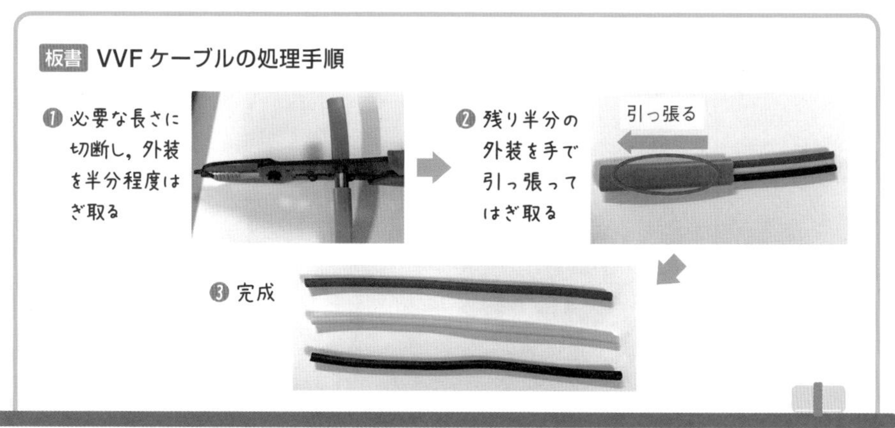

ひとこと　2 心ケーブルの場合も同様の手順で処理し，IV 線はそのまま使用します。

STEP 2 電線を接続部分の長さに切断する

わたり線は，長さについての決まりがありません。目安として埋込連用取付枠内部のとなり合う器具をつなぐ場合は 5 cm 程度の長さを用意し，上段と下段の器具をつなぐ場合やななめにわたり線を使う場合は 10 cm 程度を用意します。

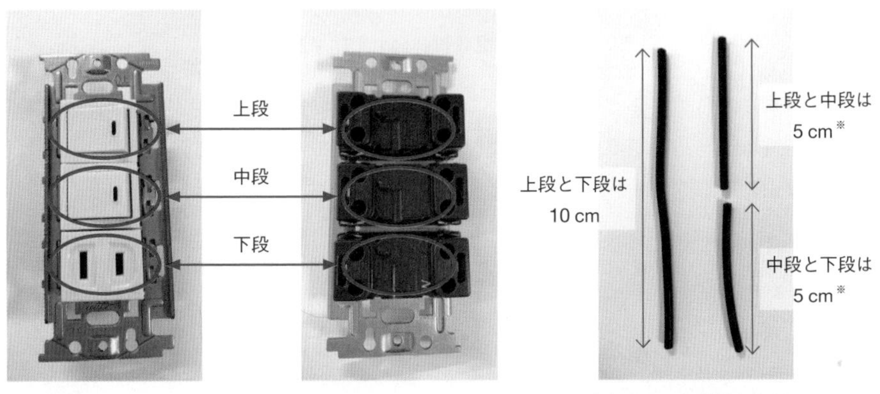

※ななめにつなぐ場合は 10 cm

STEP 3 絶縁被覆をそれぞれの機器のストリップゲージに合わせてはぎ取る

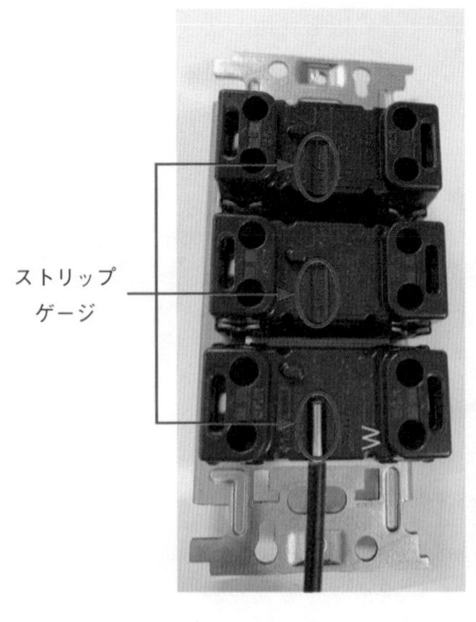

STEP 4 電線を挿入しやすい形に整える

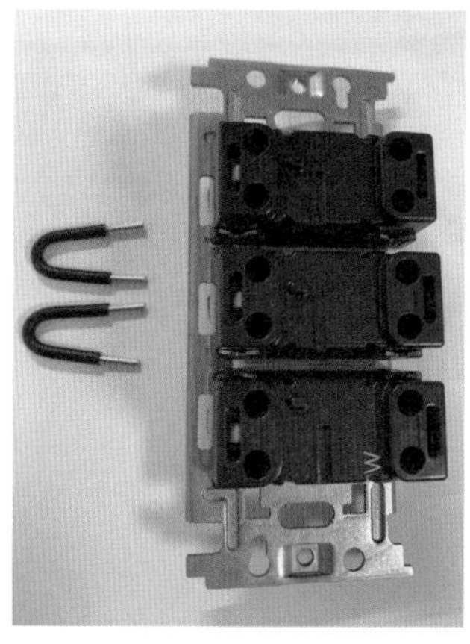
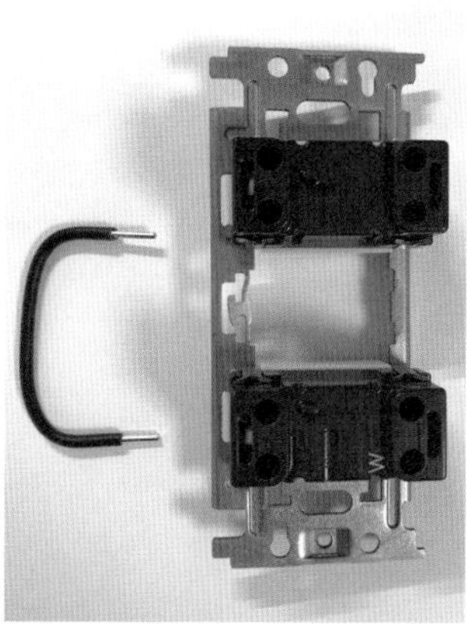

ひとこと 挿入場所（接続方法）に関しては，様々なパターンが当てはまる場合があります。しっかり複線図を復習し正しい結線方法をマスターしましょう。

STEP 5 器具にわたり線を挿入する

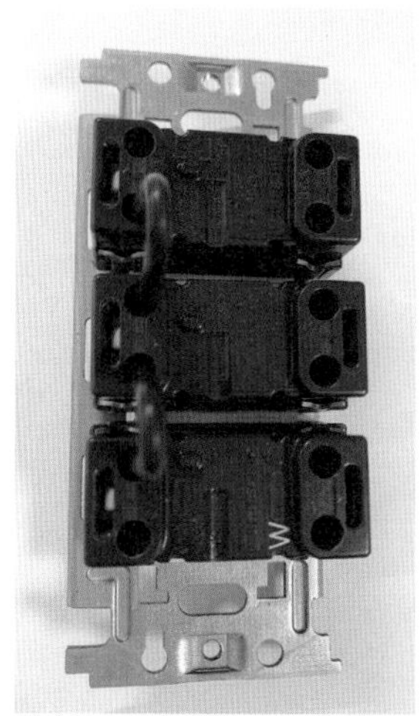
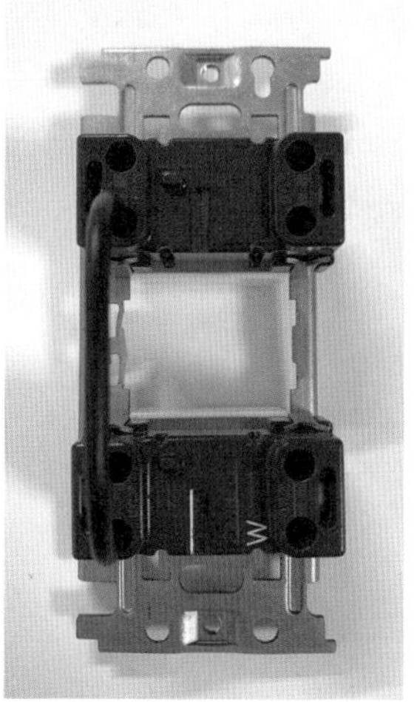

ひとこと 施工条件を読み，正しい色の電線を使用することに注意をしてわたり線で配線を行います。原則として，接地側電線を白，非接地側電線を黒というルールに従うことを注意しましょう。

SECTION 08 パイロットランプの単位作業

暗い場所で器具のスイッチを探すときの目印や，器具の動作を確認するために，パイロットランプを使用します。ここでは，パイロットランプを接続するときの注意点について学習します。

1 パイロットランプとは

重要度★★★

パイロットランプは，器具の動作状態やスイッチの位置を示すために使用されています。

パイロットランプには極性がありませんが，施工条件によってスイッチとの接続方法が異なるので，注意する必要があります。

板書 パイロットランプの接続方法

常時点灯回路の場合

複線図

CL

イ

イ

パイロットランプを電源と並列につなぎます。

同時点滅回路の場合

複線図

イ

イ

パイロットランプを負荷と並列につなぎます。

2 必要な工具について

重要度★★★

パイロットランプを埋込連用取付枠に取り付けるため，マイナスドライバを用意します。

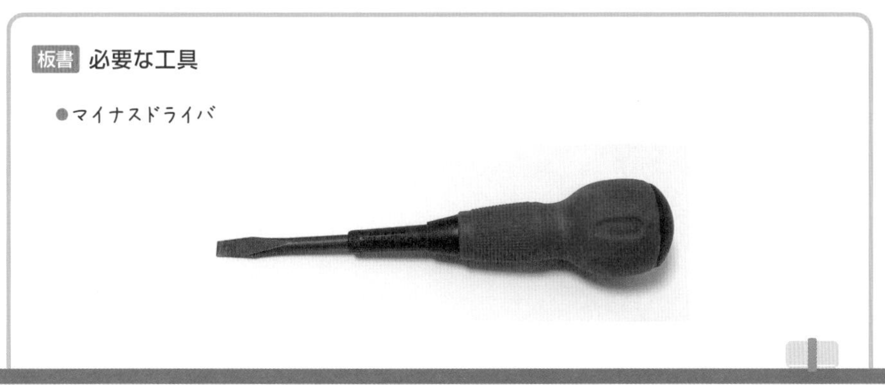

3 パイロットランプの作業手順

重要度★★★

STEP 1 埋込連用取付枠にパイロットランプを取り付ける

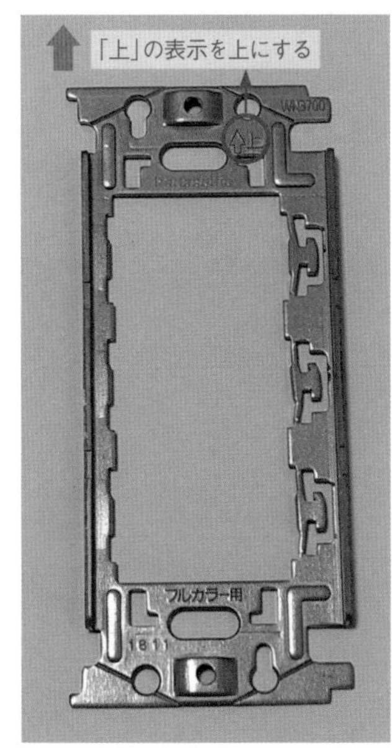

埋込連用取付枠の奥から手前にパイロットランプを入れる

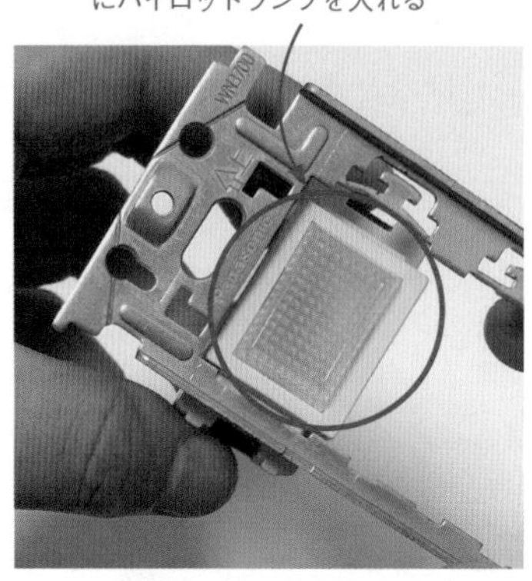

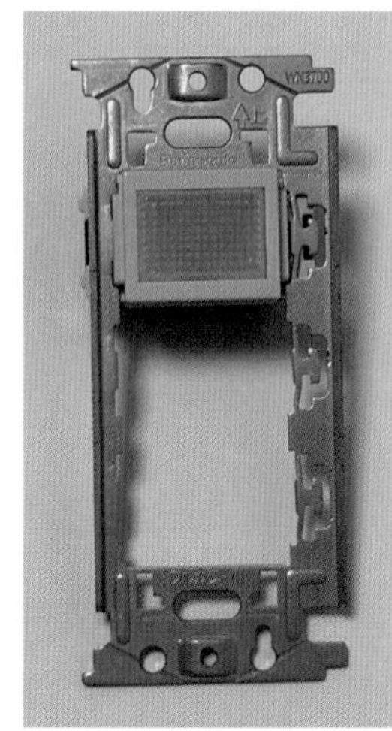

STEP 2 》埋込連用取付枠に固定する

埋込連用取付枠の右側のくぼみにマイナスドライバを差し込み，回して固定します。

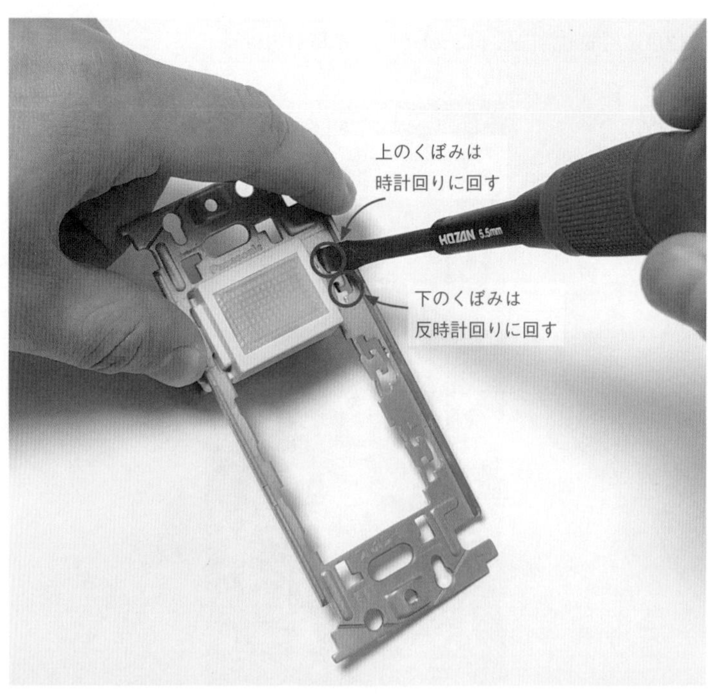
上のくぼみは
時計回りに回す
HOZAN 5.5mm
下のくぼみは
反時計回りに回す

STEP 3 パイロットランプに電線を接続する

複線図を参考に，接続します。（スイッチは，結線を説明するために取り付けてあります）

①常時点灯回路の場合

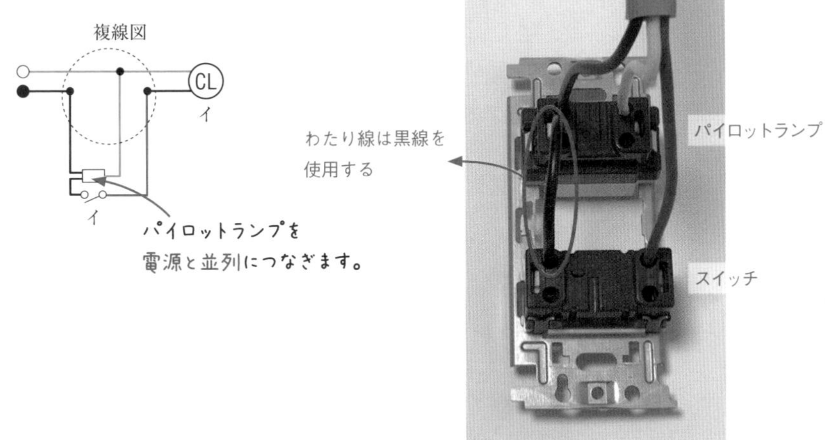
複線図
CL
イ
イ
パイロットランプを
電源と並列につなぎます。
わたり線は黒線を
使用する
パイロットランプ
スイッチ

②同時点滅回路の場合

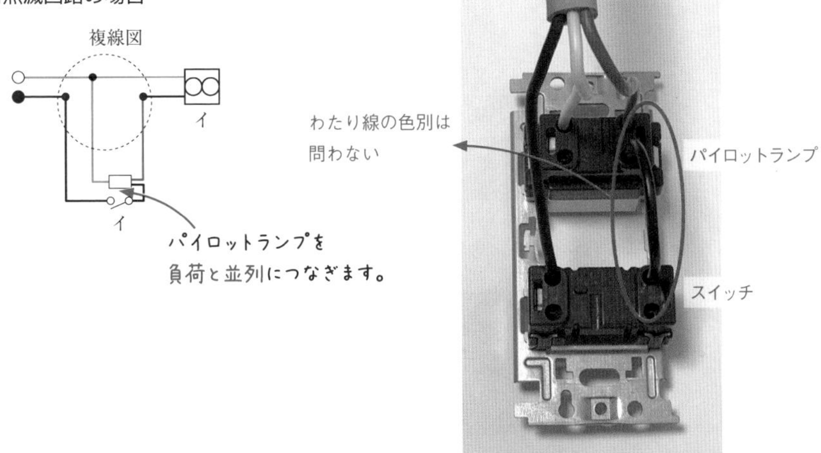
複線図
イ
イ
パイロットランプを
負荷と並列につなぎます。
わたり線の色別は
問わない
パイロットランプ
スイッチ

ひとこと 常時点灯回路の場合は，施工条件に「電源から点滅器（スイッチ），パイロットランプまでの非接地側電線には，すべて黒色を使用する」とあるので，パイロットランプとスイッチのわたり線に黒色以外を使用すると欠陥になります。

STEP 4 完成

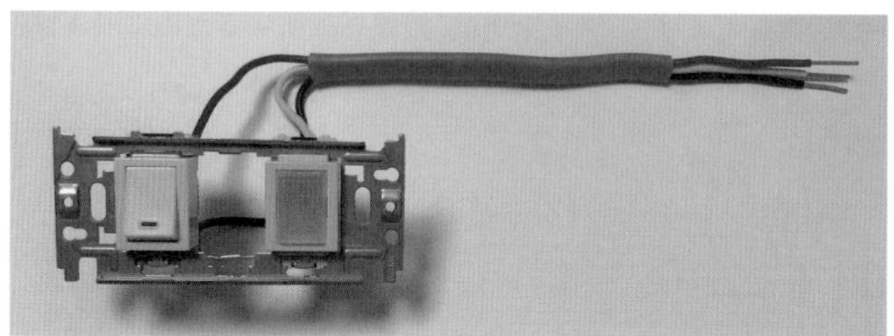

板書 電線の取り外し方法

誤った箇所に電線を接続してしまった場合は，次の手順で取り外すことができます。

❶「はずし穴」にマイナスドライバを差し込む。

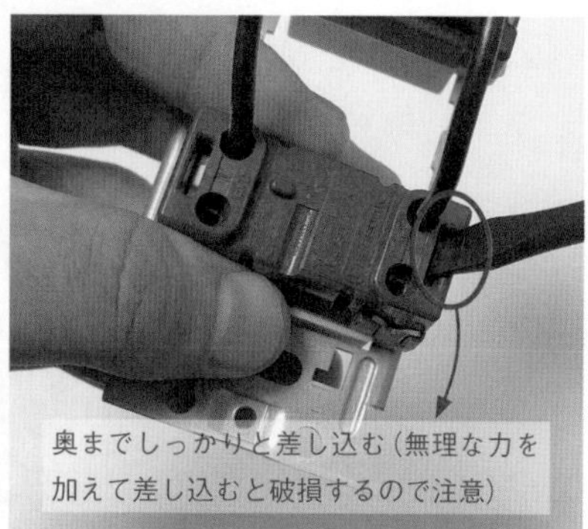

奥までしっかりと差し込む（無理な力を
加えて差し込むと破損するので注意）

❷ドライバを差し込んだまま，電線を引き抜く。

板書 パイロットランプの欠陥

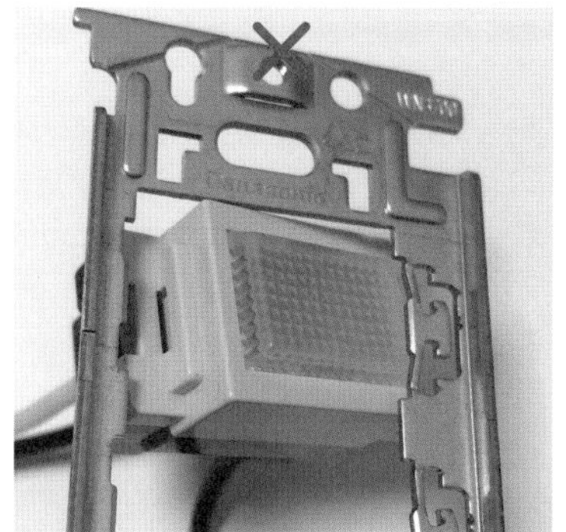

取付けがゆるく，配線器具を引っ張って外れるもの

電線を引っ張って外れるもの

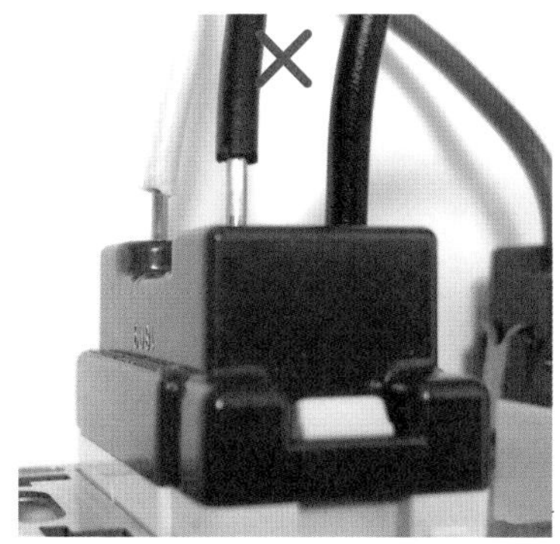

心線が差込口から2mm以上露出したもの

SECTION 09 スイッチの単位作業

器具を点灯，消灯させるスイッチには様々な種類があり，点灯パターンによって使い分けられています。この単元では，それぞれのスイッチを接続するときの注意点について学習します。

1 スイッチとは

重要度★★★

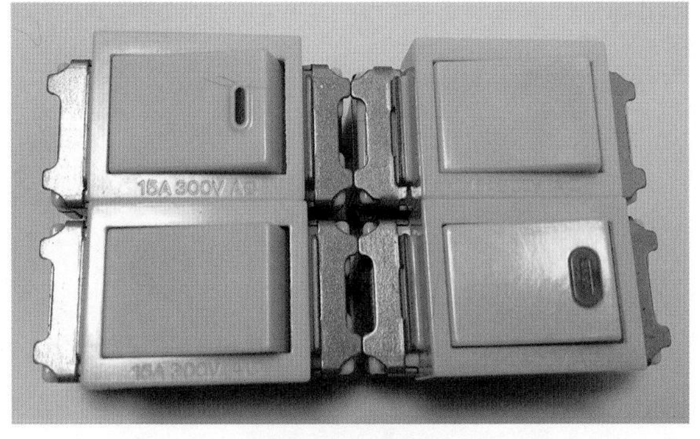

スイッチは，点滅器とも呼ばれます。試験問題では，上の写真の単極スイッチ，3路スイッチ，4路スイッチ，位置表示灯内蔵スイッチの4種類が使用されます。

板書 スイッチの種類

❶ 単極スイッチ

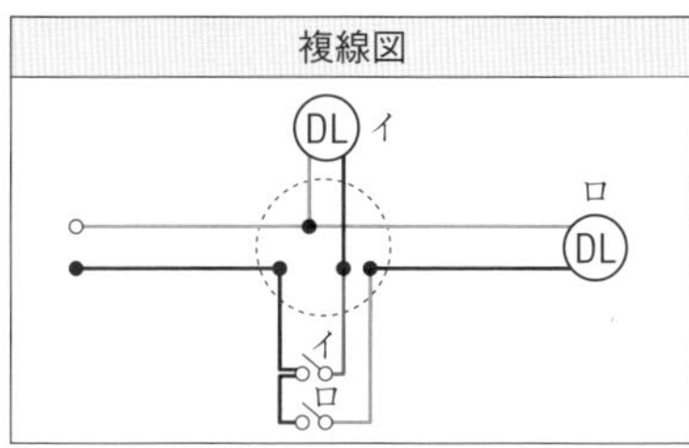

最も一般的なスイッチで，ON側にマークがあります。ON，OFFすることによって同じ記号の器具（上の図では「イ」と「ロ」）を点灯，消灯します。

❷ 3路スイッチ

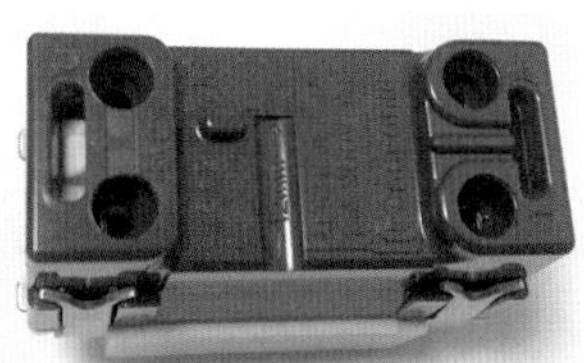
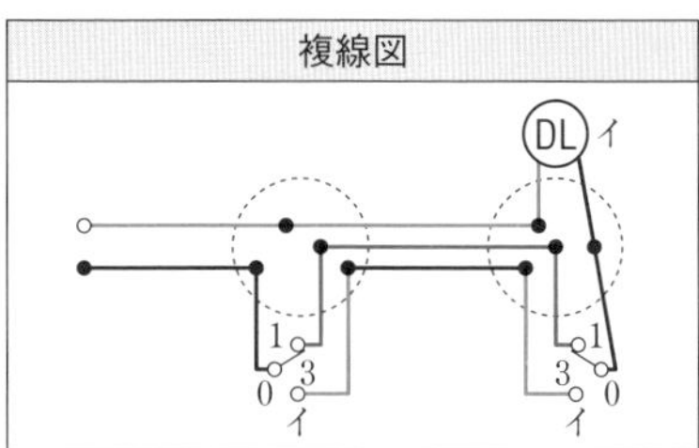

1つの照明などを2か所の場所でON，OFFすることができるスイッチです。試験では上の図のように，2つの3路スイッチを組み合わせた回路が出題されます。裏面の記号「0」「1」「3」の端子に接続する電線の色や種類は，施工条件で指定されていることがありますので，注意しましょう。

❸ 4路スイッチ

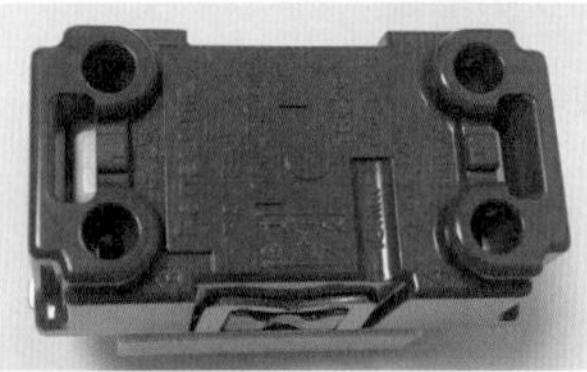

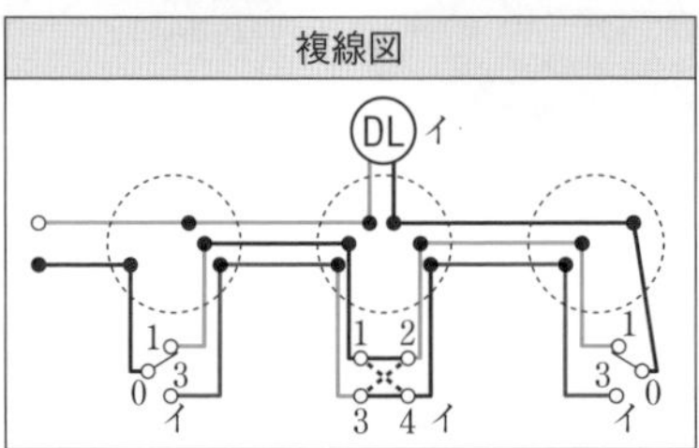

3路スイッチと組み合わせて，3か所以上の場所でON，OFFを行うことができるスイッチです。試験では上の図のように，1つの4路スイッチと2つの3路スイッチを組み合わせた回路が出題されます。

❹ 位置表示灯内蔵スイッチ

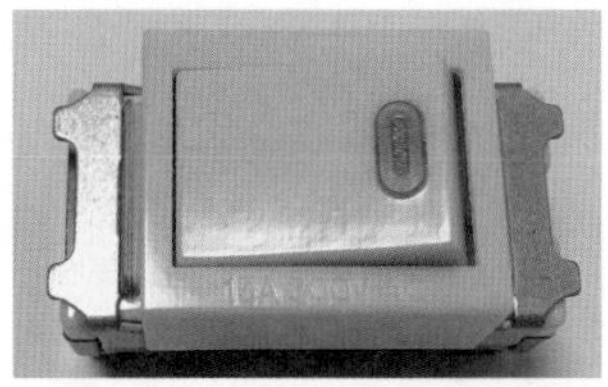

OFFのときに表示灯がつくスイッチです。記号の横に「H」と表記されています。

2 必要な工具について

重要度★★★

スイッチを埋込連用取付枠に取り付けるため，マイナスドライバを用意します。

板書 必要な工具

●マイナスドライバ

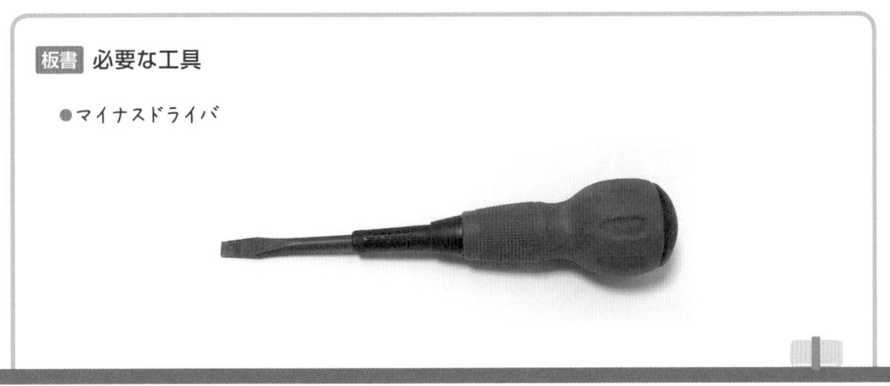

3 スイッチの作業手順

重要度★★★

STEP 1 埋込連用取付枠にスイッチを取り付ける

埋込連用取付枠の「上」と表示されている方を上にして，埋込連用取付枠にスイッチを取り付けます。

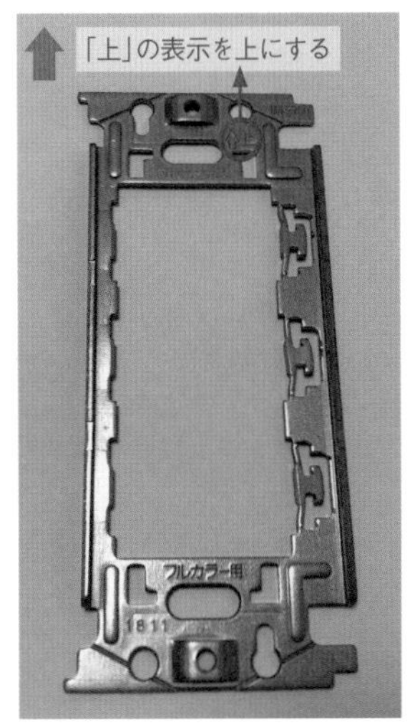

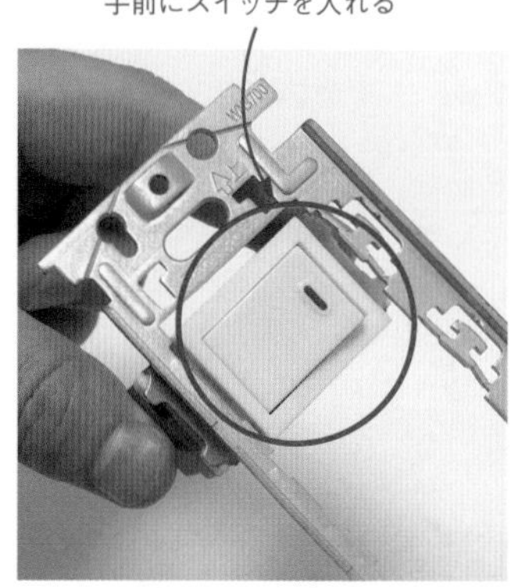
埋込連用取付枠の奥から
手前にスイッチを入れる

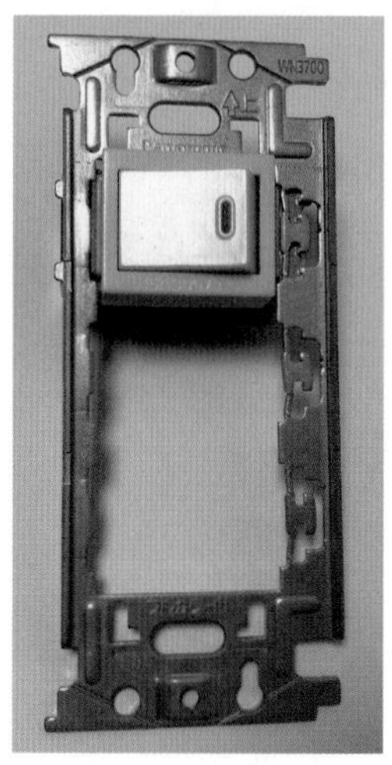

STEP 2 埋込連用取付枠に固定する

埋込連用取付枠の右側のくぼみにマイナスドライバを差し込み，回して埋込連用取付枠に固定します。

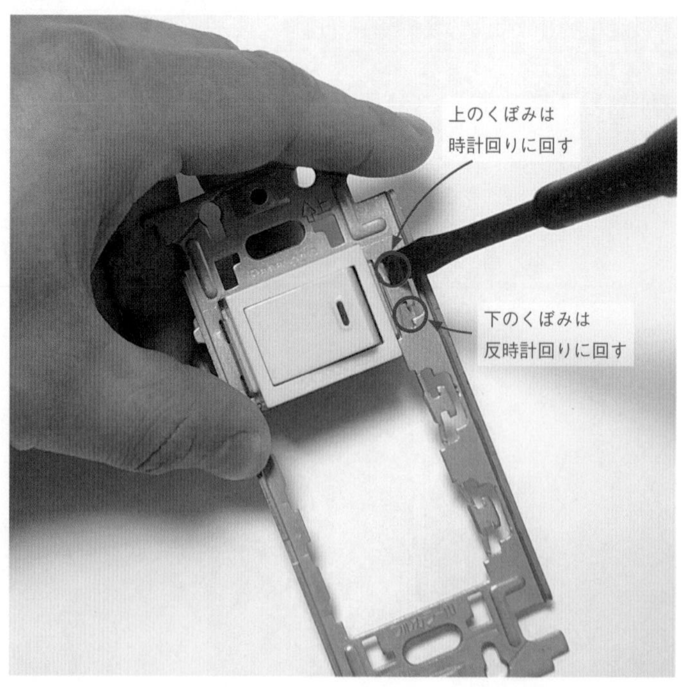
上のくぼみは
時計回りに回す
下のくぼみは
反時計回りに回す

STEP 3 電線を接続する

複線図を参考に，すべてのスイッチを埋込連用取付枠に取り付けて，電線を接続します。

埋込連用取付枠に取り付ける器具の配置場所が，施工条件で指定されていることがあるので，複線図をよく見て取り付けましょう。間違った位置に器具を取り付けると欠陥になります。

①単極スイッチを２つ用いる回路の場合

わたり線は黒線を使用する

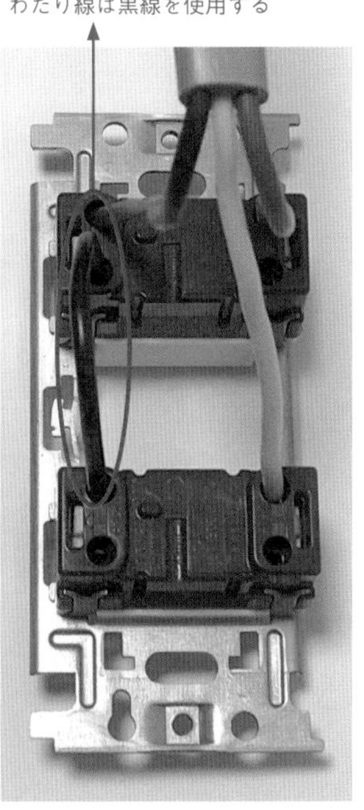

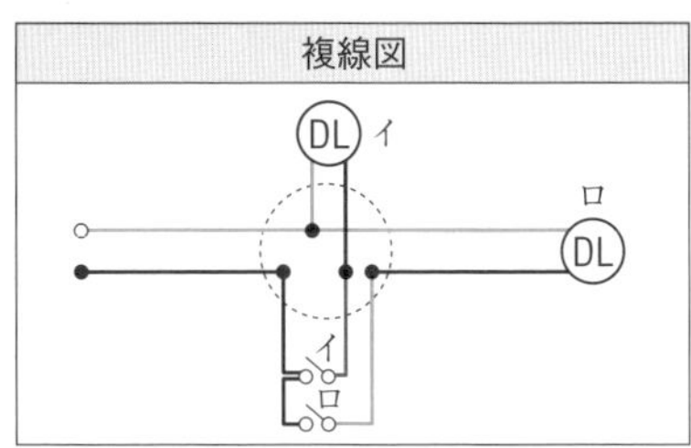

② 3 路スイッチを 2 つ用いる回路の場合

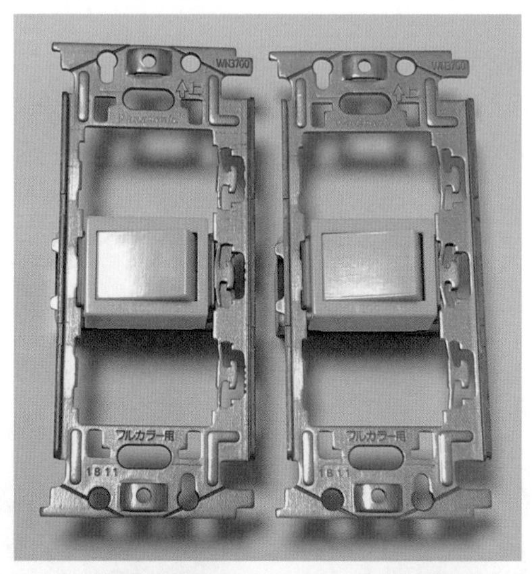

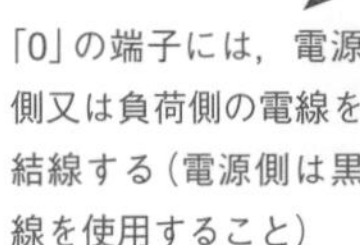
「0」の端子には，電源側又は負荷側の電線を結線する（電源側は黒線を使用すること）

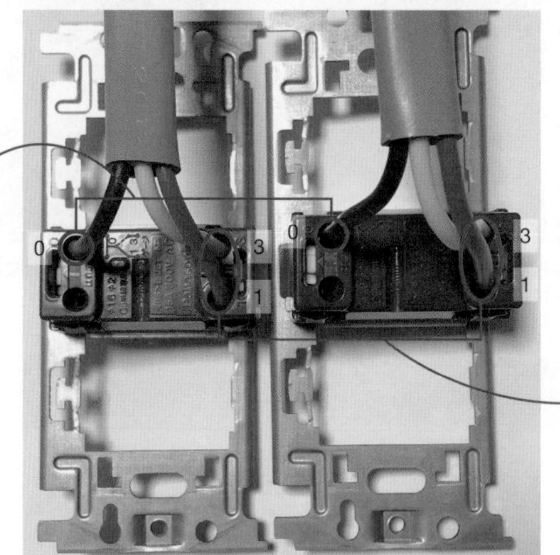

「1」「3」の端子には，スイッチ相互間の電線を結線する（電線の色別は問わない）

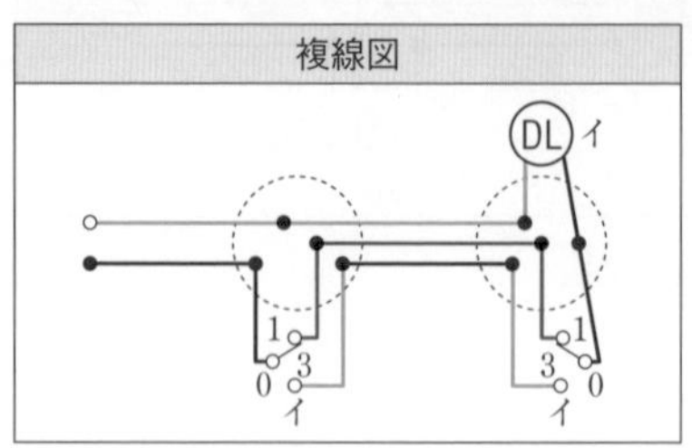

③ 4 路スイッチを用いる回路の場合

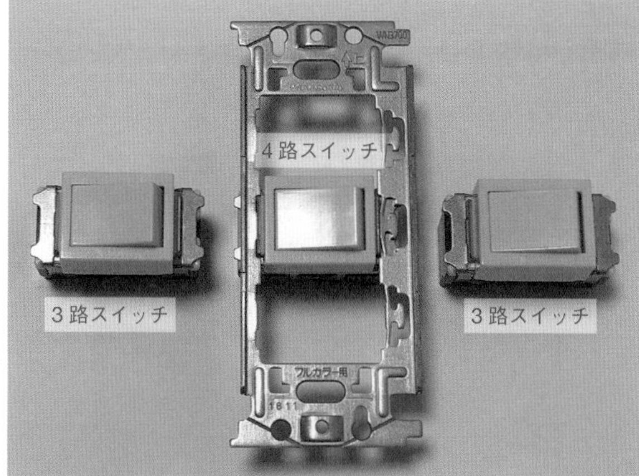

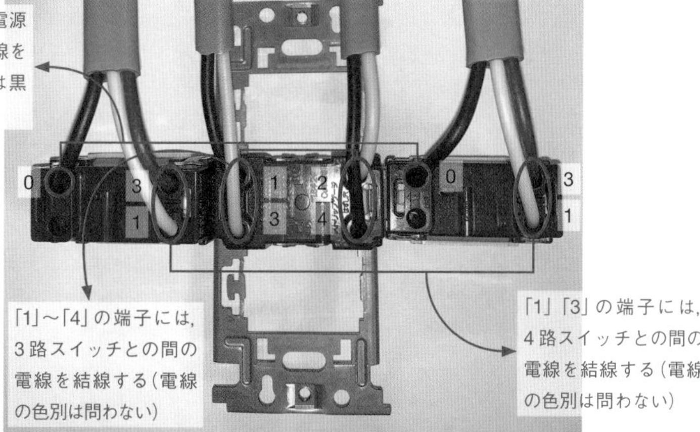

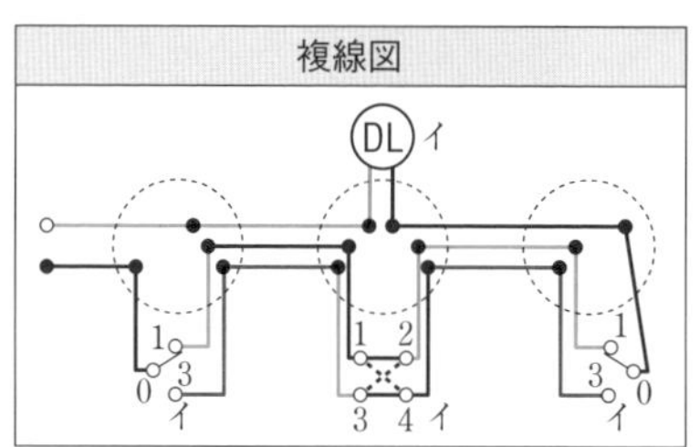

ひとこと 施工条件に「電源から点滅器（スイッチ）及びコンセントまでの非接地側電線には，すべて黒色を使用する」とある場合，施工条件に従いましょう。黒色以外を使用すると欠陥になります。

板書 電線の取り外し方法

誤った箇所に電線を接続してしまった場合は，以下の手順により取り外すことができます。

❶「はずし穴」にマイナスドライバを差し込む

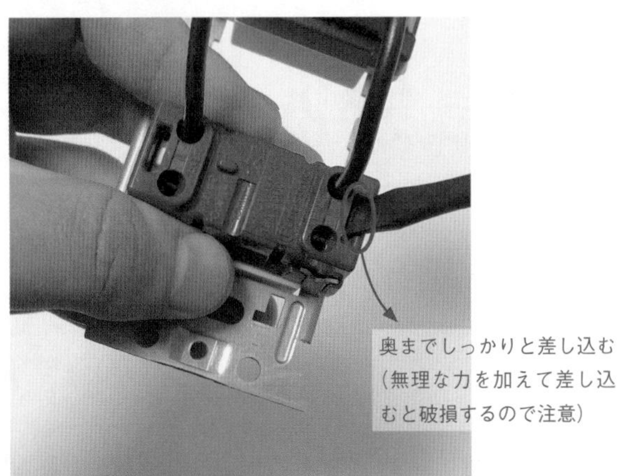

奥までしっかりと差し込む（無理な力を加えて差し込むと破損するので注意）

❷ドライバを差し込んだまま，電線を引き抜く

板書 スイッチの欠陥

取付けがゆるく，配線器具を引っ張って外れるもの

電線を引っ張って外れるもの

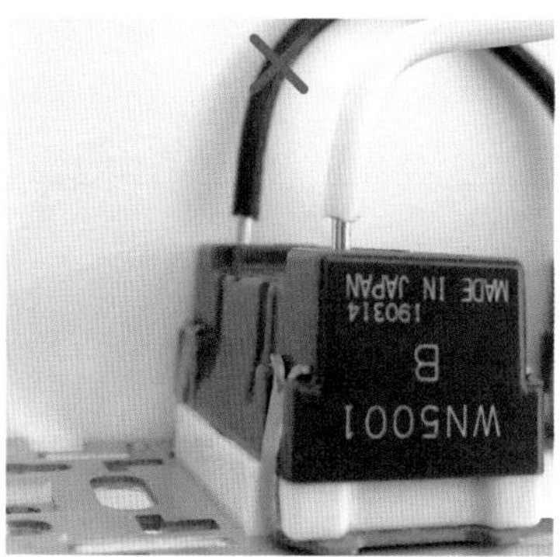

心線が差込口から2mm以上露出したもの

SECTION 10 端子台の単位作業

端子台はタイムスイッチやリモコンリレーなどの代用品として使います。比較的簡単な作業ですがしっかり学習しましょう。

1 端子台について

重要度★★★

端子台はタイムスイッチやリモコンリレー，配線用遮断器，漏電遮断器などの代用品として使います。どの代用品として使う場合も基本的な施工方法は同じです。ただし，それぞれの場合においての施工条件をよく読み結線方法などを確認する必要があります。

2 作業手順

重要度★★★

STEP 1 ケーブル外装を 5 cm はぎ取る

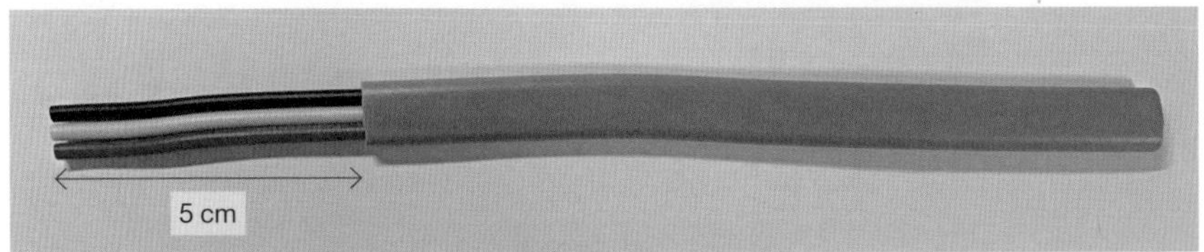

STEP 2 絶縁被覆を端子（約 12 mm）に合わせてはぎ取る

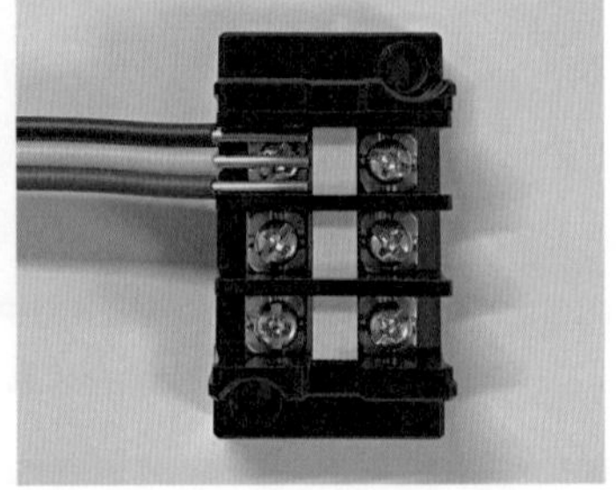

ひとこと 実際に結線する際には，次の STEP 3 のように形を整える作業があるため，場合によっては心線の長さを調節する必要があります。そのため，少し長めに絶縁被覆をはぎ取った後に整えるとバランスがよくなります。

STEP 3 結線しやすい形に電線を整える

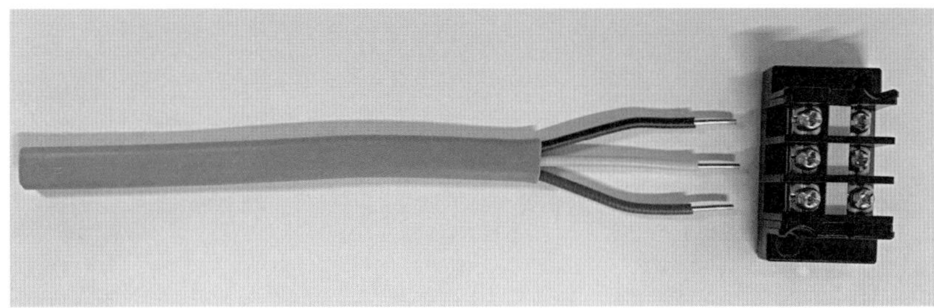

STEP 4 プラスドライバを使って端子台のねじをゆるめる

ひとこと 実際の試験では，使用しない側の端子のねじはすべて外されています。練習ではどちら側につけても構いません。

STEP 5 心線を端子台に差し込み，端子のねじを締め付ける

座金が絶縁被覆をかみこまないように心線を端子台に差し込み，端子のねじを締め付けます。

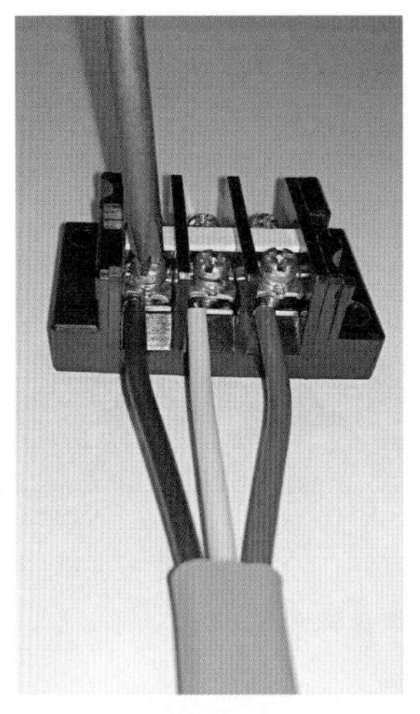

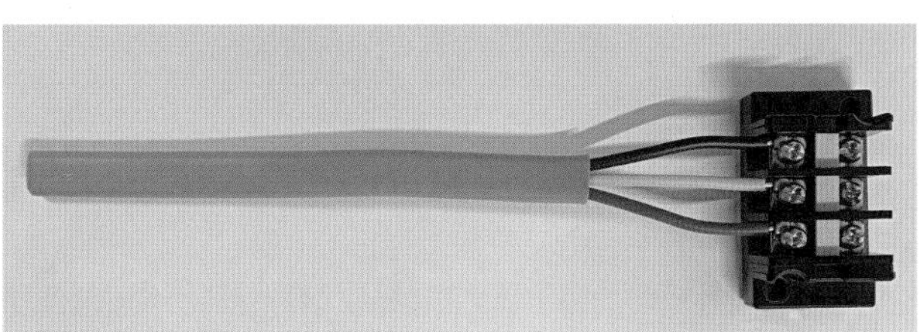

ひとこと 実際の試験では端子台にそれぞれに対応した数字や記号などの表示があります。また施工条件により，電線の色の指定などがある場合はそれに従わなければ欠陥となります。

左のような端子台の表示に対し，「電線の色別（絶縁被覆の色）は，R相に赤色，S相に白色，T相に黒色を使用する」などの指定があり，それに従う必要があります。

板書 端子台の欠陥

絶縁被覆のかみこみや心線の5㎜以上の露出，電線を引っ張ってはずれるなどが代表的な欠陥です。

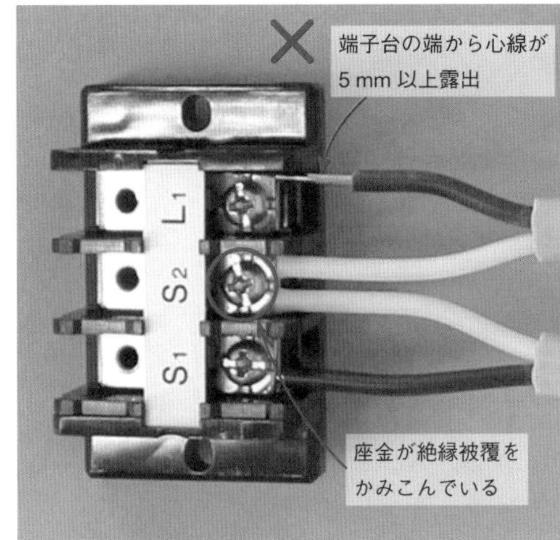
×
端子台の端から心線が
5 mm 以上露出
L1
S2
S1
座金が絶縁被覆を
かみこんでいる

アウト!

出典：「技能試験の概要と注意すべきポイント」

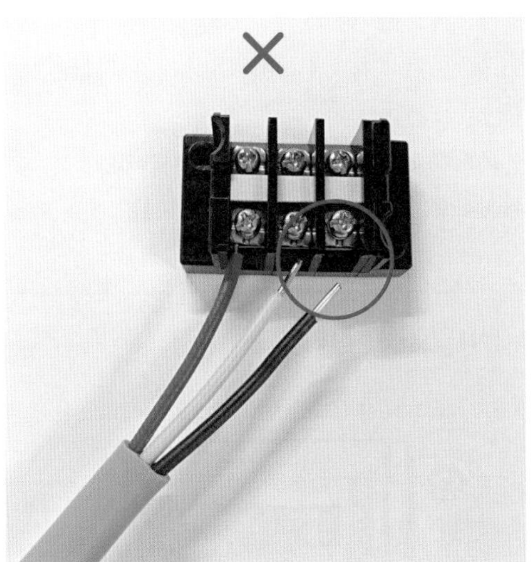
×

電線を引っ張って外れるもの

SECTION 11 配線用遮断器の単位作業

住宅などで電気を使いすぎると，安全のために配線用遮断器が作動し，電気の流れを遮断します。ここでは，配線用遮断器を接続するときの向きや注意点について学習します。

1 配線用遮断器とは

重要度★★★

配線用遮断器は，ブレーカとも呼ばれます。配線用遮断器には極性があるので，接続を間違えないように気を付けましょう。

「N」はneutral（ニュートラル）を表し，接地側電線である白い電線を接続します。「L」はlive（ライブ）を表し，生きている線，つまり非接地側電線である黒い電線を接続します。

板書 配線用遮断器の「N」と「L」の表記

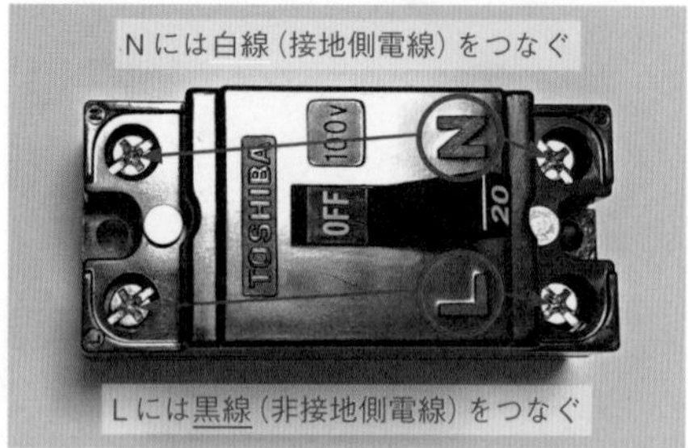

2 必要な工具について

重要度 ★★★

端子のねじを締めるため，プラスドライバを用意します。

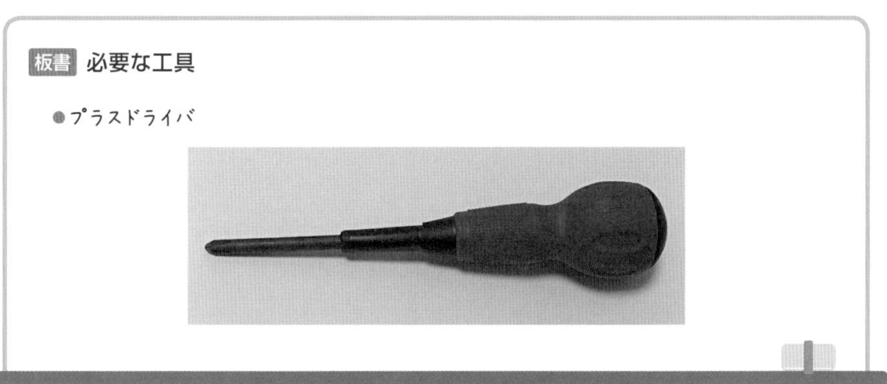

板書 必要な工具

●プラスドライバ

3 配線用遮断器の作業手順

重要度 ★★★

STEP 1 ケーブル外装を 5 cm，絶縁被覆を 12 mm はぎ取る

ケーブル外装を 5 cm はぎ取り，絶縁被覆を 12 mm はぎ取ります。

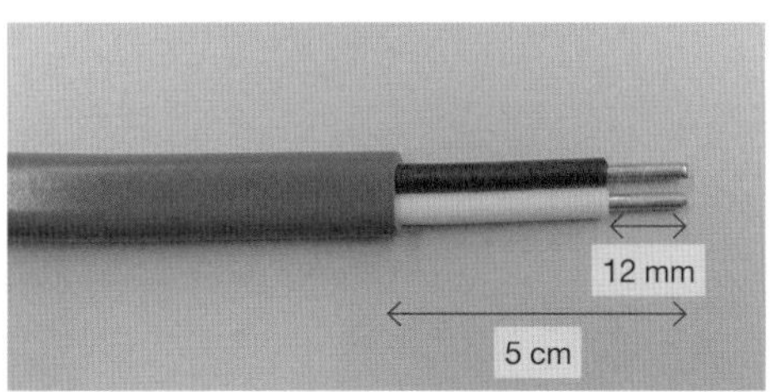

STEP 2 端子のねじをゆるめる

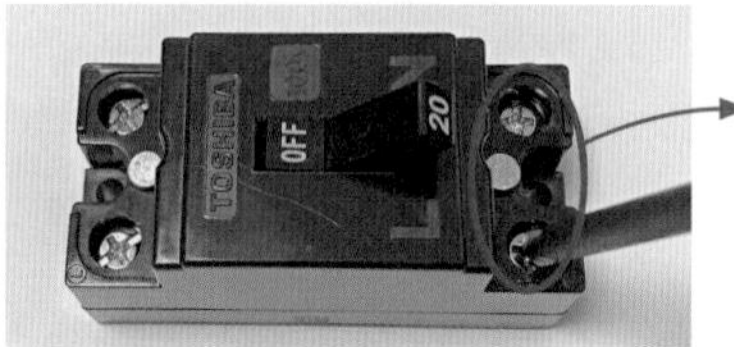

STEP 3 端子に電線を差し込む

「N」と表示されている側に接地側電線（白線）を，「L」と表示されている側に非接地側電線（黒線）を奥までしっかりと差し込みます。

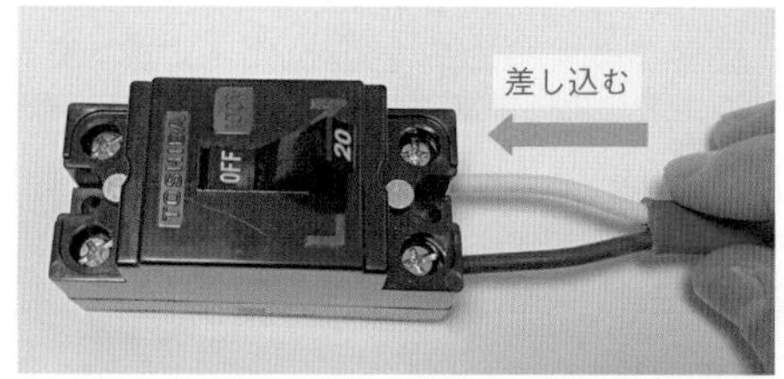

STEP 4 端子のねじを締める

線が動かないようにケーブルと配線用遮断器を手で押さえながら，ねじをしっかりと締めます。

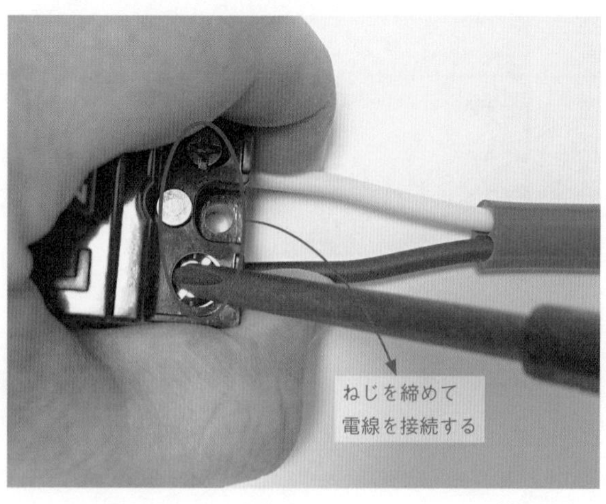

STEP 5 完成

電線を引っ張っても外れないかどうかを確認しましょう。外れるものは欠陥となります。

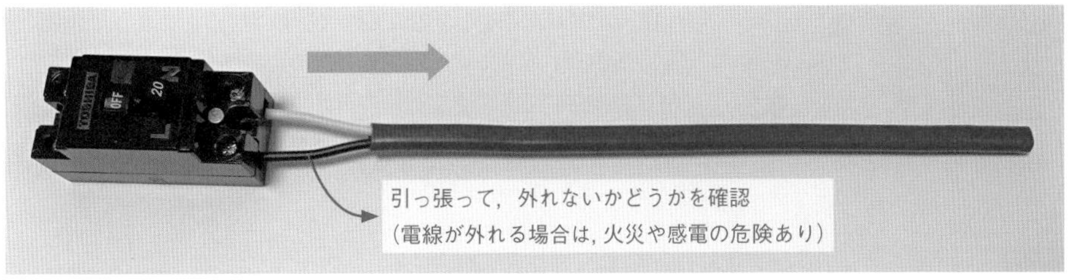
OFF
20
引っ張って，外れないかどうかを確認
（電線が外れる場合は，火災や感電の危険あり）

板書 配線用遮断器の欠陥

絶縁被覆をねじで締め付けたもの，器具の端から心線が5mm以上露出したものは欠陥になります。ねじを締める前に，絶縁被覆の長さが適切かどうかを確認しましょう。

絶縁被覆を巻き込んでいる

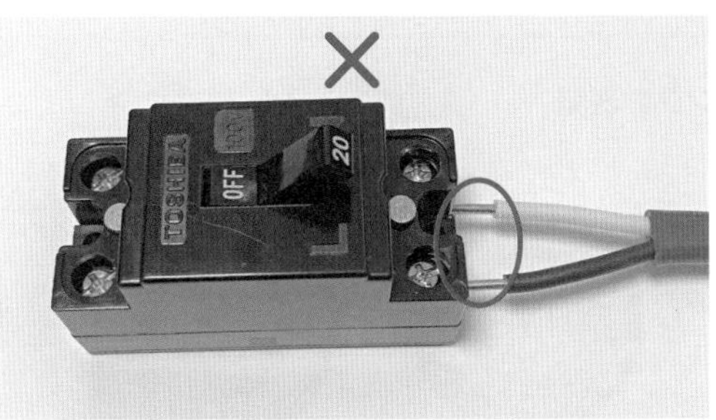
OFF
20

心線が器具の端から5mm以上はみ出している

SECTION 12 アウトレットボックスの単位作業

ざっくり
こんな話

電線どうしの接続部分は劣化しやすく，ホコリなどによって火災が起きるおそれがあるので，安全のためにアウトレットボックスと呼ばれる箱に収納します。この単元では，アウトレットボックスを施工するときの注意点について学習します。

1 アウトレットボックスとは

重要度★★★

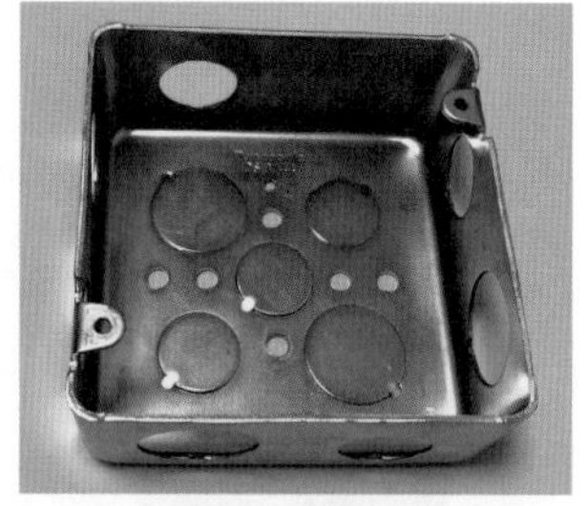

アウトレットボックスは，ジョイントボックスとも呼ばれます。ケーブル工事や金属管工事で電線どうしを接続する部分に使用し，電線の引き入れを行いやすくします。

ボックスの穴のふちに電線が接触して絶縁被覆に傷が付くことを防ぐため，穴にはゴムブッシングと呼ばれるものを取り付けます。ゴムブッシングには内径が 19 mm と 25 mm の大きさがあり，19 mm のものは小さい穴，25 mm のものは大きい穴に取り付けます。

板書 ゴムブッシングの表記

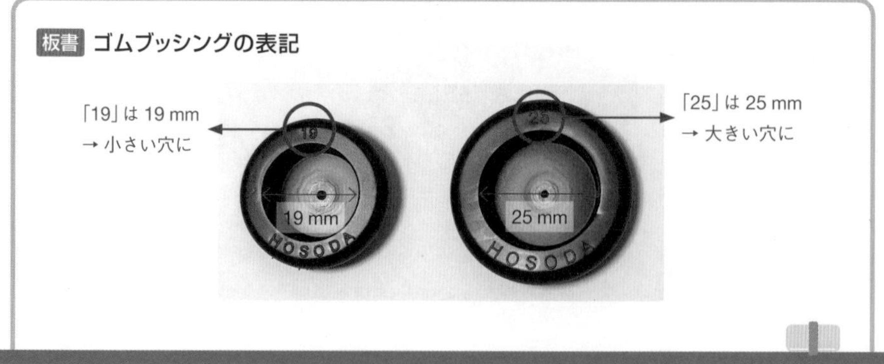
「19」は 19 mm
→ 小さい穴に
19
19 mm
HOSODA
「25」は 25 mm
→ 大きい穴に
25
25 mm
HOSODA

ひとこと 第二種電気工事士の本試験では，アウトレットボックスは穴が開いた状態で支給されます。しかし，試験対策用に購入したアウトレットボックスに穴が開いていない場合は，ペンチの柄で打ち抜いて穴を開ける必要があります。

購入したアウトレットボックスは穴が開いていないことがある。

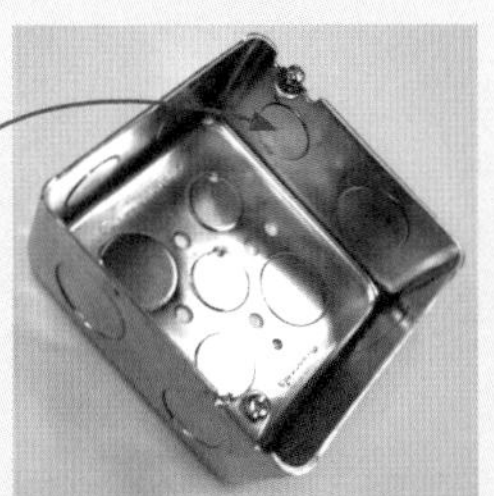

ペンチの柄で打ち抜いて穴を開ける

技能試験では必要な穴のみが打ち抜かれていますが，練習用のアウトレットボックスでは色々な公表問題の練習に利用するため，穴を多めに開け必要な穴のみ使用しましょう。

2 必要な工具について

重要度★★★

ゴムブッシングに切り込みを入れるため，電工ナイフを用意します。

板書 必要な工具

●電工ナイフ

3 アウトレットボックスの作業手順

重要度★★★

STEP 1 ゴムブッシングに電工ナイフで十字に切り込みを入れる

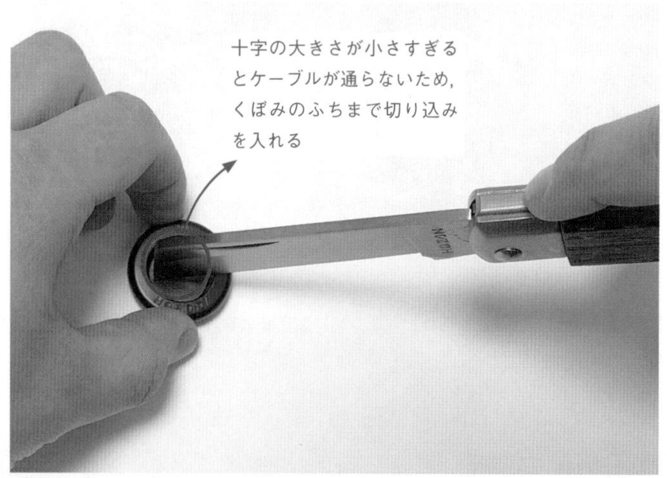

十字の大きさが小さすぎる
とケーブルが通らないため，
くぼみのふちまで切り込み
を入れる

STEP 2 ゴムブッシングを取り付ける

ゴムブッシングのくぼみがある方を外側にして，19 mm のものは小さい穴，25 mm のものは大きい穴に取り付けます。間違った大きさのゴムブッシングを取り付けると欠陥になります。

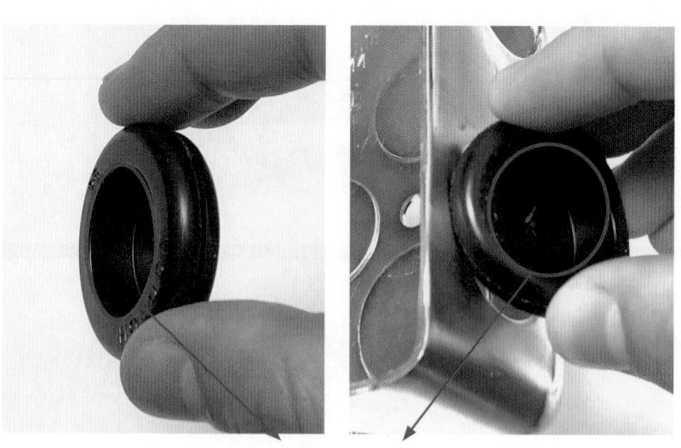

くぼみがある方を外側にする

STEP 3 ≫ 完成

ゴムブッシングがボックスの穴にしっかりと取り付けられているかどうかを確認しましょう。

技能試験ではすべての穴に取り付ける

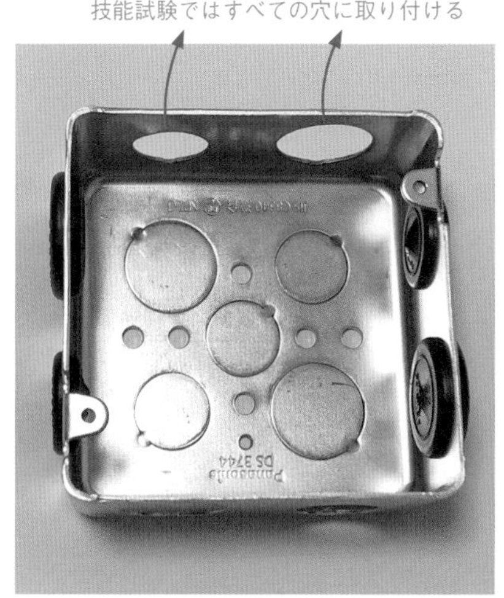

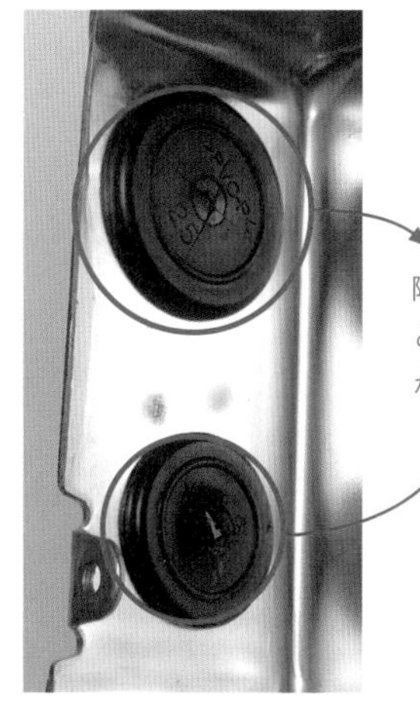

隙間がなく，しっかりと取り付けられているかどうかを確認

ひとこと ゴムブッシングは，くぼみがある方を外側にして取り付けるのが一般的ですが，くぼみがある方を内側にしても欠陥にはなりません。

SECTION 13

PF管の単位作業

ざっくり
こんな話

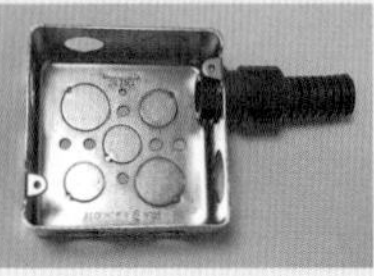

絶縁電線やケーブルを保護するために電線管が用いられ，PF管はそのうちの一つです。この単元では，PF管をアウトレットボックスに接続するときの注意点について学習します。

1 PF管とは

重要度★★★

PF管は，合成樹脂製可とう電線管とも呼ばれ，合成樹脂管工事で使用されます。

PF管をアウトレットボックスに接続するために，ボックスコネクタを使用します。ボックスコネクタの片側にPF管を取り付け，反対側のロックナットが付いている方を，アウトレットボックスの穴に取り付けます。

板書 ボックスコネクタの役割

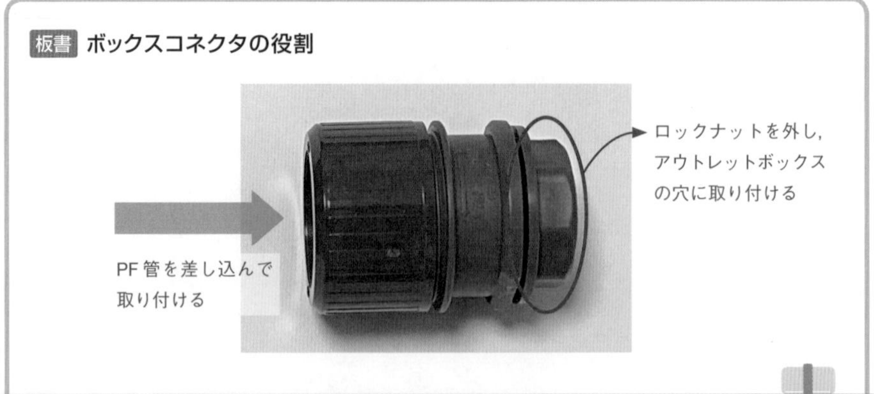
ロックナットを外し，
アウトレットボックス
の穴に取り付ける
PF管を差し込んで
取り付ける

2 必要な工具について

重要度★★★

ボックスコネクタのロックナットを締めるため，ウォータポンププライヤを用意します。

板書 必要な工具

●ウォータポンププライヤ

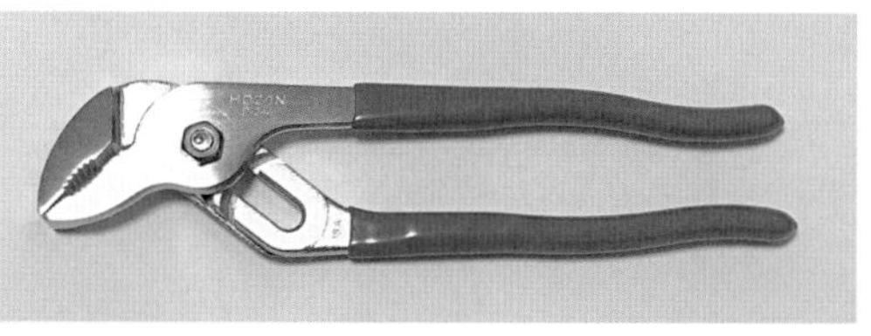

3 PF管の作業手順

重要度★★★

STEP 1 ボックスコネクタを回し，PF管を差し込む

ボックスコネクタを「解除」側に回し，PF管を奥までしっかりと差し込みます。

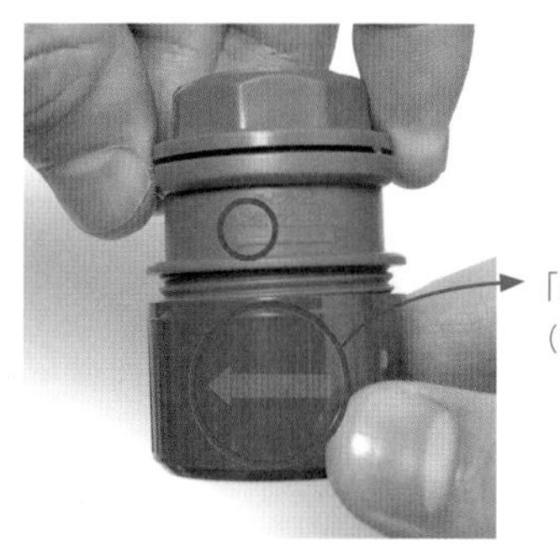

「解除」側（反時計回り）に回す

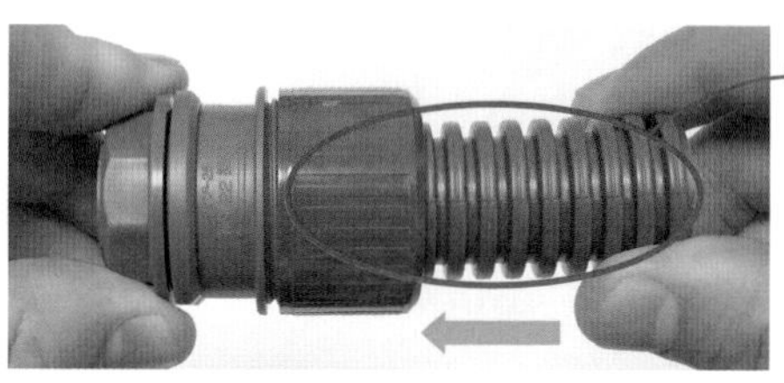

PF管を奥までしっかりと差し込む（カチッと音がしなくなるまで）

STEP 2 》PF 管を固定する

ボックスコネクタを「接続」側に回し，PF 管を固定します。

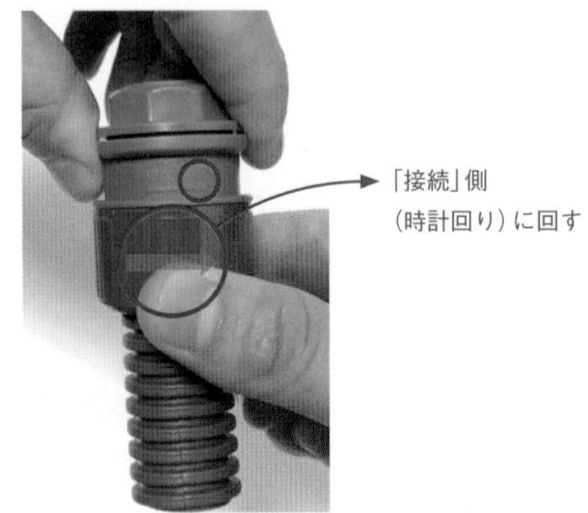

STEP 3 》ボックスコネクタのロックナットを外す

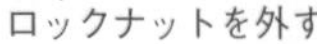
ロックナットを外す

STEP 4 》アウトレットボックスの穴に先端を差し込み，手で締める

アウトレットボックスの穴にボックスコネクタの先端を差し込み，ロックナットを取り付け，手でしっかりと締めます。

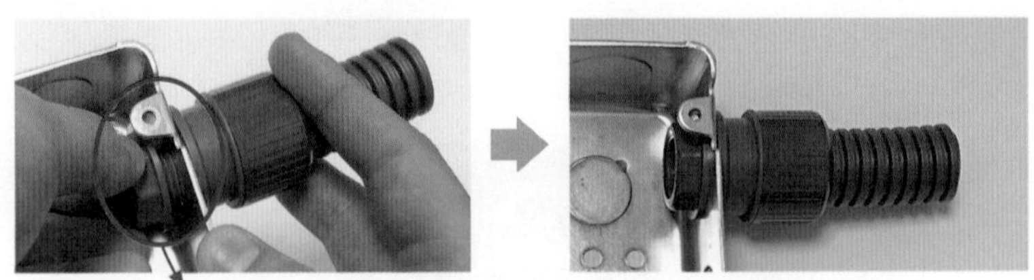
隙間ができないように，しっかりと取り付ける

STEP 5 ロックナットを固定する

ロックナットをウォータポンププライヤで挟みながら，ボックスコネクタを回してしっかりと固定します。強く締めすぎるとロックナットのねじ山がつぶれてしまうので注意しましょう。

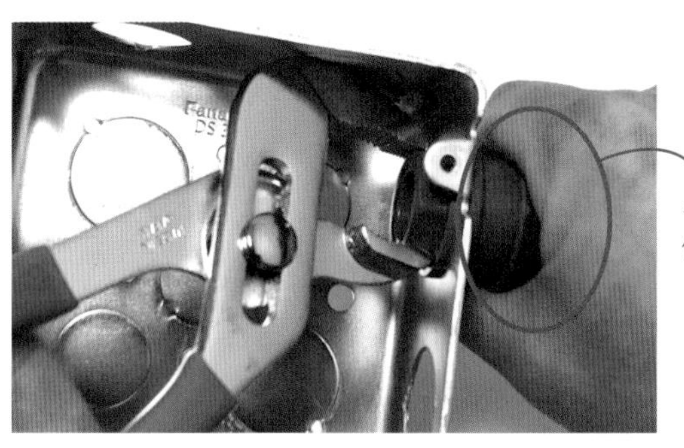

ボックスコネクタを右側（時計回り）に回して，しっかりと固定する

STEP 6 完成

PF管を引っ張っても外れないかどうか，ロックナットが緩まないかどうかを確認しましょう。外れるものや，管とボックスとの接続部分を目視して隙間があるものは欠陥となります。

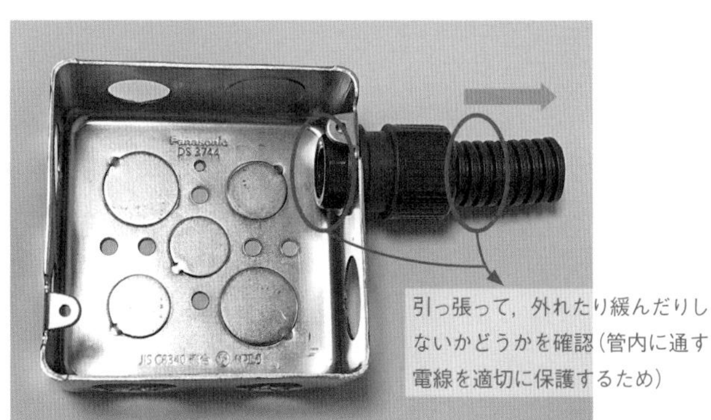

引っ張って，外れたり緩んだりしないかどうかを確認（管内に通す電線を適切に保護するため）

ねじなし電線管の単位作業

ねじなし電線管を使用する公表問題は1問しかありません。しかし，出題の可能性は十分にあるのでしっかり手順を覚えましょう。

1 ねじなし電線管の単位作業について 重要度★★★

ねじなし電線管はねじを切らずに使うため，接続するときには特殊な器具を使う必要があります。第二種電気工事士試験では，次のような器具を使ってねじなし電線管の単位作業を行います。

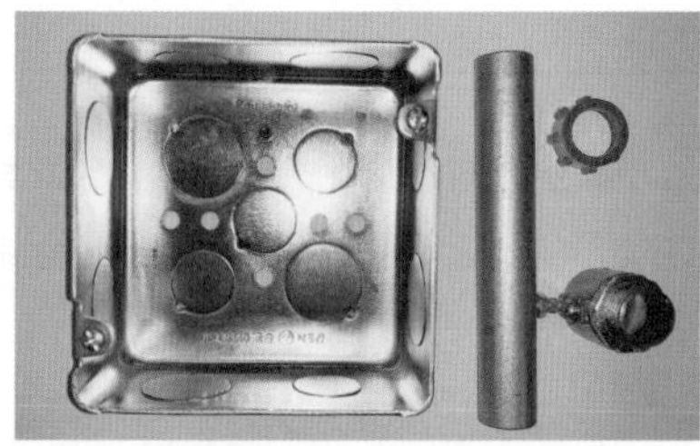

板書 使用する器具

●ねじなしボックスコネクタ

ねじなし電線管をボックスに接続するときに使う部品。止めねじと呼ばれるねじで管を押さえつけて固定する。止めねじはねじの頭がねじ切れるまで回す。

●ロックナット

ボックスコネクタをボックスに固定する部品で，ゆるみにくいのが特徴。

●絶縁ブッシング

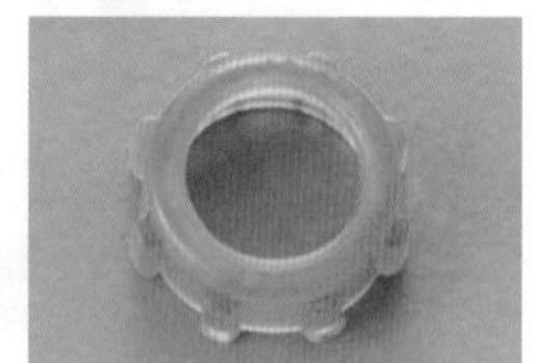

電線管の端に取り付ける部品。電線が接触しても傷つかないように丸みを帯びている。

2 作業手順

重要度★★★

STEP 1 ねじなしボックスコネクタの止めねじをゆるめる

STEP 2 ねじなしボックスコネクタにねじなし電線管を差し込む

STEP 3 ウォータポンププライヤで管を固定する

ウォータポンププライヤで止めねじをねじの頭がねじ切れるまで回して，管を固定します。

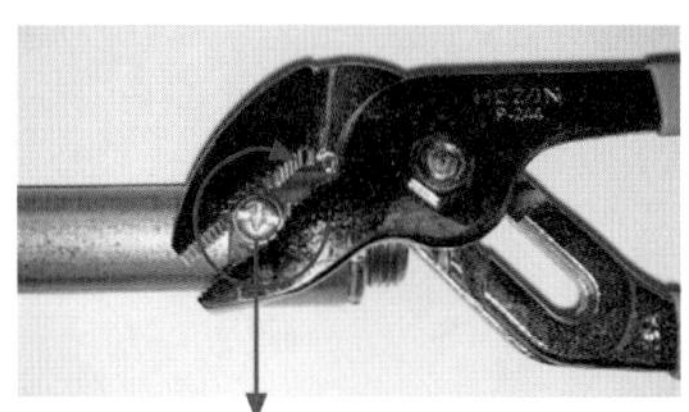

ねじの頭がねじ切れるまで回す

ねじの頭が取れる

ひとこと ウォータポンププライヤがない場合はペンチなどを利用し止めねじを回します。止めねじをねじ切っていない場合は欠陥となります。

STEP 4 ロックナットを取り外す

STEP 5 ロックナットをウォータポンププライヤで締め付ける

ねじなしボックスコネクタをアウトレットボックスの外側から挿入し，内側からロックナットを取り付けウォータポンププライヤで締め付けます。

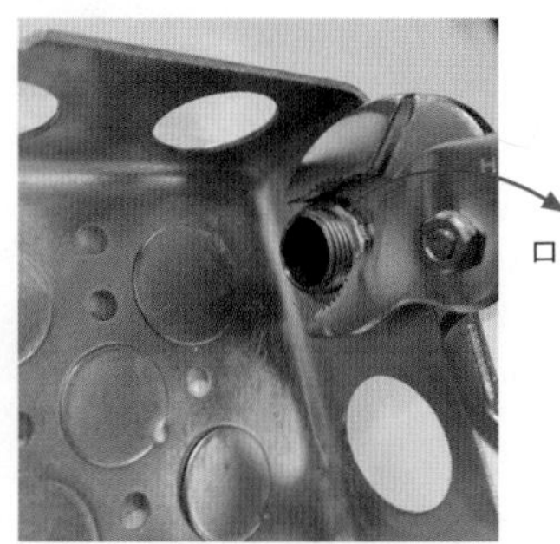

STEP 6 絶縁ブッシングをねじなしボックスコネクタに取り付ける

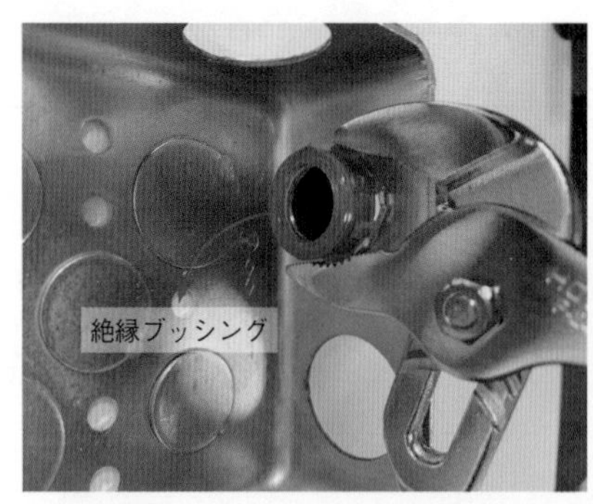

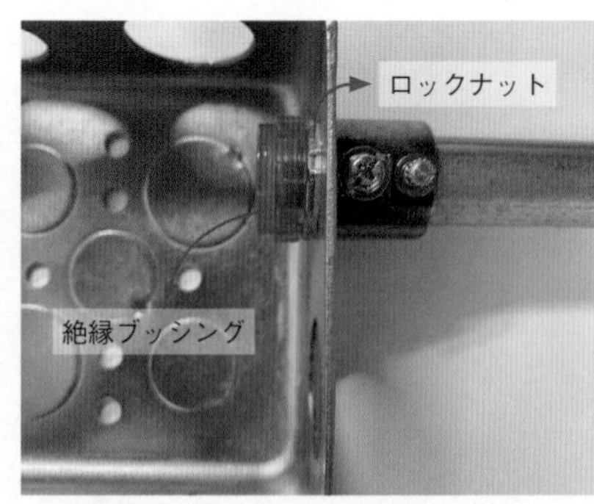

ひとこと 絶縁ブッシングは手で締めてもある程度固定することができます。時間に余裕がある場合は，ウォータポンププライヤなどで締め付けましょう。

板書 ねじなし電線管の欠陥

❶ 構成部品が正しい位置に使用されていない場合は欠陥。

ロックナットがボックスの外

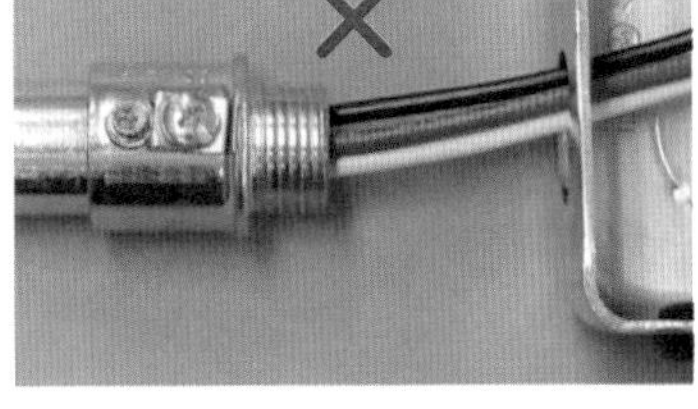

ボックスと管との未接続

❷ 金属管とボックスとの接続が適切でない場合は欠陥。

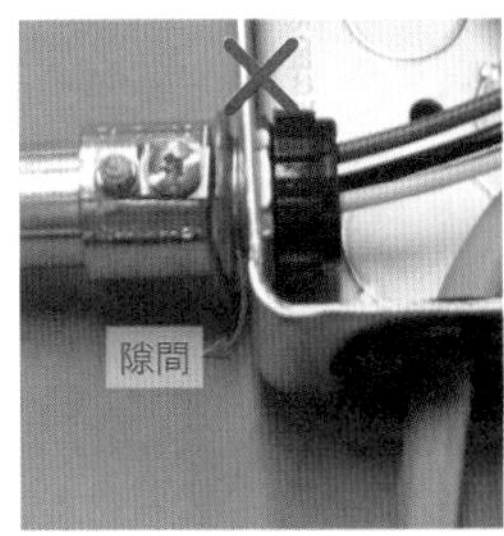

ボックスと管との接続がゆるい（隙間がある）

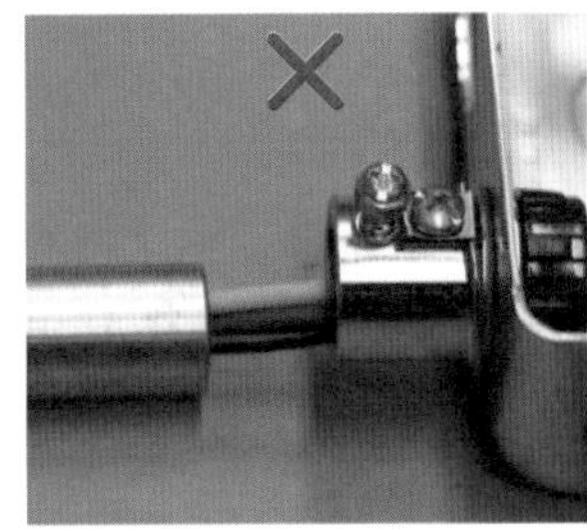

ボックスコネクタと管との未接続または引っ張って外れるもの

絶縁ブッシングが外れている

❸ ねじなしボックスコネクタの止めねじは，頭部がねじ切れていない場合は欠陥。

ねじ切っていない

出典：「技能試験の概要と注意すべきポイント」

SECTION 15

電線どうしの接続

電線どうしを接続する方法には，①リングスリーブを使う方法，②差込形コネクタを使う方法があります。それぞれの接続の仕方を学んでおきましょう。

1 配線の接続について

重要度 ★★★

単位作業により完成した各部品どうしをアウトレットボックス内などで接続すれば作品が完成します。電線どうしの接続のしかたには，リングスリーブによる圧着接続，または差込形コネクタによる接続の2つのパターンがあります。それぞれ必ず出題されるのでしっかり作業を学習していきましょう。

リングスリーブによる接続

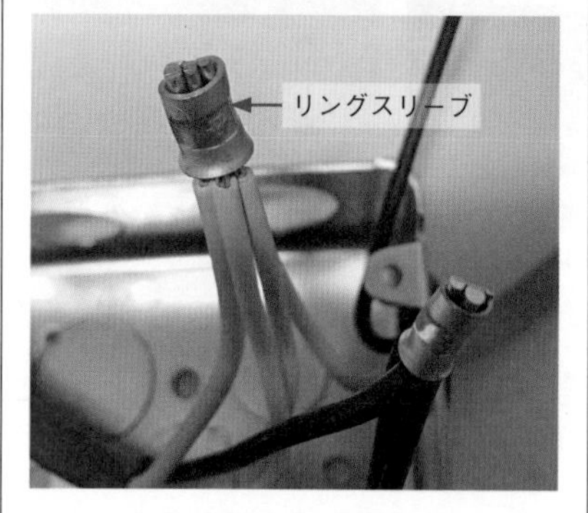

差込形コネクタによる接続

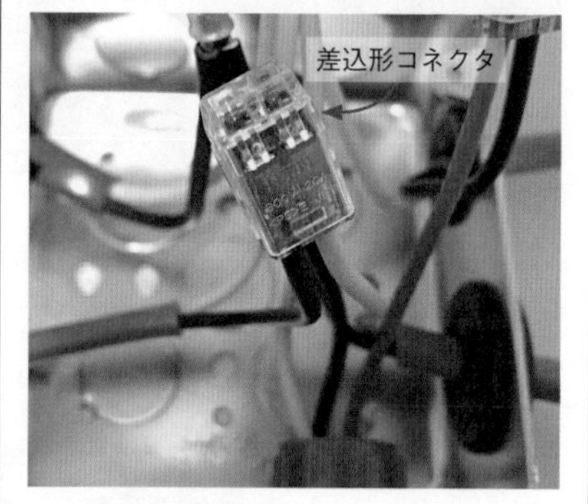

2 リングスリーブ

重要度★★★

リングスリーブは，電線どうしを圧着接続する際に使用する筒状の部品です。圧着とは，圧力を加えて（つぶして）くっつけることです。

リングスリーブには大，中，小の3種類のサイズがあり，接続する際には，接続する電線の合計断面積に合わせてリングスリーブのサイズを選ぶ必要があります。圧着工具を使って圧着するとき，リングスリーブに適切な刻印をする必要があります。

板書 リングスリーブのサイズ

電線の合計断面積	電線の太さと組み合わせの例	スリーブ（刻印）
8 mm² 以下	1.6 mm のみ2本	小（○）
	1.6 mm のみ3～4本	小（小）
	2.0 mm のみ2本	
	1.6 mm を1～2本と2.0 mm を1本	
8 mm² 超～14 mm² 未満	1.6 mm のみ5～6本	中（中）
	2.0 mm のみ3～4本	
	1.6 mm を3～5本と2.0 mm を1本	
	1.6 mm を1～3本と2.0 mm を2本	

ひとこと 技能試験では，太さ1.6 mm の電線を2本つなぐ場合のみ，リングスリーブ小に（○）で刻印をし圧着すると覚えておきましょう。

電線の太さから合計断面積を求めることができるようになれば，電線の太さと組合せの例を覚える必要がなくなります。

板書 リングスリーブのサイズ

電線の太さ 1.6 mm → 断面積 2 mm²

電線の太さ 2.0 mm → 断面積 3 mm²
（より少し大きい）

1.6 mm の電線1本と
2.0 mm の電線2本は
2 + (3 × 2) = 8 mm²
より少し大きいから中だね！

ひとこと 第二種電気工事士技能試験では，リングスリーブ大を使う事はありません。小・中のパターンのみ完璧に覚えましょう。

3 リングスリーブによる圧着接続の手順

重要度★★★

STEP 1 電線の接続部分の外装を 10 cm，絶縁被覆を 2 cm はぎ取る

接続したいケーブルを複数本用意します。

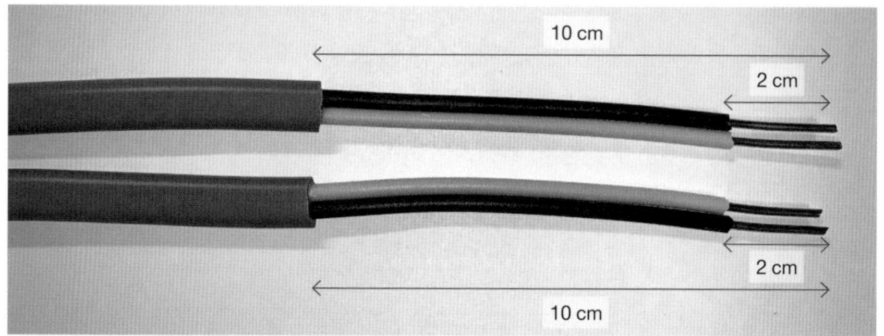

STEP 2 接続する電線をサイズの合ったリングスリーブに通す

互いの白線どうしを接続したい場合は，それぞれの白線をリングスリーブに通します。

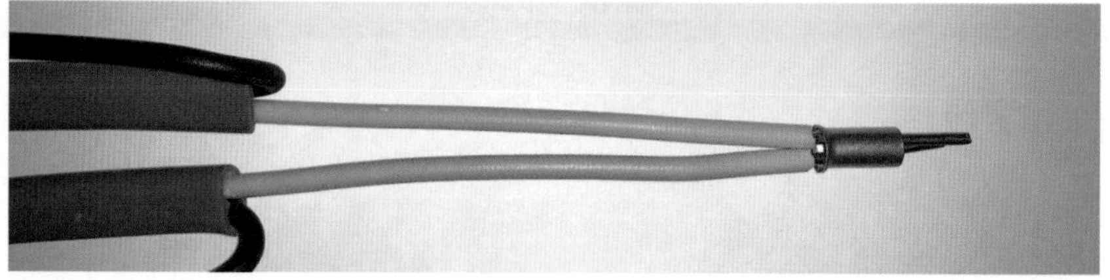

STEP 3 リングスリーブの大きさ，刻印を考え適切な箇所でリングスリーブを挟む

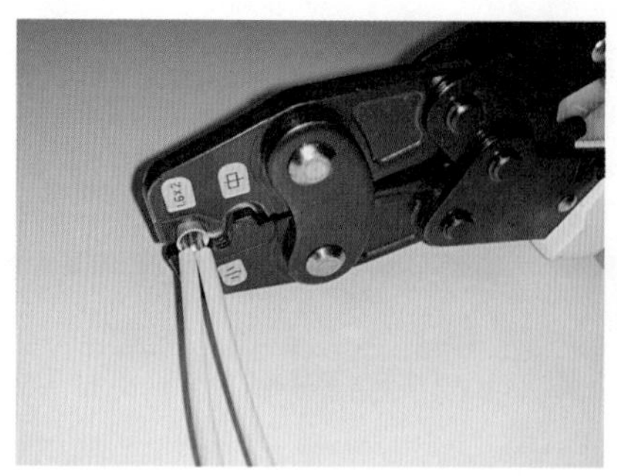

STEP 4 リングスリーブを圧着する

絶縁被覆をかまないことを意識し圧着工具のレバーを握り圧着します。ただし絶縁被覆とリングスリーブ間の距離は 10 mm 未満にします。

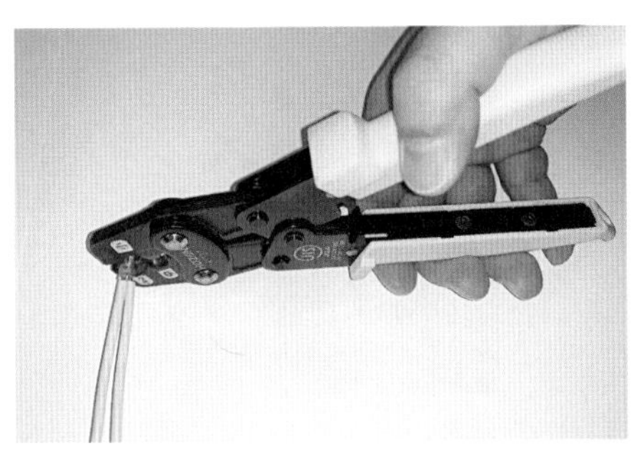

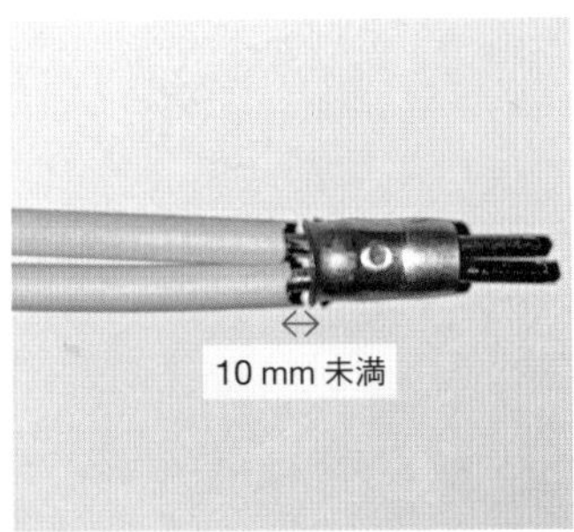
10 mm 未満

STEP 5 上端部分の 3 mm 程度残して，余分な部分をペンチで切断する

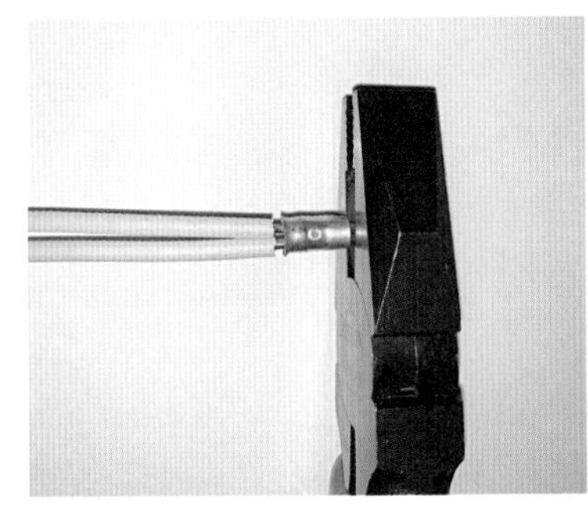

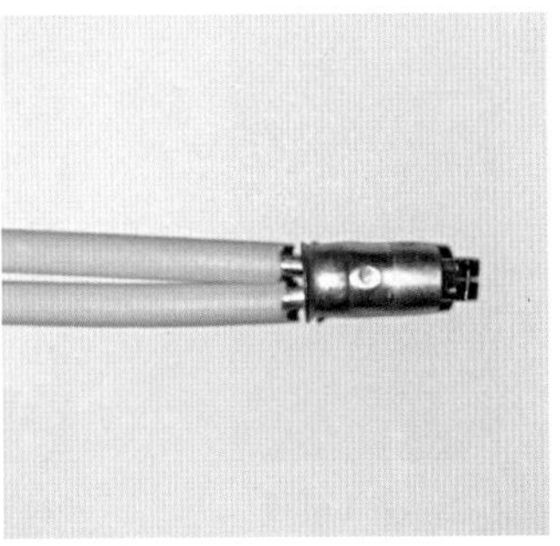

STEP 6 刻印や欠陥などを確認する

ひとこと リングスリーブの刻印や圧着をミスした場合などは，一度切断してやり直す必要があります。

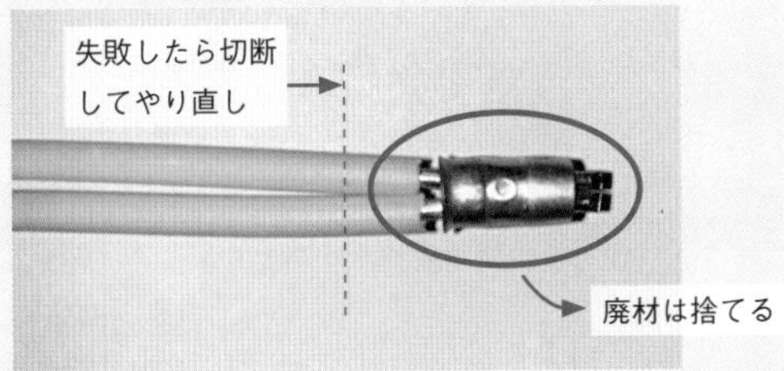
失敗したら切断
してやり直し
廃材は捨てる

板書 リングスリーブによる圧着の欠陥

アウト！

次のようなものが代表的な欠陥です。

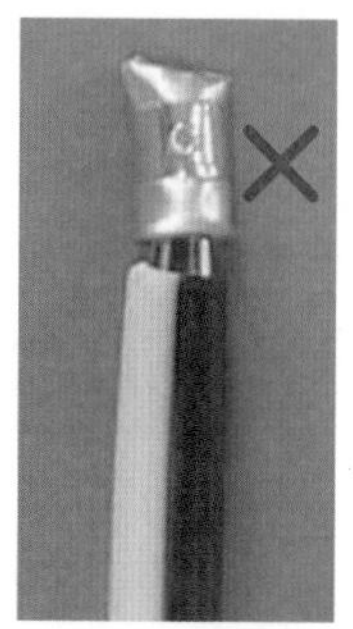
スリーブ破損

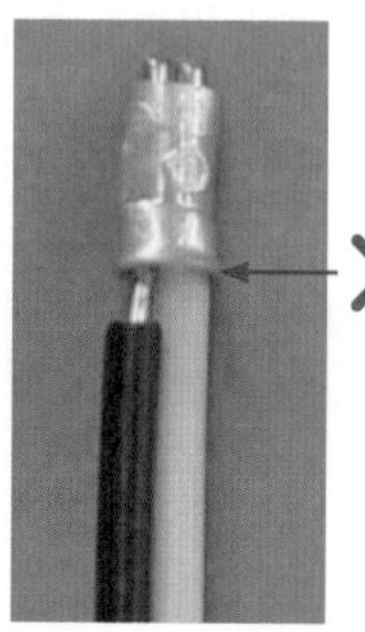
被覆をかんでいる

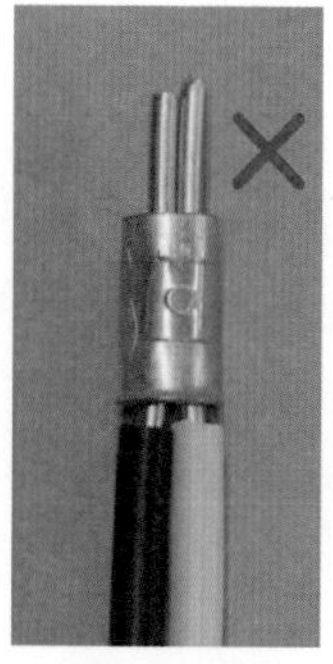
上端の未処理
5 mm 以上

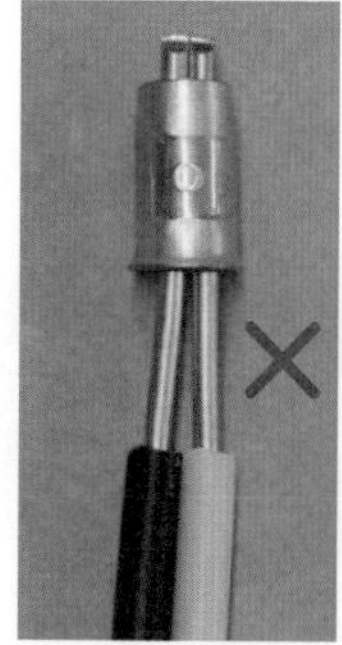
絶縁被覆のむき過ぎ
10 mm 以上

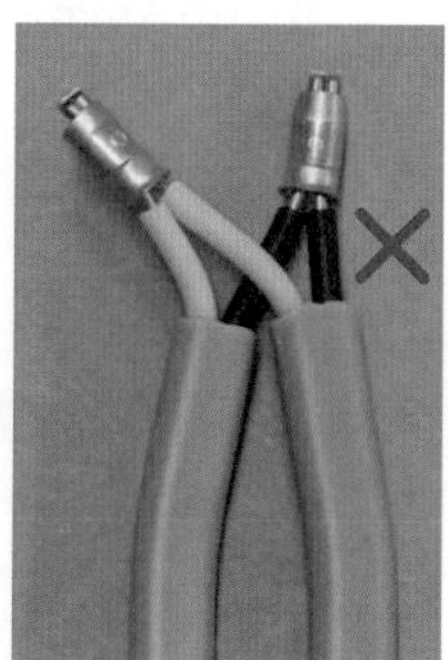
外装のはぎ取り不足
20 mm 以下

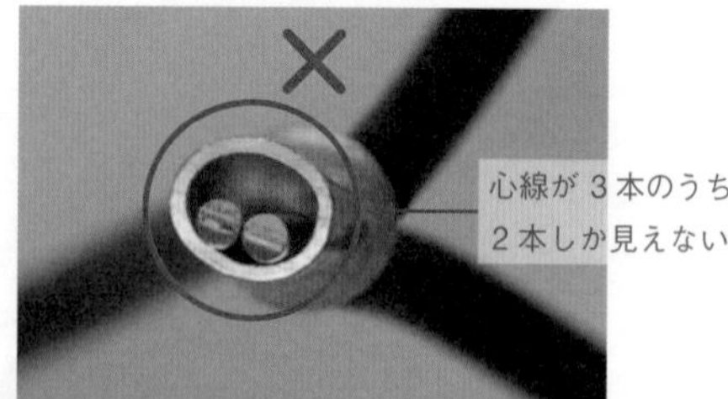

心線の先端が1本でも見えないもの

出典：「技能試験の概要と注意すべきポイント」

板書 実際の接続手順

これまで見てきた手順を基本としますが，実際には次のような方法で行います。

❶ 接続する電線をケーブル外装・絶縁被覆をはぎ取った状態で集める。

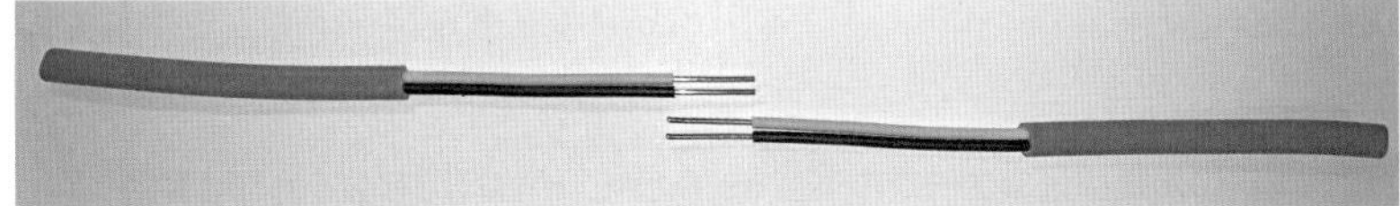

❷ それぞれの電線をケーブル外装が残っている部分を軸に90度折り曲げる。

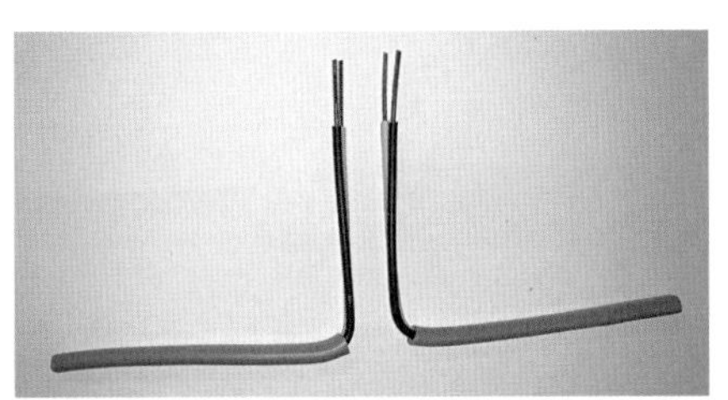

❸ つなげる電線を近づけ，リングスリーブに通す。

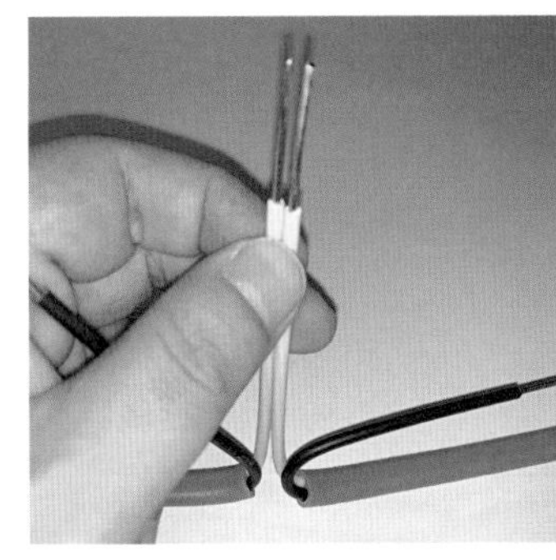

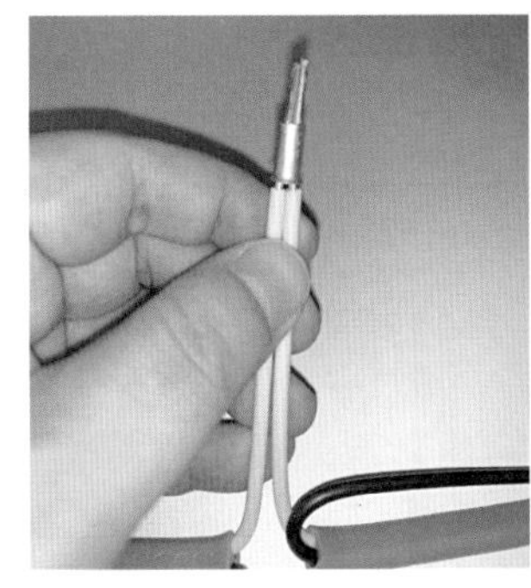

❹ 圧着工具で圧着する。

❺ 余分な部分を切断する。

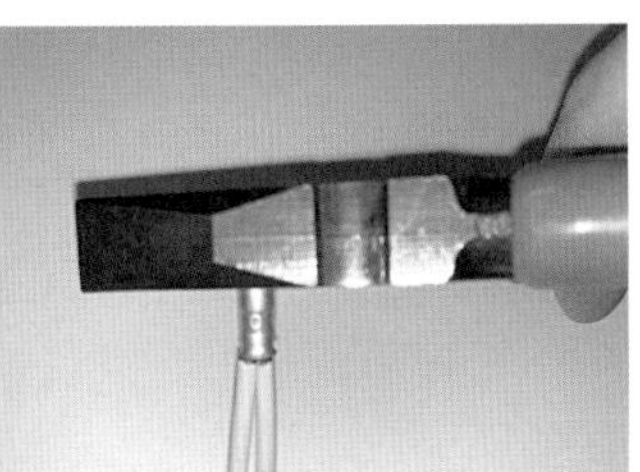

4 差込形コネクタによる接続

差込形コネクタは，電線を差し込むだけで電線どうしを接続することができる器具です。差込形コネクタには2本接続用，3本接続用，4本接続用などがあり，接続する電線の本数に合った差込形コネクタを使用します。差込形コネクタは次の手順で接続します。

STEP 1 電線の接続部分のケーブル外装を10 cm，絶縁被覆を2 cmはぎ取る

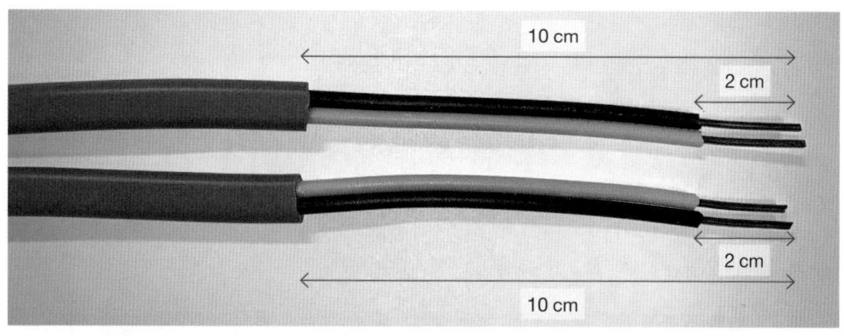

STEP 2 ストリップゲージに合わせて心線を切断する

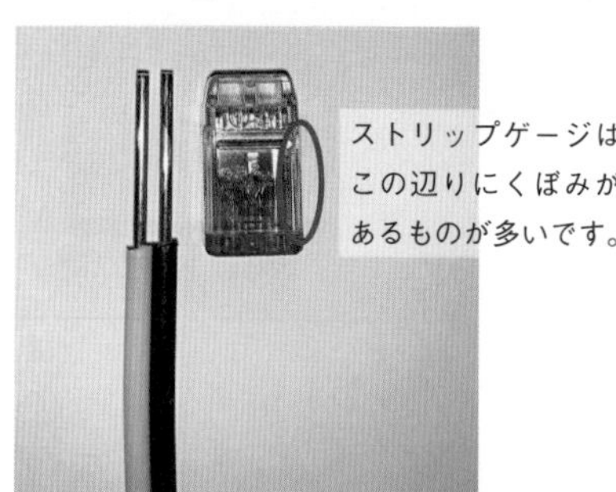

ひとこと 差込形コネクタのストリップゲージは12 mmのものがほとんどであり，ペンチの幅も約12 mmのものが多いためペンチ幅に合わせて切断することで時間の短縮が出来ます。ただし，器具や道具によるので，練習で確認をした上で本番ではきちんと最後に確認作業をしましょう。

STEP 3 差込形コネクタに心線を差し込む

互いの白線どうしを接続したい場合は，それぞれの白線を差込形コネクタに差し込みます。

板書 差込形コネクタによる接続の欠陥

次のようなものが代表的な欠陥です。

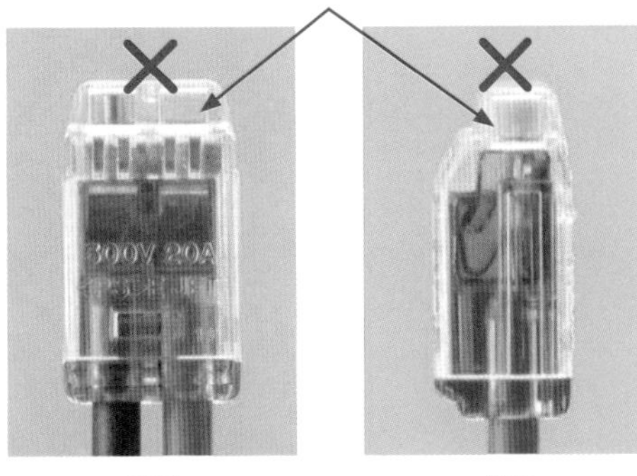
心線が見えない
300V 20A
正面
側面

コネクタの下端部分の真横（正面・側面・裏面）から心線が見えている

アウト！

出典：「技能試験の概要と注意すべきポイント」

ひとこと 差込形コネクタの接続をミスした場合や，練習で差込形コネクタを外す場合は回しながら引っ張ると取り外しやすくなります。

CHAPTER 03

複線図の描き方

SECTION 01

複線図の基本

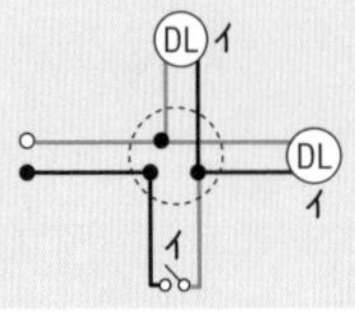

ここでは複線図と単線図の違いや接地側電線と非接地側電線など，複線図を描くうえで必要となる基本知識について学習します。

1 複線図と単線図

重要度★★

電気工事は，電源や電気機械器具（スイッチ，蛍光灯，配電盤など）の配置と，それを結ぶ電線の経路（つなぎ方）を示した**配線図**（はいせんず）と呼ばれる設計図をもとに行われます。

配線図は描き方によって，**単線図**（たんせんず）と**複線図**（ふくせんず）に分類されます。

単線図は，電源や電気機械器具を結ぶ複数の電線を1本の線で表します。

複線図は，実際の接続の仕方がわかりやすいように，実際に使う電線の本数でつなぎ方などを詳しく表します。

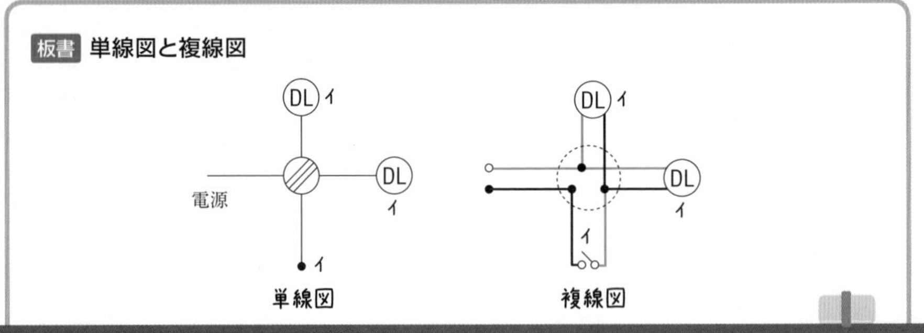

ひとこと　電線を1本だけつなげても電気は流れません。電気を流して電灯などを光らせるには，電気が電灯に入ってくる道と出ていく道が必要です。

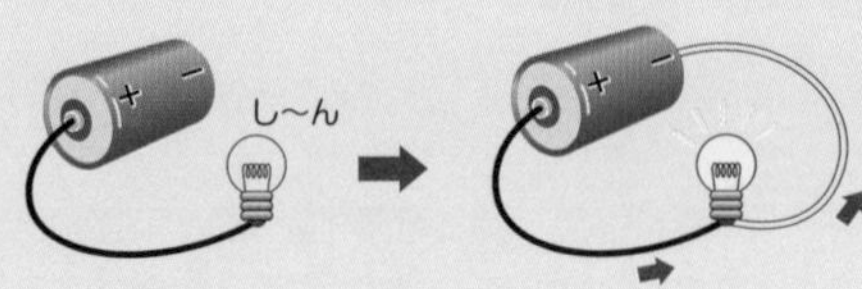

ひとこと 技能試験では「単線図」を示された上で，課題の作品を作ることになるため，「単線図」を「複線図」に置き換える力が必要となります。

2 接地側電線と非接地側電線

重要度★★

電源の電線は，**接地側電線**と**非接地側電線**に分類されます。

接地側電線とは，接地線と呼ばれる電線で大地に接続（接地）することで，対地電圧を0 V にして感電事故などを防止するための電線です。

非接地側電線は，大地に接続されておらず，対地電圧が0 V ではない電線です。

ひとこと イメージとしては，「接地側電線」は比較的安全な電線であり，「非接地側電線」は感電などの危険性が高い電線であるといえます。

原則として接地側電線には，絶縁被覆の色が白色の電線（白線）を使用し，非接地側電線には，黒色（黒線）や赤色（赤線）の電線を使用します。

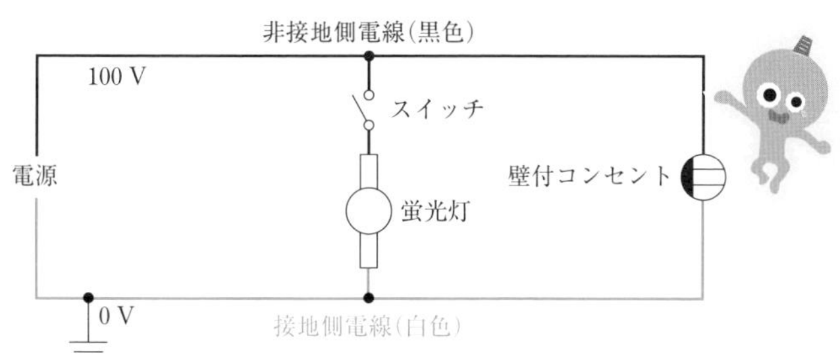

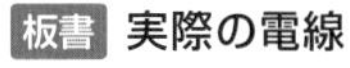

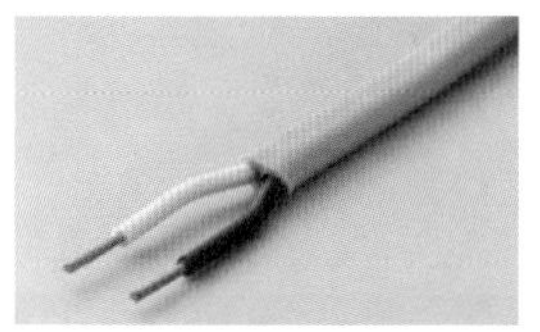

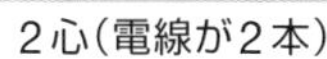

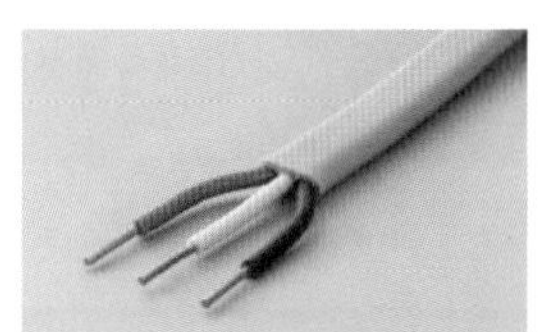

3心（電線が3本）

VVFケーブル

SECTION 02

複線図の描き方のルール

ざっくりこんな話

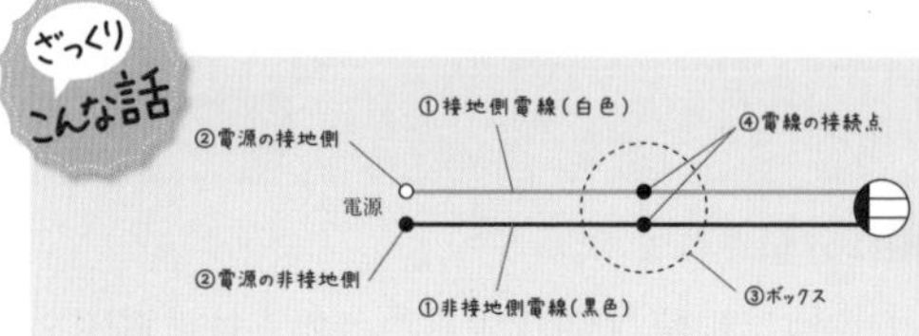

複線図の描き方は慣れるまでは複雑です。しっかりとルールと手順を覚えてマスターしましょう。

1 複線図の描き方の基本

重要度★★★

複線図の描き方は，色々な方法がありますが，ここでは，次のようなルールで描くことをお勧めします。

板書 複線図のルール

① 「接地側電線（白線）」は青色，「非接地側電線（黒線）」は黒色で示します。
② 電源の接地側（白線をつなぐ側）は○で示し，非接地側（黒線をつなぐ側）は●で示します。
③ 電線の接続箇所となる，ボックス（ジョイントボックスやアウトレットボックスなど）は大きめの丸もしくは四角（点線）で示します。
④ 電線の接続点は●で示します。

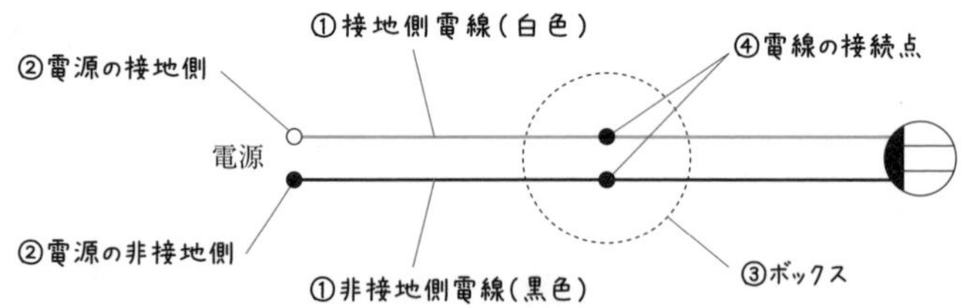

電線はボックスの中でしか接続できません。つまり，電線の接続点はボックスの枠内にしか描いてはいけません。

実際の試験に出てくる配線図は，電源，負荷，スイッチ，コンセントなどから構成されています。

板書 複線図に出てくるもの

メンバー その1 電源

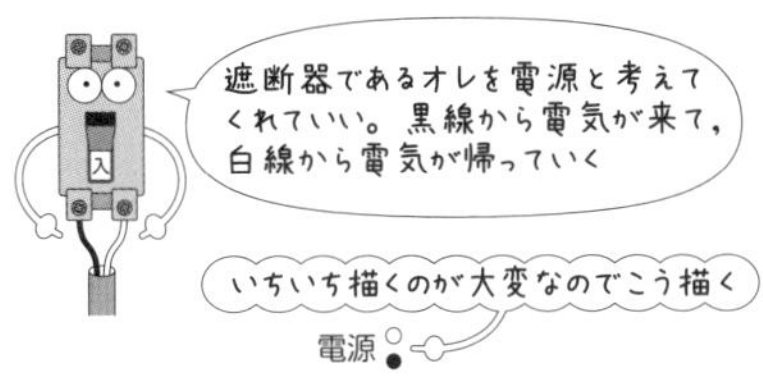

遮断器であるオレを電源と考えてくれていい。黒線から電気が来て，白線から電気が帰っていく
入
いちいち描くのが大変なのでこう描く
電源

メンバー その2 電気を使うもの（負荷とコンセント）

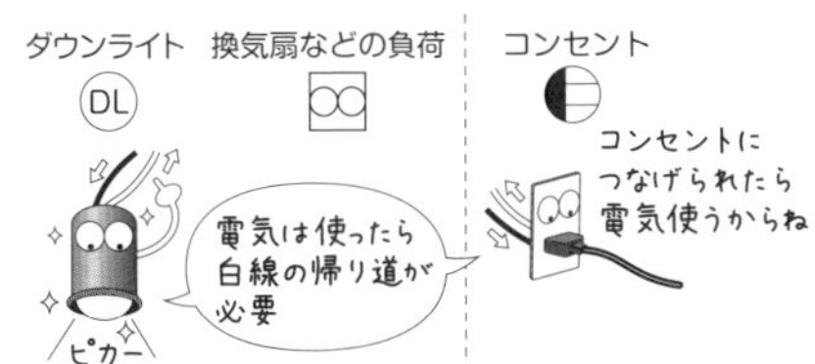

ダウンライト
DL
換気扇などの負荷
コンセント
電気は使ったら白線の帰り道が必要
ピカー
コンセントにつなげられたら電気使うからね

➡電源の接地側（帰り道）とつながっていないといけない

実際の技能試験で多く出てくるのは，
ランプレセプタクルⓇ，
引掛シーリング［（）］◎，
コンセント⊖
などです。

メンバー その3 電気を負荷に送るもの（スイッチとコンセント）

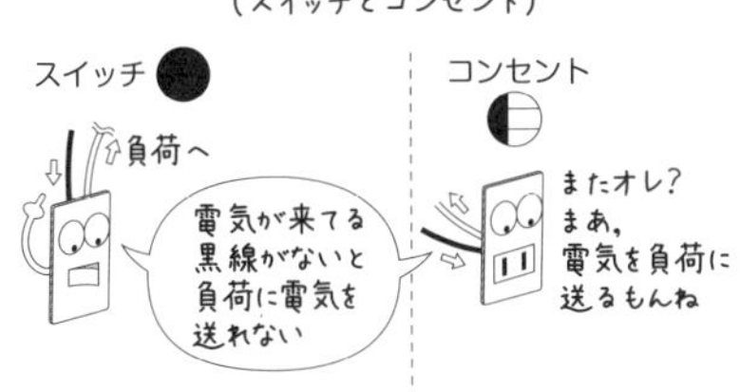

スイッチ
負荷へ
電気が来てる黒線がないと負荷に電気を送れない
コンセント
またオレ？まあ，電気を負荷に送るもんね

➡電源の非接地側（帰り道じゃないほう≒電気が来てる方）とつながっていないといけない

単極スイッチ ●，3路スイッチ ●3，4路スイッチ ●4 などが試験で出てきます。スイッチを並べたもの（●●● など）の複線図の描き方にはコツがいります。
スイッチが試験問題を解く重要なカギとなるので，あとから詳しく説明します。

2 複線図の描き方の手順

重要度★★★

ここでは，次のような単線図を複線図に直す手順を紹介します。

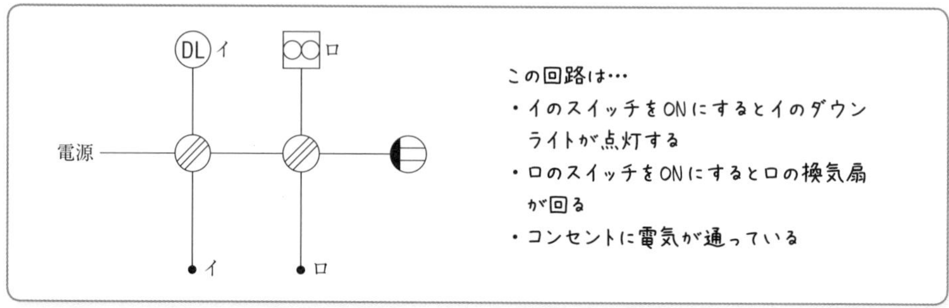

DL イ
ロ
電源
イ
ロ
この回路は…
・イのスイッチをONにするとイのダウンライトが点灯する
・ロのスイッチをONにするとロの換気扇が回る
・コンセントに電気が通っている

STEP 1 単線図と同じように電源や負荷，スイッチなどを配置します。

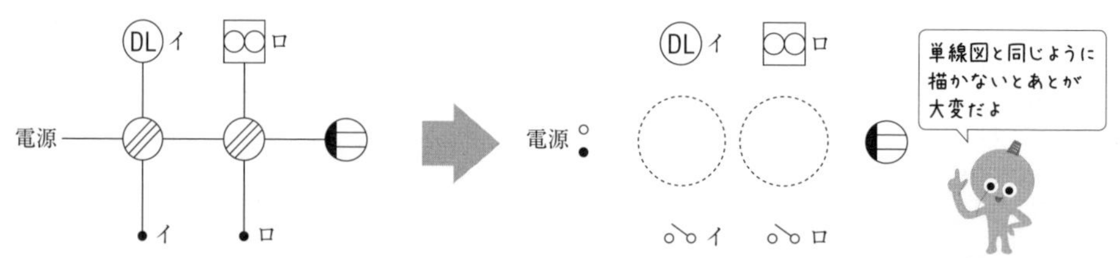

STEP 2 電源の接地側（○）とコンセント，電灯（蛍光灯やシーリング，ダウンライトなど），換気扇などの負荷を「接地側電線（白線）」（ここでは青色）でつなぎます。

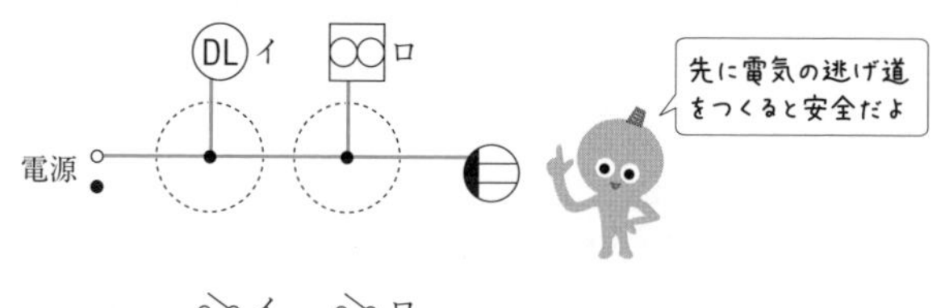

先に電気の逃げ道をつくると安全だよ

このとき，スイッチには接地側電線を絶対につないではいけません。

もしも…スイッチと接地側をつなぐと…

電気はすぐに帰っていくし，なんかショートしてヤバイ

なんか電気こないなぁ

STEP 3 電源の非接地側（●）とコンセント，スイッチを「非接地側電線（黒線）」（黒色）でつなぎます。

なお，基本的に，負荷には非接地側電線をつなぎません。

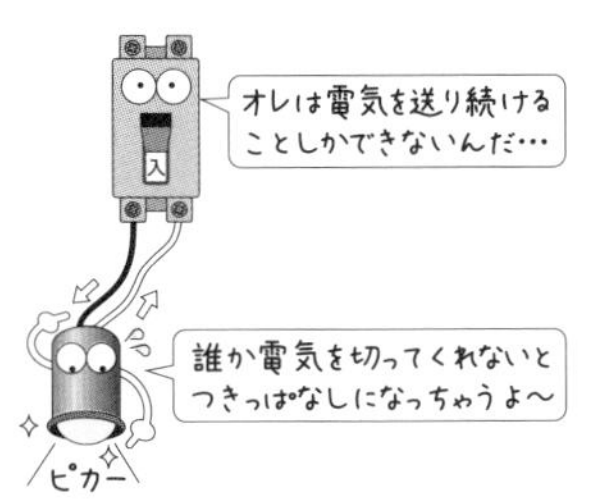

STEP 4 電灯，換気扇などと対応するスイッチを点線でつなぎます。

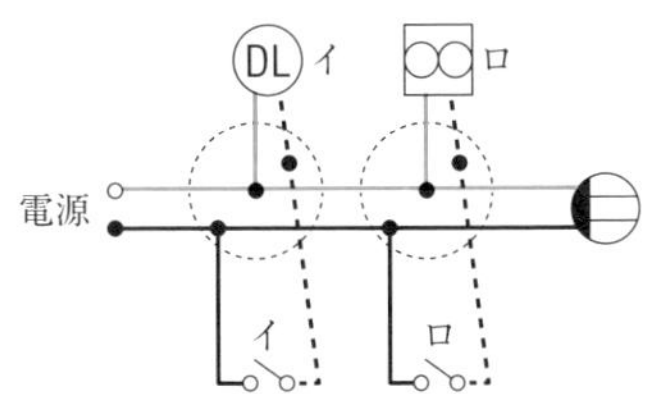

STEP 5 余っている線の色で点線の上をなぞります。

余っている色とは，3心ケーブルで黒と白が使われていたら赤，2心ケーブルで黒が使われていたら白，というように考えます。

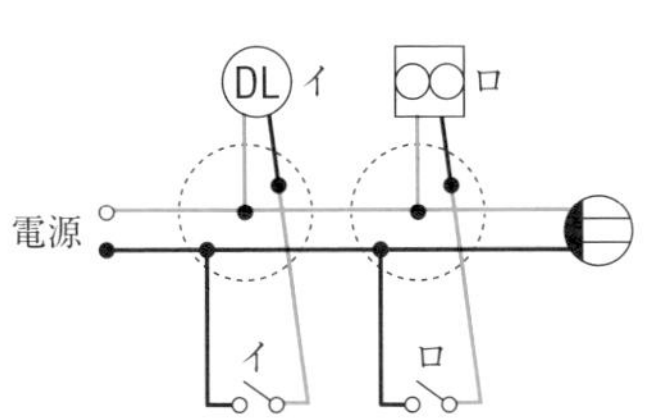

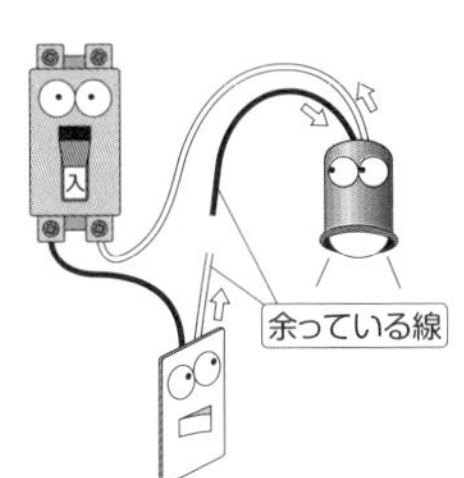

3 コンセント配線に関する回路の複線図

重要度★★

I 電源とコンセント１つを１つのボックス内で接続する場合

この回路は，電源からコンセントに電気を通すための回路です。

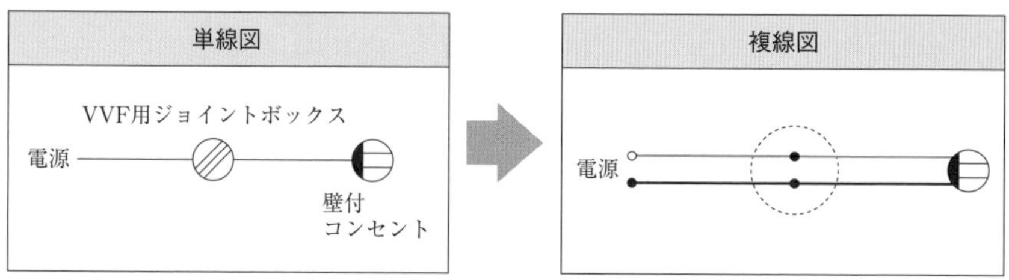

描き方

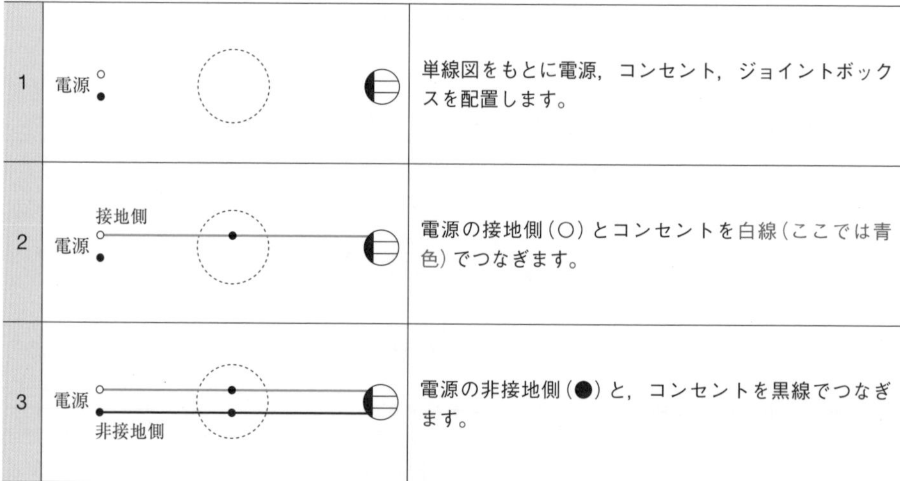

	図	説明
1	電源	単線図をもとに電源，コンセント，ジョイントボックスを配置します。
2	接地側 電源	電源の接地側（○）とコンセントを白線（ここでは青色）でつなぎます。
3	電源 非接地側	電源の非接地側（●）と，コンセントを黒線でつなぎます。

Ⅱ 電源とコンセント2つを1つのボックス内で接続する場合

コンセントが2つに増えたパターンです。

電源の接地側から伸びている線と非接地側から伸びている線に2つのコンセントの電線をつなぎます。電線はボックス内でしかつなぐことができない点に注意しましょう。

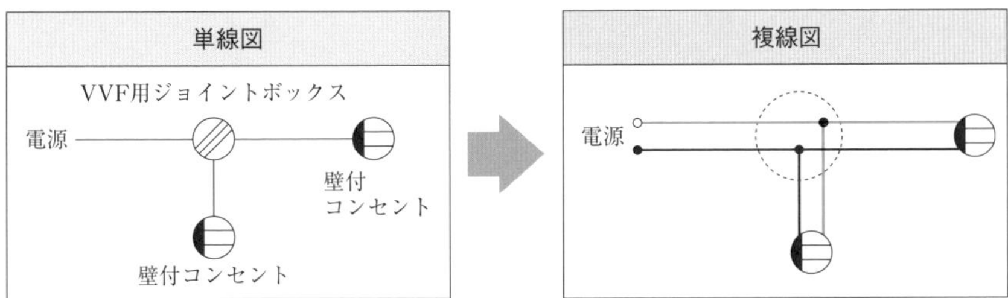

描き方

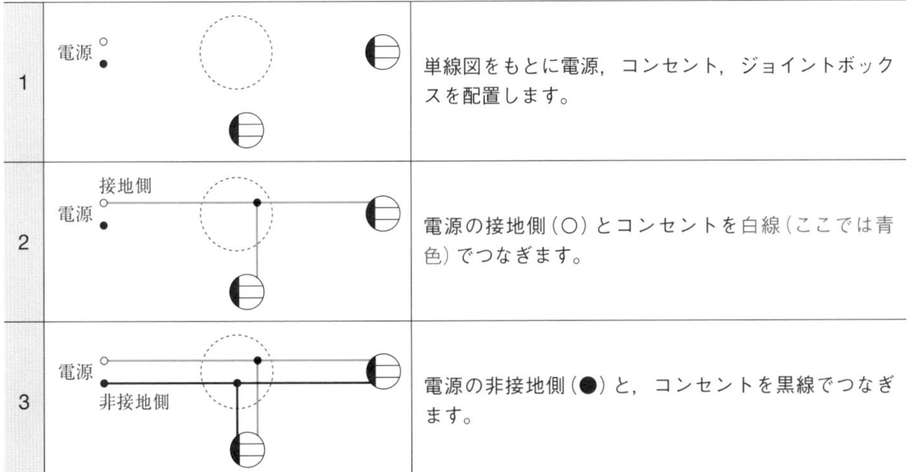

1		単線図をもとに電源，コンセント，ジョイントボックスを配置します。
2		電源の接地側（○）とコンセントを白線（ここでは青色）でつなぎます。
3		電源の非接地側（●）と，コンセントを黒線でつなぎます。

4 電灯配線に関する回路の複線図

重要度★★

I 単極スイッチ１つで電灯１つを点灯・消灯させる回路

この回路は，イの単極スイッチをONにするとイのダウンライトが点灯する回路です。

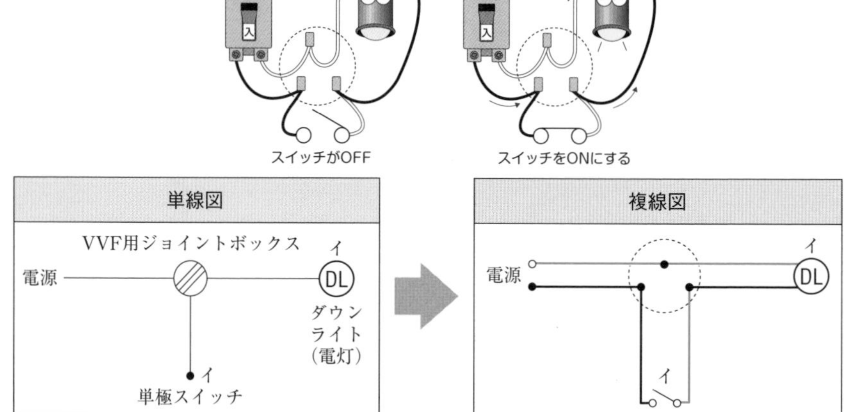

描き方

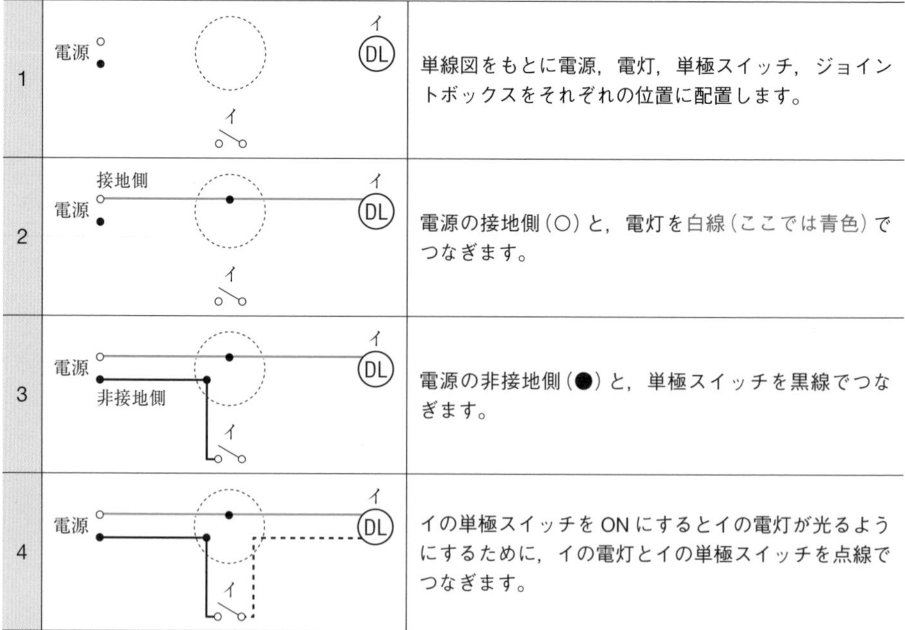

1		単線図をもとに電源，電灯，単極スイッチ，ジョイントボックスをそれぞれの位置に配置します。
2		電源の接地側（○）と，電灯を白線（ここでは青色）でつなぎます。
3		電源の非接地側（●）と，単極スイッチを黒線でつなぎます。
4		イの単極スイッチをONにするとイの電灯が光るようにするために，イの電灯とイの単極スイッチを点線でつなぎます。

5	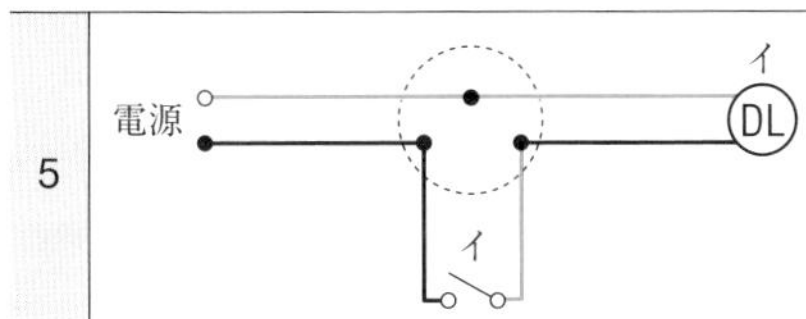	余っている線の色で点線をなぞります。

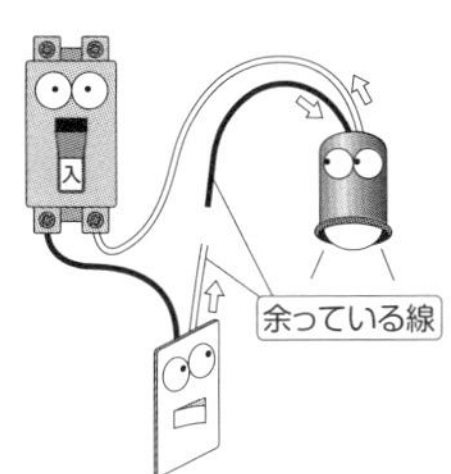

II 単極スイッチ１つで電灯２つを点灯・消灯させる回路

ダウンライトが２つに増えましたが，１つのスイッチでどちらも同じように点灯，消灯します。スイッチの電線（電源とつながっていない方）にダウンライトを２つつなぎます。

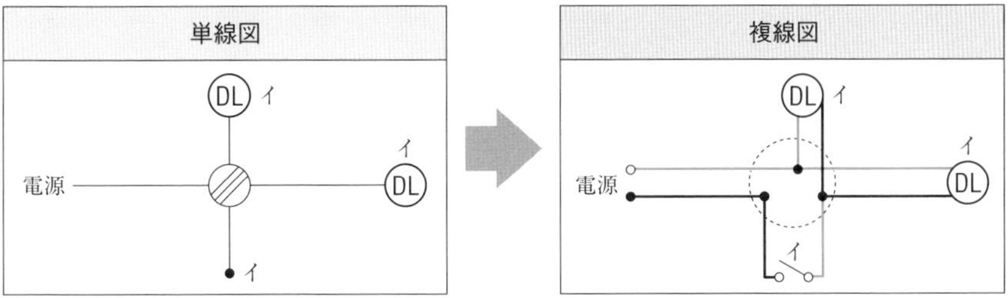

描き方

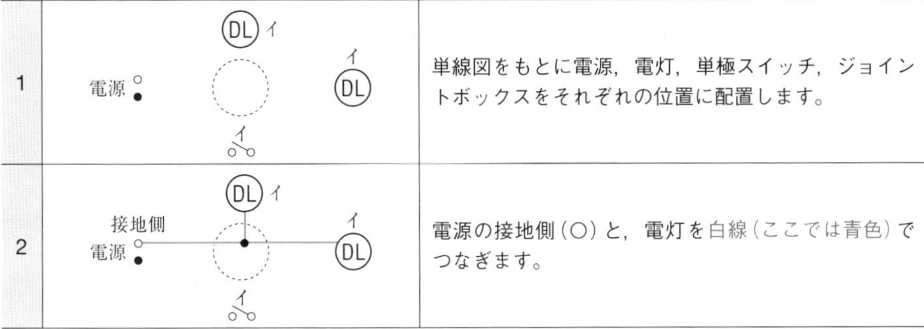

1		単線図をもとに電源，電灯，単極スイッチ，ジョイントボックスをそれぞれの位置に配置します。
2		電源の接地側（○）と，電灯を白線（ここでは青色）でつなぎます。

3	DL イ イ DL 電源 非接地側 イ	電源の非接地側（●）と，単極スイッチを黒線でつなぎます。
4	DL イ イ DL 電源 イ	イの電灯２つとイの単極スイッチを点線でつなぎます。 このとき，点線が交わる場所（接続点）はボックス内に描きます。
5	DL イ イ DL 電源 イ	余っている線の色で点線をなぞります。

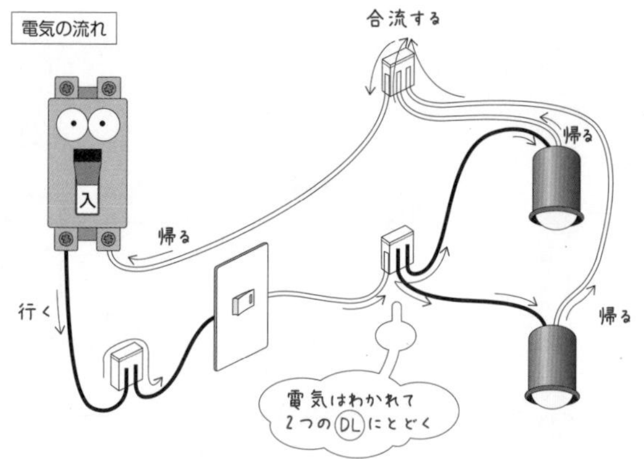

Ⅲ 単極スイッチ２つで電灯２つを点灯・消灯させる回路

イのスイッチでイのダウンライトを，ロのスイッチでロのダウンライトをそれぞれ点灯，消灯する回路です。

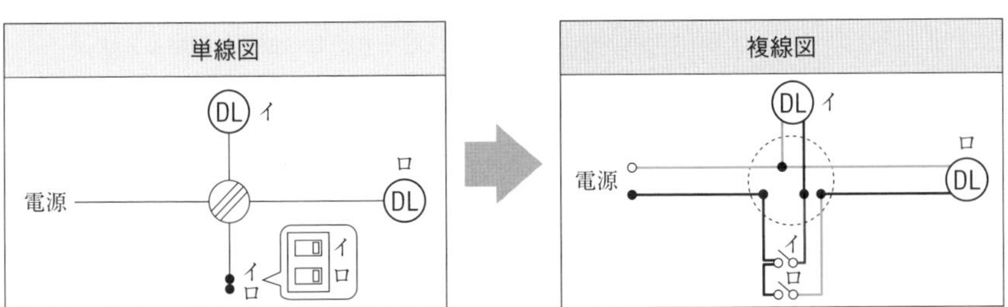

この単線図のようにスイッチが２つ並んでいるときは，スイッチ２つが同じ枠内にあることを示しています。同じ枠内に連用器具（スイッチやコンセント，パイロットランプ）が複数ある場合は，**わたり線**（せん）を使うことで配線を簡略化できます。

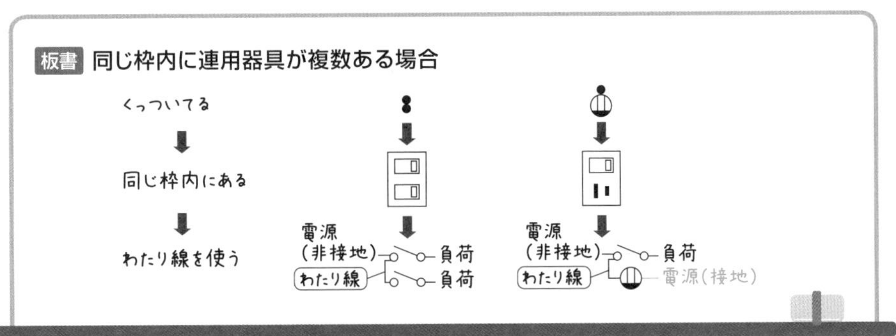

わたり線を使うことで配線がスッキリします。わたり線は施工条件を読み，正しい色の電線を使用する必要があります。原則として，接地側極端子どうしを結ぶわたり線は白，非接地側極端子どうしを結ぶわたり線は黒となりますので注意しましょう。

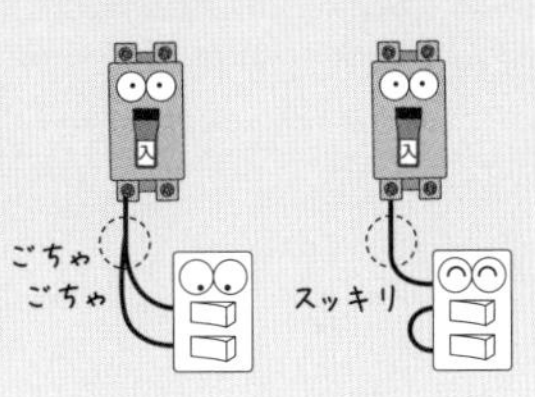

この回路の複線図の描き方は次のようになります。

描き方

1	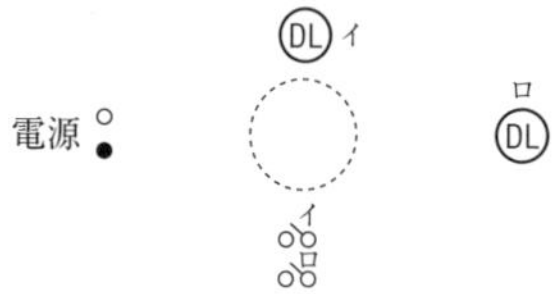	単線図をもとに電源，電灯，単極スイッチ，ジョイントボックスをそれぞれの位置に配置します。
2	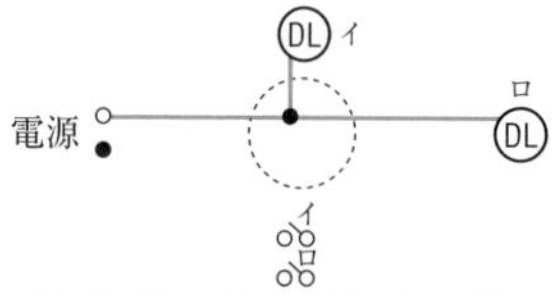	電源の接地側（○）と，電灯を白線（ここでは青色）でつなぎます。
3	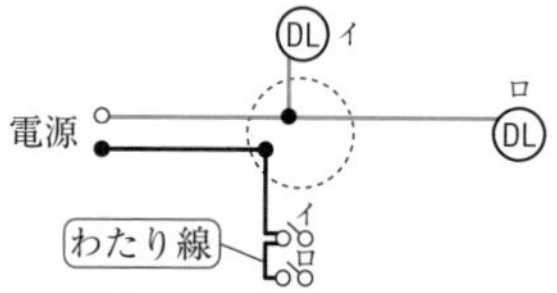	電源の非接地側（●）と，単極スイッチを黒線でつなぎます。 同じ枠内にスイッチが２つあるので，わたり線（黒線）を使ってスイッチどうしをつなぎます。
4	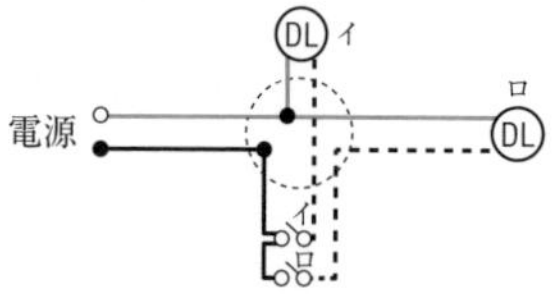	イの電灯とイの単極スイッチ，ロの電灯とロの単極スイッチをそれぞれ点線でつなぎます。
5	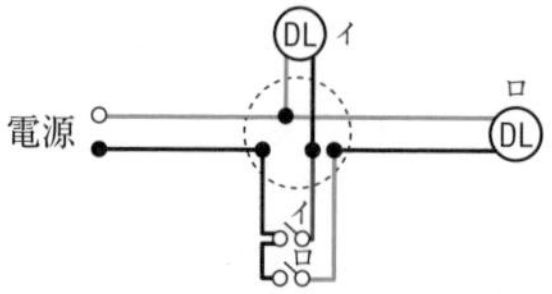	余っている線の色で点線をなぞります。 同じ枠内にあるスイッチ２つから３本の電線がボックスの方に出ているので，この部分は３心ケーブルで接続すると想定しています。

5 コンセント配線と電灯配線の組み合わせに関する回路の複線図 重要度★★

この回路は，イの単極スイッチをONにするとイのダウンライトが点灯する回路です。スイッチと同じ枠内にコンセントがあります。

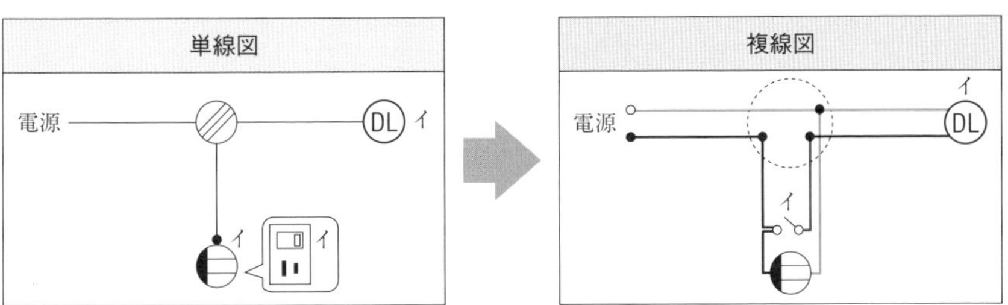

描き方

	図	説明
1	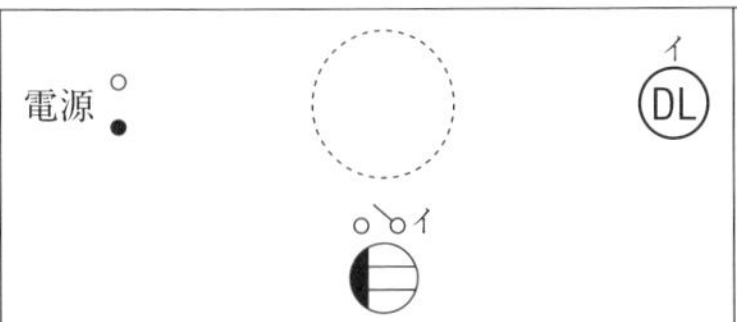 電源 DL イ イ	単線図をもとに電源，電灯，単極スイッチ，コンセント，ジョイントボックスをそれぞれの位置に配置します。
2	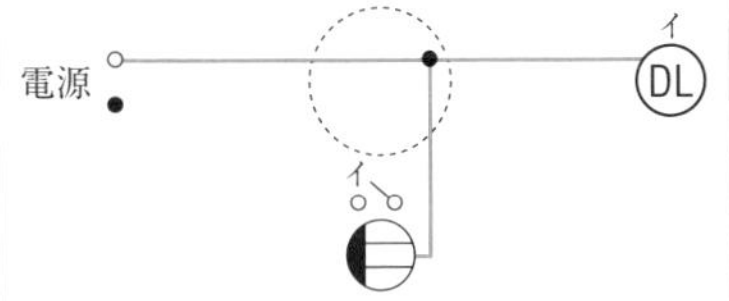 電源 DL イ イ	電源の接地側（○）と，電灯，コンセントを白線（ここでは青色）でつなぎます。
3	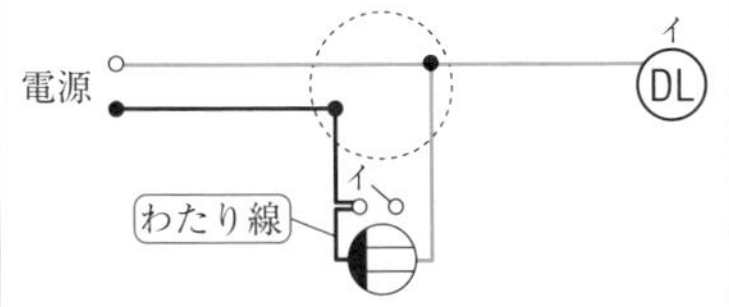 電源 DL イ イ わたり線	電源の非接地側（●）と，単極スイッチ，コンセントを黒線でつなぎます。 同じ枠内にスイッチとコンセントがあるので，わたり線（黒線）を使ってスイッチとコンセントをつなぎます。
4	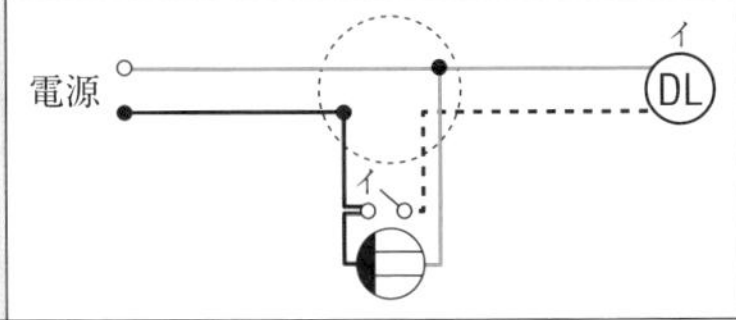 電源 DL イ イ	イの電灯とイの単極スイッチを点線でつなぎます。
5	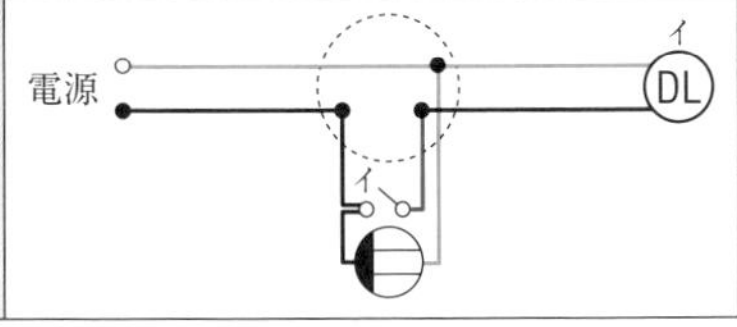 電源 DL イ イ	余っている線の色で点線をなぞります。 同じ枠内から3本の電線がボックスの方に出ているので，この部分は3心ケーブルで接続すると想定しています。

6 3路スイッチを含む回路の複線図

I 3路スイッチ2つで電灯1つを点灯・消灯させる回路

この回路は，2つの3路スイッチでイのダウンライトを点灯，消灯できる回路です。

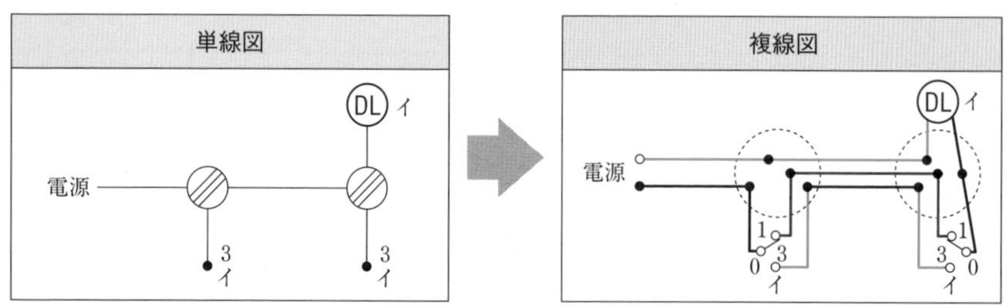

3路スイッチは2つ組み合わせて使うことで，2カ所からON，OFFを切り替えられるようになります。

例えばこの回路だと，3路スイッチは次のような仕組みでダウンライトを点灯，消灯させています。

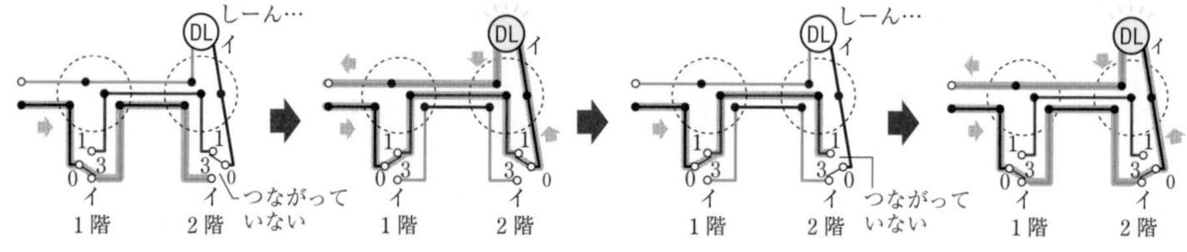

1階のスイッチを押した　2階のスイッチを押した　もう一度1階のスイッチを押すと…

ひとこと 3路スイッチを2つ使えば，階段の電灯を1階のスイッチでも2階のスイッチでも点けたり消したりできるようになります。

どちらのスイッチでも
ON・OFFできる

ひとこと 単極スイッチは ON と OFF の位置が決まっていますが，3 路スイッチは ON と OFF の位置が決まっていません。

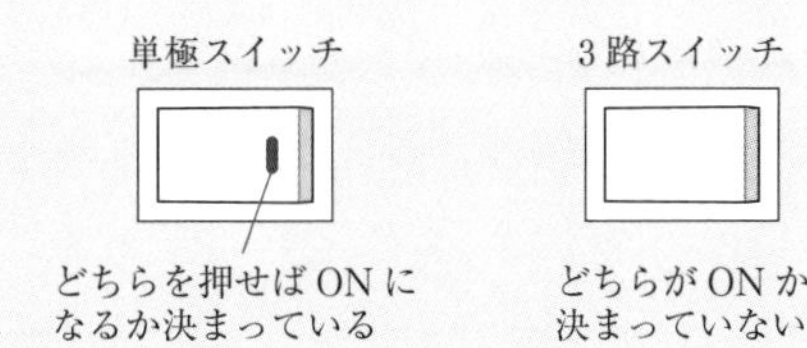
単極スイッチ
3路スイッチ
どちらを押せばONに
なるか決まっている
どちらがONか
決まっていない

この回路の複線図の描き方は次のようになります。

描き方

1		単線図をもとに電源，電灯，3 路スイッチ，ジョイントボックスをそれぞれの位置に配置します。
2		電源の接地側（○）と，電灯を白線（ここでは青色）でつなぎます。
3		電源の非接地側（●）と，電源に近い方の 3 路スイッチの 0 番を黒線でつなぎます。
4		電源から遠い方の 3 路スイッチの 0 番と電灯を点線でつなぎます。
5		2 つの 3 路スイッチの 1 番どうし，3 番どうしを点線でつなぎます。 （1 番と 3 番をつないでも構いませんが，1 番どうし，3 番どうしの方がきれいな複線図になります。）
6		余っている線の色で点線をなぞります。 （技能試験では，施工条件にあわせます。）

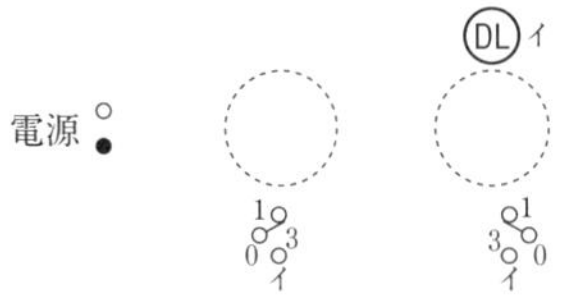

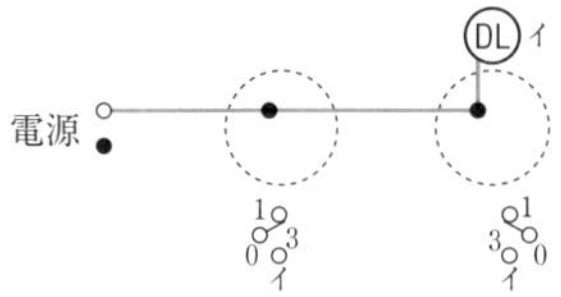

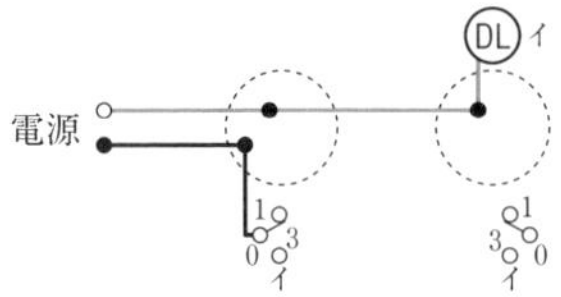

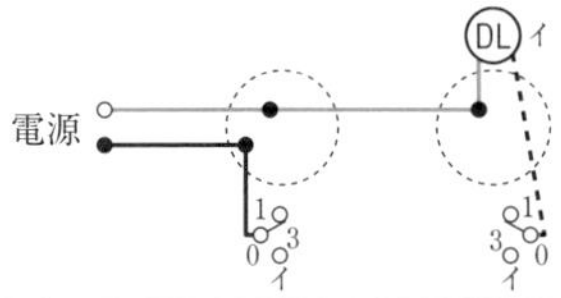

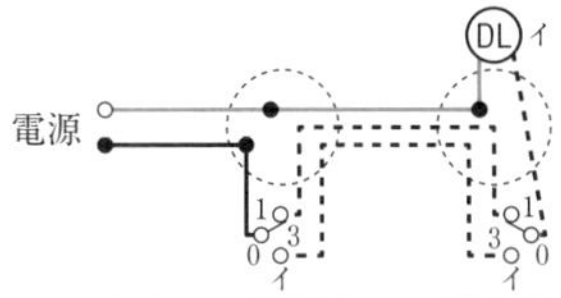

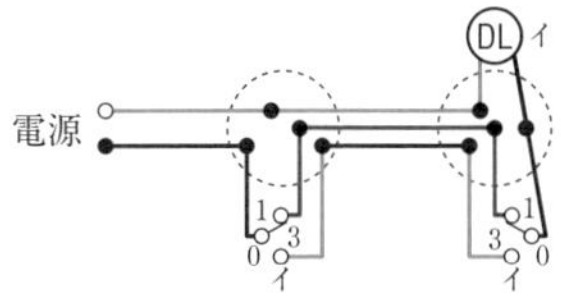

Ⅱ　3路スイッチ2つで電灯2つを点灯・消灯させる回路

ダウンライトが2つに増えましたが，2つの3路スイッチでどちらも同じように点灯，消灯します。

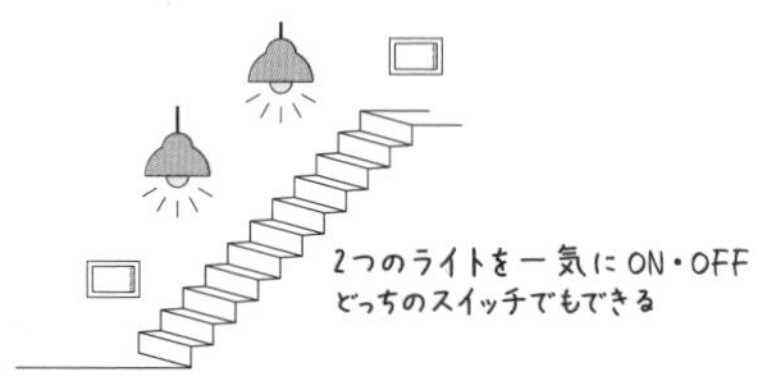

2つのライトを一気にON・OFF
どっちのスイッチでもできる

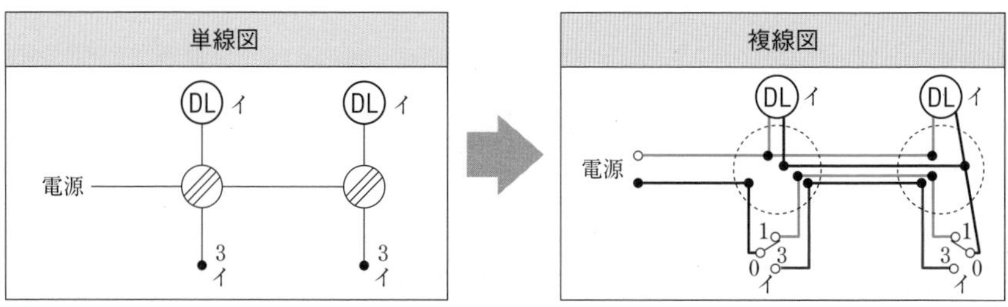

描き方

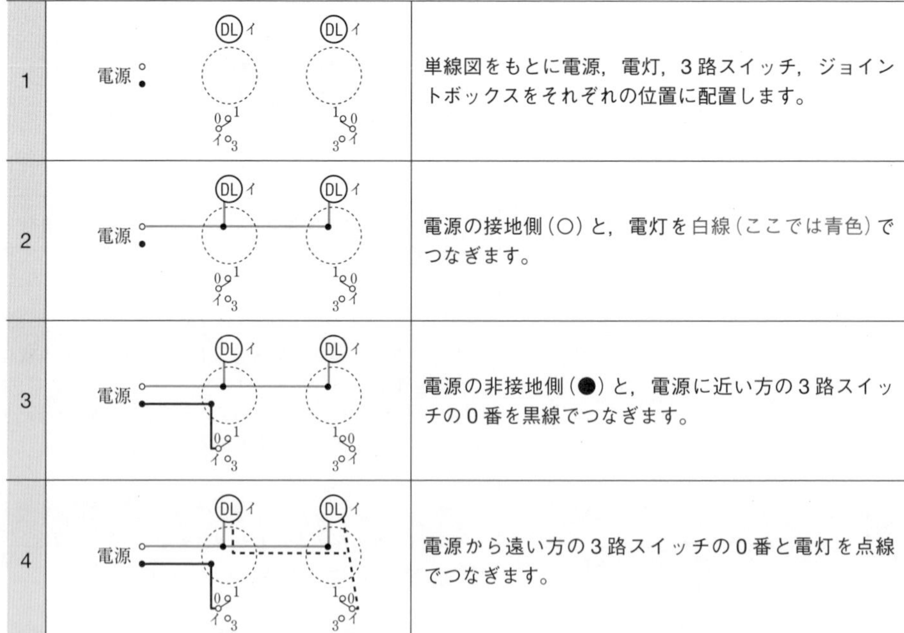

1		単線図をもとに電源，電灯，3路スイッチ，ジョイントボックスをそれぞれの位置に配置します。
2		電源の接地側（○）と，電灯を白線（ここでは青色）でつなぎます。
3		電源の非接地側（●）と，電源に近い方の3路スイッチの0番を黒線でつなぎます。
4		電源から遠い方の3路スイッチの0番と電灯を点線でつなぎます。

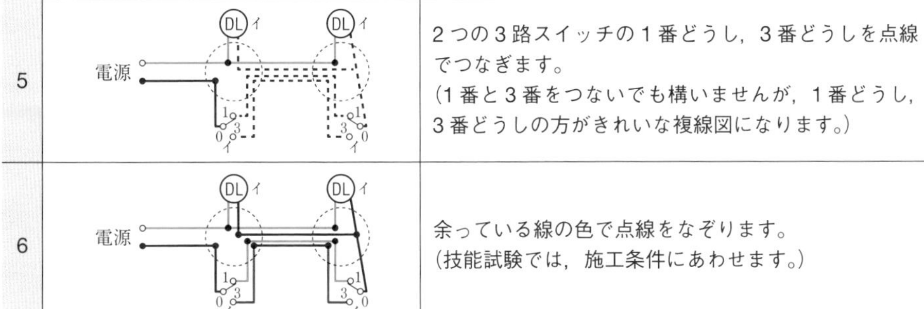

5	電源	2つの3路スイッチの1番どうし，3番どうしを点線でつなぎます。 (1番と3番をつないでも構いませんが，1番どうし，3番どうしの方がきれいな複線図になります。)
6	電源	余っている線の色で点線をなぞります。 (技能試験では，施工条件にあわせます。)

7 4路スイッチを含む回路の複線図

重要度★

4路スイッチは電気の通る道を次のような組み合わせで切り替えることができます。

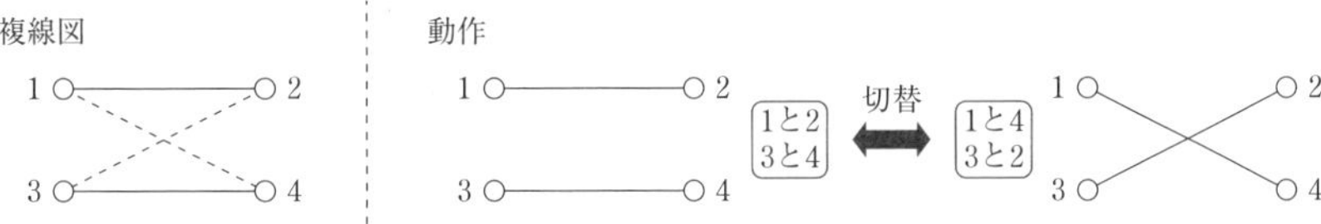

4路スイッチは3路スイッチと組み合わせて使うことで3カ所以上の場所からON, OFFを切り替えられるようになります。

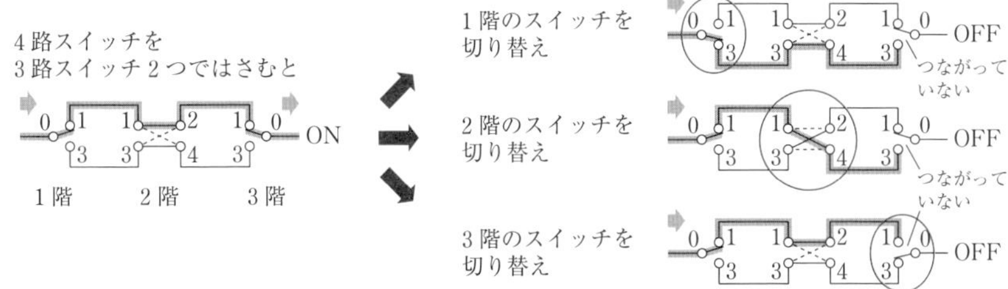

ひとこと 3路スイッチの間にはさむ4路スイッチを増やせばいろいろな場所からON，OFFを切り替えられるようになります。

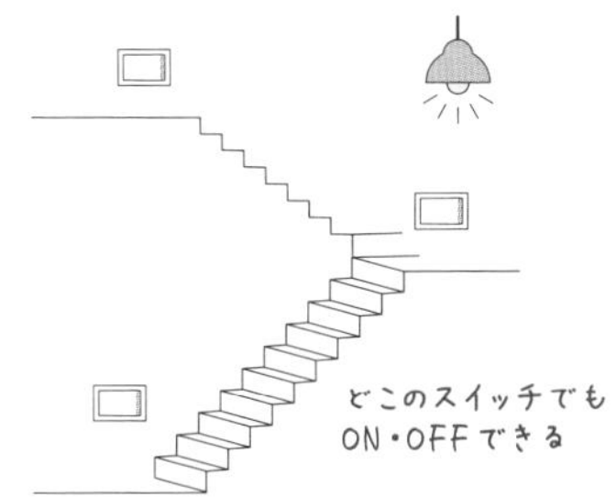

次の回路は，どのスイッチを切り替えてもイのダウンライトを点灯，消灯することのできる回路です。

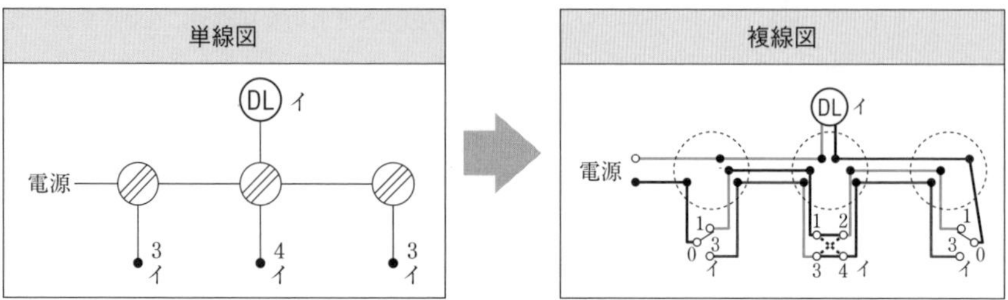

描き方

1	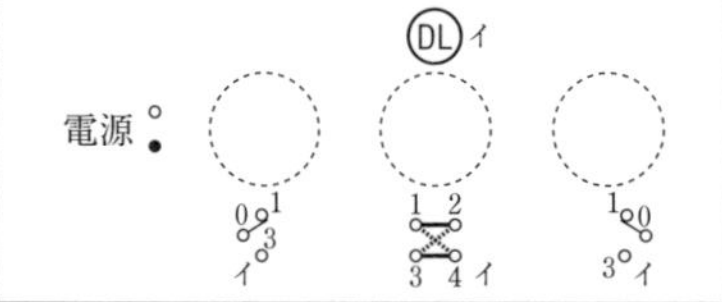	単線図をもとに電源，電灯，3 路スイッチ，4 路スイッチ，ジョイントボックスをそれぞれの位置に配置します。
2	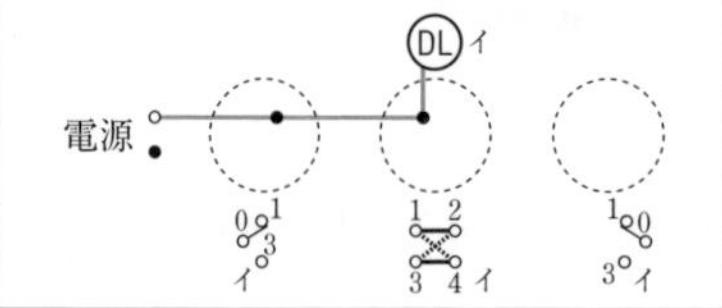	電源の接地側（○）と，電灯を白線（ここでは青色）でつなぎます。
3	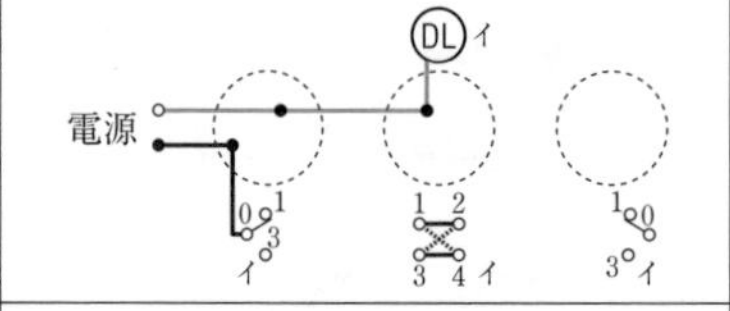	電源の非接地側（●）と，電源に近い方の 3 路スイッチの 0 番を黒線でつなぎます。
4	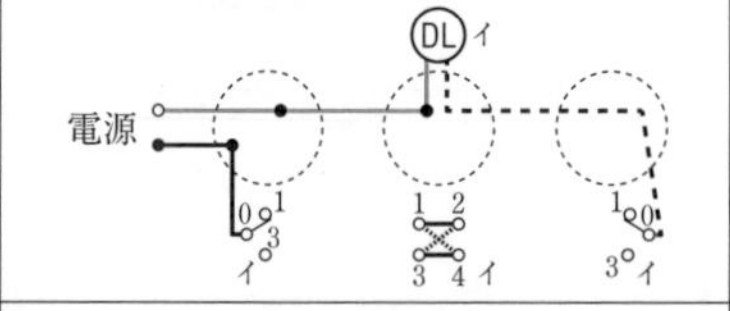	電源から遠い方の 3 路スイッチの 0 番と電灯を点線でつなぎます。
5	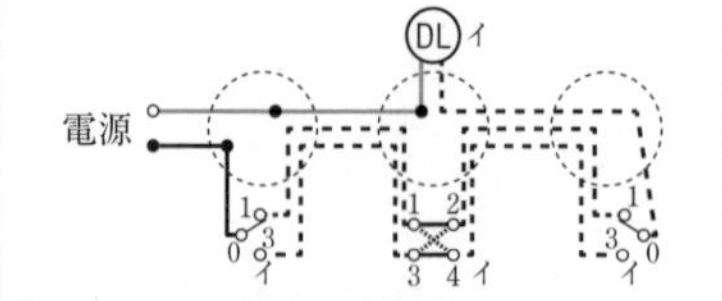	①電源に近い方の 3 路スイッチと 4 路スイッチの 1 番どうし，3 番どうしを点線でつなぎます。 ②電源から遠い方の 3 路スイッチの 1 番と 4 路スイッチの 2 番，3 路スイッチの 3 番と 4 路スイッチの 4 番を点線でつなぎます。
6	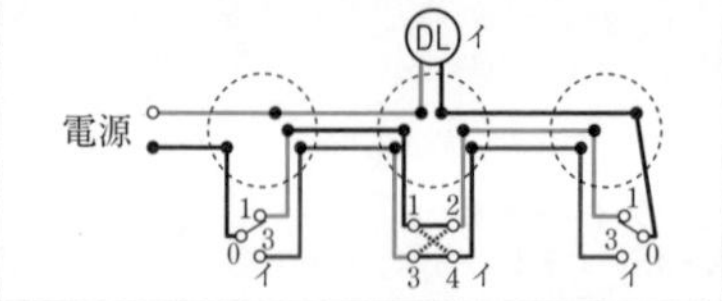	余っている線の色で点線をなぞります。 （技能試験では，施工条件にあわせます。）

8 パイロットランプを含む回路の複線図

重要度★

パイロットランプは，暗い場所でスイッチの場所が見えるように点灯したり，負荷が動いているかを点灯，消灯で表したりする電灯です。

Ⅰ 常時点灯回路

施工条件に「常時点灯」とあるときは，パイロットランプが常に点灯しているように接続します。

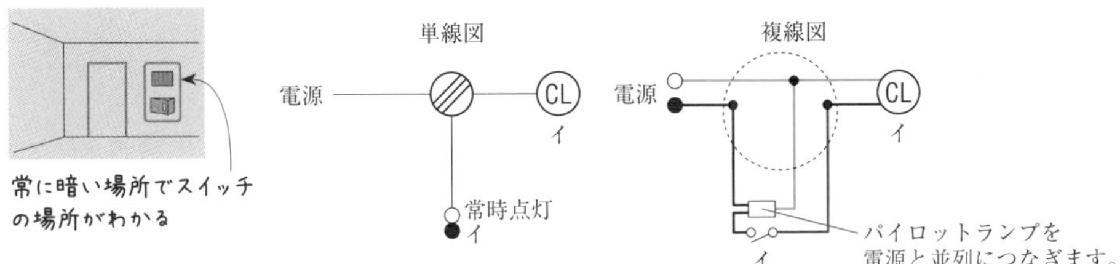

Ⅱ 同時点滅回路

施工条件に「同時点滅」とあるときは，負荷に電気が流れているときにパイロットランプが点灯するように接続します。

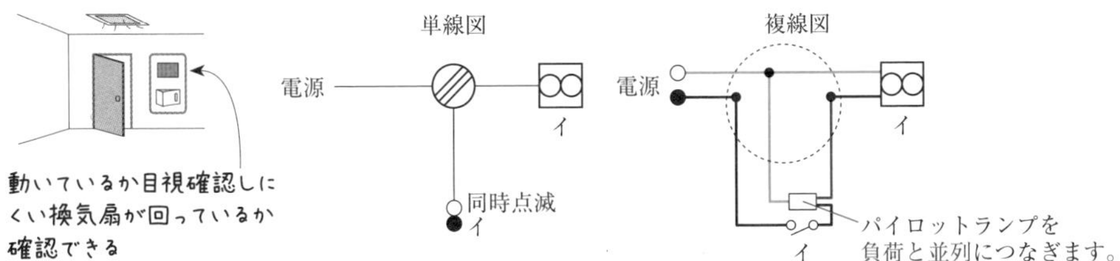

Ⅲ 異時点滅回路

施工条件に「異時点滅」とあるときは，負荷に電気が流れていないときにパイロットランプが点灯するように接続します。

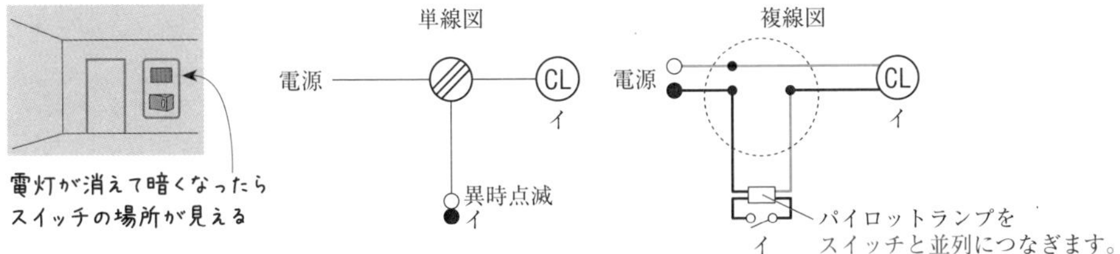

SECTION 03

公表問題の複線図の描き方

1 公表問題01

想定問題文(p.158)

STEP 1

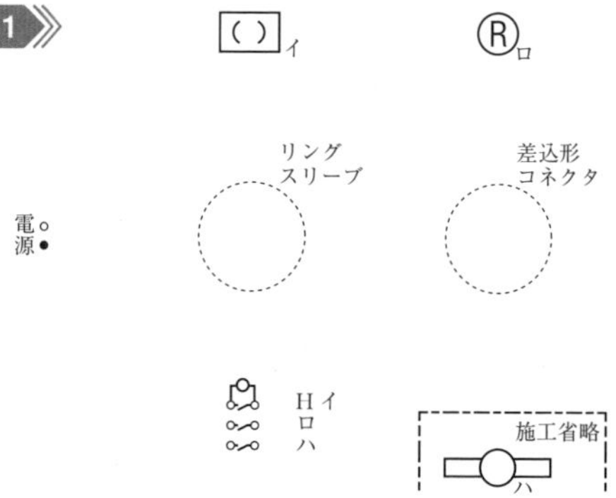

単線図をもとに電源や機器，ボックスなどをそれぞれの位置に配置します。

STEP 2

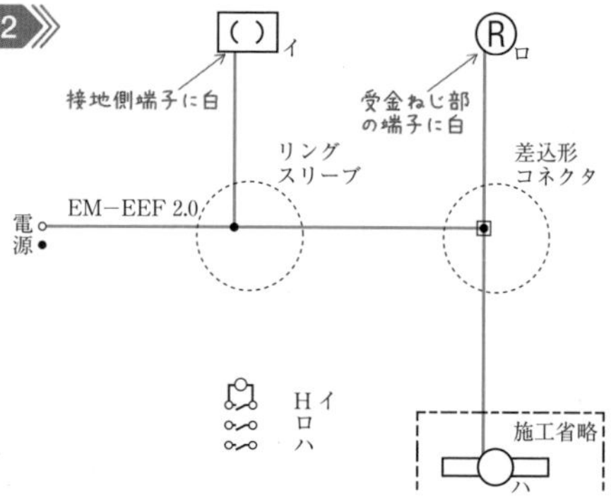

電源の接地側(○)と，スイッチ以外の機器(負荷機器)を白線(ここでは青色)でつなぎます。

STEP 3

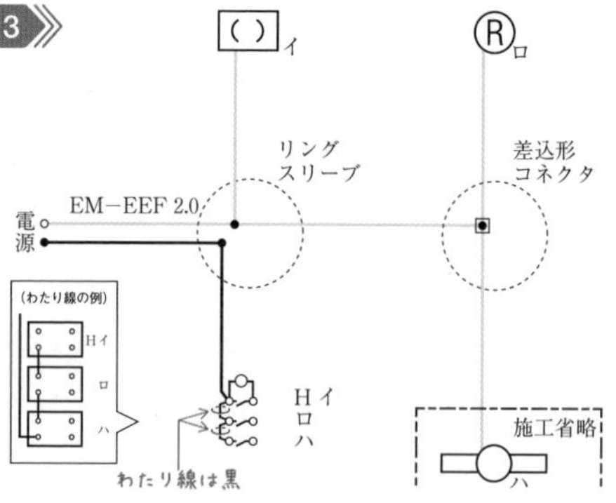

電源の非接地側(●)と，位置表示灯内蔵スイッチを黒線でつなぎます。(電源の非接地側(●)と，単極スイッチをつないでも問題ありません)同じ枠内にスイッチが3つあるので，わたり線(黒線)を使ってスイッチどうしをつなぎます。

STEP 4

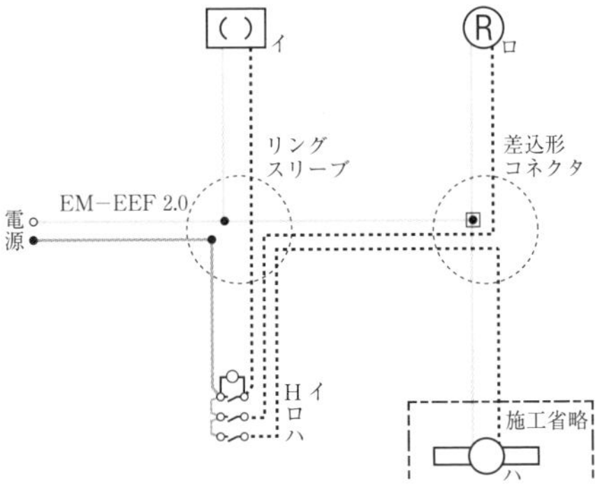

イの引掛シーリングとイの位置表示灯内蔵スイッチ，ロのランプレセプタクルとロの単極スイッチ，ハの施工省略部分（蛍光灯）とハの単極スイッチをそれぞれ点線でつなぎます。

STEP 5

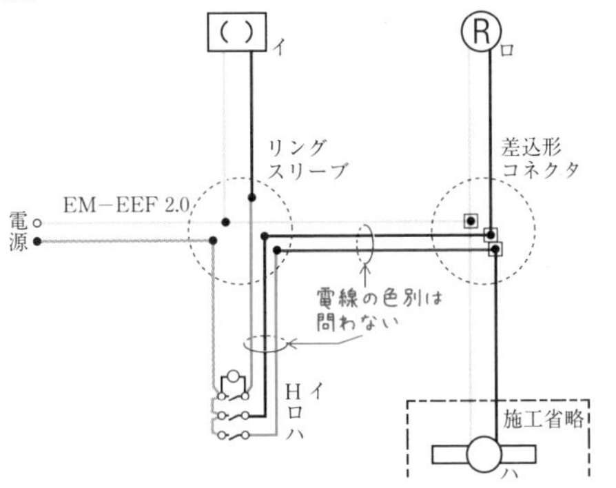

施工条件を読み，使用される電線に合わせて余っている線の色で点線をなぞります。

STEP 6

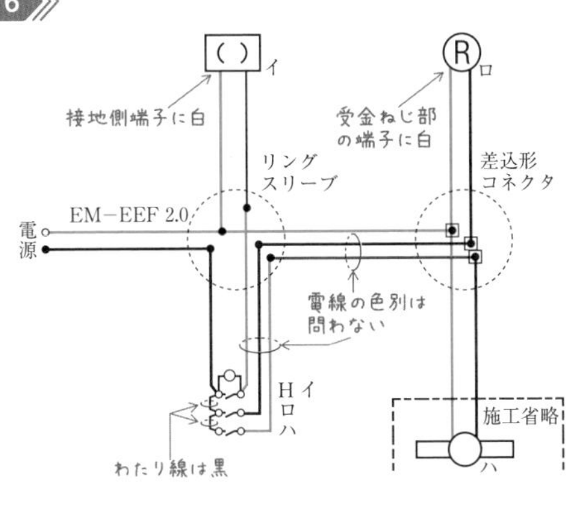

完成

（わたり線の例）

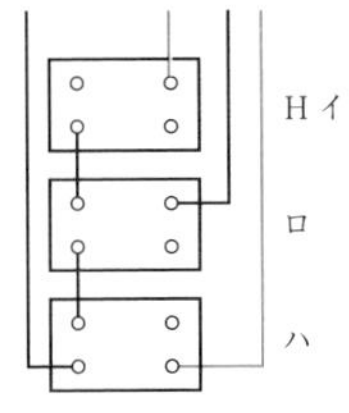

※過去に公表された解答をもとに作成しています。
結線方法は他にも考えられます。

2 公表問題02

想定問題文（p.172）

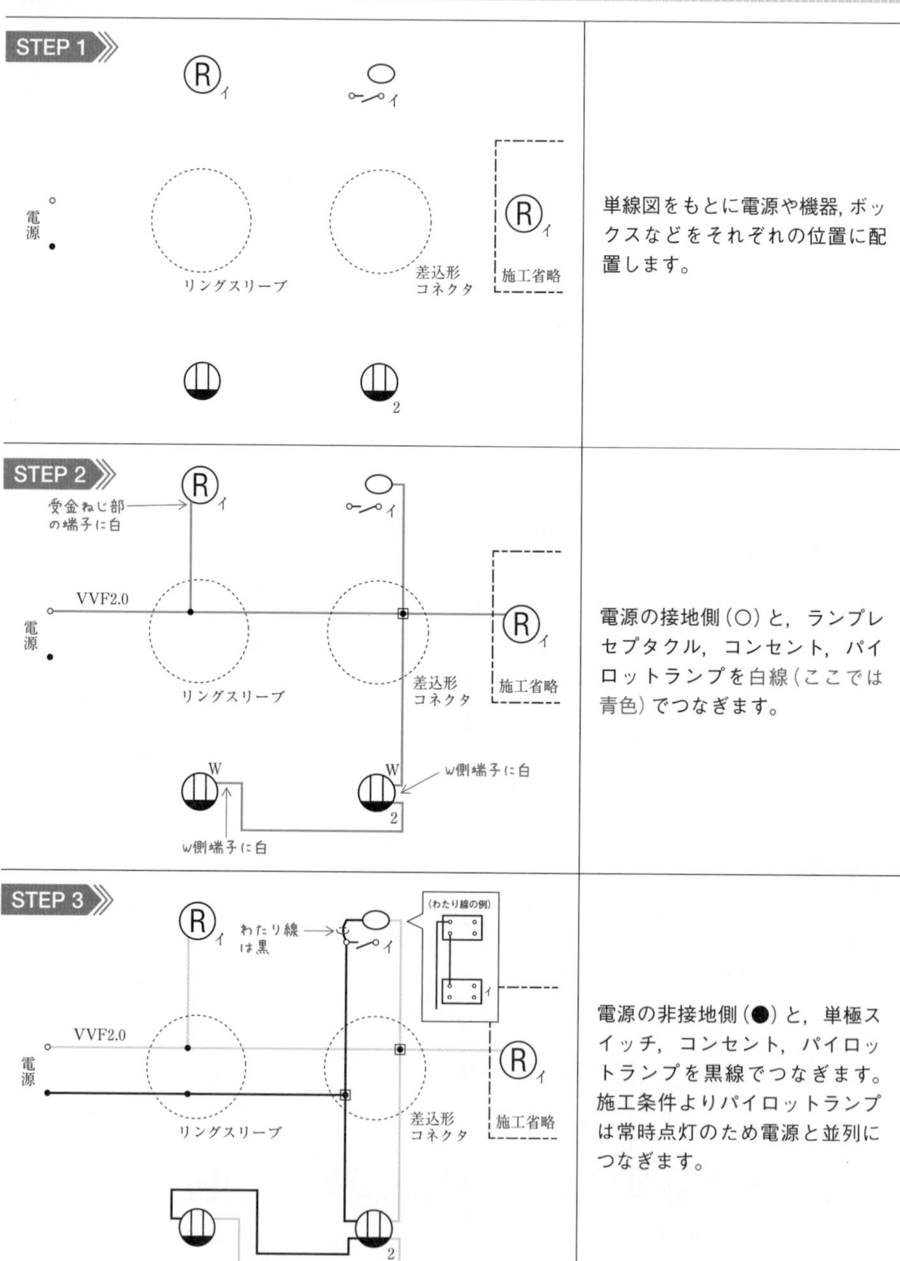

STEP 1

単線図をもとに電源や機器，ボックスなどをそれぞれの位置に配置します。

STEP 2

電源の接地側（○）と，ランプレセプタクル，コンセント，パイロットランプを白線（ここでは青色）でつなぎます。

STEP 3

電源の非接地側（●）と，単極スイッチ，コンセント，パイロットランプを黒線でつなぎます。施工条件よりパイロットランプは常時点灯のため電源と並列につなぎます。

STEP 4

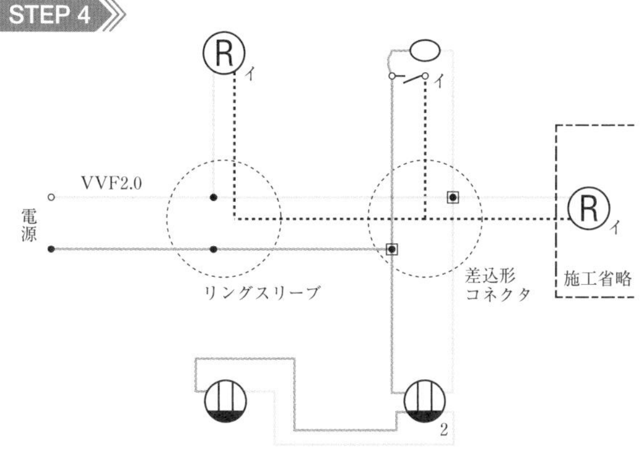

イのランプレセプタクルとイの単極スイッチを点線でつなぎます。

STEP 5

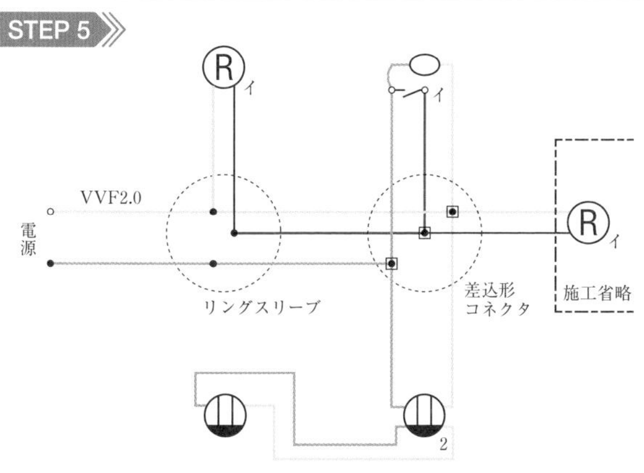

施工条件を読み，使用される電線に合わせて余っている線の色で点線をなぞります。

STEP 6

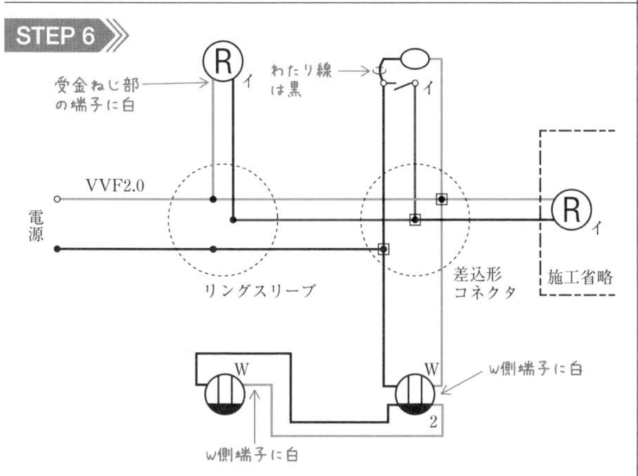

完成

(わたり線の例)

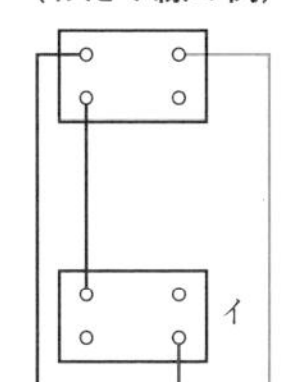

※過去に公表された解答をもとに作成しています。
結線方法は他にも考えられます。

3 公表問題03

想定問題文（p.188）

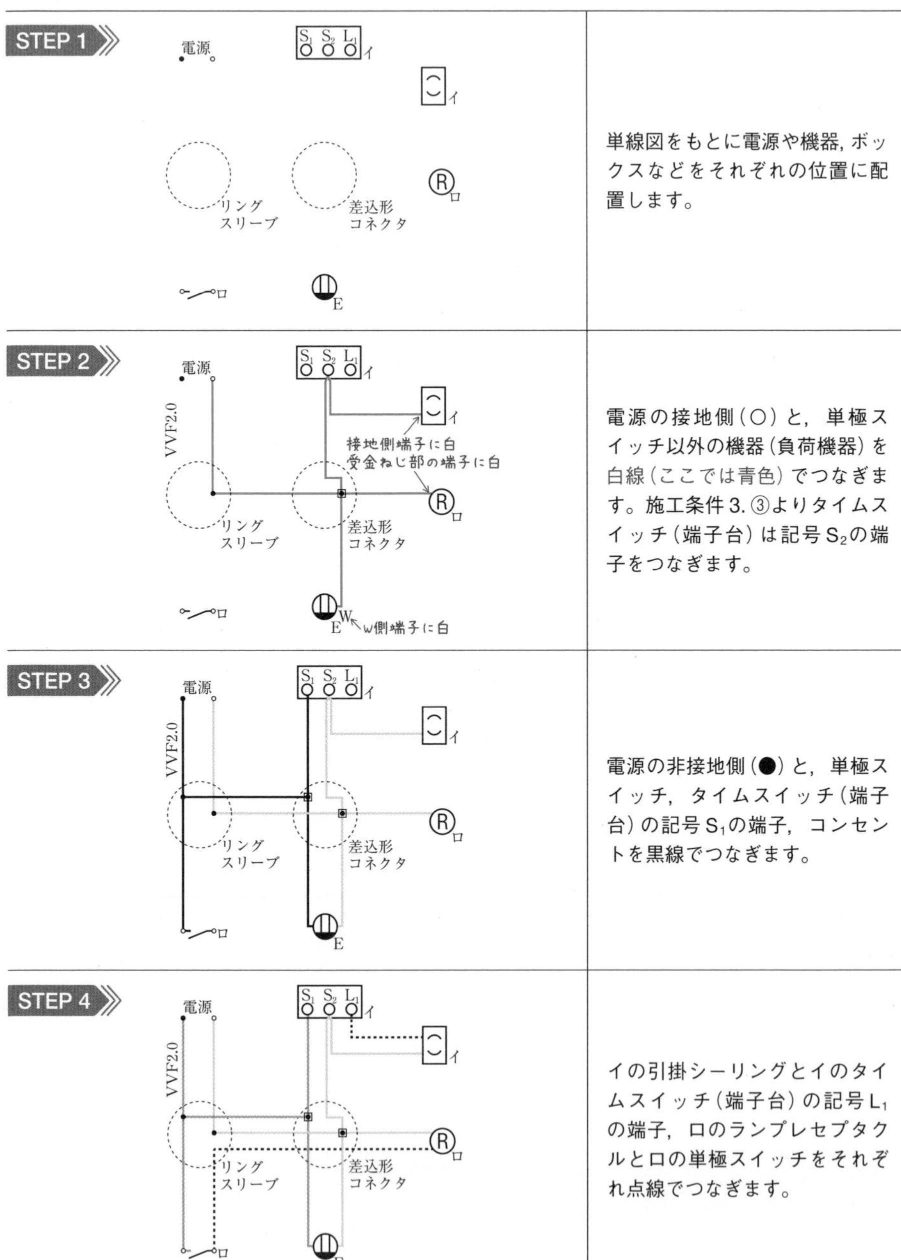

STEP 1

単線図をもとに電源や機器，ボックスなどをそれぞれの位置に配置します。

STEP 2

電源の接地側（○）と，単極スイッチ以外の機器（負荷機器）を白線（ここでは青色）でつなぎます。施工条件3.③よりタイムスイッチ（端子台）は記号S_2の端子をつなぎます。

STEP 3

電源の非接地側（●）と，単極スイッチ，タイムスイッチ（端子台）の記号S_1の端子，コンセントを黒線でつなぎます。

STEP 4

イの引掛シーリングとイのタイムスイッチ（端子台）の記号L_1の端子，ロのランプレセプタクルとロの単極スイッチをそれぞれ点線でつなぎます。

STEP 5

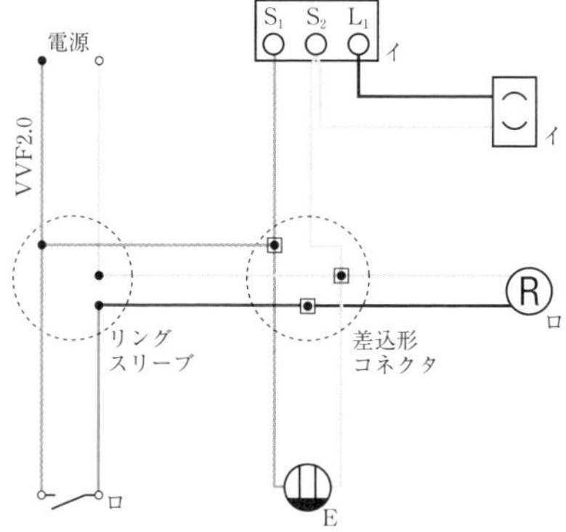

施工条件を読み，使用される電線に合わせて余っている線の色で点線をなぞります。

STEP 6

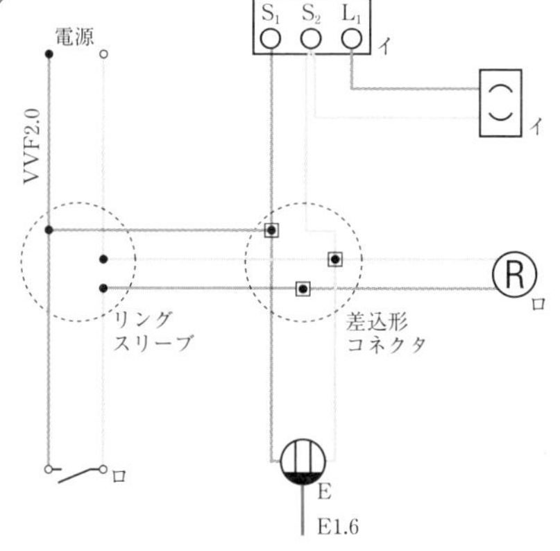

Eコンセント（15 A125 V接地極付）に緑色の接地線を接続します。

STEP 7

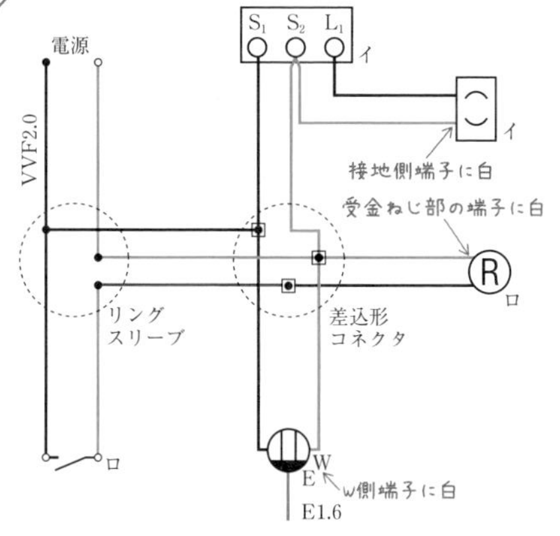

完成

4 公表問題04

想定問題文（p.204）

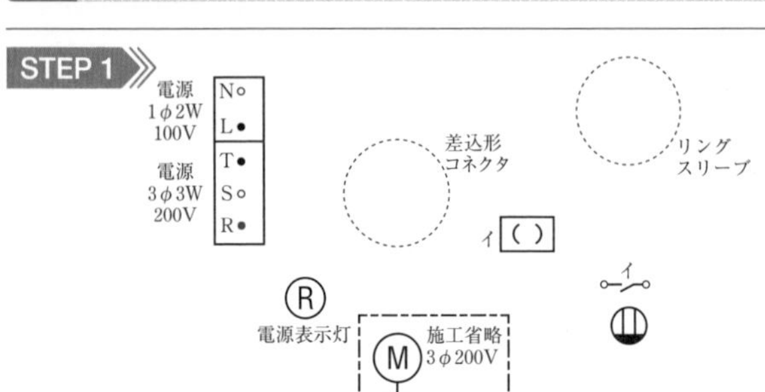

単線図をもとに電源や機器，ボックスなどをそれぞれの位置に配置します。

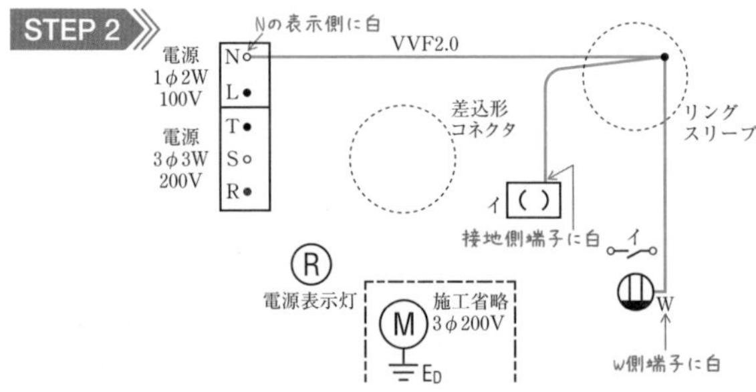

単相2線式100 Vの電源（1φ2 W100 V）の接地側（○）と，100 V回路のスイッチ以外の機器（負荷機器）を白線（ここでは青色）でつなぎます。

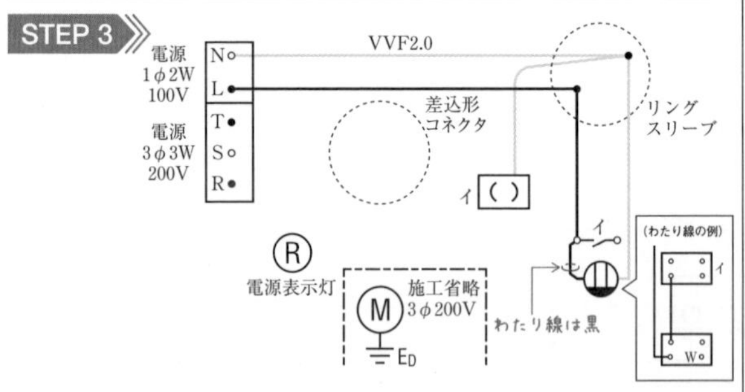

単相2線式100 Vの電源（1φ2 W100 V）の非接地側（●）と，単極スイッチを黒線でつなぎます。電源の非接地側（●）と，コンセントをつないでも問題ありません。
同じ枠内に単極スイッチとコンセントがあるので，わたり線（黒線）を使って単極スイッチとコンセントをつなぎます。

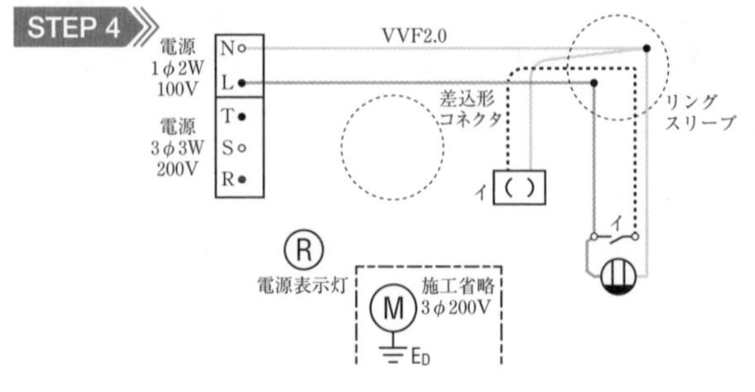

イの引掛シーリングとイの単極スイッチを点線でつなぎます。

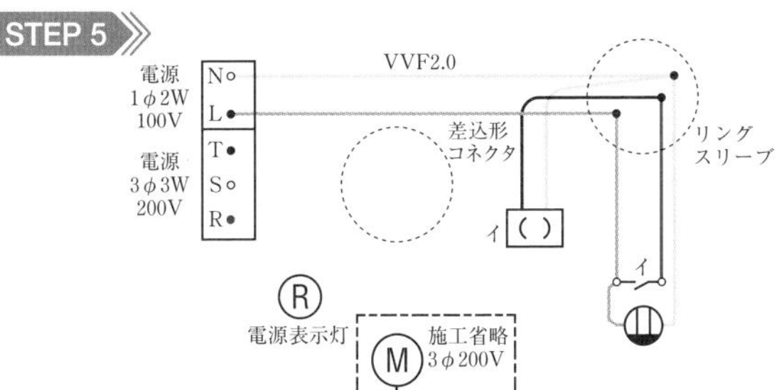

施工条件を読み，使用される電線に合わせて余っている線の色で点線をなぞります。

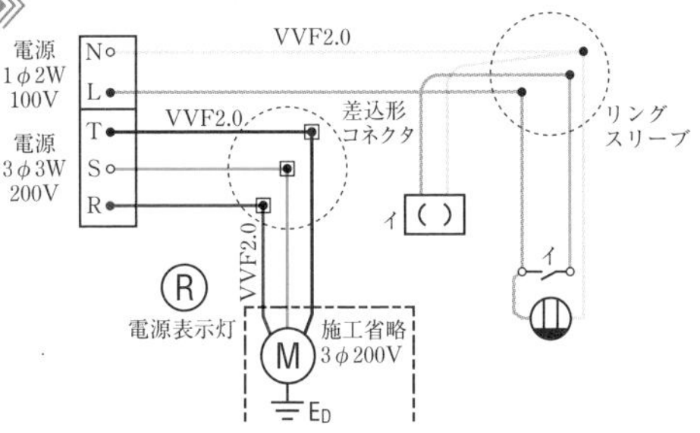

三相3線式200Vの電源（3φ3W200V）と電動機をつなぎます。（三相の電動機なので，3本の電線でつなぎます）

施工条件4.③より，R相に赤線，S相に白線，T相に黒線をつなぎます。

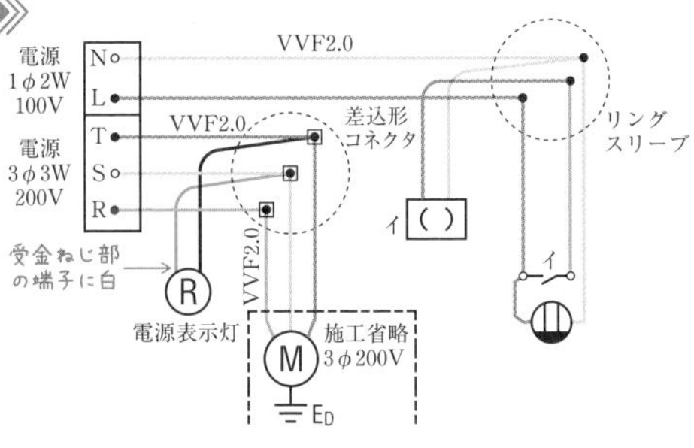

三相3線式200Vの電源（3φ3W200V）と電源表示灯（ランプレセプタクル）をつなぎます。施工条件3より，S相（白線）とT相（黒線）でつなぎます。

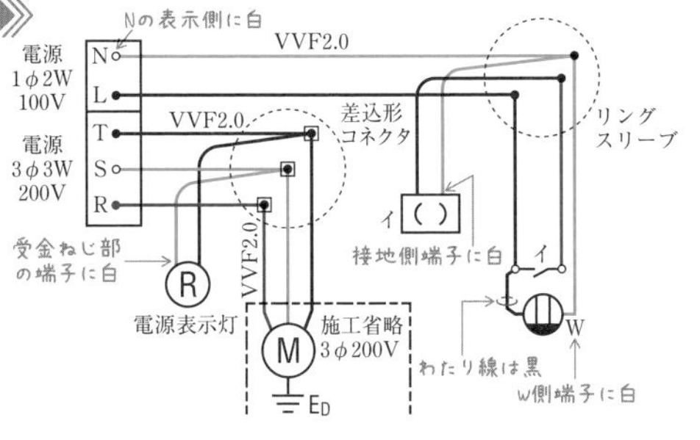

完成

（わたり線の例）

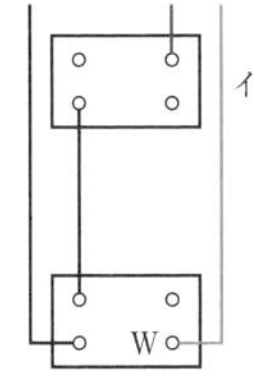

※過去に公表された解答をもとに作成しています。結線方法は他にも考えられます。

公表問題05

想定問題文(p.220)

STEP 1

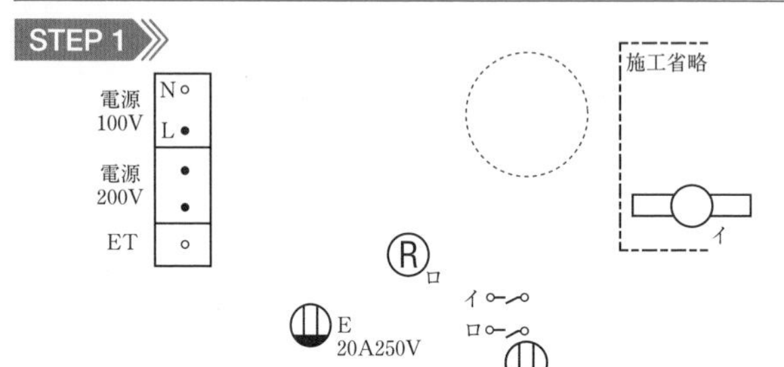

単線図をもとに電源や機器，ボックスなどをそれぞれの位置に配置します。

STEP 2

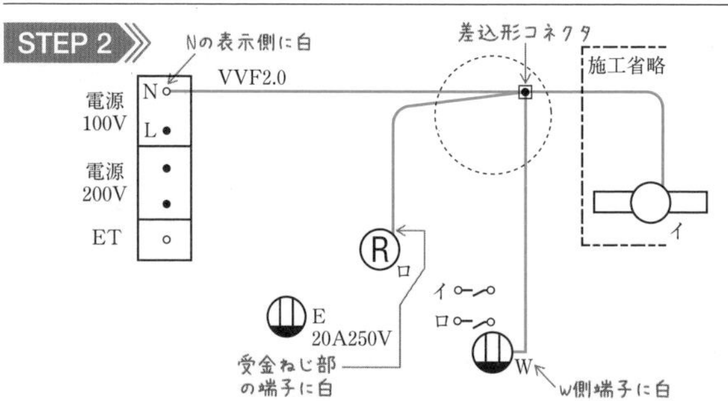

施工条件3.④の通りに，配線用遮断器の記号Nの端子と，100V回路のスイッチ以外の機器(負荷機器)を白線(ここでは青色)でつなぎます。接続方法は，施工条件4.①より，4本の接続箇所なので差込形コネクタによる接続を行います。

STEP 3

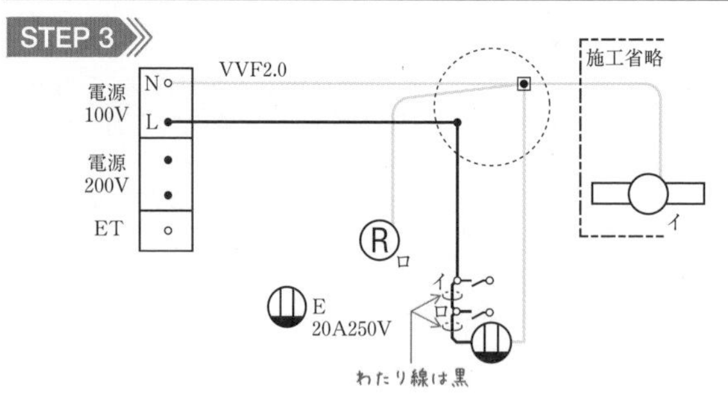

配線用遮断器の記号Lの端子と，100V回路のスイッチ，コンセントを黒線でつなぎます。同じ枠内にスイッチ2個とコンセント1個があるため，わたり線(黒線)を使ってスイッチとコンセントをつなぎます。接続方法は，施工条件4.②より，4本の接続箇所ではないのでリングスリーブによる接続を行います。

STEP 4

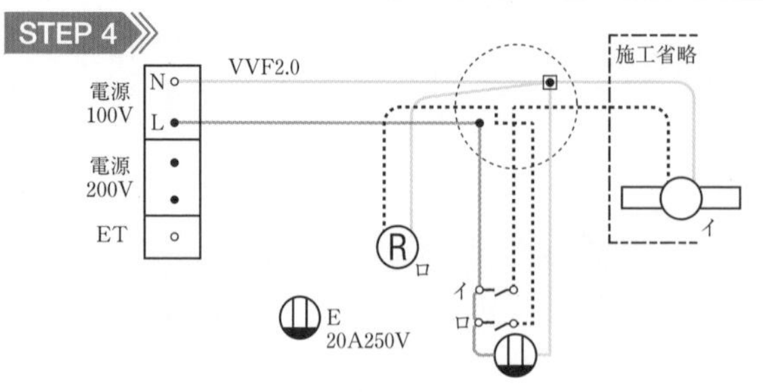

イの施工省略部分(蛍光灯)とイのスイッチ，ロのランプレセプタクルとロのスイッチをそれぞれ点線でつなぎます。

STEP 5

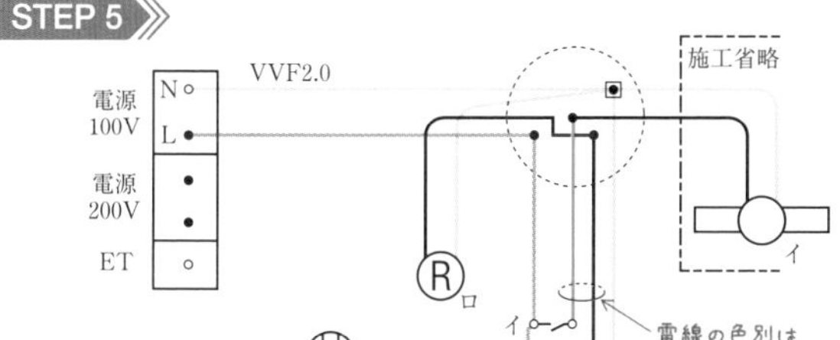

施工条件を読み，使用される電線に合わせて余っている線の色で点線をなぞります。接続方法は，施工条件4.②より，4本の接続箇所ではないのでリングスリーブによる接続を行います。

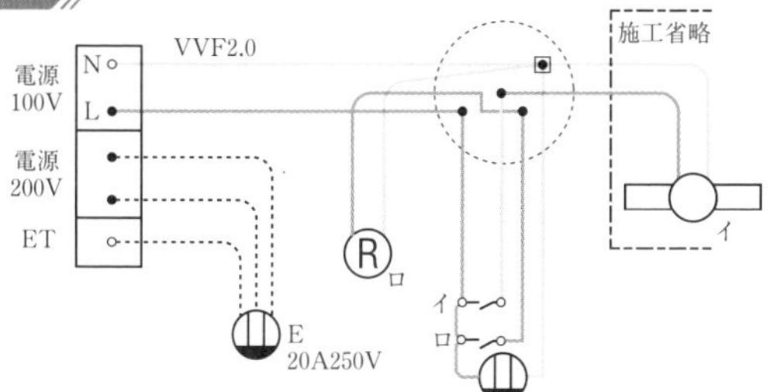

200 V回路の接地極付コンセントと漏電遮断器の端子，接地端子を配線図に従って点線でつなぎます。

STEP 7

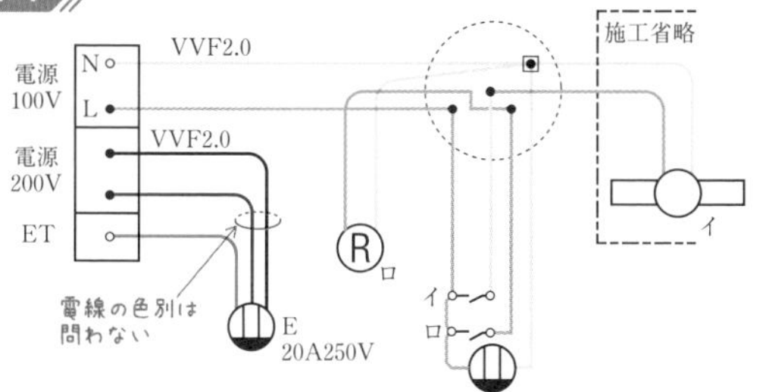

施工条件3.③より，接地端子(ET)と接地極付コンセントをつなぐ接地線には緑線を使用します。
施工条件を読み，使用される電線に合わせて余っている線の色で点線をなぞります。

STEP 8

Nの表示側に白
差込形コネクタ
施工省略
電源 100V
N
L
VVF2.0
電源 200V
VVF2.0
ET
イ
R
ロ
電線の色別は 問わない
イ
ロ
電線の色別は 問わない
E
20A250V
W
受金ねじ部 の端子に白
わたり線は黒
W側端子に白

完成

(わたり線の例)

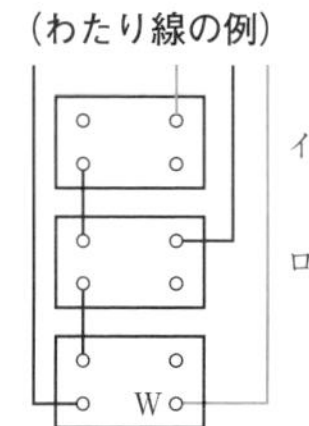

※過去に公表された解答をもとに作成しています。結線方法は他にも考えられます。

6 公表問題06

想定問題文(p.232)

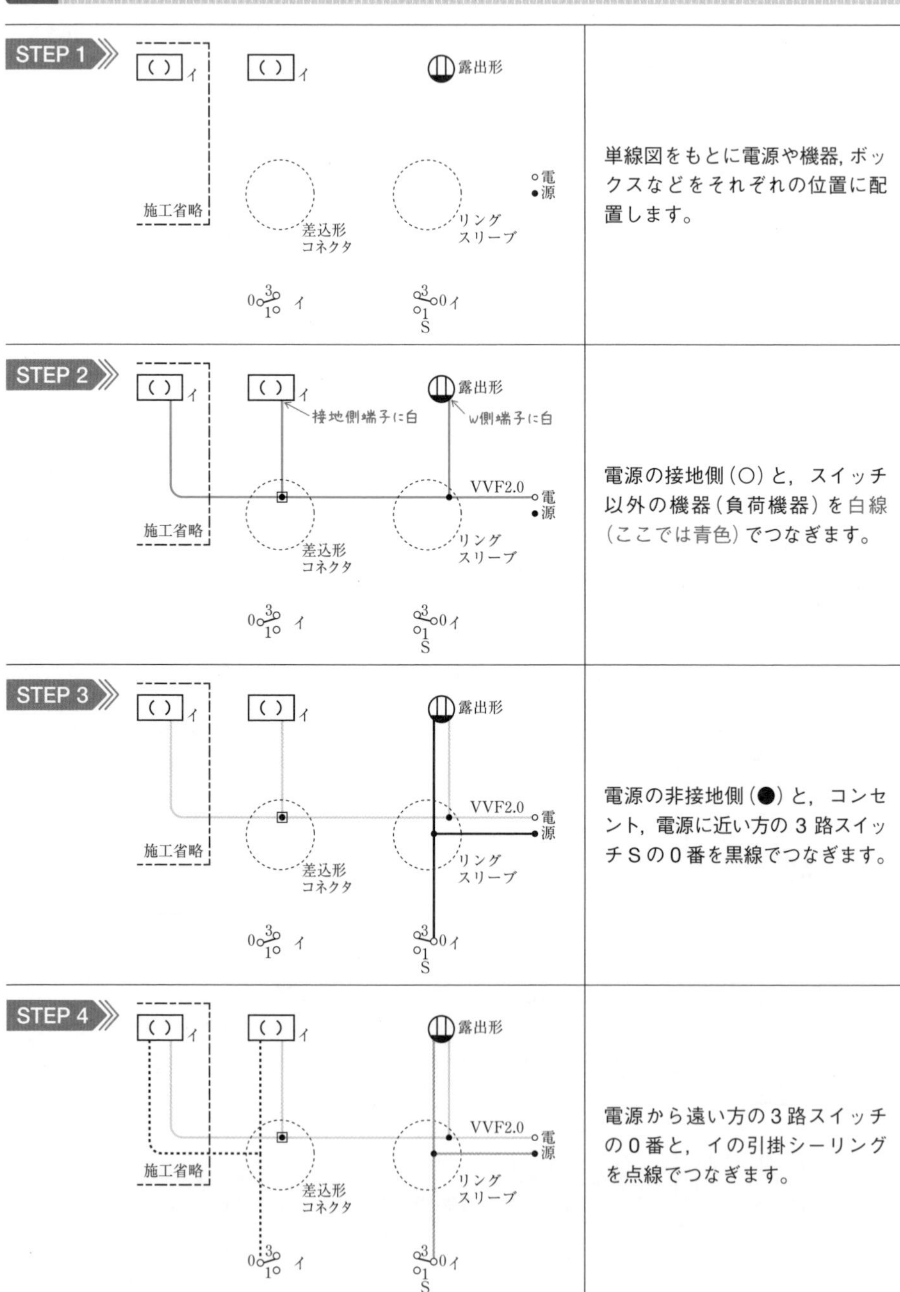

単線図をもとに電源や機器，ボックスなどをそれぞれの位置に配置します。

電源の接地側(○)と，スイッチ以外の機器(負荷機器)を白線(ここでは青色)でつなぎます。

電源の非接地側(●)と，コンセント，電源に近い方の3路スイッチSの0番を黒線でつなぎます。

電源から遠い方の3路スイッチの0番と，イの引掛シーリングを点線でつなぎます。

STEP 5

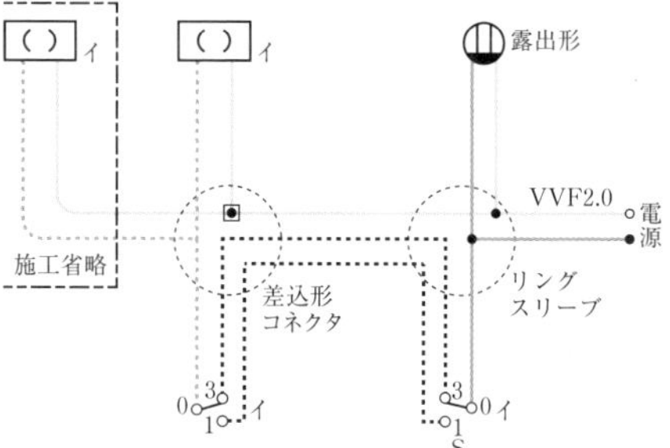

2つの3路スイッチの1番どうし，3番どうしを点線でつなぎます。(1番と3番をつないでも構いませんが，1番どうし，3番どうしの方がきれいな複線図になります)

STEP 6

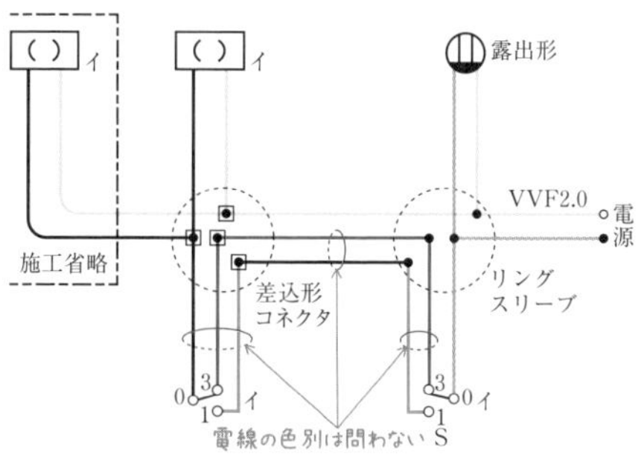

施工条件を読み，使用される電線に合わせて余っている線の色で点線をなぞります。

STEP 7

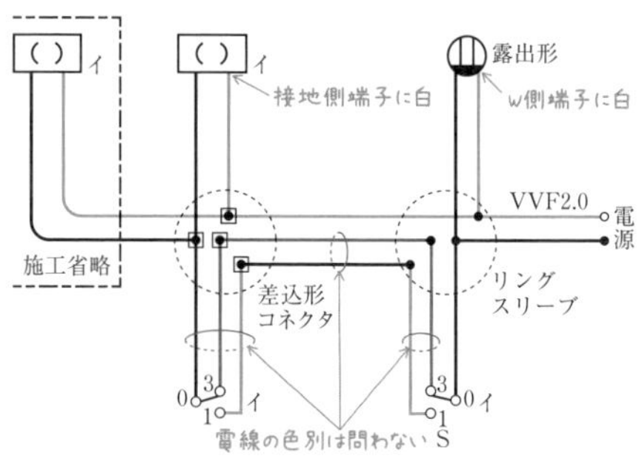

完成

7 公表問題07

想定問題文（p.246）

STEP 1

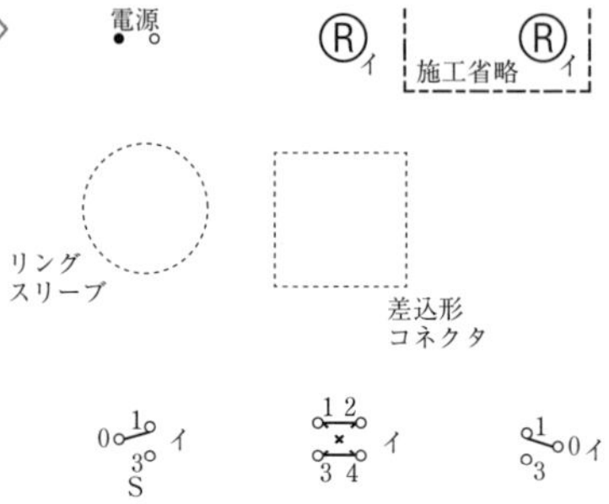

電源
施工省略
リングスリーブ
差込形コネクタ
S
イ

単線図をもとに電源や機器，ボックスなどをそれぞれの位置に配置します。

STEP 2

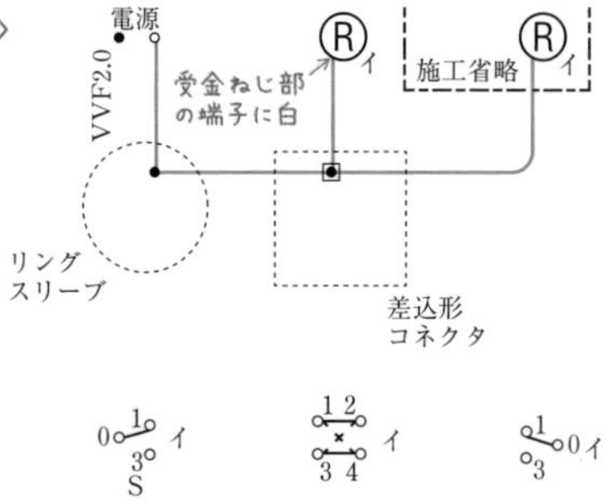

電源
VVF2.0
受金ねじ部の端子に白
施工省略
リングスリーブ
差込形コネクタ
S
イ

電源の接地側（○）と，スイッチ以外の機器（負荷機器）を白線（ここでは青色）でつなぎます。

STEP 3

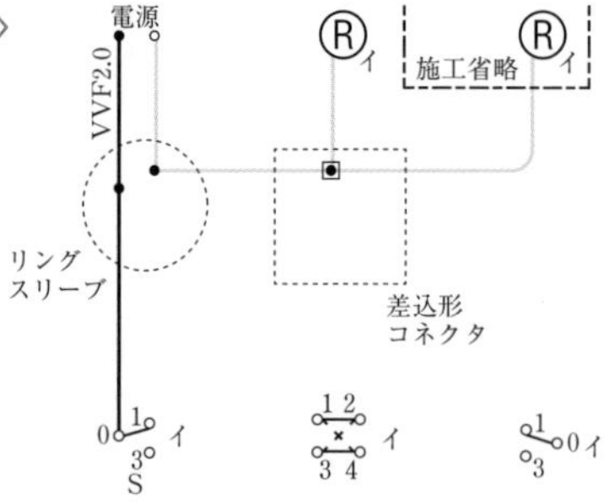

電源
VVF2.0
施工省略
リングスリーブ
差込形コネクタ
S
イ

電源の非接地側（●）と，電源に近い方の3路スイッチSの0番を黒線でつなぎます。

STEP 4

電源
VVF2.0
施工省略
リングスリーブ
差込形コネクタ
S
イ

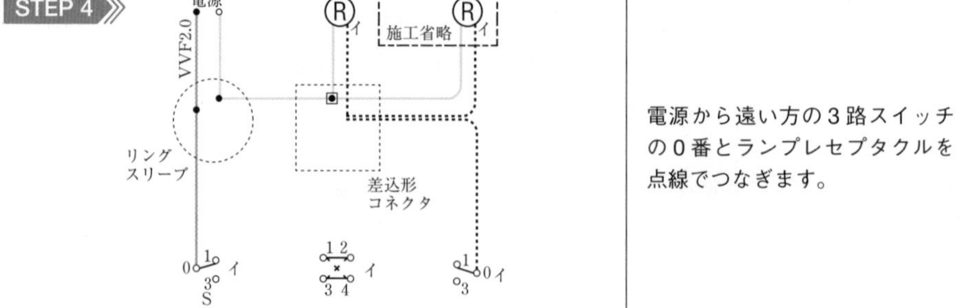

電源から遠い方の3路スイッチの0番とランプレセプタクルを点線でつなぎます。

STEP 5

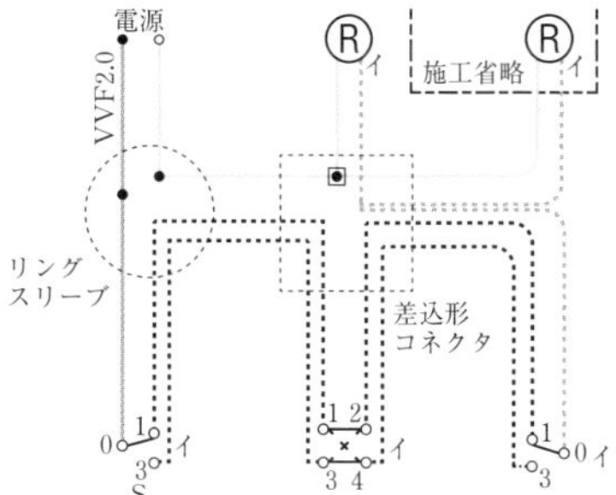

①電源に近い方の3路スイッチSと4路スイッチの1番どうし，3番どうしを点線でつなぎます。
②電源から遠い方の3路スイッチの1番と4路スイッチの2番，3路スイッチの3番と4路スイッチの4番を点線でつなぎます。

STEP 6

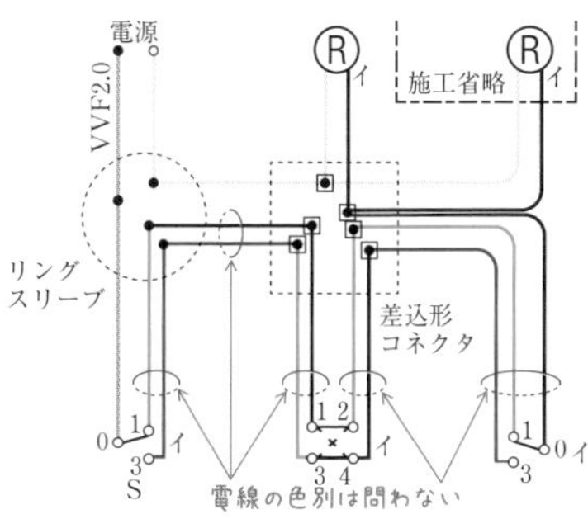

施工条件を読み，使用される電線に合わせて余っている線の色で点線をなぞります。

STEP 7

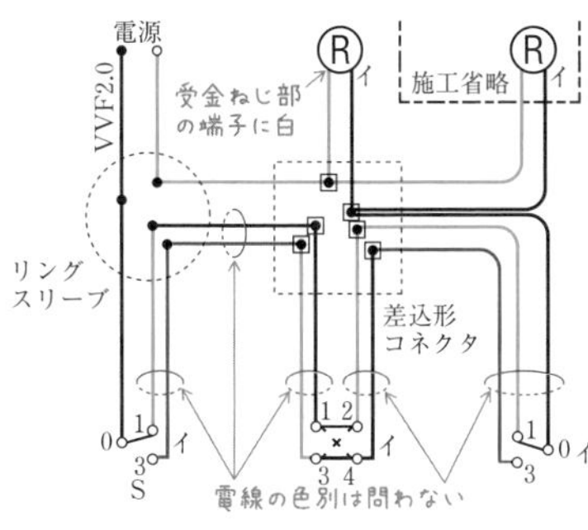

完成

8 公表問題08

想定問題文（p.260）

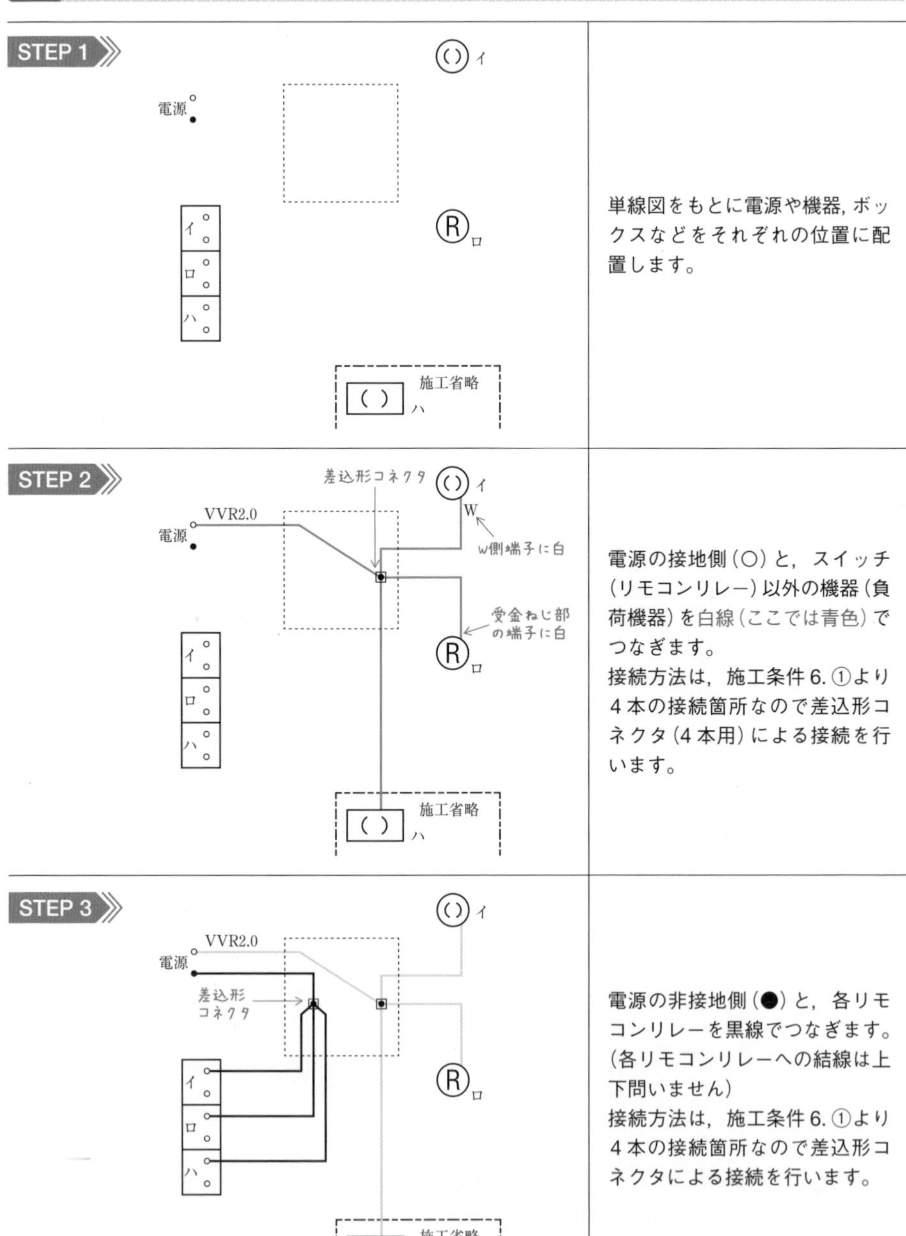

STEP 1

単線図をもとに電源や機器，ボックスなどをそれぞれの位置に配置します。

STEP 2

電源の接地側（○）と，スイッチ（リモコンリレー）以外の機器（負荷機器）を白線（ここでは青色）でつなぎます。

接続方法は，施工条件6.①より4本の接続箇所なので差込形コネクタ（4本用）による接続を行います。

STEP 3

電源の非接地側（●）と，各リモコンリレーを黒線でつなぎます。（各リモコンリレーへの結線は上下問いません）

接続方法は，施工条件6.①より4本の接続箇所なので差込形コネクタによる接続を行います。

STEP 4

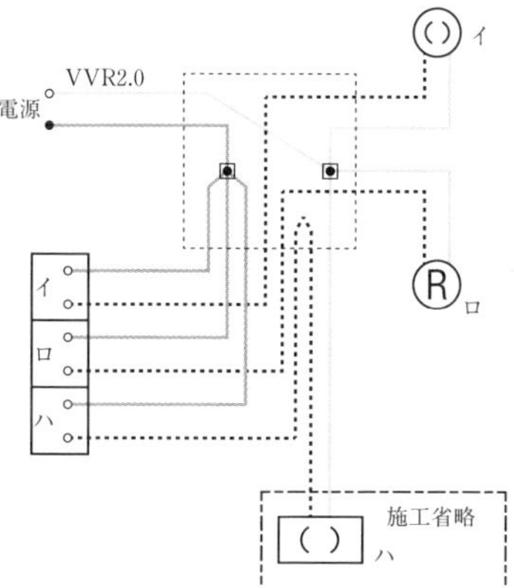

イの引掛シーリング，ロのランプレセプタクル，ハの施工省略部分（引掛シーリング）と，イ，ロ，ハの各リモコンリレーをそれぞれ点線でつなぎます。（各リモコンリレーへの結線は上下問いません）

STEP 5

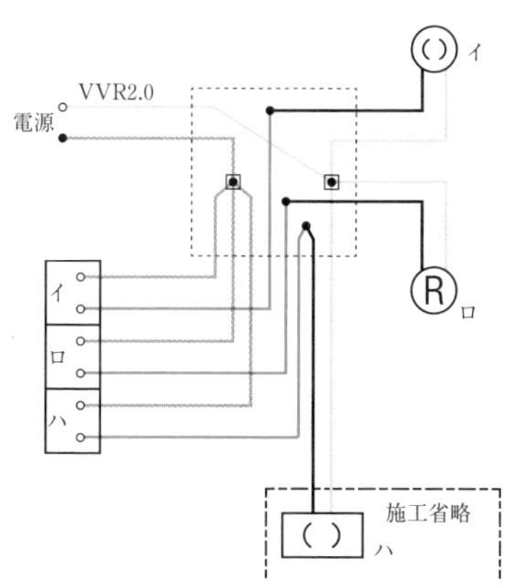

施工条件を読み，使用される電線に合わせて余っている線の色で点線をなぞります。
接続方法は，施工条件6.②より4本の接続箇所ではないのでリングスリーブによる接続を行います。

STEP 6

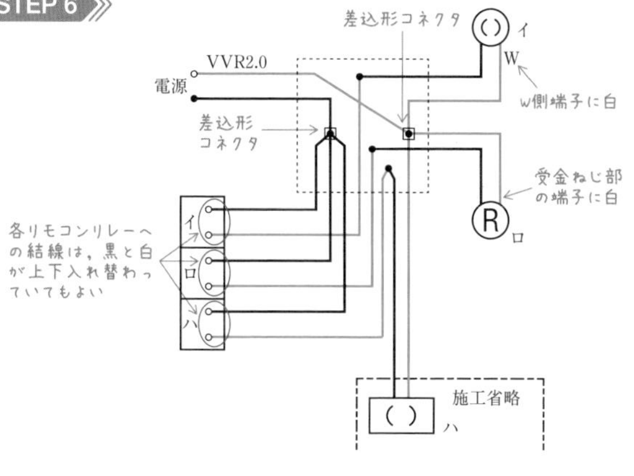

完成

9 公表問題09

想定問題文(p.272)

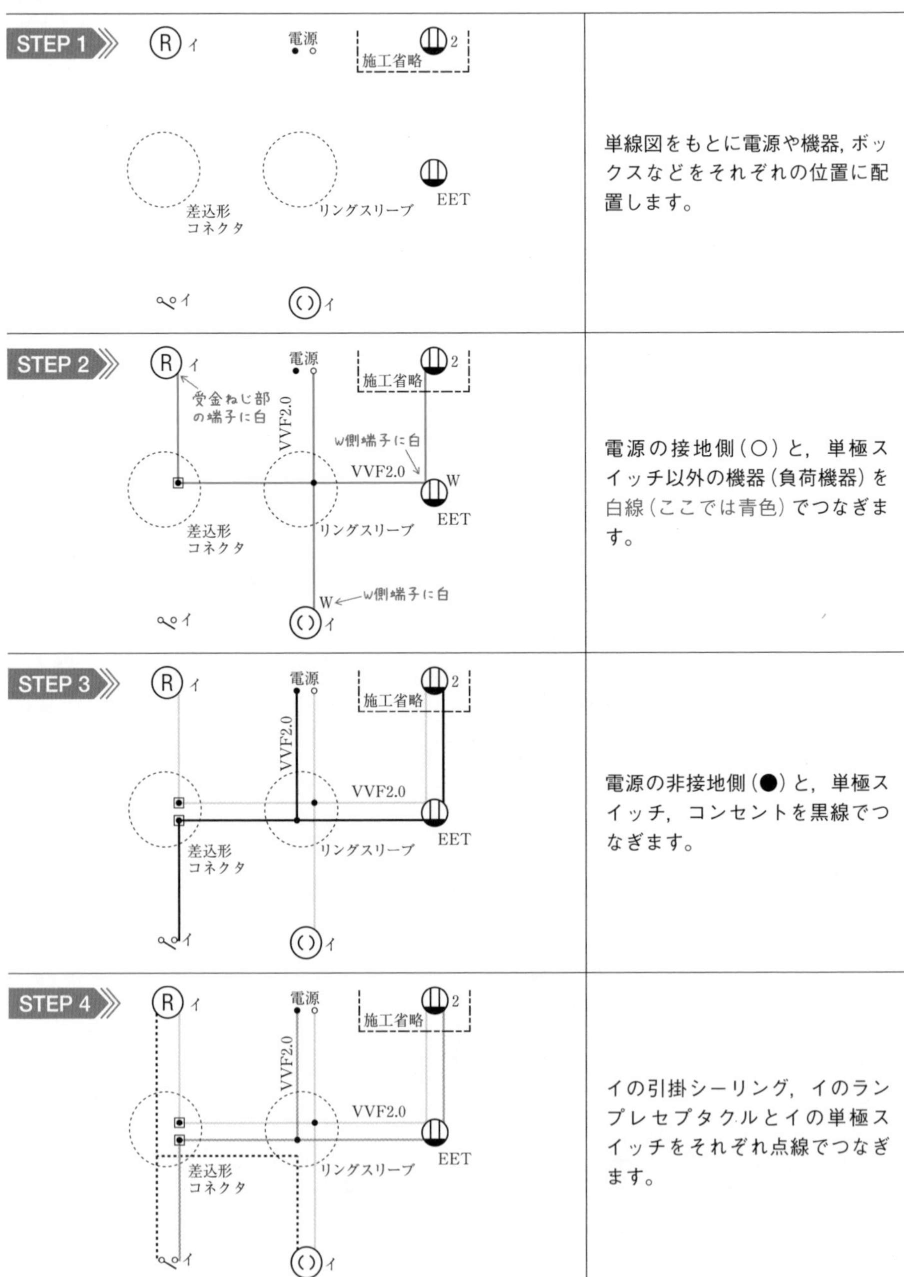

STEP 1

単線図をもとに電源や機器，ボックスなどをそれぞれの位置に配置します。

STEP 2

電源の接地側(○)と，単極スイッチ以外の機器(負荷機器)を白線(ここでは青色)でつなぎます。

STEP 3

電源の非接地側(●)と，単極スイッチ，コンセントを黒線でつなぎます。

STEP 4

イの引掛シーリング，イのランプレセプタクルとイの単極スイッチをそれぞれ点線でつなぎます。

STEP 5

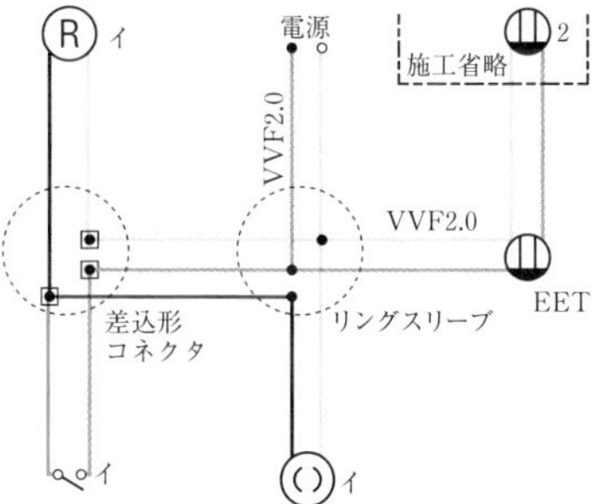

施工条件を読み，使用される電線に合わせて余っている線の色で点線をなぞります。

STEP 6

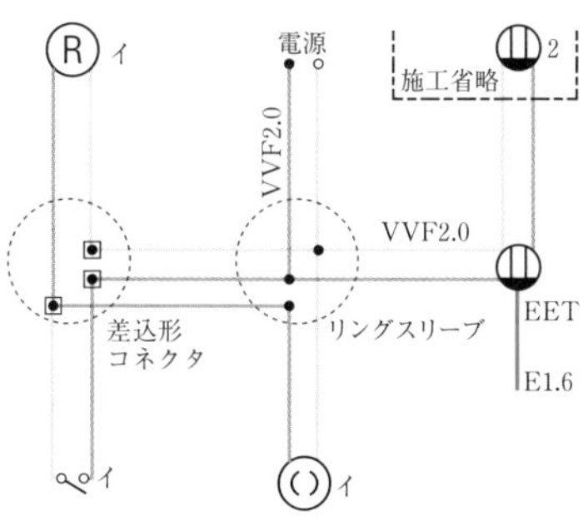

EET コンセント（15 A125 V 接地極付接地端子付）に緑色の接地線を接続します。

STEP 7

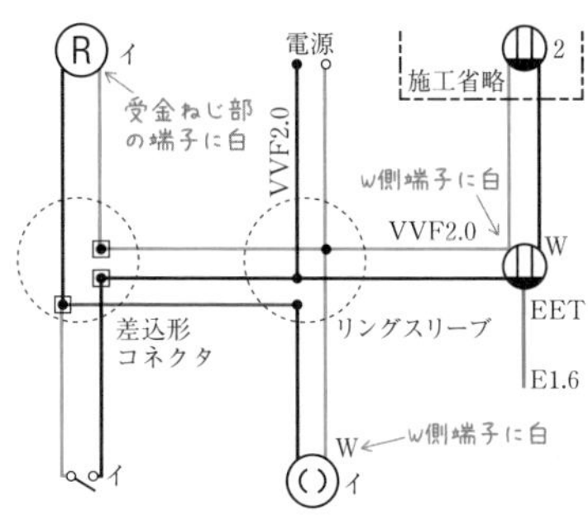

完成

10 公表問題10

想定問題文(p.286)

STEP 1

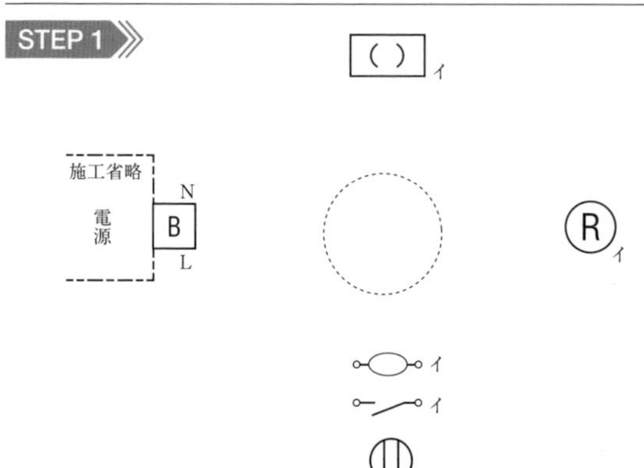

単線図をもとに電源や機器, ボックスなどをそれぞれの位置に配置します。

STEP 2

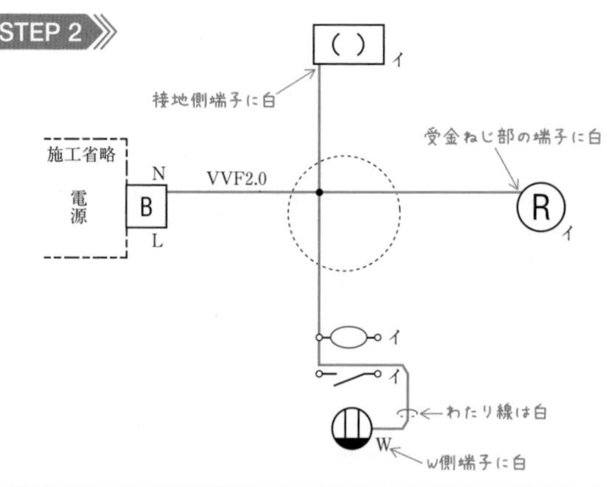

施工条件3.③の通りに, 配線用遮断器の記号Nの端子と, スイッチ以外の機器(負荷機器)を白線(ここでは青色)でつなぎます。
(施工条件2よりパイロットランプは同時点滅のため電灯と並列につなぎます)
同じ枠内にコンセントとパイロットランプがあるので, わたり線(白線)を使ってコンセントとパイロットランプをつなぎます。
接続方法は, 施工条件4.②より3本の接続箇所ではないのでリングスリーブによる接続を行います。

STEP 3

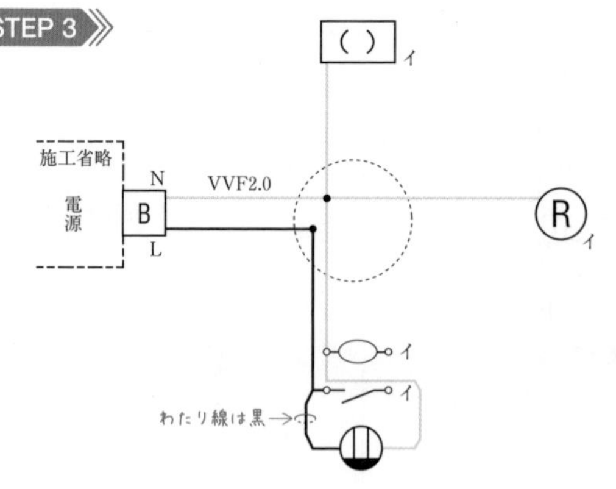

配線用遮断器の記号Lの端子と, スイッチ, コンセントを黒線でつなぎます。同じ枠内にスイッチとコンセントがあるため, わたり線(黒線)を使ってスイッチとコンセントをつなぎます。
接続方法は, 施工条件4.②より3本の接続箇所ではないのでリングスリーブによる接続を行います。

STEP 4

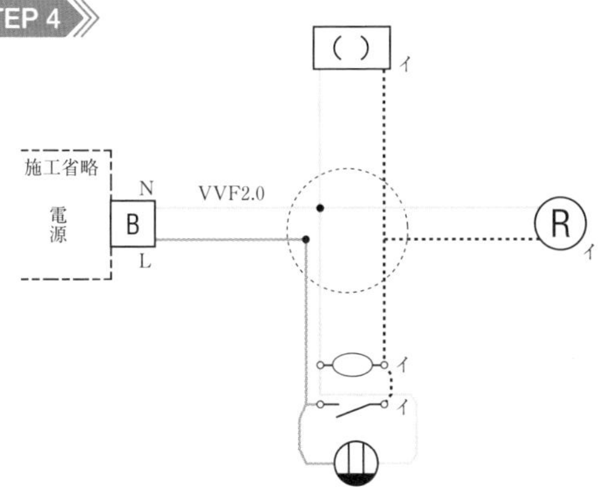

イの引掛シーリング，パイロットランプ，ランプレセプタクルとイのスイッチを点線でつなぎます。

STEP 5

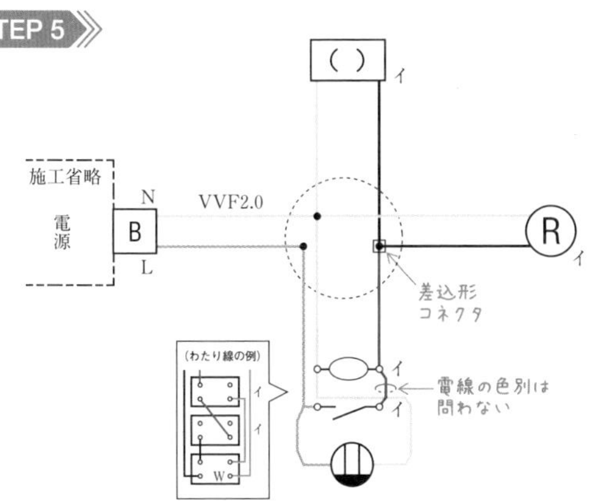

施工条件を読み，使用される電線に合わせて余っている線の色で点線をなぞります。
接続方法は，施工条件4.①より3本の接続箇所なので差込形コネクタによる接続を行います。同じ枠内にスイッチとパイロットランプがあるので，わたり線を使ってつなぎます。なお，ここでのわたり線の色は問いません。

STEP 6

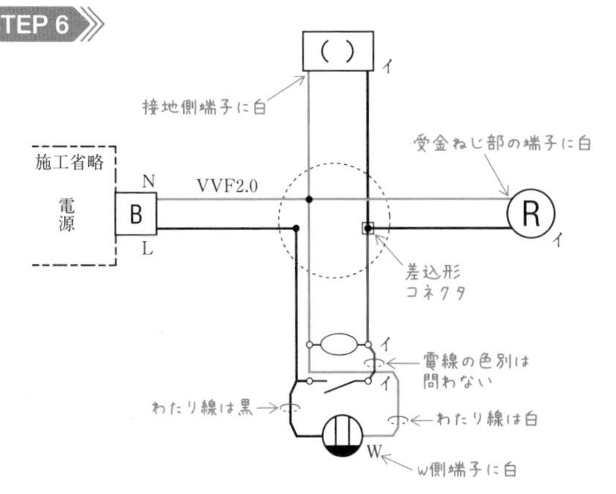

完成

（わたり線の例）

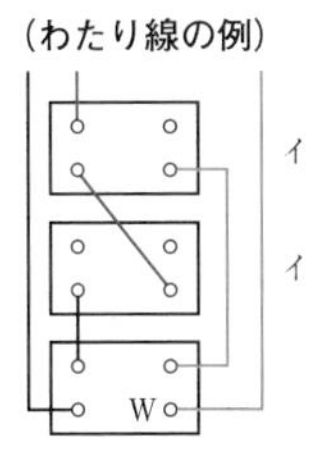

※過去に公表された解答をもとに作成しています。
結線方法は他にも考えられます。

11 公表問題11

想定問題文（p.300）

STEP 1

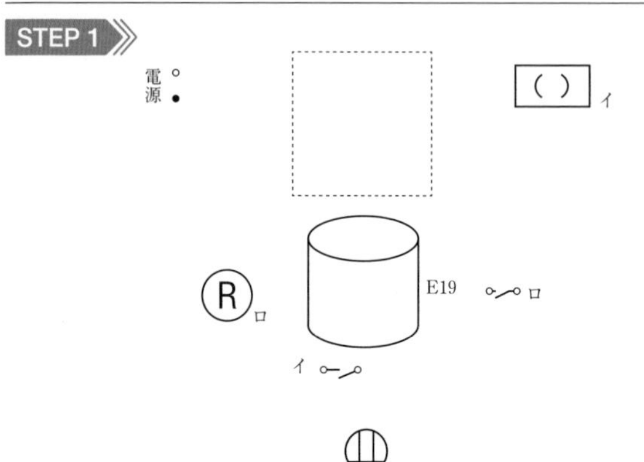

単線図をもとに電源や機器，ボックスなどをそれぞれの位置に配置します。

STEP 2

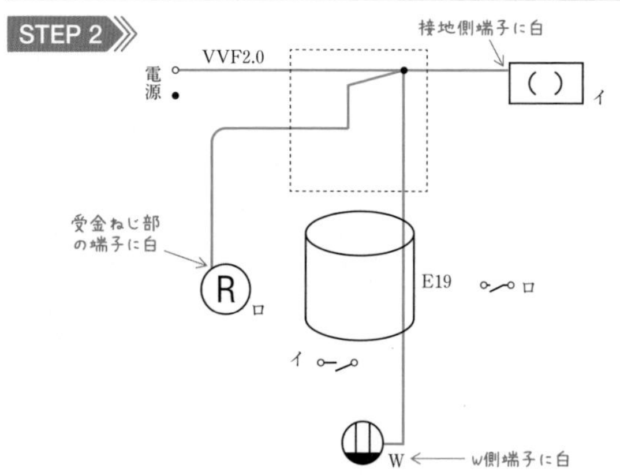

電源の接地側（○）と，スイッチ以外の機器（負荷機器）を白線（ここでは青色）でつなぎます。施工条件4.①より電源からの電線なのでリングスリーブで接続します。

STEP 3

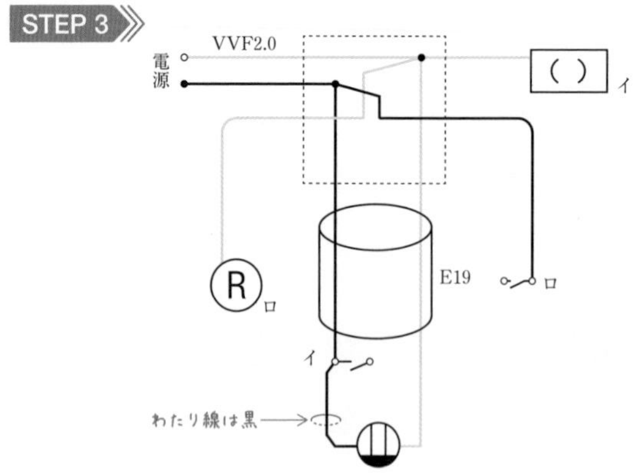

電源の非接地側（●）と，イの単極スイッチ，ロの単極スイッチを黒線でつなぎます。イの単極スイッチのかわりに，電源の非接地側（●）と，コンセントをつないでも問題ありません。施工条件より電源からの電線なのでリングスリーブで接続します。同じ枠内にイの単極スイッチとコンセントがあるので，わたり線を使ってイの単極スイッチとコンセントをつなぎます。

STEP 4

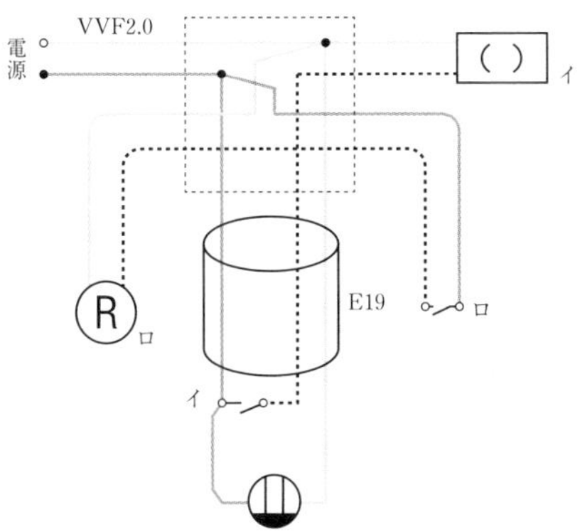

イの引掛シーリングとイの単極スイッチ，ロのランプレセプタクルとロの単極スイッチをそれぞれ点線でつなぎます。

STEP 5

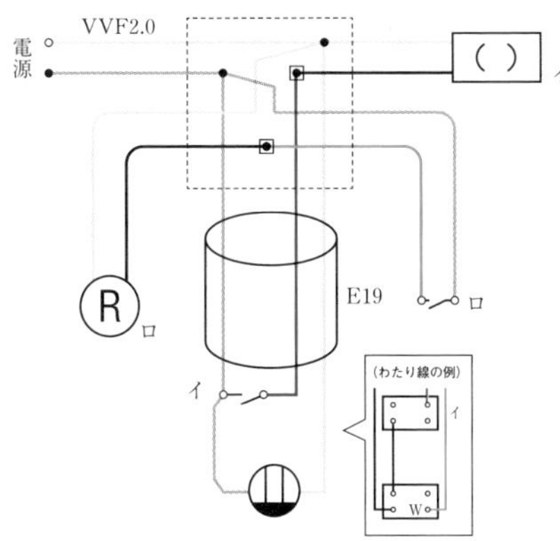

施工条件を読み，使用される電線に合わせて余っている線の色で点線をなぞります。
施工条件 4. ②より電源からの電線ではないので差込形コネクタで接続します。

STEP 6

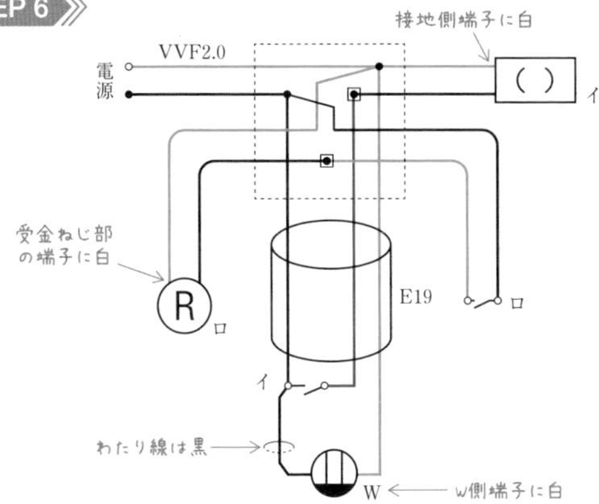

完成

(わたり線の例)

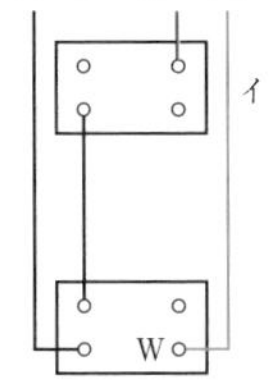

※過去に公表された解答をもとに作成しています。
結線方法は他にも考えられます。

12 公表問題12

想定問題文（p.316）

STEP 1

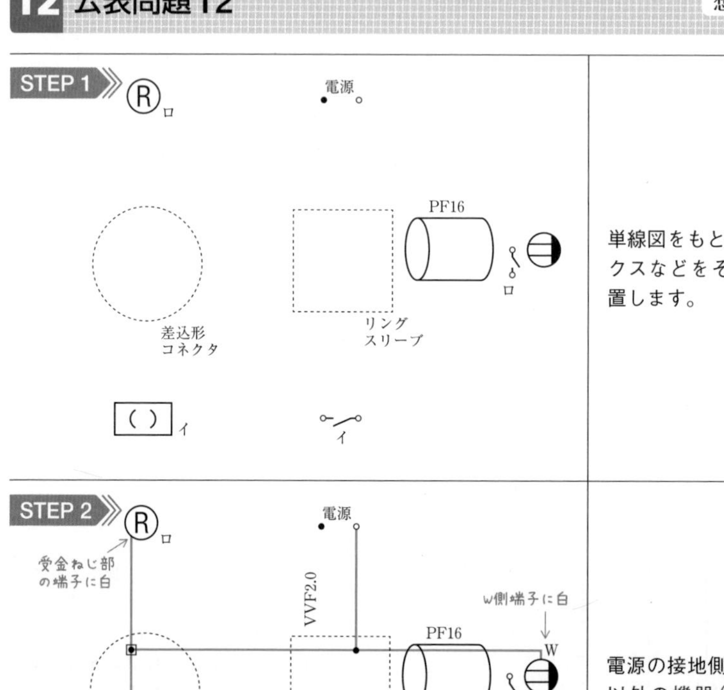

単線図をもとに電源や機器，ボックスなどをそれぞれの位置に配置します。

STEP 2

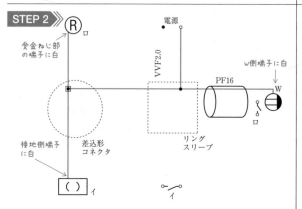

電源の接地側（○）と，スイッチ以外の機器（負荷機器）を白線（ここでは青色）でつなぎます。

STEP 3

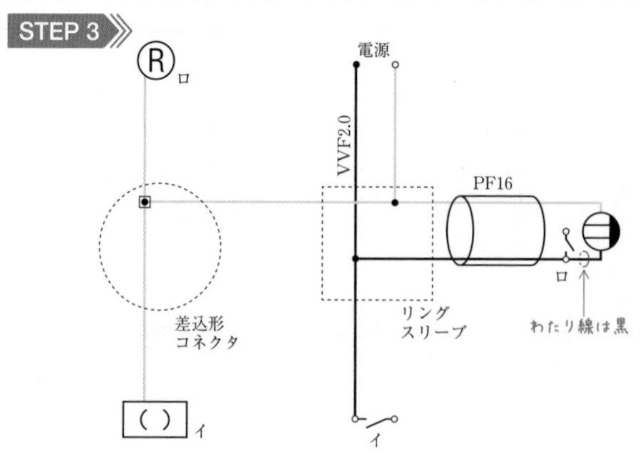

電源の非接地側（●）と，イの単極スイッチ，ロの単極スイッチを黒線でつなぎます。ロの単極スイッチのかわりに，電源の非接地側（●）と，コンセントをつないでも問題ありません。
同じ枠内にロの単極スイッチとコンセントがあるので，わたり線（黒線）を使ってロの単極スイッチとコンセントをつなぎます。

STEP 4

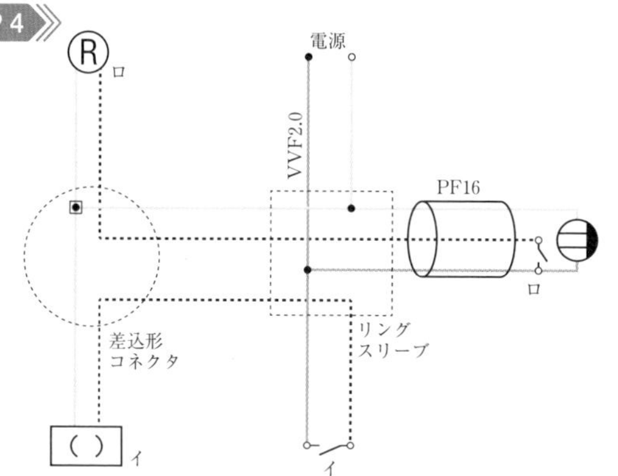

イの引掛シーリングとイの単極スイッチ，ロのランプレセプタクルとロの単極スイッチをそれぞれ点線でつなぎます。

STEP 5

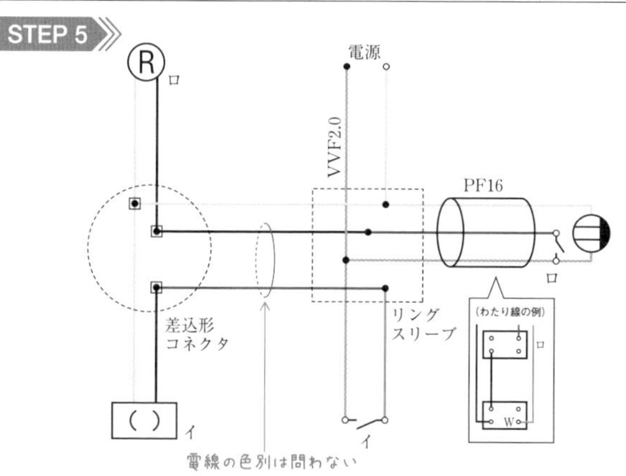

施工条件を読み，使用される電線に合わせて余っている線の色で点線をなぞります。

STEP 6

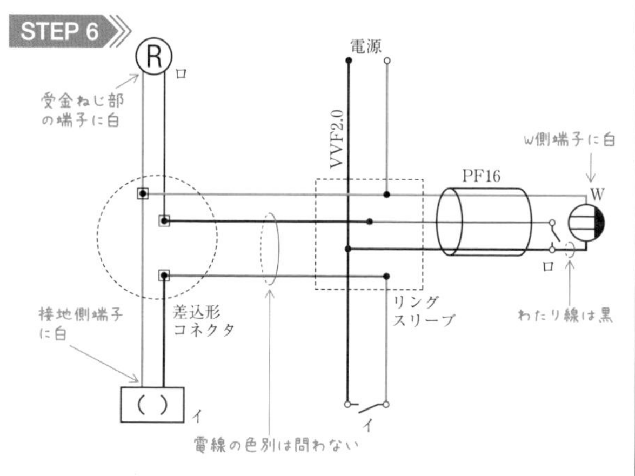

完成

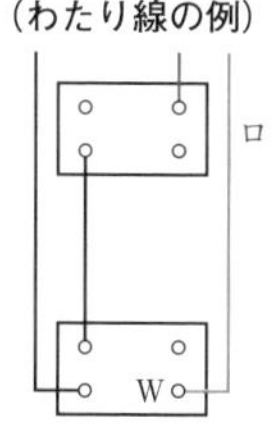

※過去に公表された解答をもとに作成しています。
結線方法は他にも考えられます。

13 公表問題13

想定問題文(p.332)

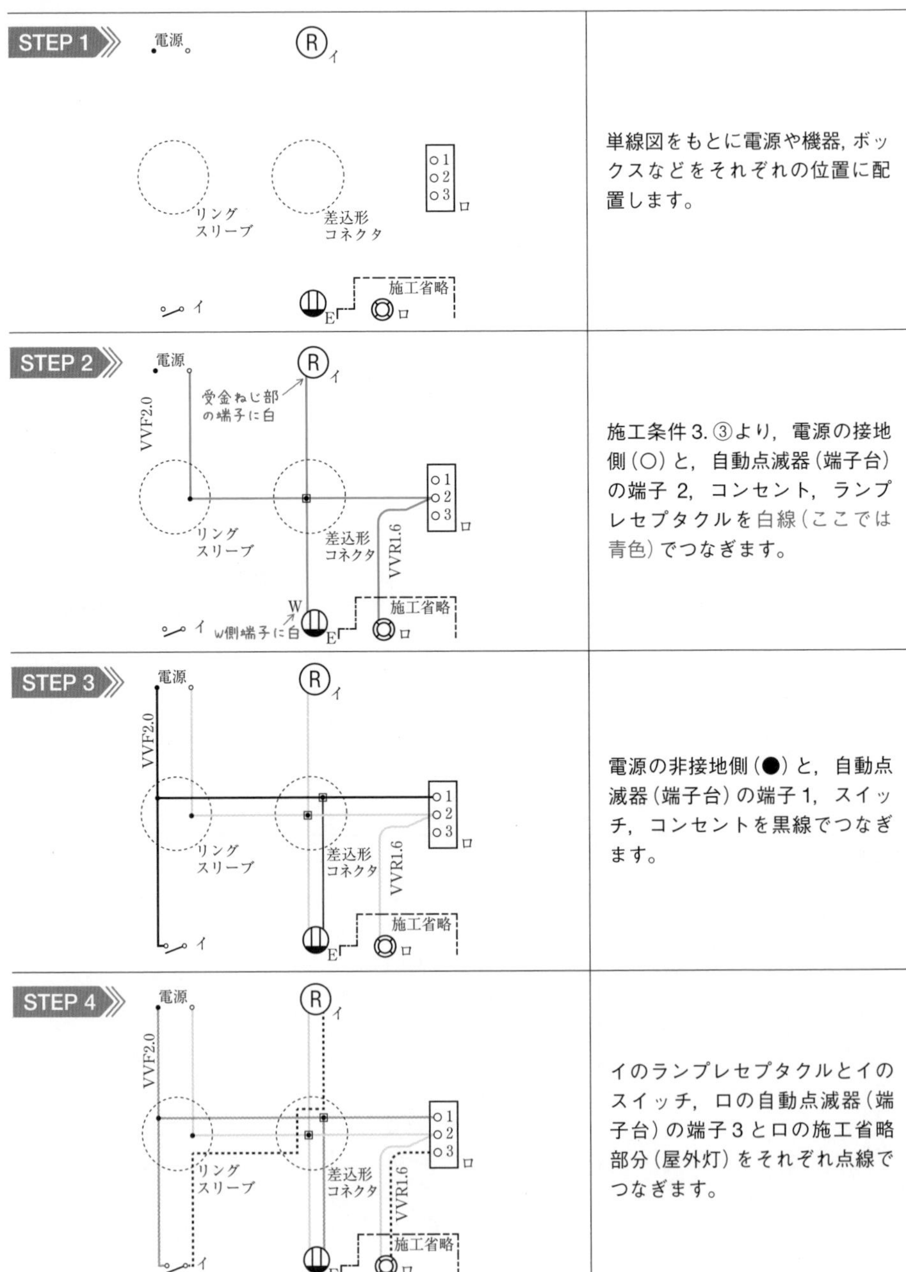

STEP 1

単線図をもとに電源や機器，ボックスなどをそれぞれの位置に配置します。

STEP 2

施工条件3. ③より，電源の接地側(○)と，自動点滅器(端子台)の端子 2，コンセント，ランプレセプタクルを白線(ここでは青色)でつなぎます。

STEP 3

電源の非接地側(●)と，自動点滅器(端子台)の端子1，スイッチ，コンセントを黒線でつなぎます。

STEP 4

イのランプレセプタクルとイのスイッチ，ロの自動点滅器(端子台)の端子3とロの施工省略部分(屋外灯)をそれぞれ点線でつなぎます。

STEP 5

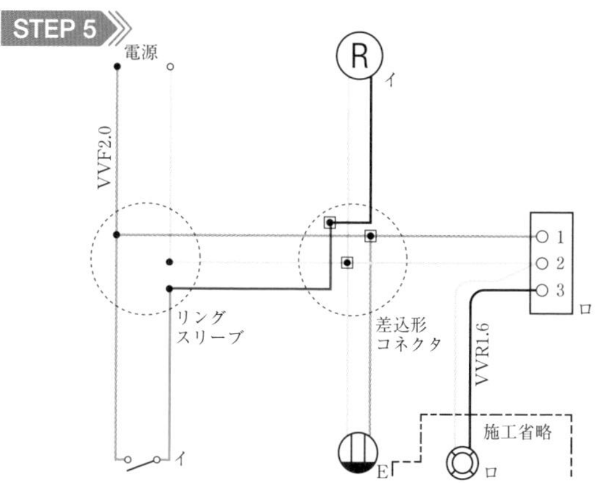

施工条件を読み，使用される電線に合わせて余っている線の色で点線をなぞります。

STEP 6

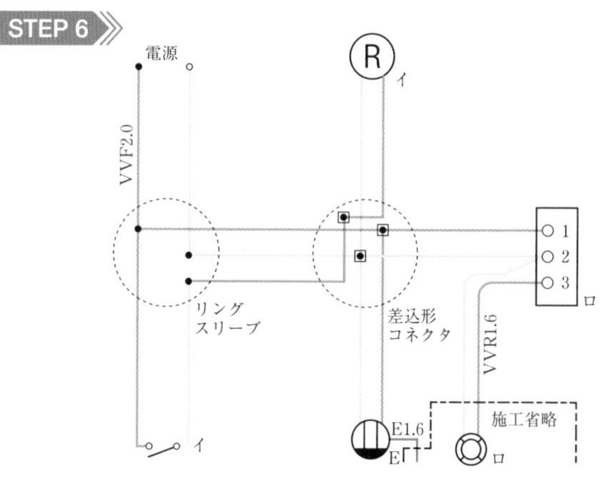

Eコンセント（15 A125 V 接地極付）に緑色の接地線を接続します。

STEP 7

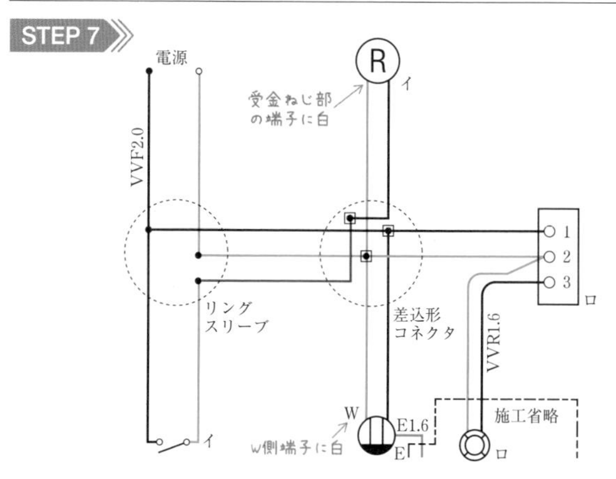

完成

CHAPTER 04

公表問題の解答と解説

公表問題

01 3つの電灯と3つのスイッチの回路

技能試験問題 [試験時間 40 分]

図に示す低圧屋内配線工事を与えられた全ての材料(予備品を除く)を使用し,〈施工条件〉に従って完成させなさい。

なお,

1. ----------- で示した部分は施工を省略する。
2. VVF 用ジョイントボックス及びスイッチボックスは支給していないので,その取り付けは省略する。
3. 電線接続箇所のテープ巻きや絶縁キャップによる絶縁処理は省略する。
4. 作品は保護板(板紙)に取り付けないものとする。

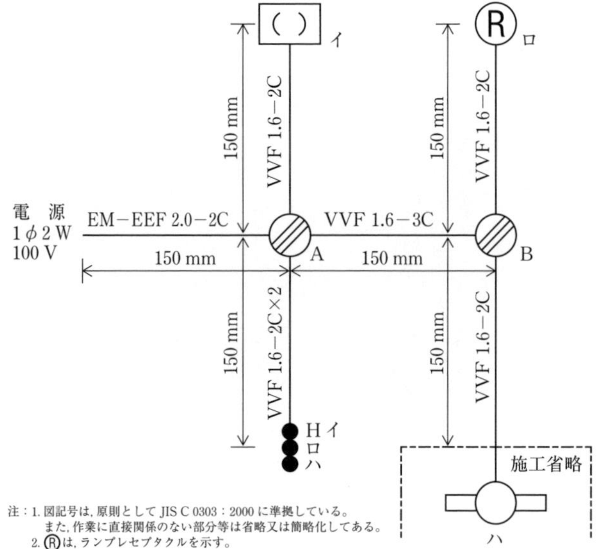

注意 本書に記載している施工条件,支給材料,施工寸法は想定です。
試験では,問題用紙に記載されている内容に従って作業してください。

施工条件

1. 配線及び器具の配置は，図に従って行うこと。
なお，「ロ」のタンブラスイッチは，取付枠の中央に取り付けること。
2. 電線の色別（絶縁被覆の色）は，次によること。
①電源からの接地側電線には，すべて**白色**を使用する。
②電源から点滅器までの非接地側電線には，すべて**黒色**を使用する。
③次の器具の端子には，**白色の電線**を結線する。
・ランプレセプタクルの受金ねじ部の端子
・引掛シーリングローゼットの接地側極端子（接地側と表示）
3. VVF用ジョイントボックス部分を経由する電線は，その部分ですべて接続箇所を設け，接続方法は，次によること。
①A部分は，リングスリーブによる接続とする。
②B部分は，差込形コネクタによる接続とする。

支給材料

材　　料	
1．600Vポリエチレン絶縁耐燃性ポリエチレンシースケーブル平形，2.0mm，2心，長さ約250mm	1本
2．600Vビニル絶縁ビニルシースケーブル平形，1.6mm，2心，長さ約900mm	2本
3．600Vビニル絶縁ビニルシースケーブル平形，1.6mm，3心，長さ約350mm	1本
4．ランプレセプタクル（カバーなし）	1個
5．引掛シーリングローゼット（ボディ（角形）のみ）	1個
6．埋込連用タンブラスイッチ	2個
7．埋込連用タンブラスイッチ（位置表示灯内蔵）	1個
8．埋込連用取付枠	1枚
9．リングスリーブ（小）	（予備品を含む）8個
10．差込形コネクタ（2本用）	2個
11．差込形コネクタ（3本用）	1個
・受験番号札	1枚
・ビニル袋	1枚

《追加支給について》

ランプレセプタクル用端子ねじ，リングスリーブ及び差込形コネクタは，作業のやり直し等により不足が生じた場合，申し出（挙手をする）があれば追加支給します。

1 使用する材料

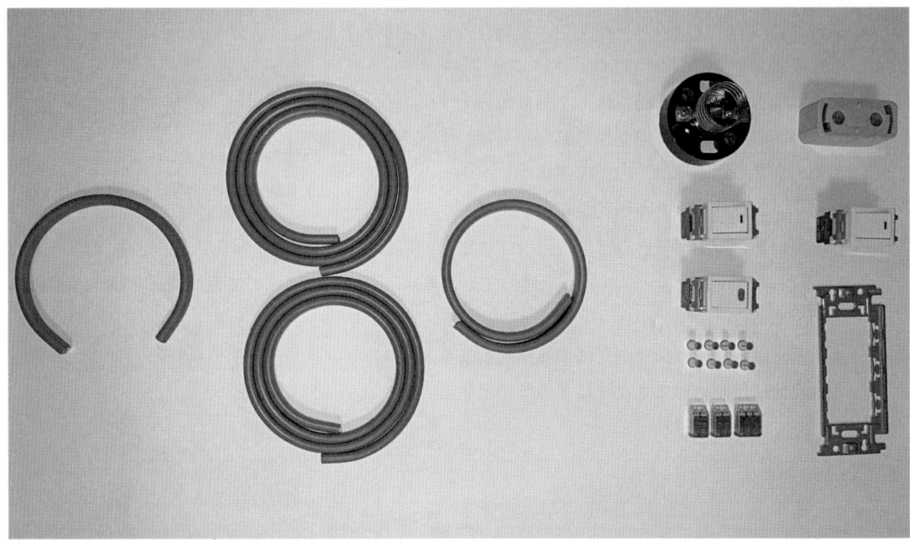

ポイント **注意すべきポイント**

①EM-EEF 2.0-2C は，シースが青くないので注意！　公表問題 1 のみの特別なパターン

②ランプレセプタクルの接続方法　単位作業 05 ランプレセプタクル

→ 輪作りのポイントは押さえておこう！

③わたり線の接続方法　類題　公表問題 2,4,5,10,11,12　単位作業 07 わたり線

公表問題 1 は，基本的な作業を学ぶことができます。位置表示灯内蔵スイッチは本問しか登場しませんが，通常のスイッチと考えて問題ありません。

2 複線図

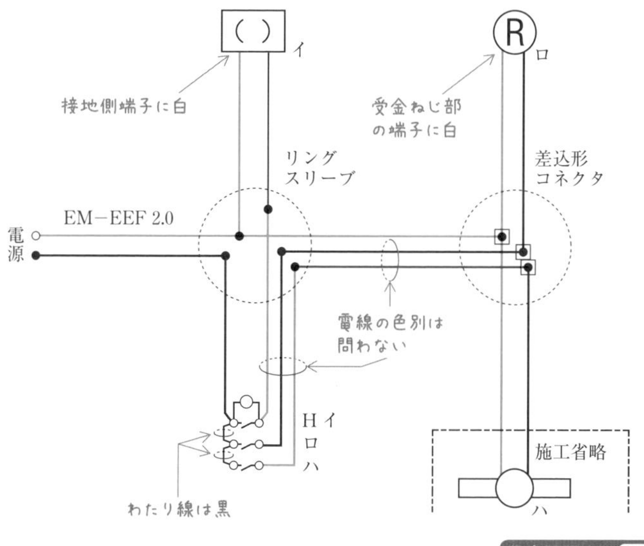

公表問題 01 複線図 (p.130)

3 完成写真

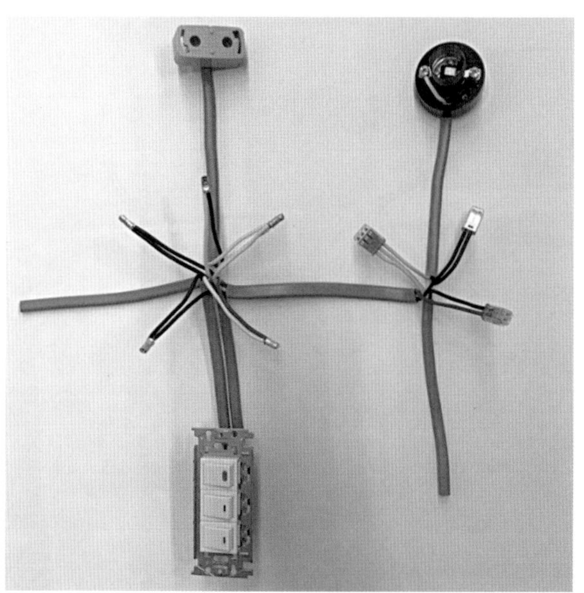

4 作成手順の概要

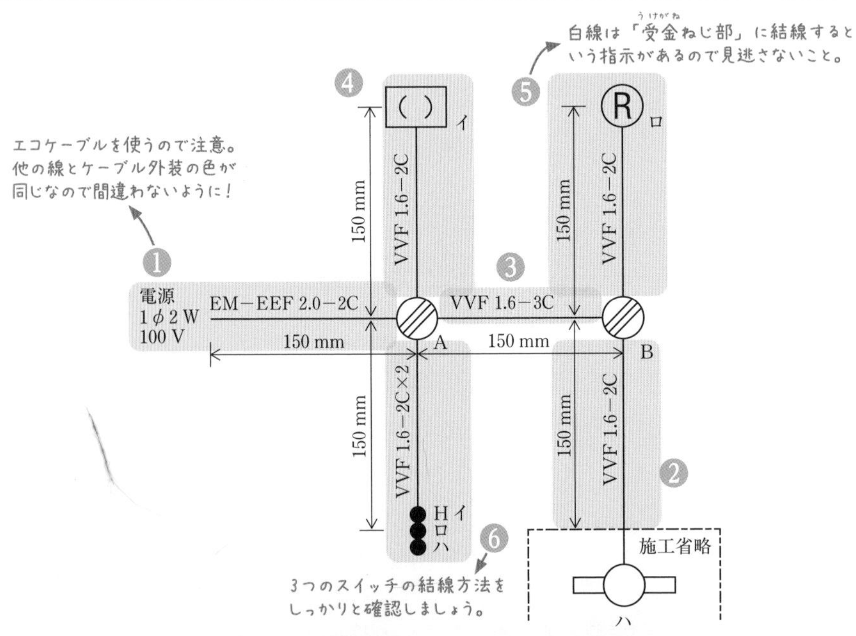

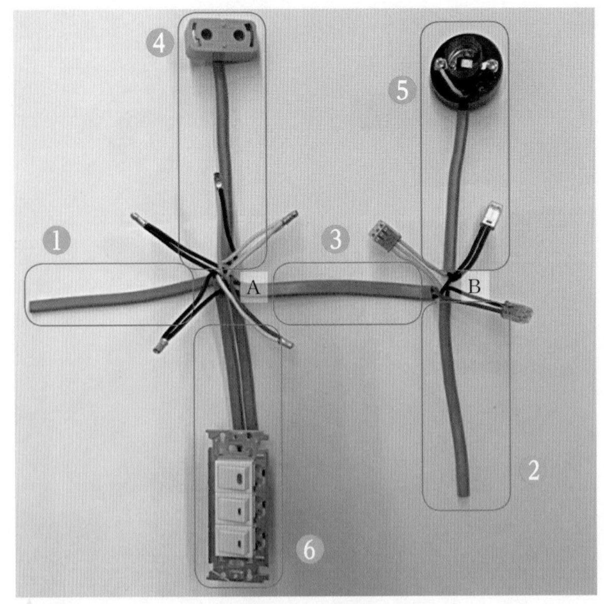

❶〜❻のパーツを作成し，A，Bでジョイントさせます。

5 作成手順

STEP 1 ❶電源部分のパーツを作成する(EM-EEF 2.0-2C (切断は不要))

▶切断は不要です。次のように，ケーブル外装と絶縁被覆をはぎ取ります。EM−EEF2.0−2Cは，公表問題1でしか使わないケーブルです。

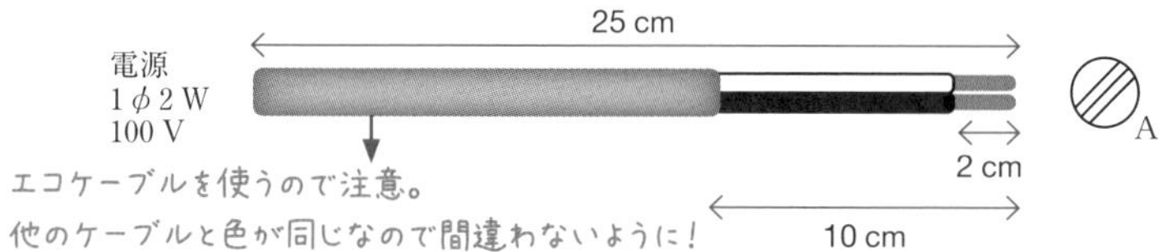
25 cm
電源
1 φ 2 W
100 V
A
2 cm
10 cm
エコケーブルを使うので注意。
他のケーブルと色が同じなので間違わないように！

▶結線作業がしやすいように次のように曲げておきます。パーツ❶は，これで完成です。

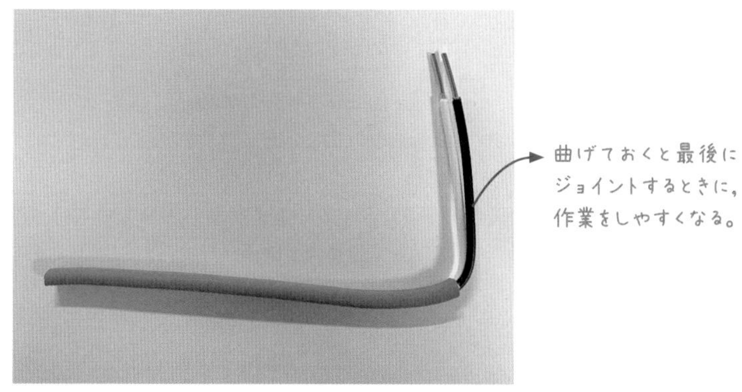
曲げておくと最後に
ジョイントするときに，
作業をしやすくなる。

ひとこと EM-EEF(エコケーブル)やVVRは，ケーブル外装や絶縁被覆をはぎ取る際にケーブル内部の電線がずれることがあります。そのような場合は，手で修正することが出来ますが，不安な場合はケーブルのはぎ取り前にはぎ取らない側のケーブル端をペンチなどで折り曲げることで防ぐことができます。

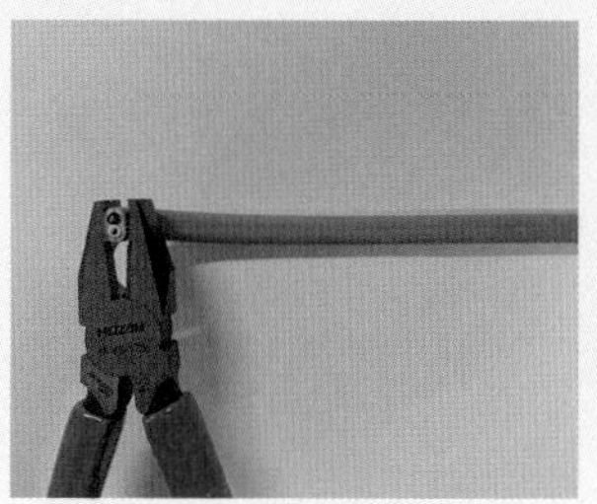

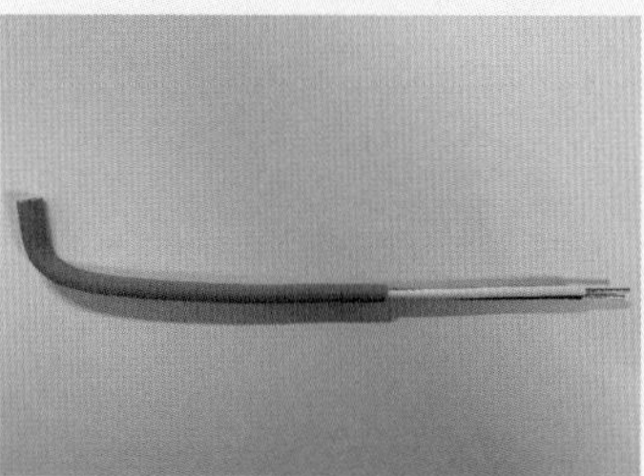

STEP 2 ❷施工省略部分のパーツを作成する

切断 VVF 1.6-2C（長さ：15 cm＋10 cm＝25 cm）

▶ VVF 1.6−2C を 25 cm に切断します。15 cm にプラスして，ジョイント部分のために 10 cm 長めにとるからです。また，次のように，ケーブル外装と絶縁被覆をはぎ取ります。

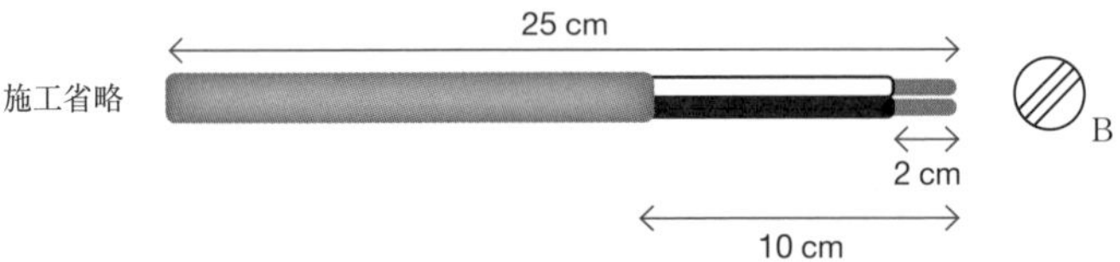

▶結線作業がしやすいように次のように曲げておきます。パーツ❷は，これで完成です。

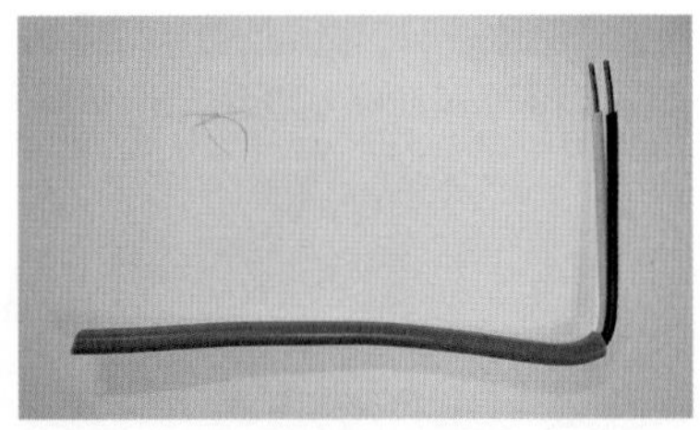

STEP 3 ❸ボックス間部分のパーツを作成する（VVF 1.6-3C 切断不要）

▶ VVF 1.6−3C の切断は不要です。両側のジョイント部分のために，ケーブル外装と絶縁被覆をはぎ取ります。

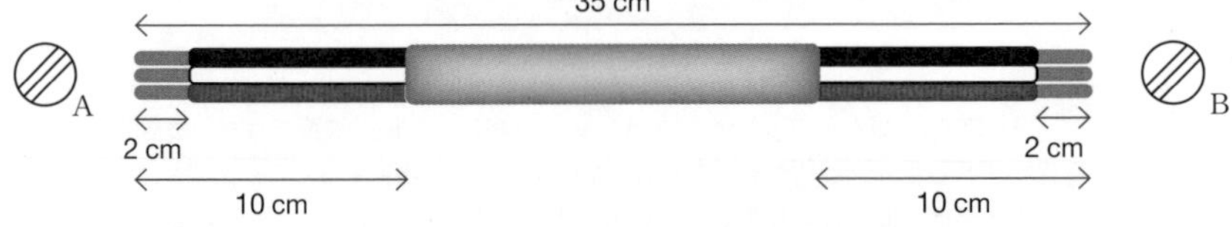

▶あとで結線作業がしやすいように次のように曲げておきます。パーツ❸は，これで完成です。

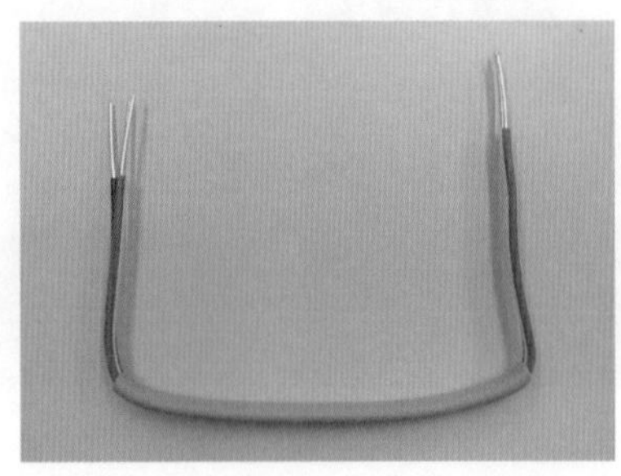

STEP 4 ④引掛シーリングのパーツを作成する

切断 VVF 1.6-2C（長さ：15 cm＋10 cm＋5 cm＝30 cm）

▶ VVF 1.6－2C を 30 cm に切断します。15 cm にプラスして，ジョイント側は 10 cm，引掛シーリング側は 5 cm 長めにとるためです。

▶また，次のように，ケーブル外装と絶縁被覆をはぎ取ります。

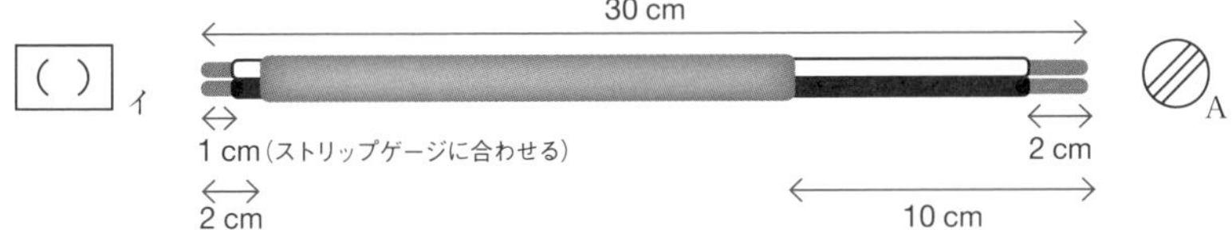

▶引掛シーリングに接続します。 単位作業 04 引掛シーリング （p.40）

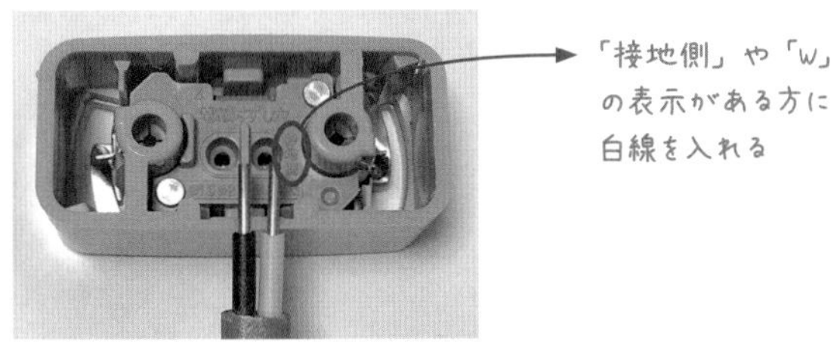

▶結線作業がしやすいように曲げておきます。パーツ④は，これで完成です。

STEP 5 ⑤ランプレセプタクルのパーツを作成する

切断 VVF 1.6-2C（長さ：15 cm＋10 cm＋5 cm＝30 cm）

▶ VVF 1.6－2C を 30 cm に切断します。15 cm にプラスして，ジョイント側は 10 cm，ランプレセプタクル側は 5 cm 長めにとるためです。

▶また，次のように，ケーブル外装と絶縁被覆をはぎ取ります。

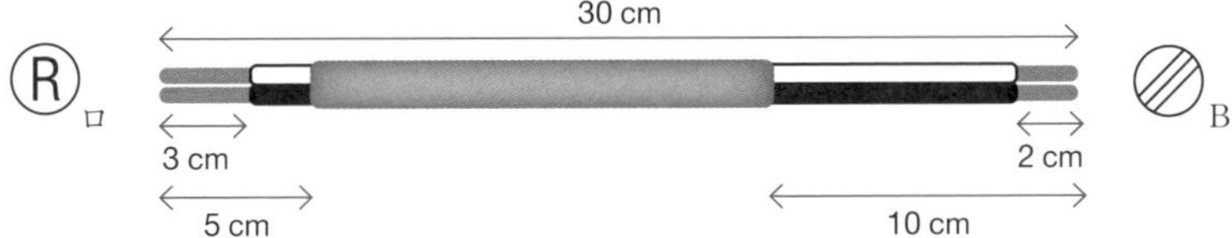

▶ランプレセプタクルに電線を取り付けます。 単位作業 05 ランプレセプタクル (p.44)

▶絶縁被覆から 3 mm 離れた位置をペンチでつまみ，90 度折り曲げます。

▶ペンチからはみ出た部分を，反対側に折り曲げます。

▶先端を少し残して，切り落とします。

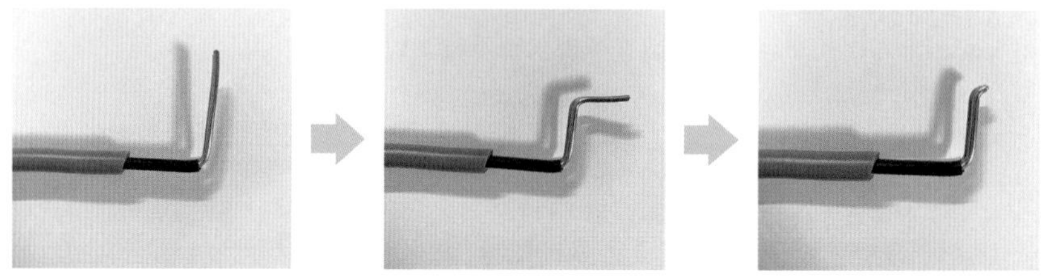

▶先端をペンチでつまみ，手前に輪を作るように曲げます。

▶受金ねじ部側の「W」と表示されている部分に接地側電線（白線）を，反対側に非接地側電線（黒線）を取り付けます。

▶ケーブル外装部分を穴から出るように下から押し出します。

▶ねじの緩み，ねじに絶縁被覆が巻き込まれていないか，心線が 5 mm 以上出ていないかどうかを確認します。

▶結線作業がしやすいように曲げておきます。パーツ❺は，これで完成です。

ひとこと ランプレセプタクルは，注意すべきポイントが多いのでしっかりと確認しましょう。

STEP 6 ⑥スイッチのパーツを作成する

切断 VVF 1.6-2C×2本（長さ：15 cm＋10 cm＋10 cm＝35 cm）

▶ VVF 1.6−2C を 35 cm に切断します。15 cm にプラスして，ジョイント側は 10 cm，スイッチ側は 10 cm 長めにとるためです。

▶また，次のように，ケーブル外装と絶縁被覆をはぎ取ります。

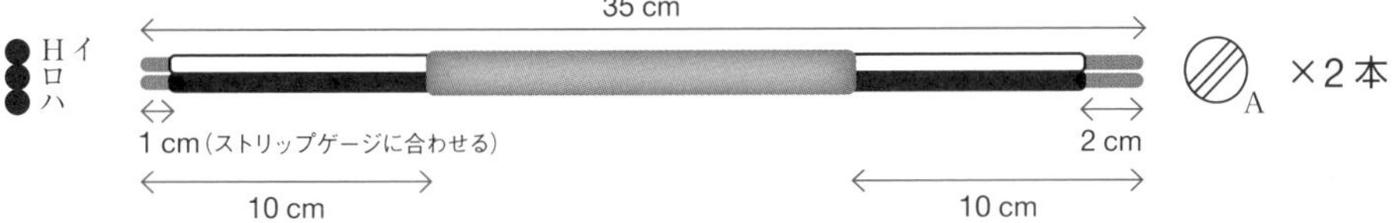

▶わたり線は，余っている VVF 1.6−2C から作ります。ケーブル外装を 5 cm はぎ取り，絶縁電線を切断して黒線だけ取り出します。

▶次のように絶縁被覆をはぎ取ります。同じようにして，わたり線を 2 本作ります。

▶あとで作業がしやすいように曲げておきます。

×2本

ひとこと 問題の施工条件から，電源から点滅器（スイッチ）までの非接地側電線には，全て必ず黒色の電線を結線する必要があります。そのため，スイッチのわたり線も黒色でなければなりません。間違った色の電線で接続すると欠陥事項になります。

▶埋込連用取付枠にスイッチを取り付けます。 

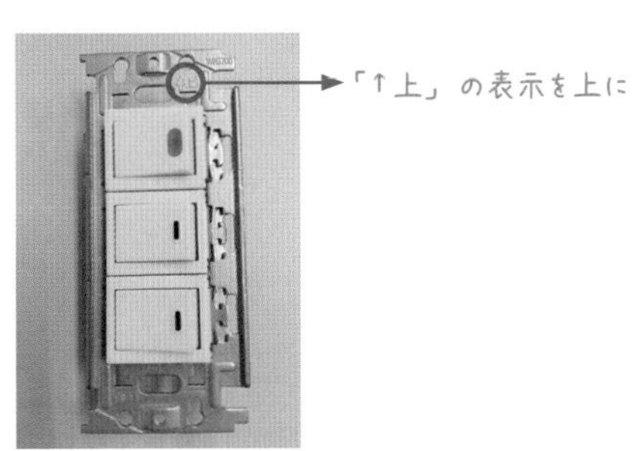

▶スイッチにVVFケーブルを取り付けます。1本目のVVFケーブルを一番上のスイッチ(位置表示灯内蔵)に，2本目のVVFケーブルを複線図に従って真ん中と下のスイッチに取り付けます。わたり線は次のようにつなぎます。 単位作業07 わたり線 (p.60)

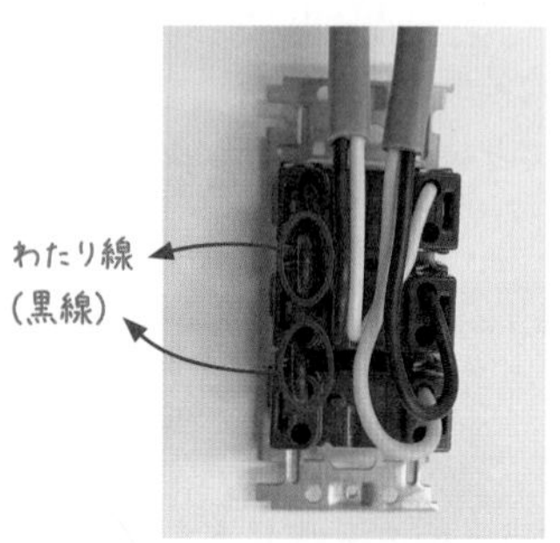

▶心線が2mm以上出ていないか，ケーブル外装が枠内に収まっているかを確認します。最後に，あとで結線作業がしやすいように曲げておきます。パーツ❻は，これで完成です。

STEP 7 A部分をリングスリーブでジョイントする

ポイント 配線のイメージ

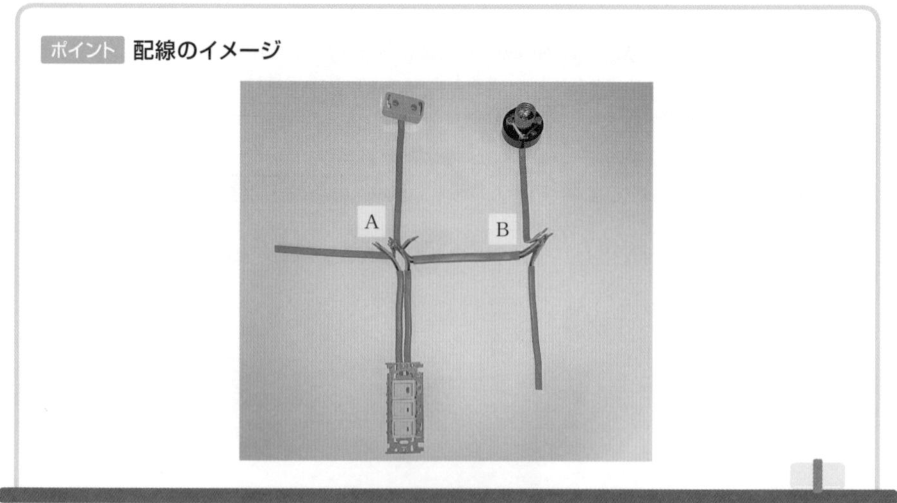

▶ A部分は問題文の指示より，複線図を見ながらリングスリーブでジョイントします。EM－EEF 2.0－2Cと接続する箇所は小の圧着をし，それ以外は直径1.6 mmの電線2本の圧着なので○(極小)の圧着を行います。

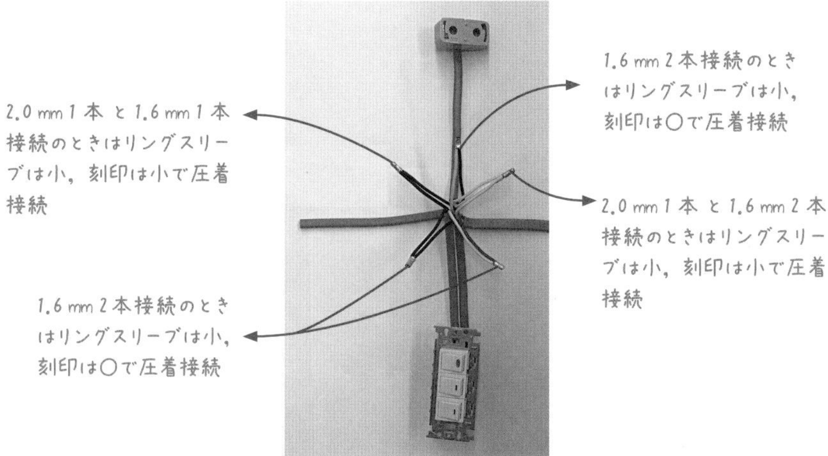

2.0 mm 1本と1.6 mm 1本接続のときはリングスリーブは小，刻印は小で圧着接続
1.6 mm 2本接続のときはリングスリーブは小，刻印は○で圧着接続
1.6 mm 2本接続のときはリングスリーブは小，刻印は○で圧着接続
2.0 mm 1本と1.6 mm 2本接続のときはリングスリーブは小，刻印は小で圧着接続

▶リングスリーブでジョイントした後は，先端の心線を3 mm程度残して切断しましょう。

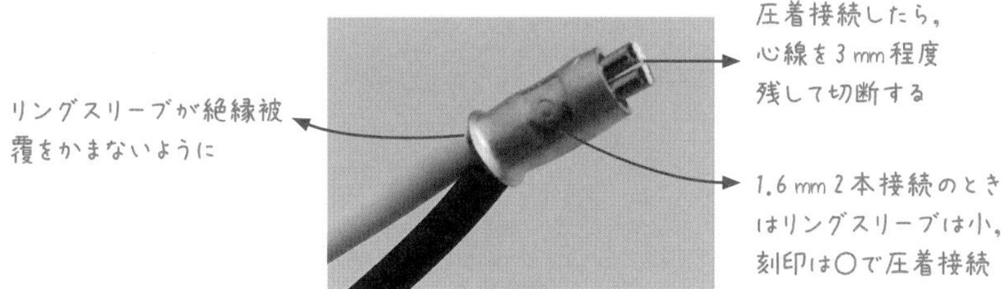

▶複線図を描く手順と同様に接地側電線(白線)を接続し，次に非接地側電線(黒線)を接続します。

▶次に，イのスイッチとそれに対応する引掛シーリングとの電線を接続します。そして，ロのスイッチとそれに対応するランプレセプタクルとの電線を接続します。さらに，ハのスイッチとそれに対応する施工省略部分（蛍光灯）との電線を接続します。

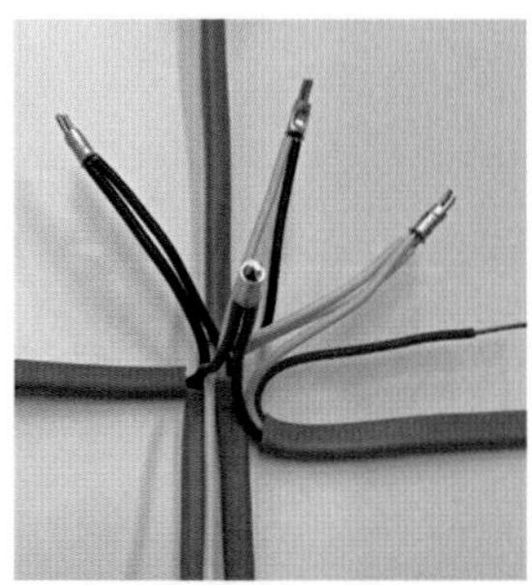

▶リングスリーブの頭から出た心線の余りを切断してA部分は完成です。

ひとこと 全ての心線をリングスリーブに通しましょう。圧着すべき心線が全て通っていないと欠陥事項になります。

STEP 8 B部分を差込形コネクタでジョイントする

▶B部分は問題文の指示より，接続する電線本数に応じた差込形コネクタでジョイントします。

▶心線をストリップゲージに合わせて切断し，しっかりと奥まで差し込みます。

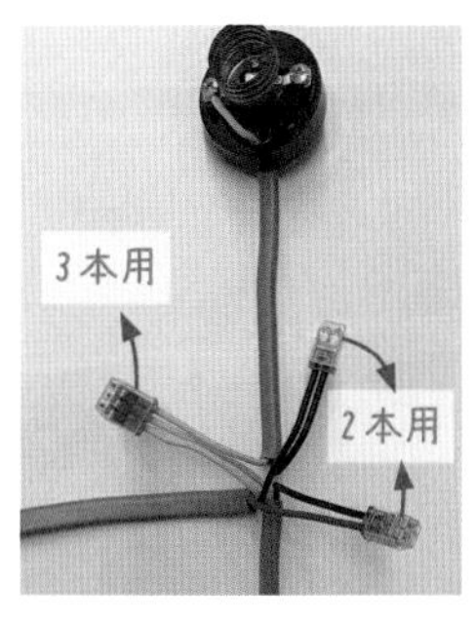

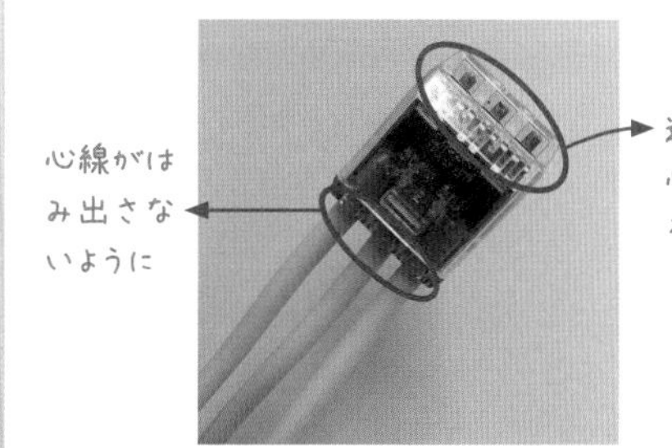

▶複線図を描く手順と同様に接地側電線（白線）を接続します。そして，ロのスイッチとそれに対応するランプレセプタクルとの電線を接続します。さらに，ハのスイッチとそれに対応する施工省略部分（蛍光灯）との電線を接続してB部分は完成です。

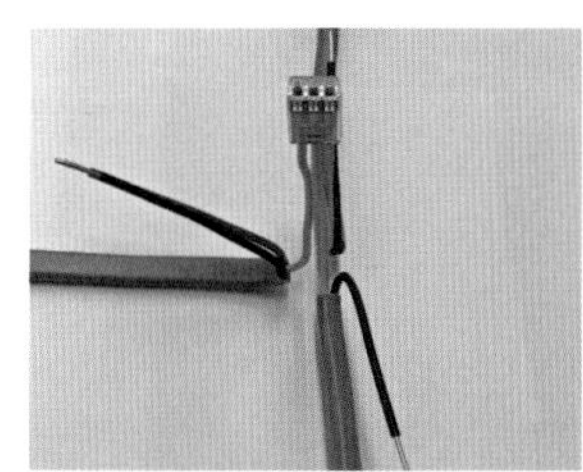

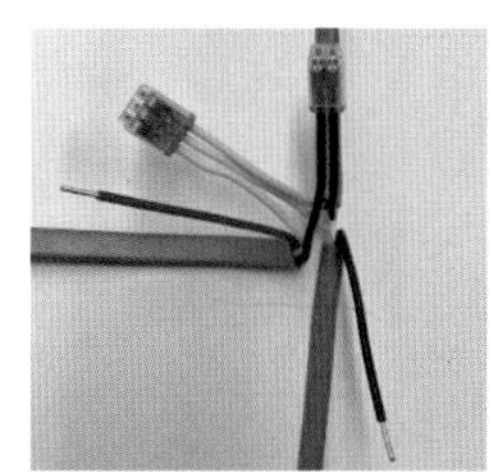

ひとこと 差込形コネクタは，心線の頭がコネクタから見えるようになるまでしっかりと差し込みます。見えていないと欠陥事項になるので注意しましょう。

全て接続すると完成です。きれいに整えておきましょう。

完成

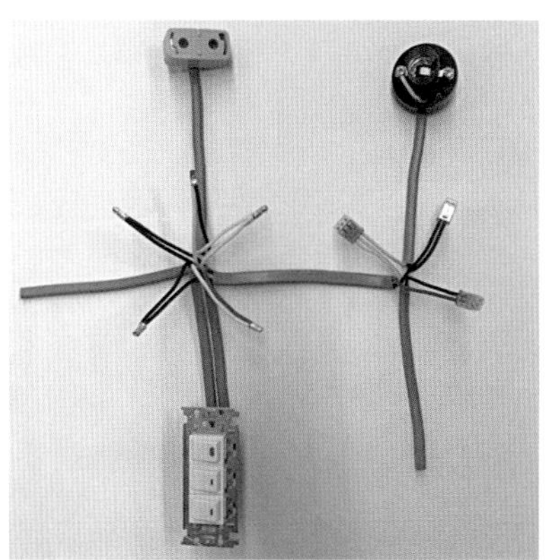

公表問題

02 常時点灯の回路

技能試験問題 ［試験時間 40 分］

図に示す低圧屋内配線工事を与えられた全ての材料（予備品を除く）を使用し，〈**施工条件**〉に従って完成させなさい。

なお，

1．------------ で示した部分は施工を省略する。

2．VVF 用ジョイントボックス及びスイッチボックスは支給していないので，その取り付けは省略する。

3．電線接続箇所のテープ巻きや絶縁キャップによる絶縁処理は省略する。

4．作品は保護板（板紙）に取り付けないものとする。

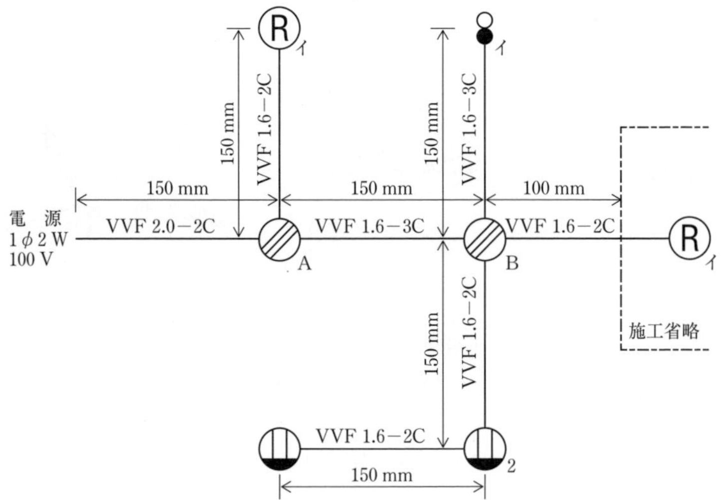

注：1. 図記号は，原則として JIS C 0303：2000 に準拠している。
また，作業に直接関係のない部分等は省略又は簡略化してある。
2. Ⓡは，ランプレセプタクルを示す。

注意　本書に記載している施工条件，支給材料，施工寸法は想定です。
試験では，問題用紙に記載されている内容に従って作業してください。

施工条件

1. 配線及び器具の配置は，図に従って行うこと。
2. **確認表示灯（パイロットランプ）は，常時点灯とすること。**
3. 電線の色別（絶縁被覆の色）は，次によること。
   ①電源からの接地側電線には，すべて**白色**を使用する。
   ②電源から点滅器，パイロットランプ及びコンセントまでの非接地側電線には，すべて**黒色**を使用する。
   ③次の器具の端子には，**白色の電線**を結線する。
   ・コンセントの接地側極端子（W と表示）
   ・ランプレセプタクルの受金ねじ部の端子
4. VVF 用ジョイントボックス部分を経由する電線は，その部分ですべて接続箇所を設け，接続方法は，次によること。
   ①A部分は，リングスリーブによる接続とする。
   ②B部分は，差込形コネクタによる接続とする。
5. **埋込連用取付枠は，タンブラスイッチ及びパイロットランプ部分に使用すること。**

支給材料

材　料	
1．600Vビニル絶縁ビニルシースケーブル平形（シース青色），2.0 mm，2心，長さ約250 mm	1本
2．600Vビニル絶縁ビニルシースケーブル平形，1.6 mm，2心，長さ約1250 mm	1本
3．600Vビニル絶縁ビニルシースケーブル平形，1.6 mm，3心，長さ約800 mm	1本
4．ランプレセプタクル（カバーなし）	1個
5．埋込連用タンブラスイッチ	1個
6．埋込連用パイロットランプ	1個
7．埋込コンセント（2口）	1個
8．埋込連用コンセント	1個
9．埋込連用取付枠	1枚
10．リングスリーブ（小）	（予備品を含む）5個
11．差込形コネクタ（3本用）	2個
12．差込形コネクタ（4本用）	1個
・受験番号札	1枚
・ビニル袋	1枚

《追加支給について》

ランプレセプタクル用端子ねじ，リングスリーブ及び差込形コネクタは，作業のやり直し等により不足が生じた場合，申し出（挙手をする）があれば追加支給します。

1 使用する材料

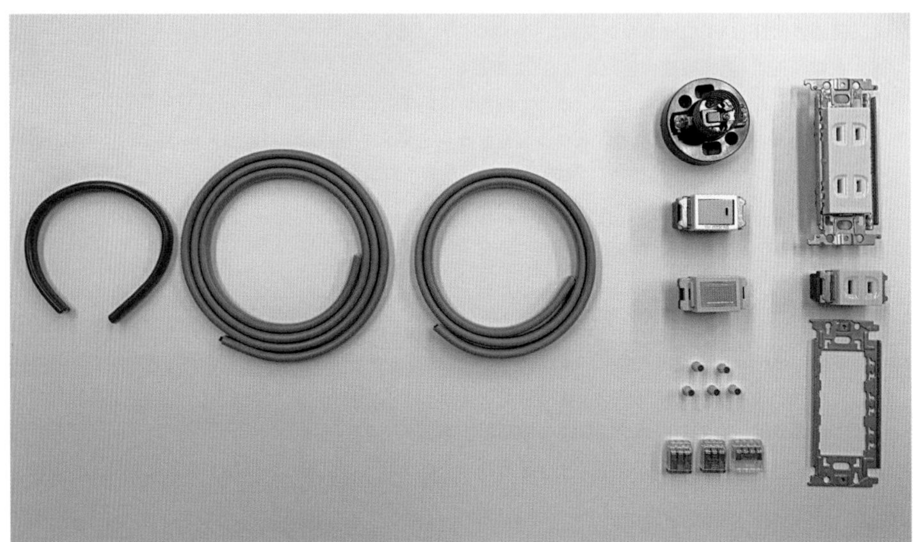

ポイント 注意すべきポイント

① パイロットランプの常時点灯回路の接続方法に注意！　公表問題２のみの特別なパターン。

単位作業 08 パイロットランプ

常時点灯回路では，パイロットランプがつきっぱなしなので，接続方法が特徴的です。暗記しておく必要があります。

2 複線図

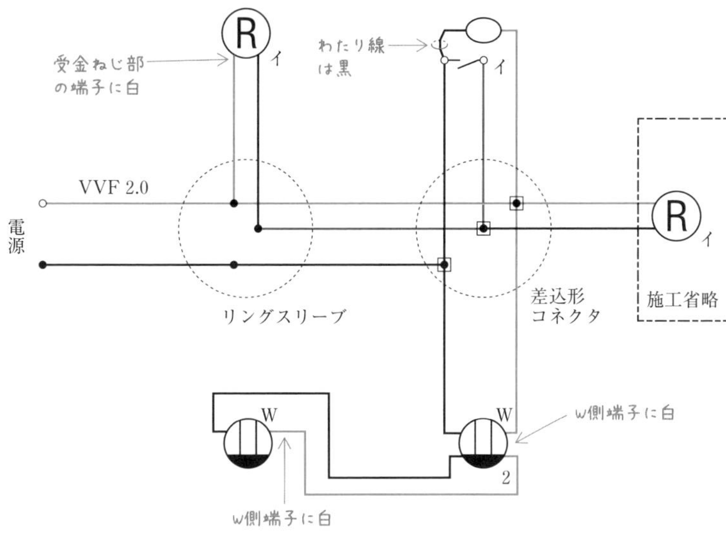

公表問題 02 複線図 (p.132)

3 完成写真

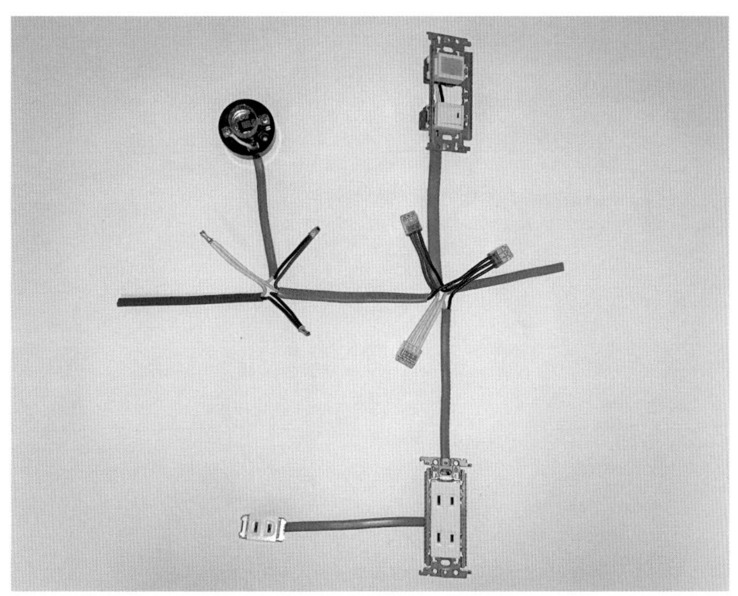

4 作成手順の概要

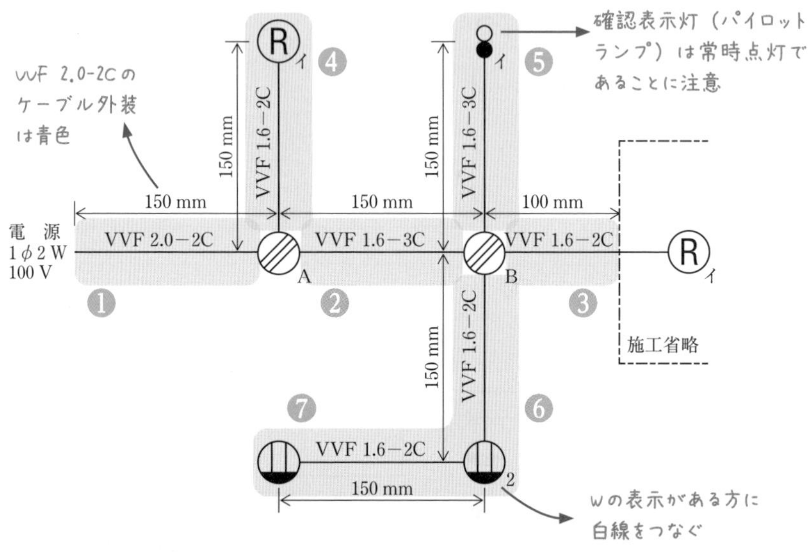

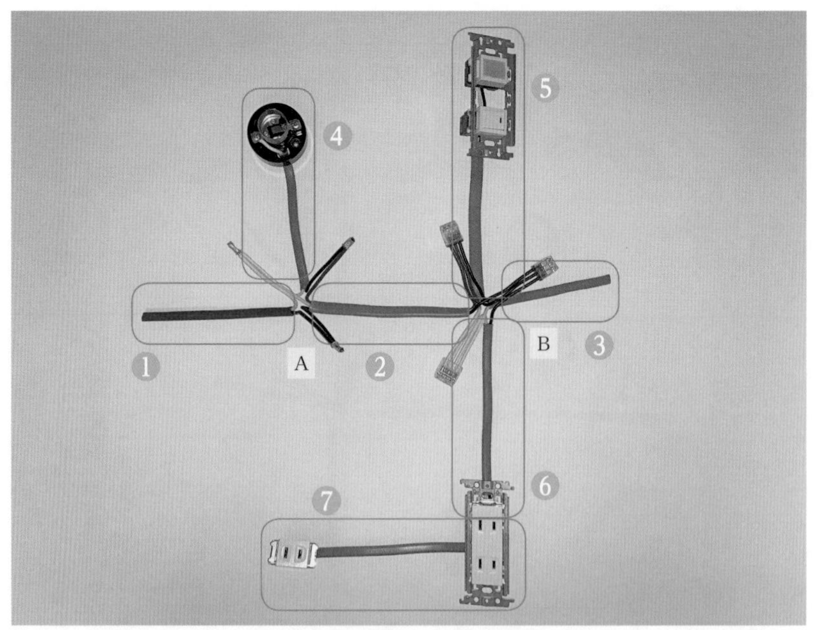

❶～❼のパーツを作成し，A，Bでジョイントさせます。

5 作成手順

STEP 1 ❶電源部分のパーツを作成する（VVF 2.0-2C（切断は不要））

▶切断は不要です。次のように，ケーブル外装と絶縁被覆をはぎ取ります。

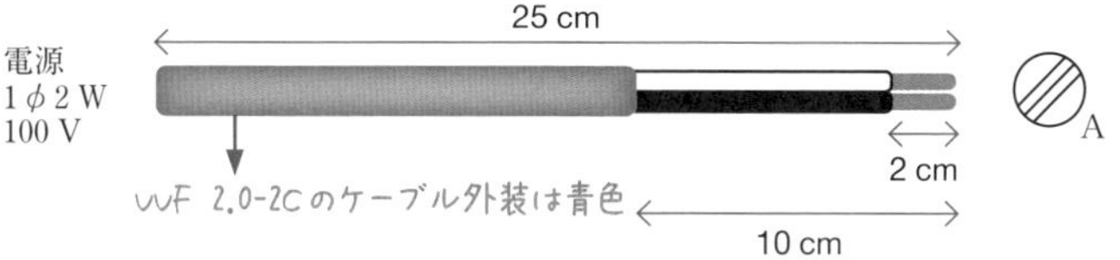

▶あとで結線作業がしやすいように次のように曲げておきます。パーツ❶は，これで完成です。

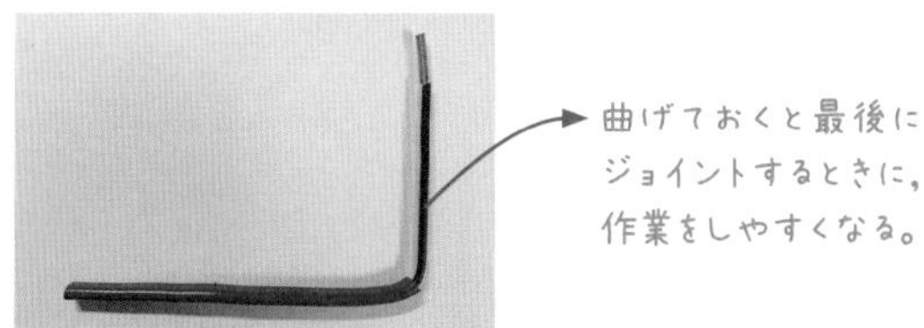

STEP 2 ❷ボックス間部分のパーツを作成する

切断 VVF 1.6-3C（長さ：15 cm＋10 cm＋10 cm＝35 cm）

▶VVF 1.6－3Cを35 cmに切断します。15 cmにプラスして，両側のジョイント部分のために10 cm長めにとるからです。また，次のように，ケーブル外装と絶縁被覆をはぎ取ります。

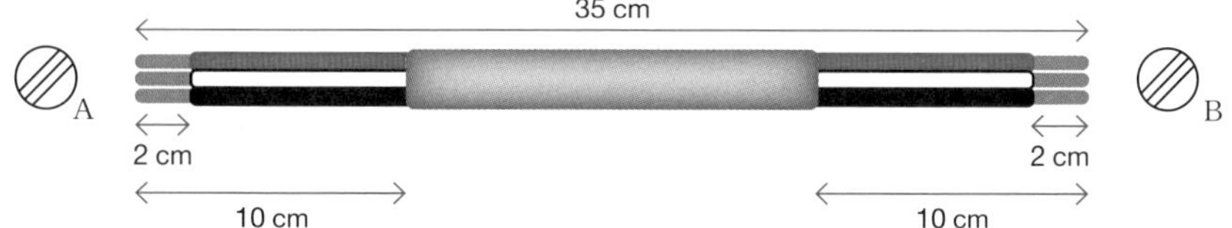

▶結線作業がしやすいように次のように曲げておきます。パーツ❷は，これで完成です。

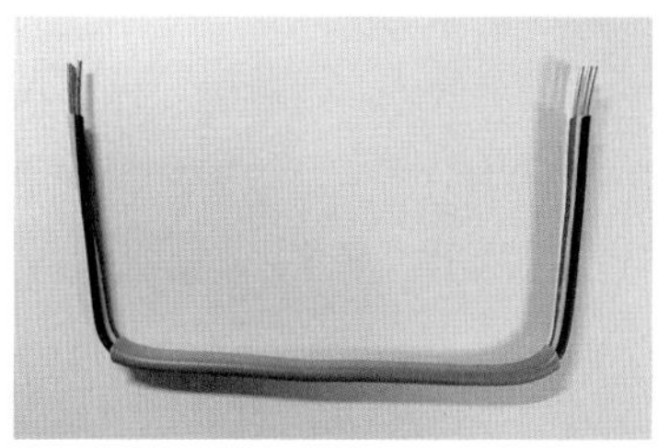

STEP 3 ❸施工省略部分のパーツを作成する

切断 VVF 1.6-2C（長さ：10 cm＋10 cm＝20 cm）

▶ VVF 1.6−2C を 20 cm に切断します。10 cm にプラスして，ジョイント部分のために 10 cm 長めにとるからです。

▶また，次のように，ケーブル外装と絶縁被覆をはぎ取ります。

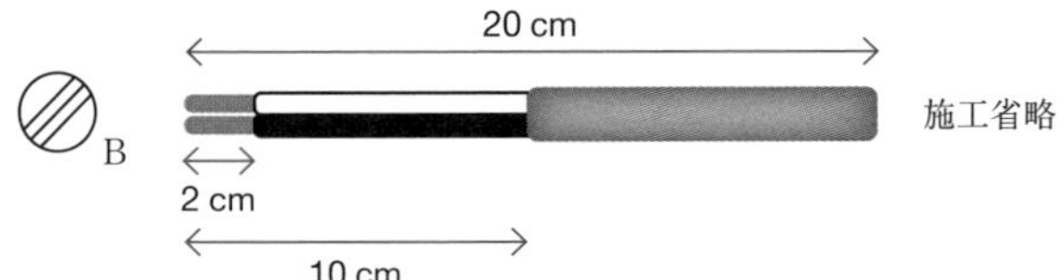

▶結線作業がしやすいように次のように曲げておきます。パーツ❸は，これで完成です。

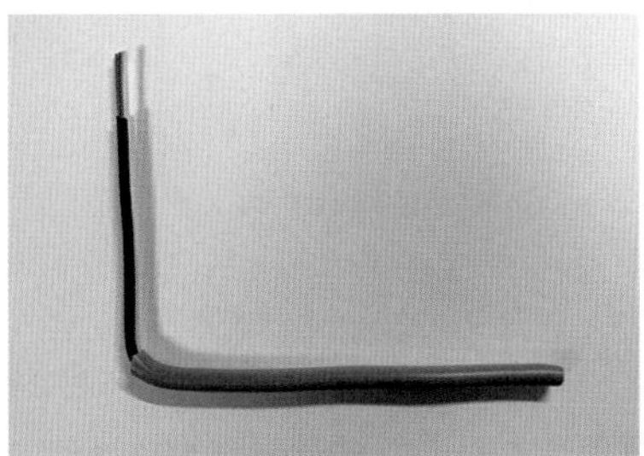

STEP 4 ❹ランプレセプタクルのパーツを作成する

切断 VVF 1.6-2C（長さ：15 cm＋10 cm＋5 cm＝30 cm）

▶ VVF 1.6−2C を 30 cm に切断します。15 cm にプラスして，ジョイント側は 10 cm，ランプレセプタクル側は 5 cm 長めにとるためです。

▶また，次のように，ケーブル外装と絶縁被覆をはぎ取ります。

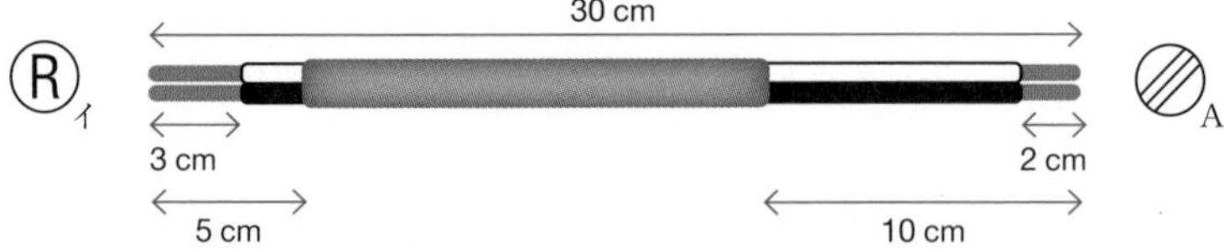

▶ランプレセプタクルに電線を取り付けます。右巻きで輪を作り，取り付けた後，ケーブル外装部分を穴から出るように押し出します。 単位作業 05 ランプレセプタクル (p.44)

▶ねじの緩み，ねじに絶縁被覆が巻き込まれていないか，心線が5 mm以上出ていないかどうかを確認します。

▶結線作業がしやすいように曲げておきます。パーツ❹は，これで完成です。

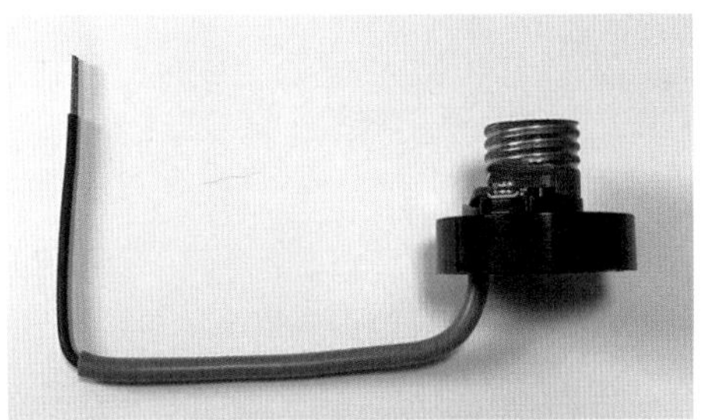

STEP 5 ❺スイッチとパイロットランプのパーツを作成する

切断 VVF 1.6-3C（長さ：15 cm＋10 cm＋10 cm＝35 cm）

▶VVF 1.6−3Cを35 cmに切断します。15 cmにプラスして，ジョイント側は10 cm，スイッチとパイロットランプ側は10 cm長くとるためです。

▶また，次のように，ケーブル外装と絶縁被覆をはぎ取ります。

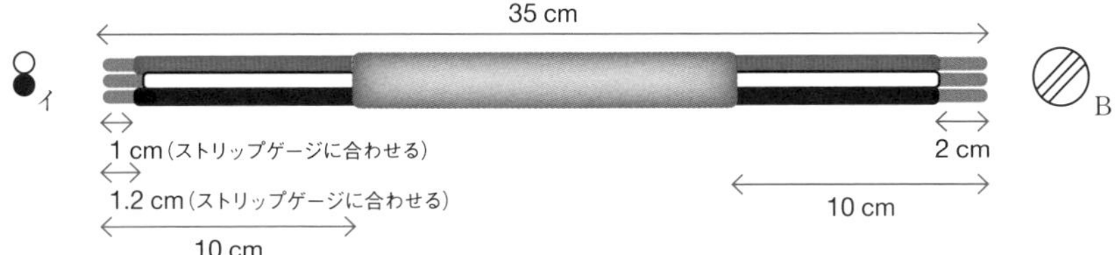

▶わたり線は，余っているVVF 1.6−3Cから作ります。ケーブル外装を10 cmはぎ取り，絶縁電線を切断して黒線だけ取り出して次のように絶縁被覆をはぎ取ります。

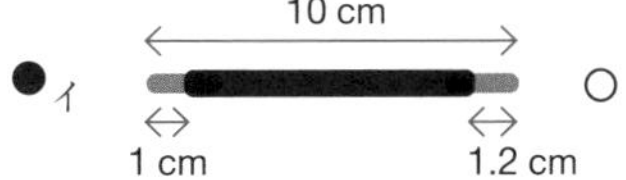

▶あとで作業がしやすいように曲げておきます。

▶埋込連用取付枠にパイロットランプとスイッチを取り付けます。

単位作業 03 埋込連用取付枠 (p.34)　単位作業 08 パイロットランプ (p.64)

単位作業 09 スイッチ (p.70)

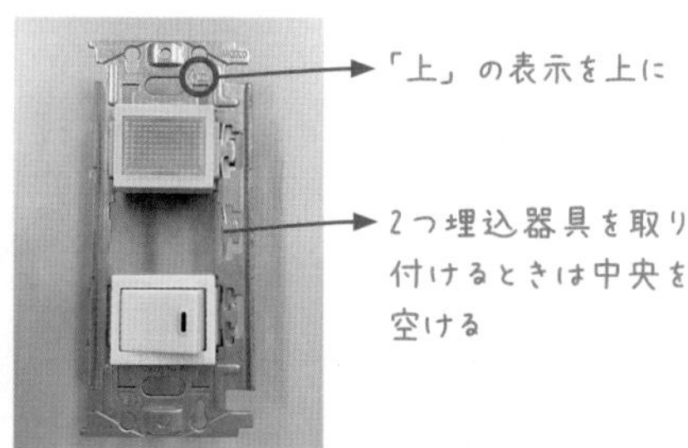

▶複線図を見ながら，スイッチに VVF ケーブルの黒線と赤線，パイロットランプに白線を取り付けます。わたり線は次のようにつなぎます。 単位作業 07 わたり線 (p.60)

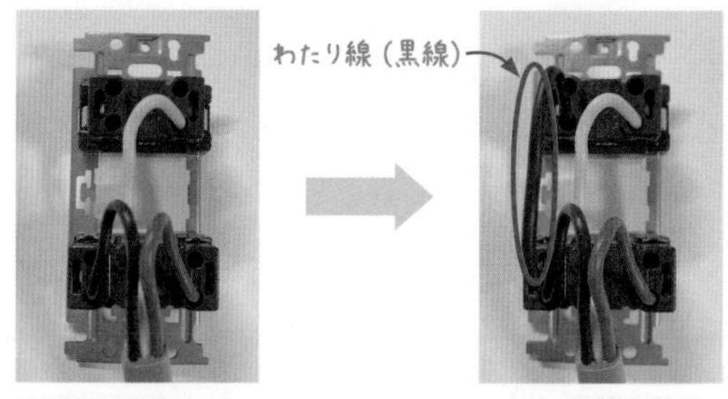

▶心線が 2 mm 以上出ていないか，ケーブル外装が枠内に収まっているかを確認します。

▶結線作業がしやすいように曲げておきます。パーツ❺は，これで完成です。

STEP 6 ❻コンセント(2口)のパーツを作成する

切断 VVF 1.6-2C(長さ：15 cm＋10 cm＋5 cm＝30 cm)

▶ VVF 1.6−2C を 30 cm に切断します。15 cm にプラスして，ジョイント側は 10 cm，コンセント(2口)側は 5 cm 長めにとるためです。

▶ また，次のように，ケーブル外装と絶縁被覆をはぎ取ります。

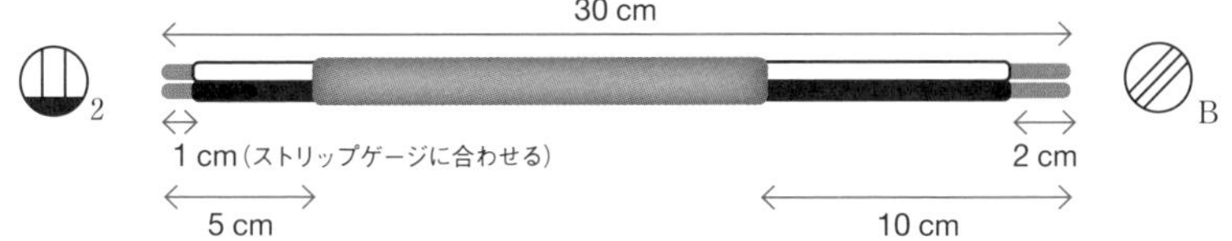

ひとこと 埋込コンセント(2口)には絶縁被覆はぎ取りの目安である，ストリップゲージがあるので積極的に使いましょう。

ストリップゲージ

▶ コンセントに電線を取り付けます。問題の施工条件から，電源からコンセントまでの非接地側電線には必ず黒線を用い，コンセントの接地側極端子(W と表示)には必ず白線を用いて接続します。 単位作業 06 コンセント (p.52)

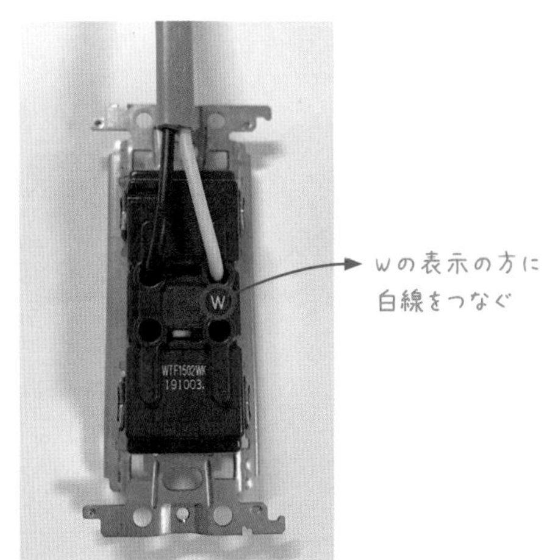

▶心線が 2 mm 以上出ていないか，ケーブル外装が枠内に収まっているかを確認します。
▶結線作業がしやすいように曲げておきます。パーツ❻は，これで完成です。

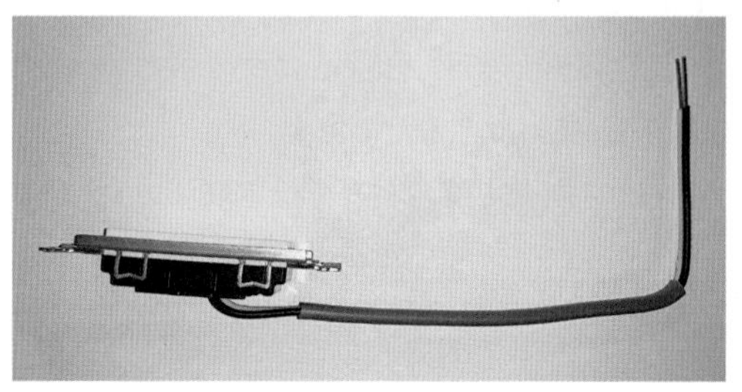

STEP 7 ❼コンセントのパーツを作成する

切断 VVF 1.6-2C（長さ：15 cm＋5 cm＋5 cm＝25 cm）

▶ VVF 1.6−2C を 25 cm に切断します。15 cm にプラスして，両方のコンセント側を 5 cm 長めにとるためです。
▶また，次のように，ケーブル外装と絶縁被覆をはぎ取ります。

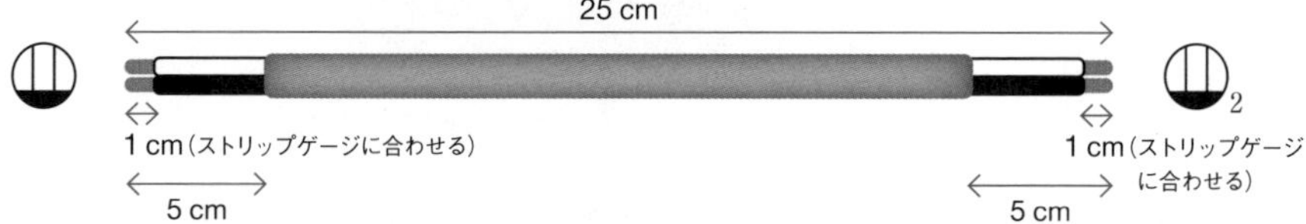

▶コンセントに電線を取り付けます。 単位作業 06 コンセント （p.52）
コンセントの接地側極端子（W と表示）には必ず白線を用いて接続します。

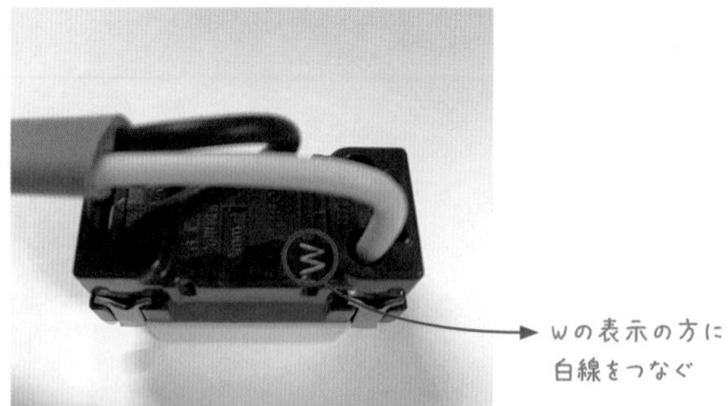

▶反対側の電線を埋込コンセント(2口)に取り付けます。コンセントの接地側極端子(Wと表示)には必ず白線を用いて接続します。

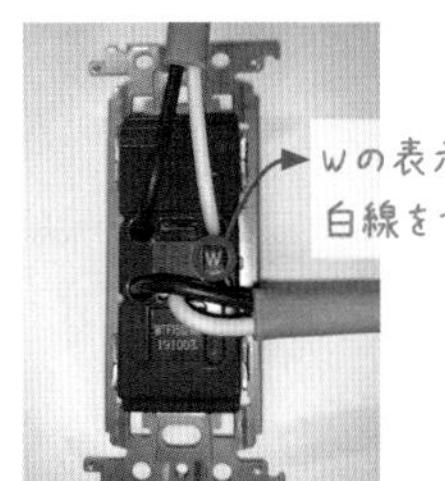

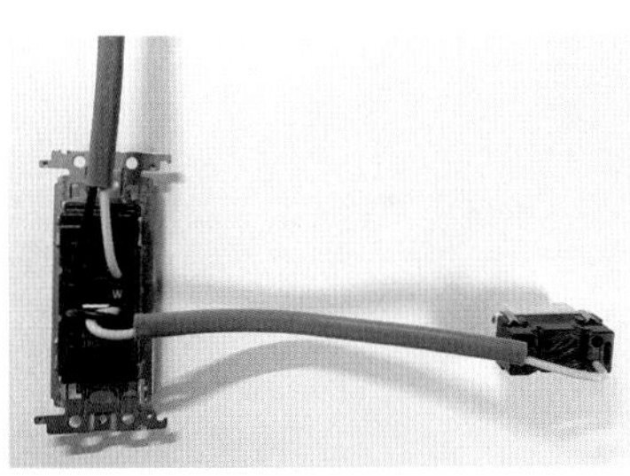

▶心線が2 mm以上出ていないか，ケーブル外装が枠内に収まっているかを確認します。パーツ❼は，これで完成です。

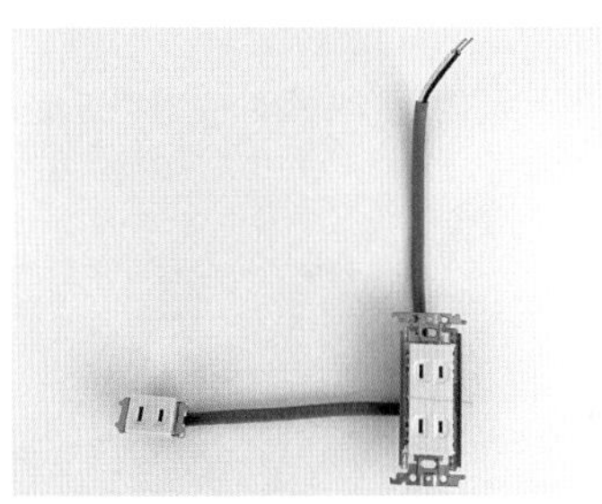

STEP 8 A部分をリングスリーブでジョイントする

ポイント 配線のイメージ

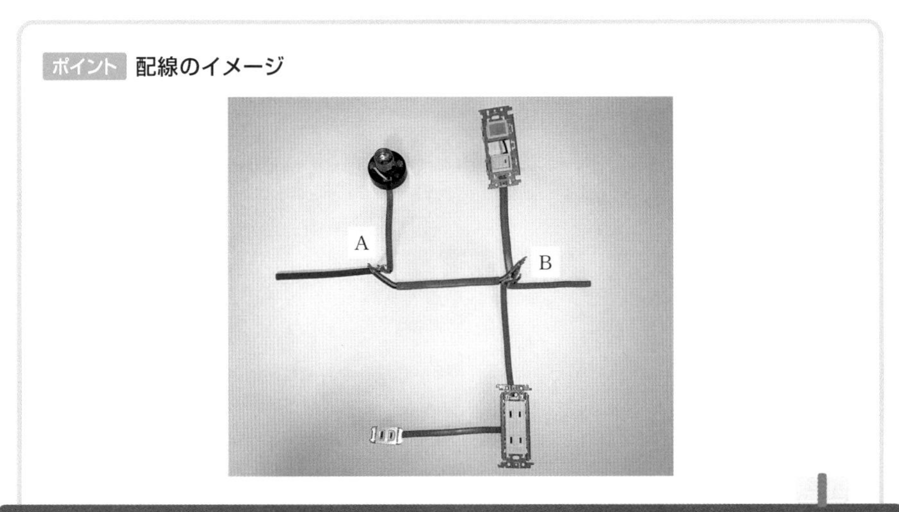

▶ A部分は問題文の指示より，複線図を見ながらリングスリーブでジョイントします。VVF 2.0−2Cと接続する箇所は刻印「小」で圧着をし，それ以外は直径1.6 mmの電線2本の圧着なので刻印「○(極小)」で圧着を行います。

2.0 mm 1本と1.6 mm 2本を接続する部分はリングスリーブは小，刻印は小
1.6 mm 2本接続の部分はリングスリーブは小，刻印は○
2.0 mm 1本と1.6 mm 1本を接続する部分はリングスリーブは小，刻印は小

▶リングスリーブでジョイントした後は，先端の心線を3 mm程度残して切断しましょう。

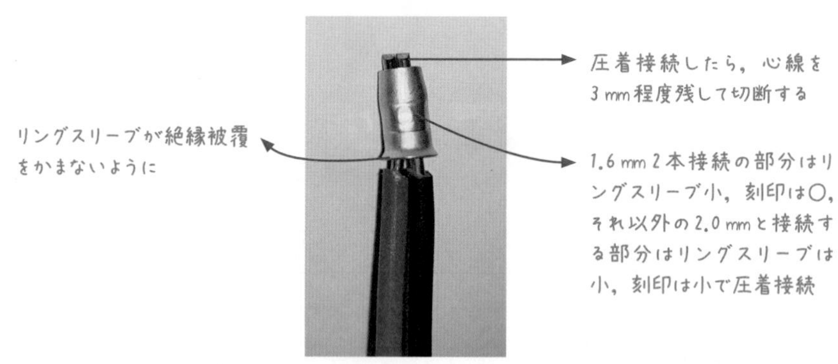
圧着接続したら，心線を3 mm程度残して切断する
リングスリーブが絶縁被覆をかまないように
1.6 mm 2本接続の部分はリングスリーブ小，刻印は○，それ以外の2.0 mmと接続する部分はリングスリーブは小，刻印は小で圧着接続

▶複線図を描く手順と同様に接地側電線(白線)を接続します。そして，非接地側電線(黒線)を接続します。さらに，イのスイッチとそれに対応するランプレセプタクルのための電線を接続します。

▶リングスリーブの頭から出た心線の余りを切断して A 部分は完成です。

ひとこと 全ての心線をリングスリーブに通しましょう。圧着すべき心線が全て通っていないと欠陥事項になります。

STEP 9 B 部分を差込形コネクタでジョイントする

▶ B 部分は問題文の指示より，接続する電線本数に応じた差込形コネクタでジョイントします。

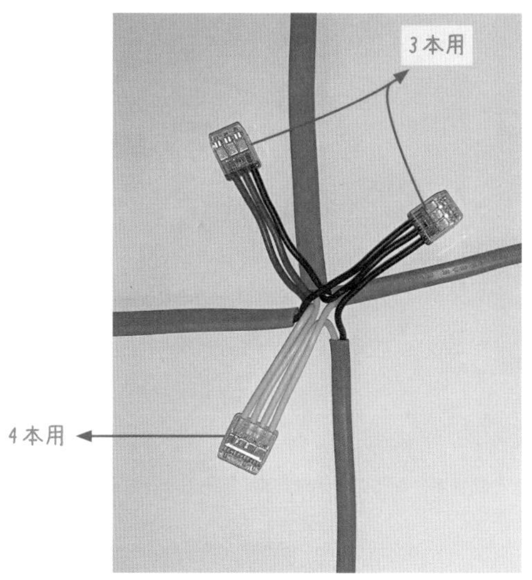

▶心線をストリップゲージに合わせて切断し，しっかりと奥まで差し込みます。

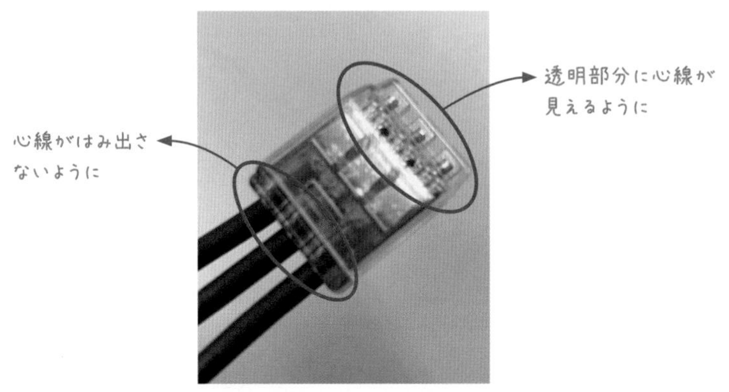

▶複線図を描く手順と同様に接地側電線（白線）を接続します。そして，非接地側電線（黒線）を接続します。さらに，イのスイッチとそれに対応するランプレセプタクルのための電線を接続してB部分は完成です。

ひとこと 差込形コネクタは，心線の頭がコネクタから見えるようになるまでしっかりと差し込みます。見えていないと欠陥事項になるので注意しましょう。

全て接続すると完成です。きれいに整えておきましょう。

完成

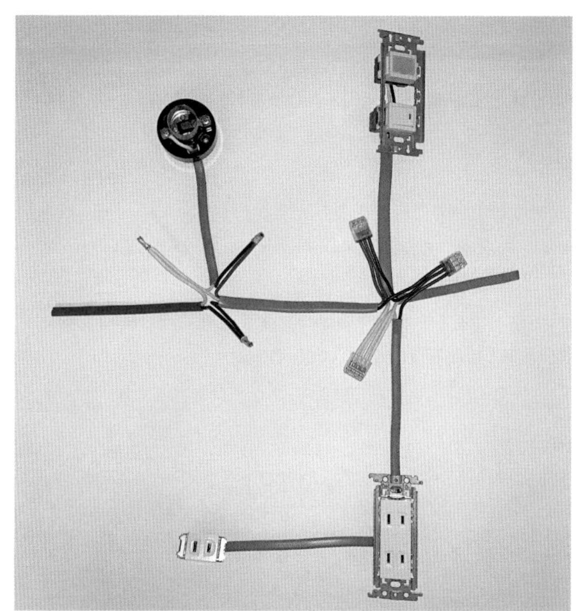

公表問題 03 タイムスイッチの回路

技能試験問題 [試験時間 40 分]

図に示す低圧屋内配線工事を与えられた全ての材料(予備品を除く)を使用し,〈施工条件〉に従って完成させなさい。

なお,

1. タイムスイッチは端子台で代用するものとする。
2. VVF 用ジョイントボックス及びスイッチボックスは支給していないので,その取り付けは省略する。
3. 電線接続箇所のテープ巻きや絶縁キャップによる絶縁処理は省略する。
4. 作品は保護板(板紙)に取り付けないものとする。

図 1. 配線図

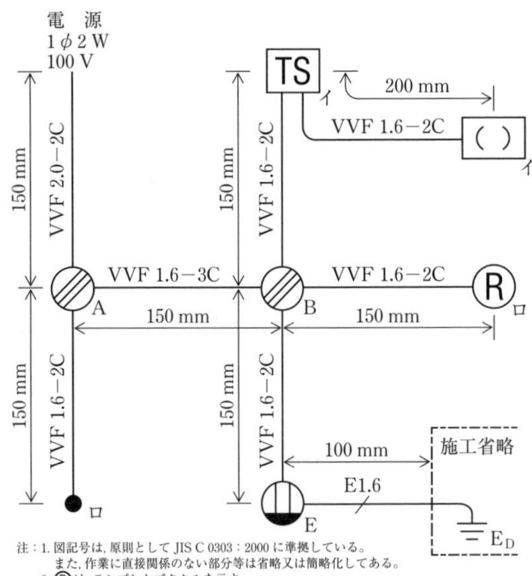

図 2. タイムスイッチ代用の端子台の説明図

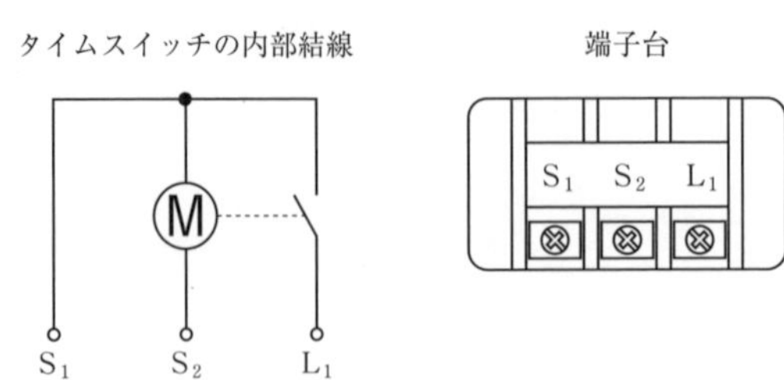

注意 本書に記載している施工条件,支給材料,施工寸法は想定です。
試験では,問題用紙に記載されている内容に従って作業してください。

施工条件

1．配線及び器具の配置は，図１に従って行うこと。

2．タイムスイッチ代用の端子台は，図２に従って使用すること。

3．電線の色別（絶縁被覆の色）は，次によること。

①電源からの接地側電線には，すべて**白色**を使用する。

②電源から点滅器，コンセント及びタイムスイッチまでの非接地側電線には，すべて**黒色**を使用する。

③接地線は，**緑色**を使用する。

④次の器具の端子には，**白色の電線**を結線する。

・コンセントの接地側極端子（W と表示）

・ランプレセプタクルの受金ねじ部の端子

・引掛シーリングローゼットの接地側極端子（接地側と表示）

・タイムスイッチ（端子台）の記号 S_2 の端子

4．VVF 用ジョイントボックス部分を経由する電線は，その部分ですべて接続箇所を設け，接続方法は，次によること。

①A部分は，リングスリーブによる接続とする。

②B部分は，差込形コネクタによる接続とする。

5．**埋込連用取付枠は，コンセント部分に使用すること。**

支給材料

材　　料	
1．600 V ビニル絶縁ビニルシースケーブル平形（シース青色），2.0 mm，2心，長さ約250 mm	1本
2．600 V ビニル絶縁ビニルシースケーブル平形，1.6 mm，2心，長さ約1650 mm	1本
3．600 V ビニル絶縁ビニルシースケーブル平形，1.6 mm，3心，長さ約350 mm	1本
4．600 V ビニル絶縁電線（緑），1.6 mm，長さ約150 mm	1本
5．ランプレセプタクル（カバーなし）	1個
6．引掛シーリングローゼット（ボディ（角形）のみ）	1個
7．端子台（タイムスイッチの代用），3極	1個
8．埋込連用タンブラスイッチ	1個
9．埋込連用接地極付コンセント	1個
10．埋込連用取付枠	1枚
11．リングスリーブ（小）	（予備品を含む）5個
12．差込形コネクタ（2本用）	1個
13．差込形コネクタ（3本用）	1個
14．差込形コネクタ（4本用）	1個
・受験番号札	1枚
・ビニル袋	1枚

《追加支給について》

ランプレセプタクル用端子ねじ，リングスリーブ及び差込形コネクタは，作業のやり直し等により不足が生じた場合，申し出（挙手をする）があれば追加支給します。

1 使用する材料

ポイント 注意すべきポイント

①タイムスイッチの代用として端子台を使います。端子台のどの端子に何色の線をつなぐかを施工条件を読んで確認しましょう。

②端子台のねじはしっかり締め付け，電線を引っ張っても外れないようにしましょう。

単位作業 10 端子台

2 複線図

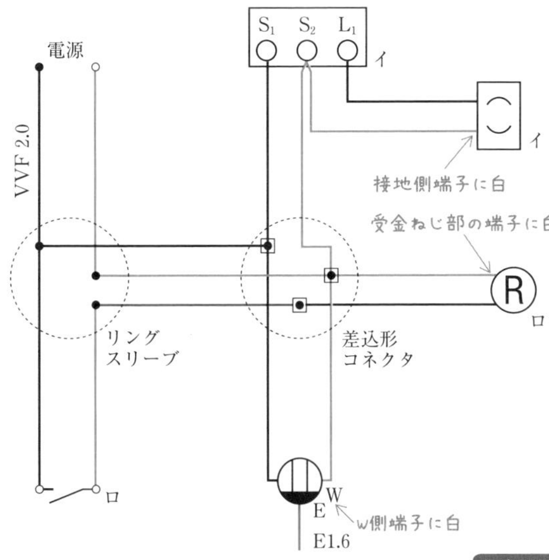

公表問題 03 複線図 (p.134)

3 完成写真

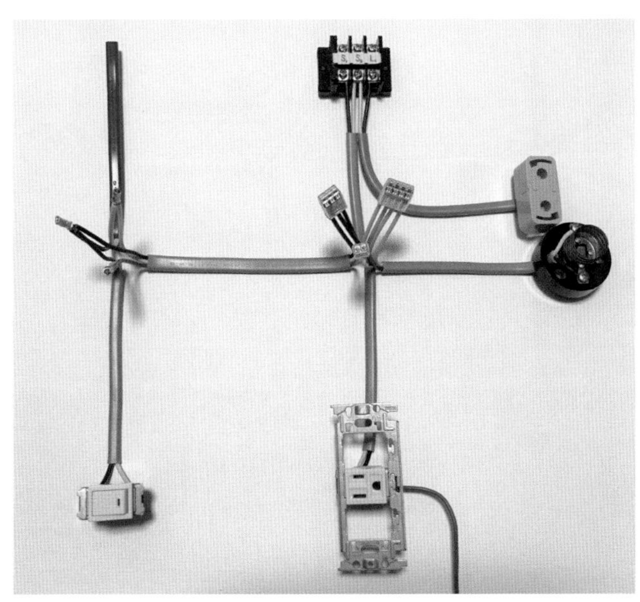

4 作成手順の概要

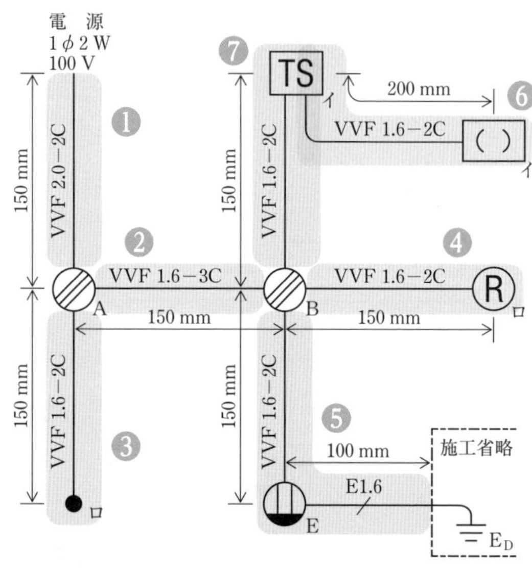

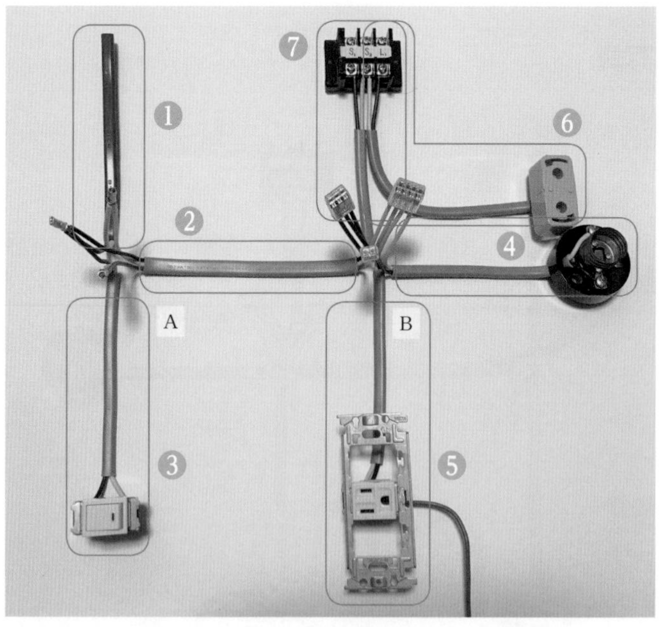

❶～❼のパーツを作成し，A，B でジョイントさせます。

5 作成手順

STEP 1 ❶電源部分のパーツを作成する（VVF 2.0-2C（切断は不要））

▶切断は不要です。次のように，ケーブル外装と絶縁被覆をはぎ取ります。

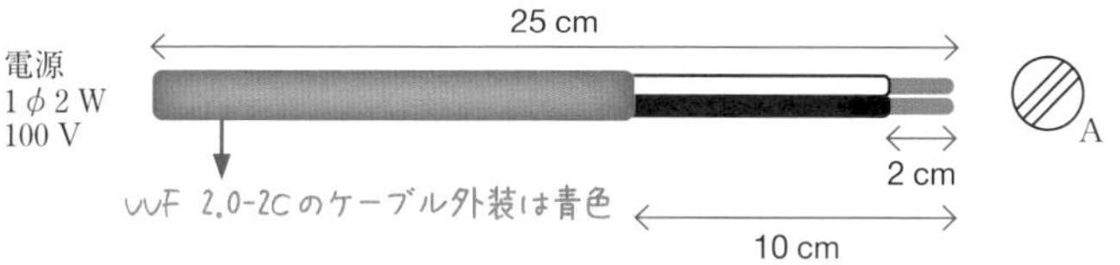

▶結線作業がしやすいように次のように曲げておきます。パーツ❶は，これで完成です。

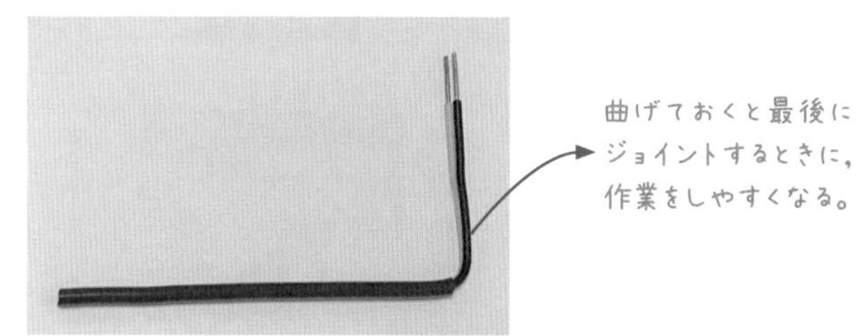

STEP 2 ❷ボックス間部分のパーツを作成する（VVF 1.6-3C（切断は不要））

▶切断は不要です。次のように，ケーブル外装と絶縁被覆をはぎ取ります。

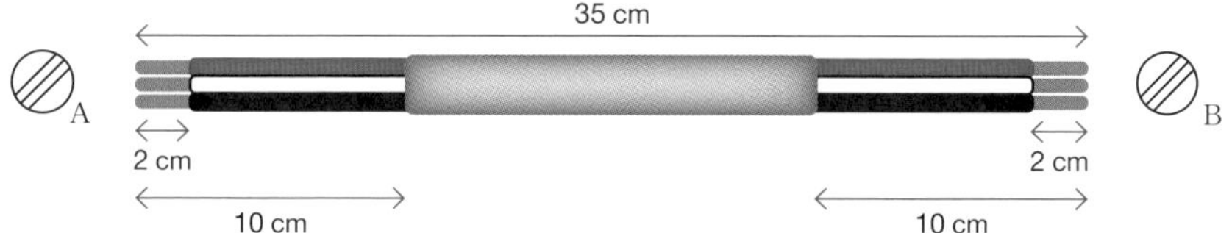

▶結線作業がしやすいように次のように曲げておきます。パーツ❷は，これで完成です。

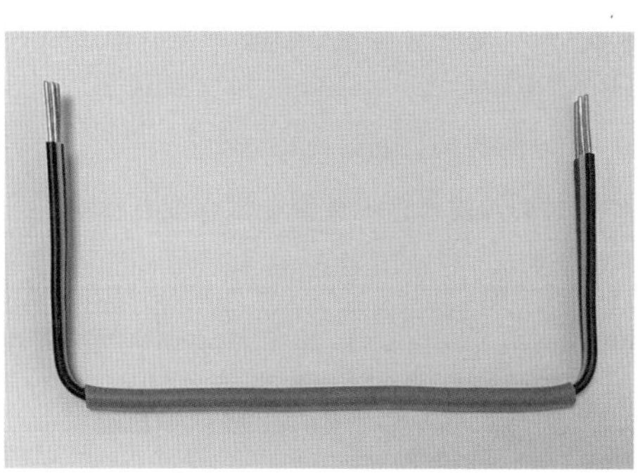

STEP 3 ❸スイッチのパーツを作成する

切断 VVF 1.6-2C（長さ：15 cm＋10 cm＋5 cm＝30 cm）

▶ VVF 1.6−2C を 30 cm に切断します。15 cm にプラスして，ジョイント側は 10 cm，スイッチ側は 5 cm 長めにとるためです。

▶また，次のように，ケーブル外装と絶縁被覆をはぎ取ります。

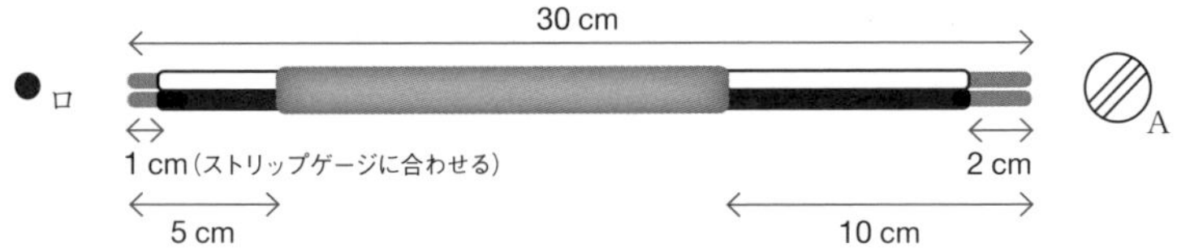

▶スイッチに電線を取り付けます。 単位作業 09 スイッチ（p.70）

▶結線作業がしやすいように曲げておきます。パーツ❸は，これで完成です。

STEP 4 ❹ランプレセプタクルのパーツを作成する

切断 VVF 1.6-2C（長さ：15 cm＋10 cm＋5 cm＝30 cm）

▶ VVF 1.6−2C を 30 cm に切断します。15 cm にプラスして，ジョイント側は 10 cm，ランプレセプタクル側は 5 cm 長めにとるためです。

▶また，次のように，ケーブル外装と絶縁被覆をはぎ取ります。

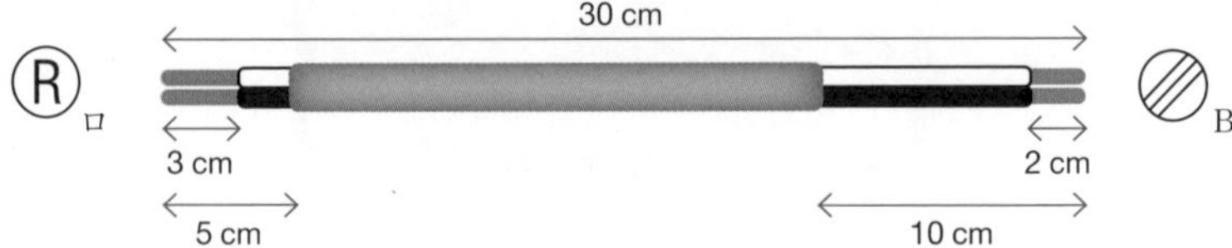

▶ランプレセプタクルに電線を取り付けます。 単位作業05 ランプレセプタクル (p.44)

▶必ず，受金ねじ部の端子（Wと表示）側に白線を用います。右巻きで輪を作り，取り付けた後，ケーブル外装部分を穴から出るように押し出します。

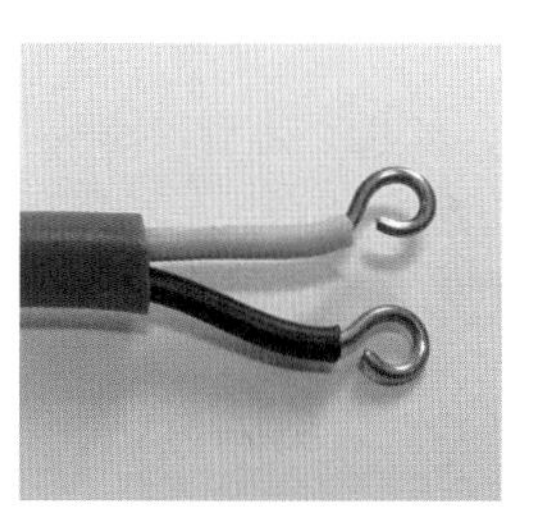

▶ねじの緩み，ねじに絶縁被覆が巻き込まれていないか，心線が5 mm以上出ていないかどうかを確認します。最後に，あとで結線作業がしやすいように曲げておきます。パーツ❹は，これで完成です。

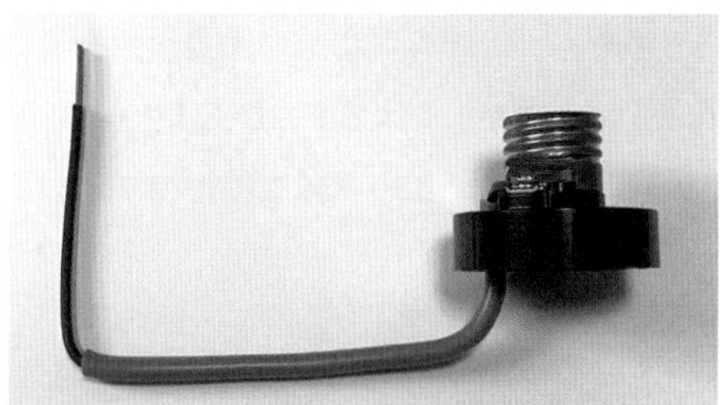

STEP 5 ❺Eコンセントのパーツを作成する

切断 VVF 1.6-2C（長さ：15 cm＋10 cm＋5 cm＝30 cm）

▶VVF 1.6−2Cを30 cmに切断します。15 cmにプラスして，ジョイント側は10 cm，Eコンセント側は5 cm長くとるためです。なお，絶縁電線（緑）は切断不要です。

▶また，次のように，ケーブル外装と絶縁被覆をはぎ取ります。

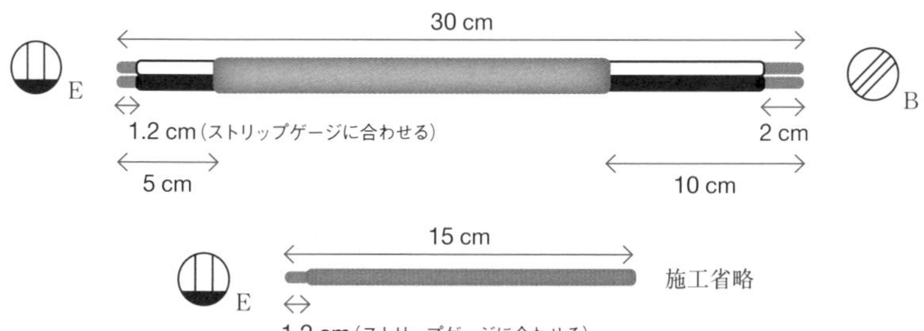

▶埋込連用取付枠の「上」と表示されている方を上にして，中央の枠にEコンセントを取り付けます。 単位作業 03 埋込連用取付枠 (p.34)

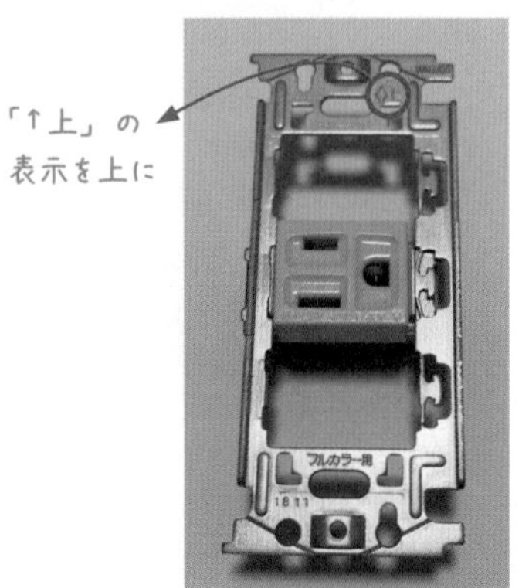

▶ Eコンセントに電線を取り付けます。 単位作業 06 コンセント (p.52)

▶問題の施工条件から，電源からコンセントまでの非接地側電線には必ず黒線を用い，コンセントの接地側極端子（Wと表示）には必ず白線を用いて接続します。また，接地記号のある端子（⏚と表示）に接地線（緑色の絶縁電線）を取り付けます。

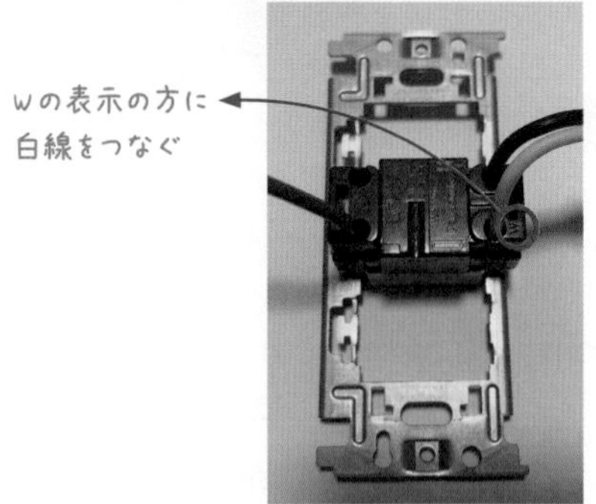

▶心線が2 mm以上出ていないか，ケーブル外装が枠内に収まっているかを確認します。最後に，あとで結線作業がしやすいように曲げておきます。パーツ❺は，これで完成です。

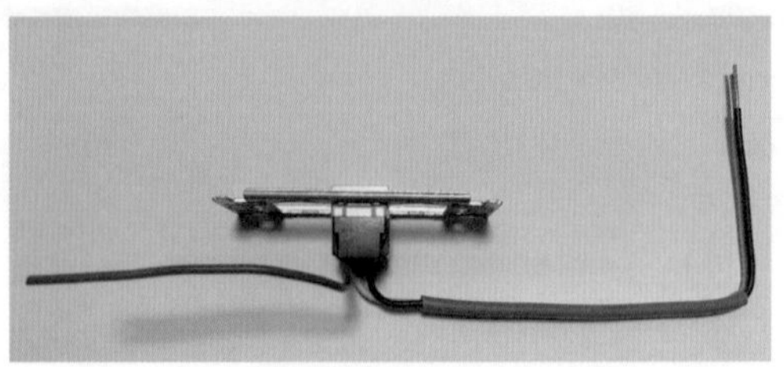

STEP 6 ❻引掛シーリングのパーツを作成する

切断 VVF 1.6-2C（長さ：20 cm＋5 cm＋0 cm＝25 cm）

▶ VVF 1.6−2C を 25 cm に切断します。20 cm にプラスして，引掛シーリング側は 5 cm，端子台（タイムスイッチの代用）側は 0 cm 長めにとるためです。

▶また，次のように，ケーブル外装と絶縁被覆をはぎ取ります。

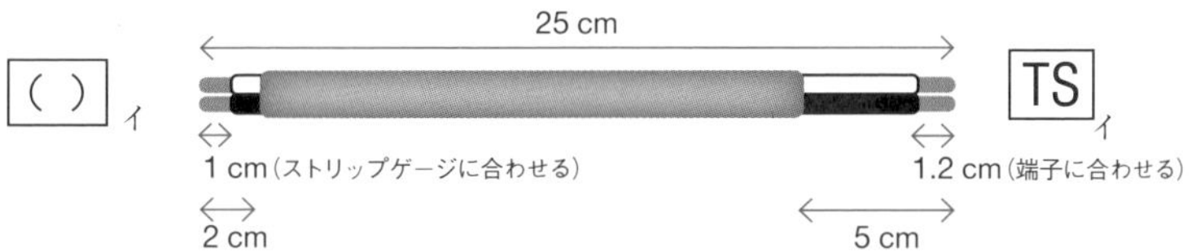

▶引掛シーリングに電線を接続します。 単位作業 04 引掛シーリング (p.40)

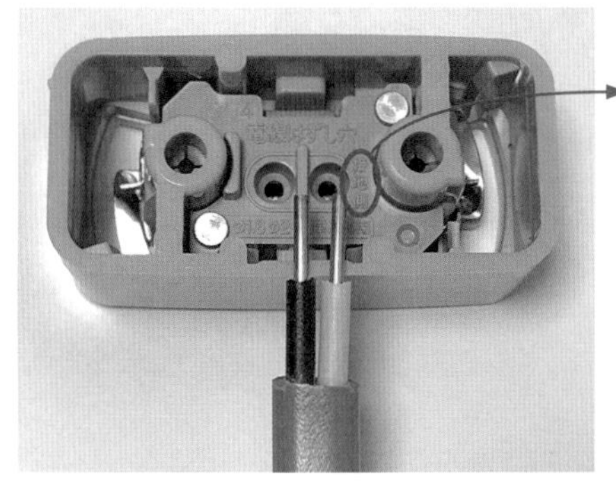

▶パーツ❻は，これで完成です。

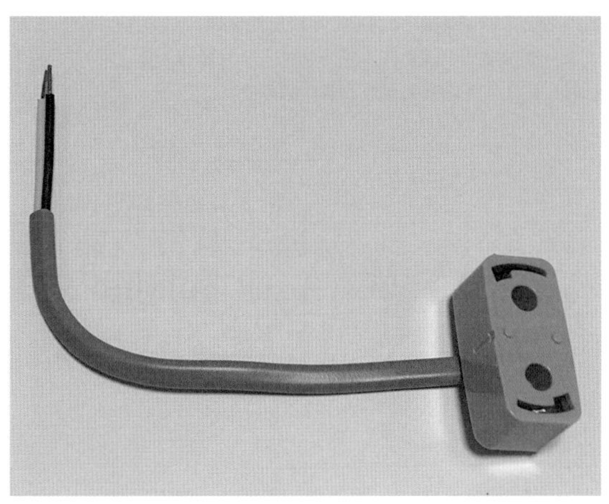

STEP 7 ⑦タイムスイッチのパーツを作成する

切断 VVF 1.6-2C（長さ：15 cm＋10 cm＋0 cm＝25 cm）

▶ VVF 1.6−2C を 25 cm に切断します。15 cm にプラスして，ジョイント側は 10 cm，端子台（タイムスイッチの代用）側は 0 cm 長めにとるためです。

▶また，次のように，ケーブル外装と絶縁被覆をはぎ取ります。

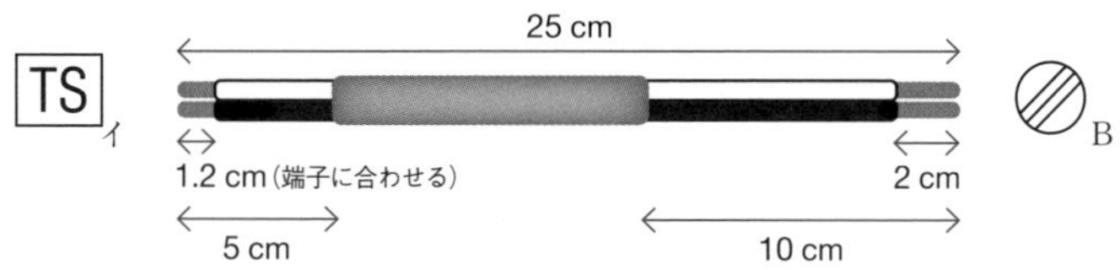

▶端子台に電線を取り付けます。 単位作業 10 端子台 (p.80)

▶問題の施工条件より，端子台の非接地側の端子 S_1 には非接地側電線（黒線）を，S_2 には接地側電線（白線）を取り付けます。白線は全て S_2 に取り付けるため，L_1 には余っている黒線を取り付けます。

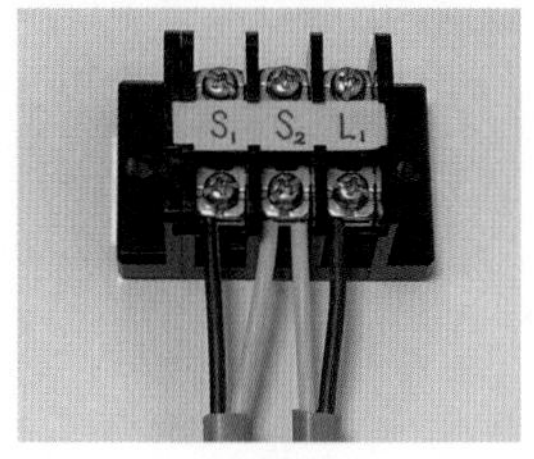

ひとこと 問題の図 2 の回路図より，S_1 に非接地側電線（黒線），S_2 に接地側電線（白線）を取り付けることで，モータに電気が流れ，タイムスイッチが動作すると L_1 に回路が切り替わり，モータが止まって引掛シーリングに電気が流れる仕組みです。

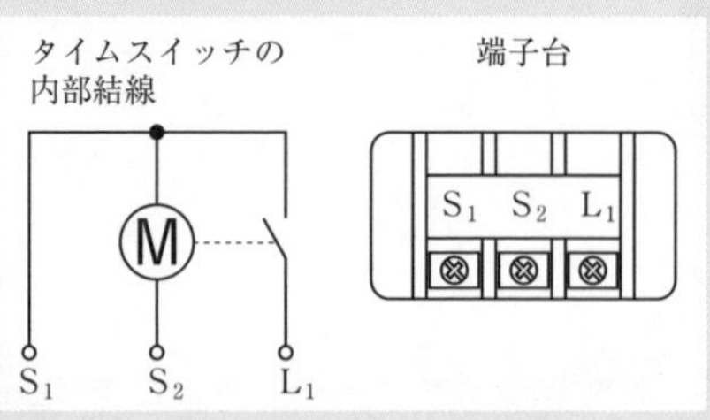

▶心線が 5 mm 以上出ていないか，絶縁被覆をはさんでしまっていないかを確認します。

▶結線作業がしやすいように次のように曲げておきます。パーツ❼は，これで完成です。

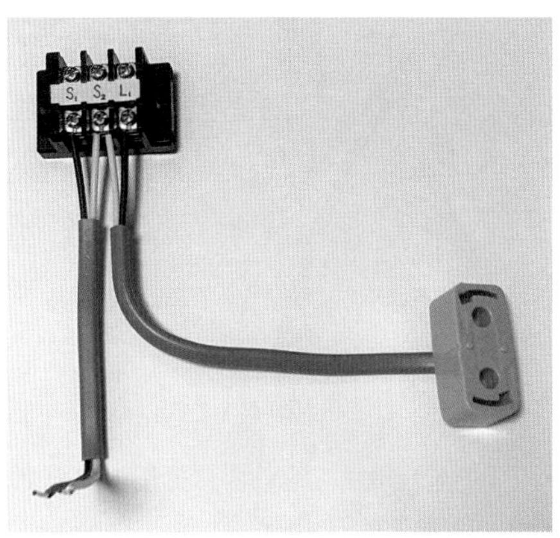

STEP 8 A 部分をリングスリーブでジョイントする

ポイント 配線のイメージ

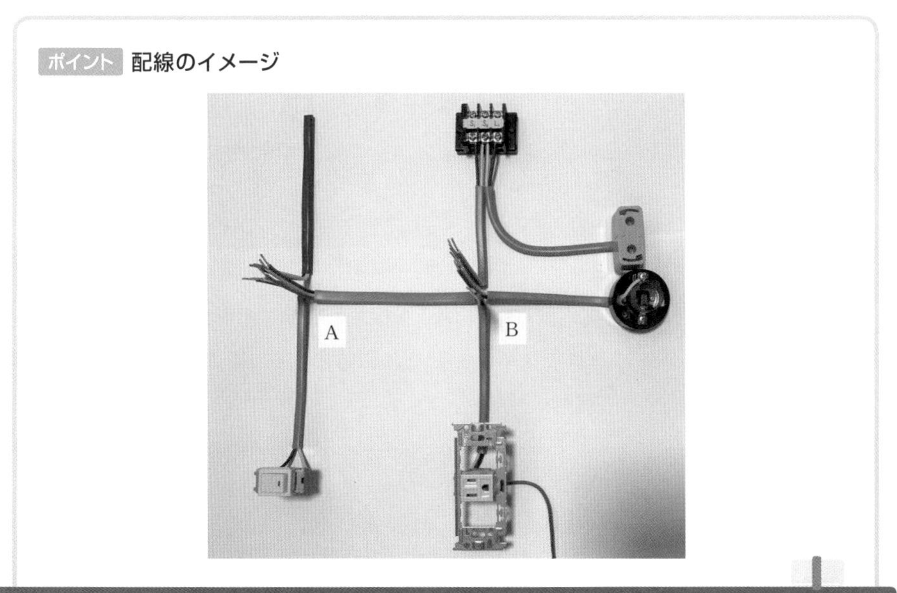

▶ A 部分は問題文の指示より，複線図を見ながらリングスリーブでジョイントします。VVF 2.0−2C と接続する箇所は刻印「小」で圧着をし，それ以外は直径 1.6 mm の電線 2 本の圧着なので刻印「○（極小）」で圧着を行います。

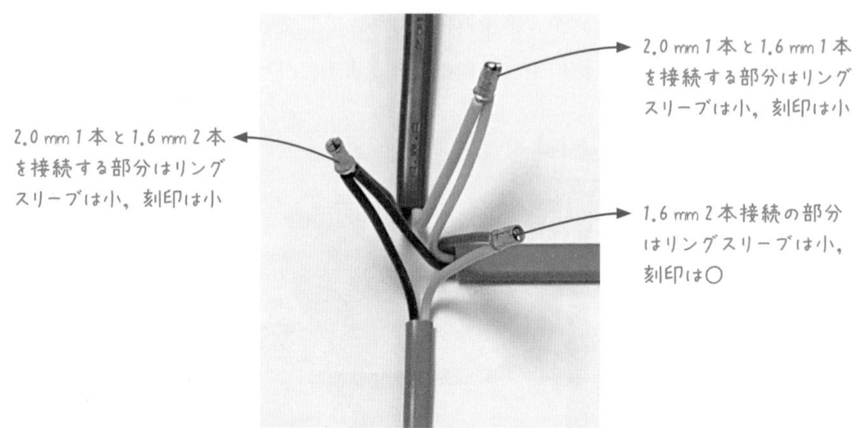
2.0 mm 1 本と 1.6 mm 1 本を接続する部分はリングスリーブは小，刻印は小
2.0 mm 1 本と 1.6 mm 2 本を接続する部分はリングスリーブは小，刻印は小
1.6 mm 2 本接続の部分はリングスリーブは小，刻印は○

▶リングスリーブでジョイントした後は，忘れずに先端の心線を 3 mm 程度残して切断しましょう。

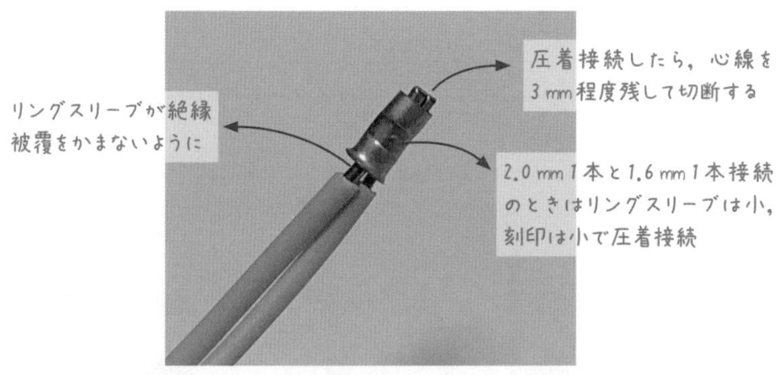
圧着接続したら，心線を 3 mm 程度残して切断する
リングスリーブが絶縁被覆をかまないように
2.0 mm 1 本と 1.6 mm 1 本接続のときはリングスリーブは小，刻印は小で圧着接続

▶複線図を描く手順と同様に接地側電線（白線）を接続します。そして，非接地側電線（黒線）を接続します。さらに，ロのスイッチとそれに対応するランプレセプタクルのための電線を接続します。

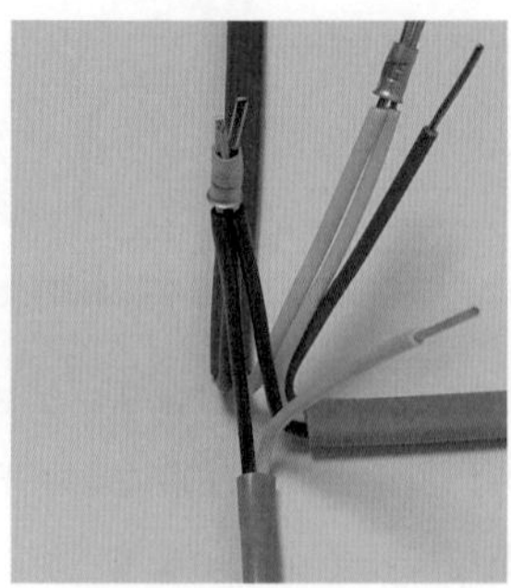
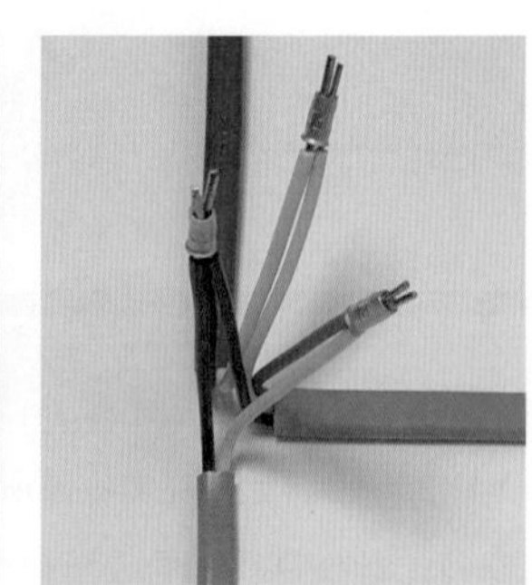

▶リングスリーブの頭から出た心線の余りを切断してA部分は完成です。

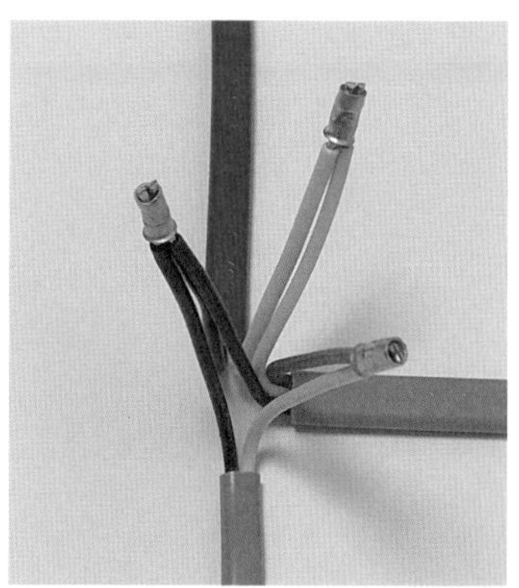

ひとこと 全ての心線をリングスリーブに通しましょう。圧着すべき心線が全て通っていないと欠陥事項になります。

STEP 9 B部分を差込形コネクタでジョイントする

▶B部分は問題文の指示より，接続する電線本数に応じた差込形コネクタでジョイントします。

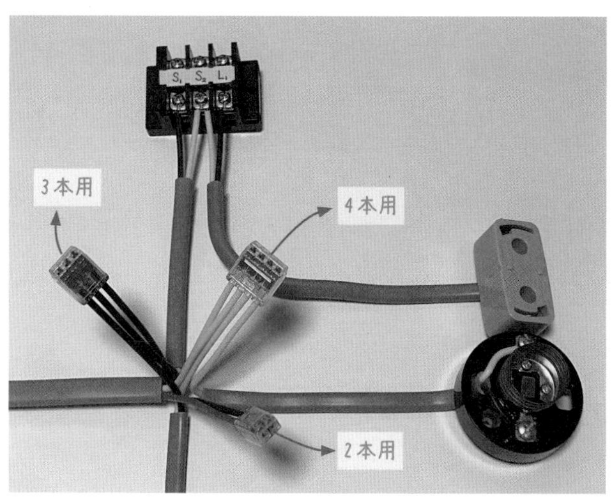

▶心線をストリップゲージに合わせて切断し，しっかりと奥まで差し込みます。

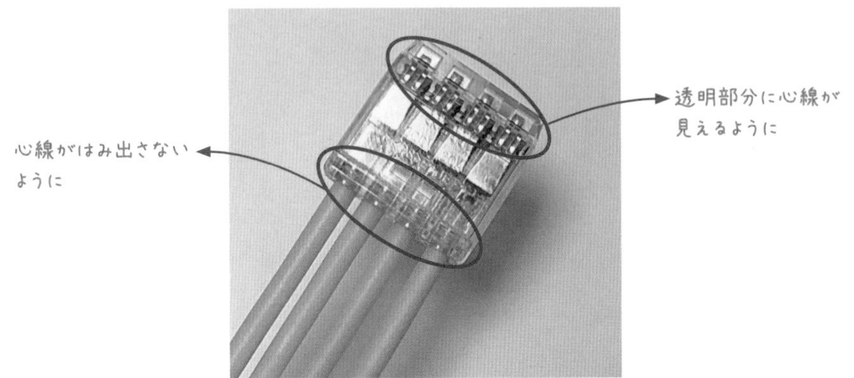
透明部分に心線が見えるように
心線がはみ出さないように

▶複線図を描く手順と同様に接地側電線（白線）を接続します。そして，非接地側電線（黒線）を接続します。さらに，ロのスイッチとそれに対応するランプレセプタクルのための電線を接続してB部分は完成です。

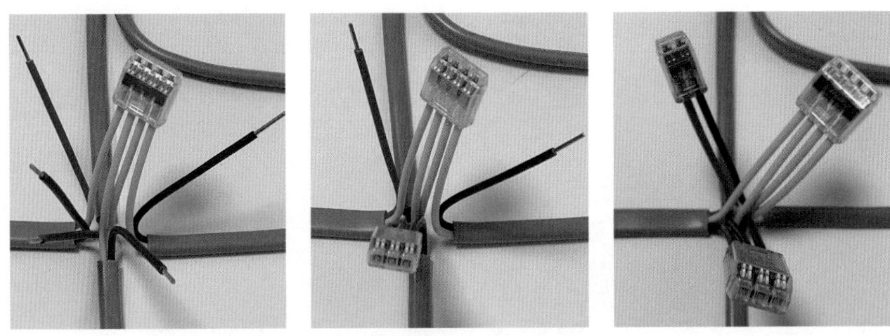

ひとこと 差込形コネクタは，心線の頭がコネクタから見えるようになるまでしっかりと差し込みます。見えていないと欠陥事項になるので注意しましょう。

全て接続すると完成です。きれいに整えておきましょう。

完成

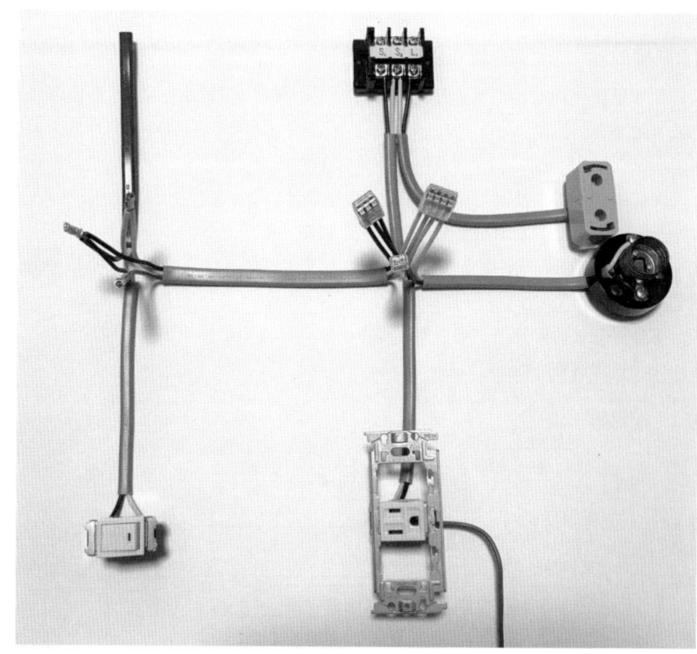

04 三相3線式200 Vの回路

技能試験問題 **［試験時間 40 分］**

図に示す低圧屋内配線工事を与えられた全ての材料（予備品を除く）を使用し，〈施工条件〉に従って完成させなさい。

なお，

1．配線用遮断器及び漏電遮断器（過負荷保護付）は，端子台で代用するものとする。
2．------------ で示した部分は施工を省略する。
3．VVF 用ジョイントボックス及びスイッチボックスは支給していないので，その取り付けは省略する。
4．電線接続箇所のテープ巻きや絶縁キャップによる絶縁処理は省略する。
5．作品は保護板（板紙）に取り付けないものとする。

図 1．配線図

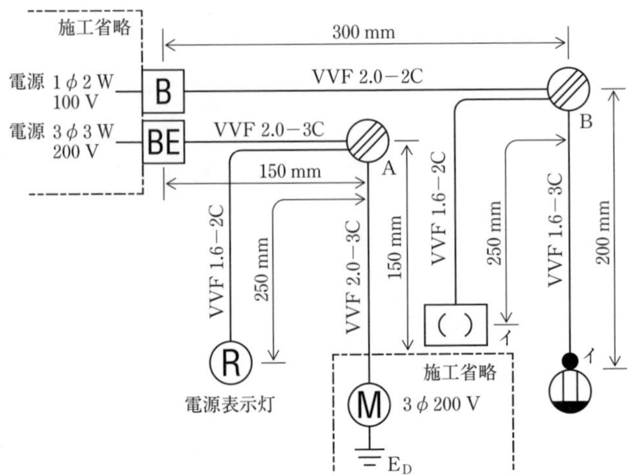

注：1. 図記号は，原則として JIS C 0303：2000 に準拠している。
また，作業に直接関係のない部分等は省略又は簡略化してある。
2. Ⓡは，ランプレセプタクルを示す。

図 2．配線用遮断器及び漏電遮断器代用の端子台の説明図

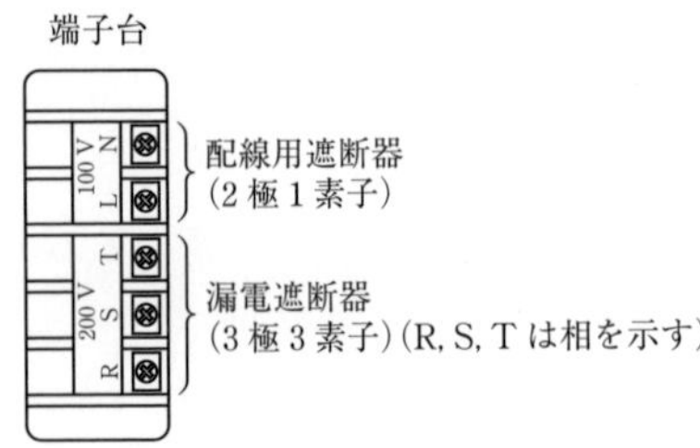

注意 本書に記載している施工条件，支給材料，施工寸法は想定です。
試験では，問題用紙に記載されている内容に従って作業してください。

施工条件

1．配線及び器具の配置は，図 1 に従って行うこと。
2．配線用遮断器及び漏電遮断器代用の端子台は，図 2 に従って使用すること。
3．三相電源の S 相は接地されているものとし，電源表示灯は，S 相と T 相間に接続すること。
4．電線の色別（絶縁被覆の色）は，次によること。
①100 V 回路の電源からの接地側電線には，すべて白色を使用する。
②100 V 回路の電源から点滅器及びコンセントまでの非接地側電線には，すべて黒色を使用する。
③200 V 回路の電源からの配線には，R 相に赤色，S 相に白色，T 相に黒色を使用する。
④次の器具の端子には，白色の電線を結線する。
・コンセントの接地側極端子（W と表示）
・ランプレセプタクルの受金ねじ部の端子
・引掛シーリングローゼットの接地側極端子（接地測と表示）
・配線用遮断器（端子台）の記号 N の端子
5．VVF 用ジョイントボックス部分を経由する電線は，その部分ですべて接続箇所を設け，接続方法は，次によること。
①A 部分は，差込形コネクタによる接続とする。
②B 部分は，リングスリーブによる接続とする。

支給材料

材料	
1．600 V ビニル絶縁ビニルシースケーブル平形（シース青色），2.0 mm，2 心，長さ約 450 mm	1 本
2．600 V ビニル絶縁ビニルシースケーブル平形（シース青色），2.0 mm，3 心，長さ約 550 mm	1 本
3．600 V ビニル絶縁ビニルシースケーブル平形，1.6 mm，2 心，長さ約 850 mm	1 本
4．600 V ビニル絶縁ビニルシースケーブル平形，1.6 mm，3 心，長さ約 500 mm	1 本
5．端子台（配線用遮断器及び漏電遮断器（過負荷保護付）の代用），5 極	1 個
6．ランプレセプタクル（カバーなし）	1 個
7．引掛シーリングローゼット（ボディ（角形）のみ）	1 個
8．埋込連用タンブラスイッチ	1 個
9．埋込連用コンセント	1 個
10．埋込連用取付枠	1 枚
11．リングスリーブ（小）	（予備品を含む）5 個
12．差込形コネクタ（2 本用）	1 個
13．差込形コネクタ（3 本用）	2 個
・受験番号札	1 枚
・ビニル袋	1 枚

《追加支給について》

ランプレセプタクル用端子ねじ，リングスリーブ及び差込形コネクタは，作業のやり直し等により不足が生じた場合，申し出（挙手をする）があれば追加支給します。

1 使用する材料

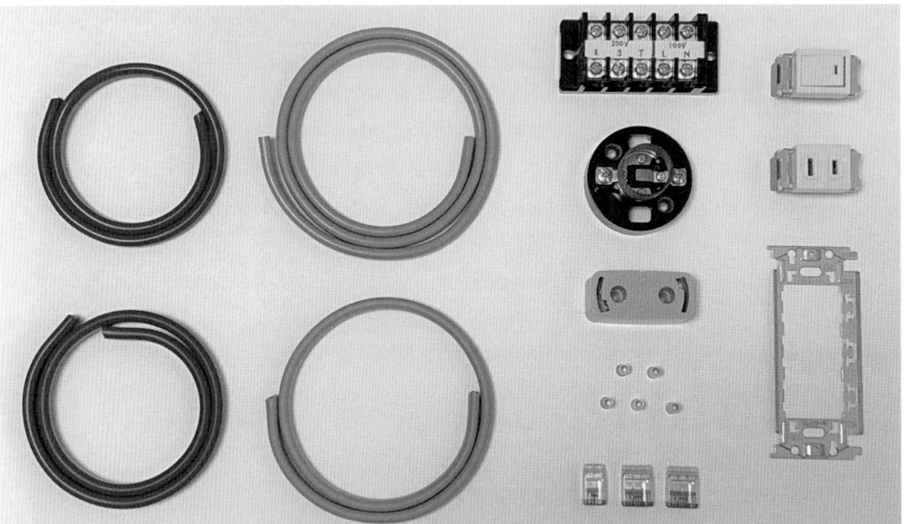

ポイント 注意すべきポイント

①問題文の施工条件に合うように端子台に電線を接続しましょう。 単位作業 10 端子台

②ランプレセプタクルをどの電線と接続するのか，問題文をよく読んで気を付けましょう。 単位作業 05 ランプレセプタクル

2 複線図

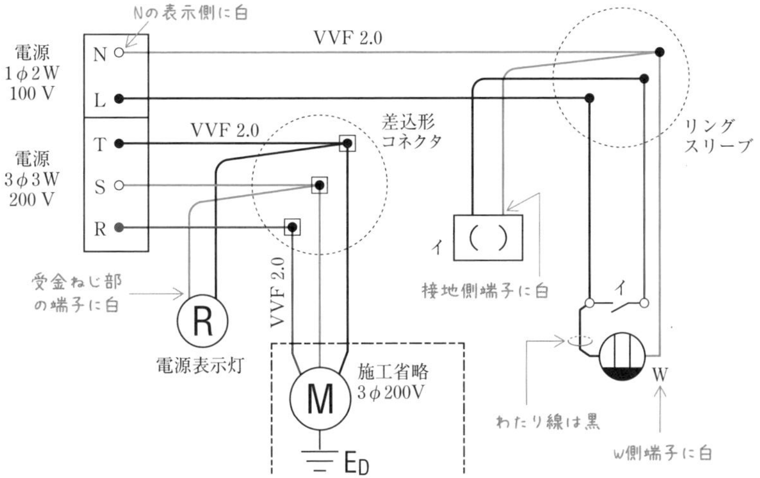

公表問題 04 複線図 (p.136)

3 完成写真

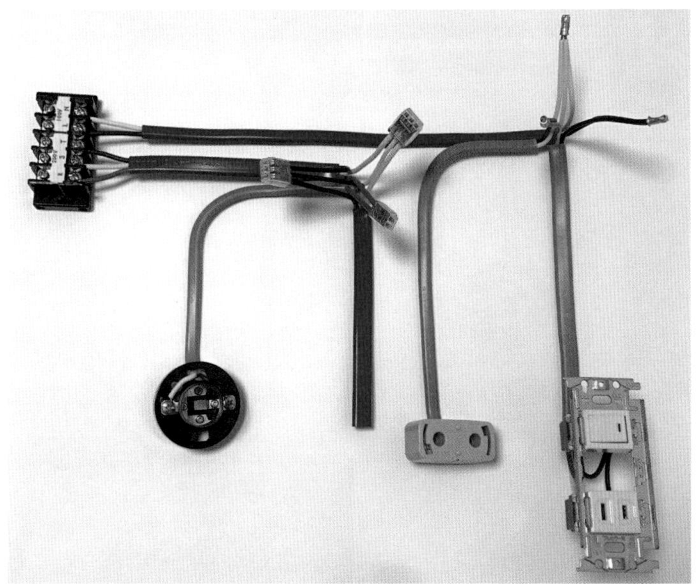

4 作成手順の概要

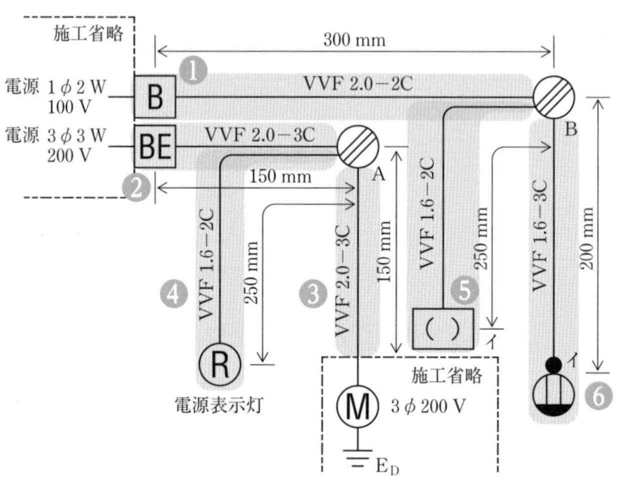

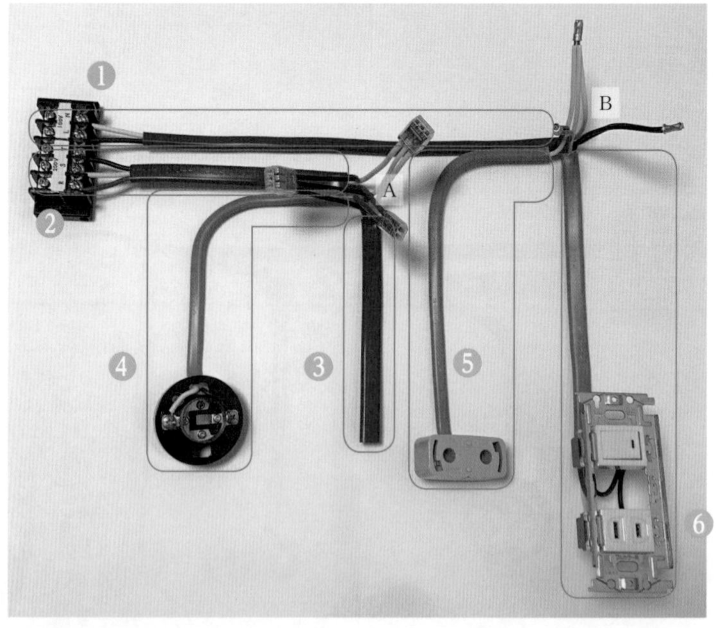

❶～❻のパーツを作成し，A，Bでジョイントさせます。

5 作成手順

STEP 1 ❶端子台(配線用遮断器)のパーツを作成する(VVF 2.0-2C(切断は不要))

▶切断は不要です。次のように，ケーブル外装と絶縁被覆をはぎ取ります。

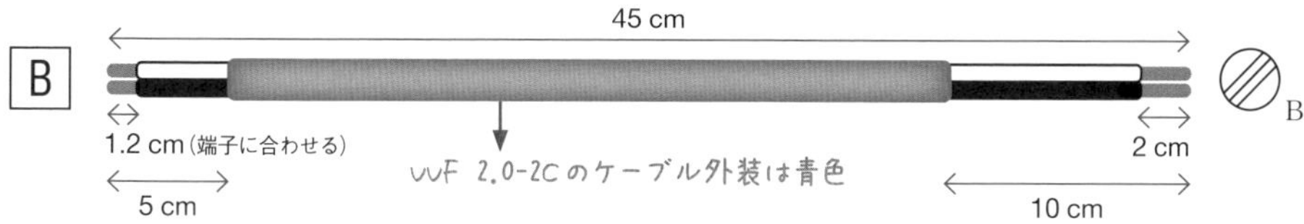

ひとこと VVF 2.0-2C はこの部分でしか使用しないため，時間短縮のために切断作業を省略しています。30 cm にプラスしてジョイント側を 10 cm，端子台側を 0 cm 長めにとって 40 cm に切断してもかまいません。

▶端子台に電線を取り付けます。 単位作業 10 端子台 (p.80)

▶問題の施工条件より，端子台の記号 N の端子には接地側電線(白線)を取り付けます。

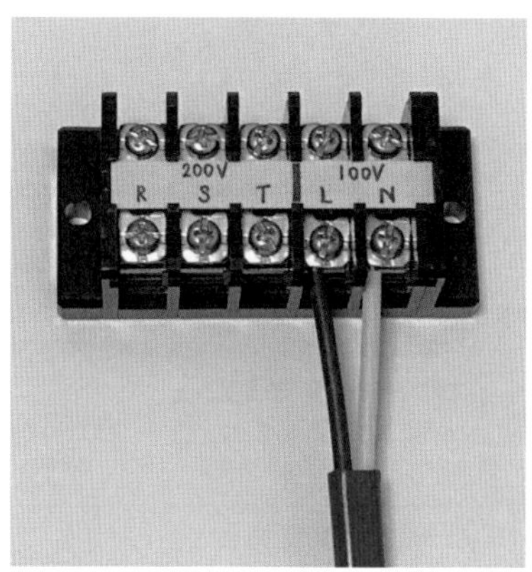

▶結線作業がしやすいように次のように曲げておきます。パーツ❶は，これで完成です。

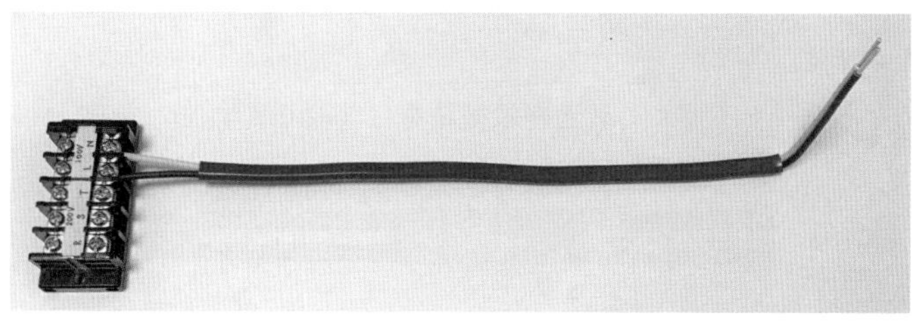

STEP 2 ❷端子台（漏電遮断器）のパーツを作成する

切断 VVF 2.0-3C（長さ：15 cm＋10 cm＋0 cm＝25 cm）

▶ VVF 2.0−3C を 25 cm に切断します。15 cm にプラスして，ジョイント側は 10 cm，端子台側は 0 cm 長めにとるためです。

▶また，次のように，ケーブル外装と絶縁被覆をはぎ取ります。

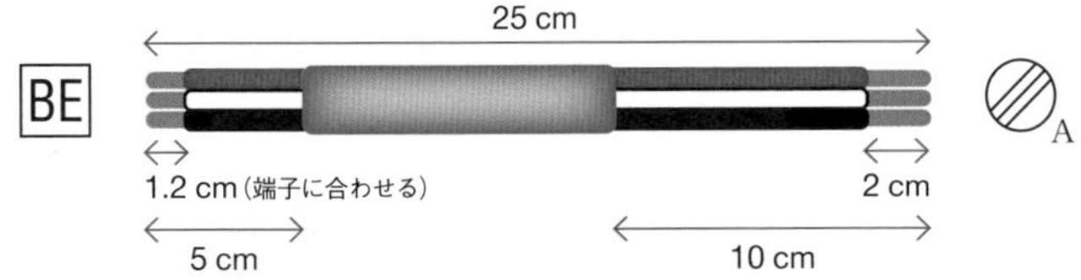

▶端子台に電線を取り付けます。 単位作業 10 端子台 (p.80)

▶問題の施工条件より，端子台の R 相の端子には赤線，S 相の端子には白線，T 相の端子には黒線を取り付けます。

▶結線作業がしやすいように次のように曲げておきます。パーツ❷は，これで完成です。

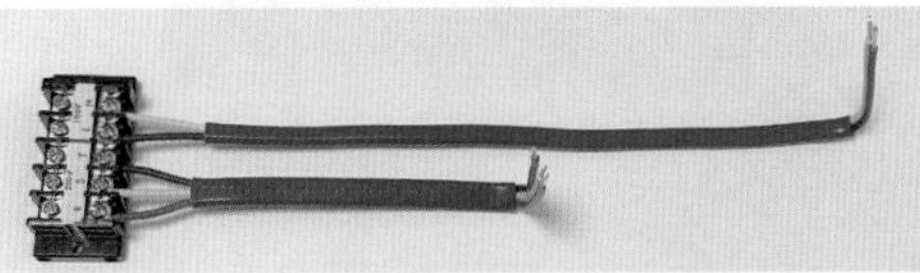

STEP 3 ❸施工省略部分のパーツを作成する

切断 VVF 2.0-3C（長さ：15 cm＋10 cm＝25 cm）

▶ VVF 2.0−3C を 25 cm に切断します。15 cm にプラスして，ジョイント側は 10 cm 長めにとるためです。

▶また，次のように，ケーブル外装と絶縁被覆をはぎ取ります。

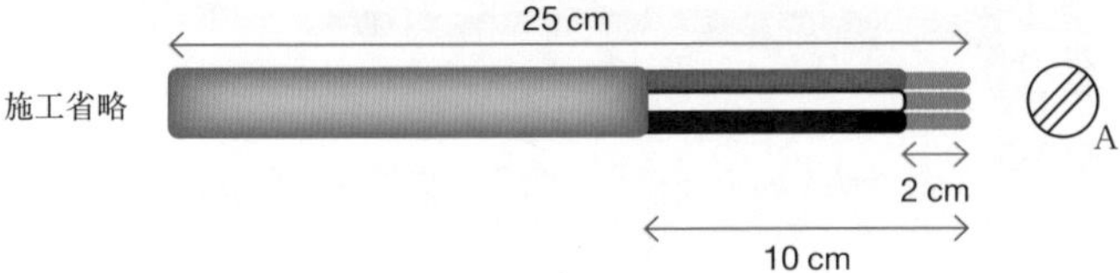

▶結線作業がしやすいように次のように曲げておきます。パーツ❸は，これで完成です。

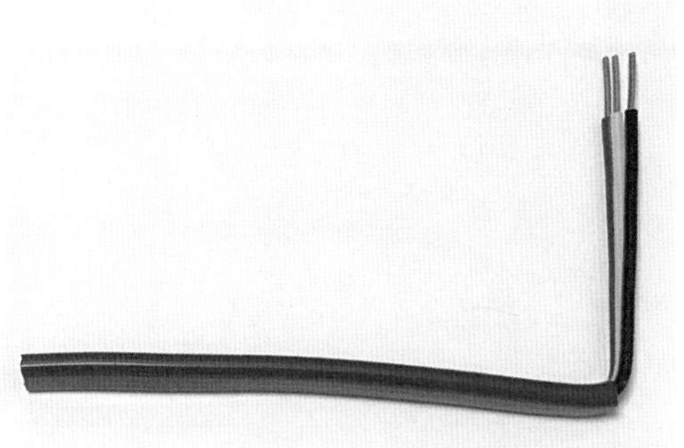

STEP 4 ❹ランプレセプタクルのパーツを作成する

切断 VVF 1.6-2C（長さ：25 cm＋10 cm＋5 cm＝40 cm）

▶ VVF 1.6−2C を 40 cm に切断します。25 cm にプラスして，ジョイント側は 10 cm，ランプレセプタクル側は 5 cm 長めにとるためです。

▶また，次のように，ケーブル外装と絶縁被覆をはぎ取ります。

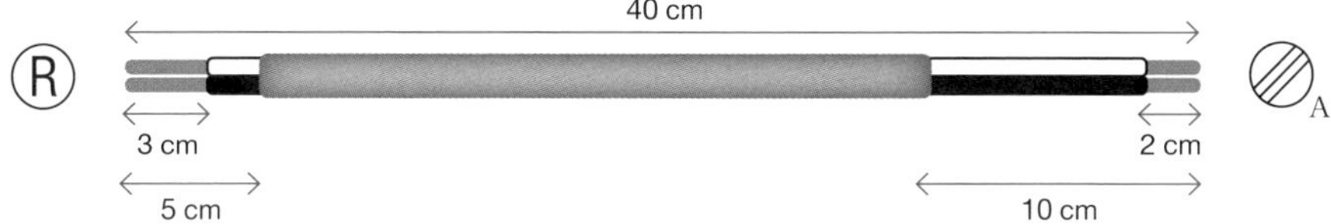

▶ランプレセプタクルに電線を取り付けます。 単位作業 05 ランプレセプタクル (p.44)

▶必ず，受金ねじ部の端子（W と表示）側に白線を用います。右巻きで輪を作り，取り付けた後，ケーブル外装部分を穴から出るように押し出します。

▶ねじの緩み，ねじに絶縁被覆が巻き込まれていないか，心線が5 mm以上出ていないかどうかを確認します。

▶結線作業がしやすいように曲げておきます。パーツ❹は，これで完成です。

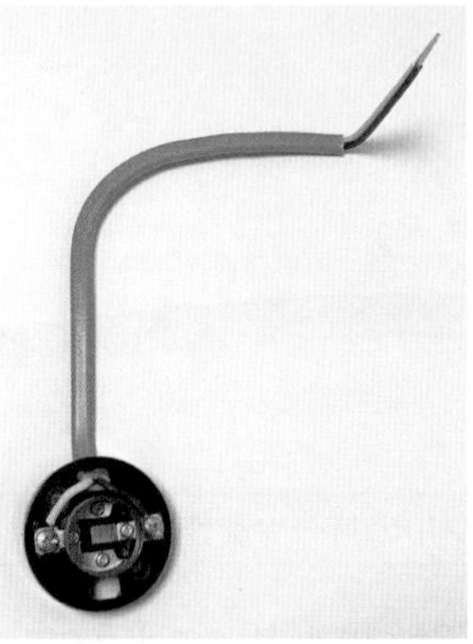

STEP 5 ❺引掛シーリングのパーツを作成する

切断 VVF 1.6-2C（長さ：25 cm＋10 cm＋5 cm＝40 cm）

▶ VVF 1.6−2Cを40 cmに切断します。25 cmにプラスして，ジョイント側は10 cm，引掛シーリング側は5 cm長くとるためです。

▶また，次のように，ケーブル外装と絶縁被覆をはぎ取ります。

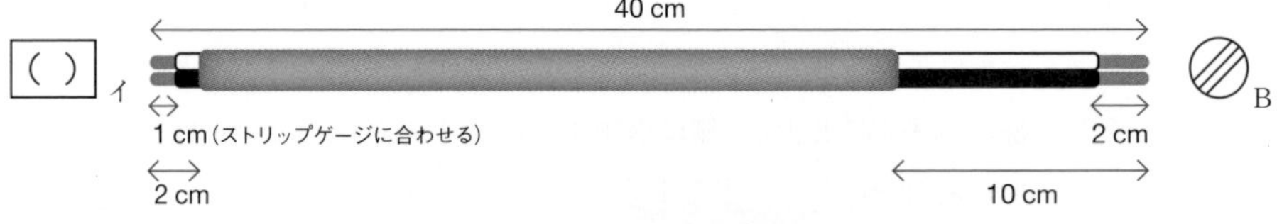

▶引掛シーリングに電線を接続します。 単位作業04 引掛シーリング (p.40)

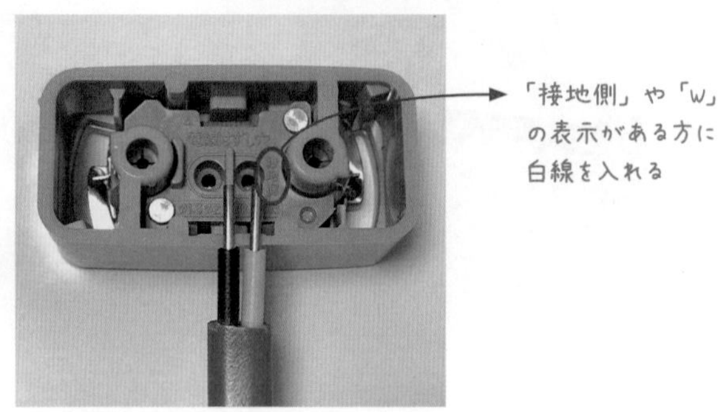

▶ 結線作業がしやすいように曲げておきます。パーツ❺は，これで完成です。

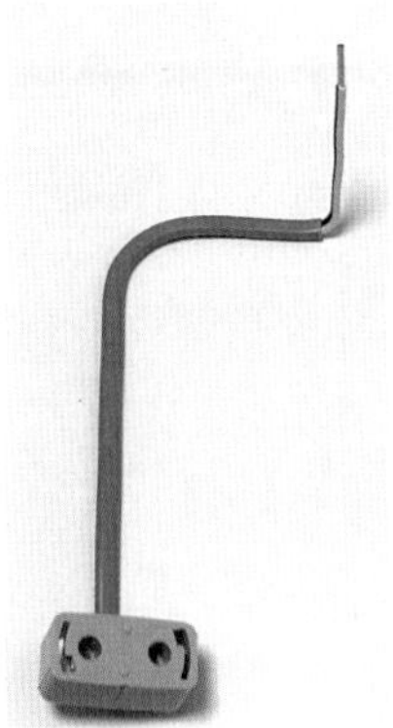

STEP 6 ❻スイッチ，コンセントのパーツを作成する

切断 VVF 1.6-3C（長さ：20 cm＋10 cm＋10 cm＝40 cm）

▶ VVF 1.6－3C を 40 cm に切断します。20 cm にプラスして，ジョイント側は 10 cm，スイッチ，コンセント側は 10 cm 長めにとるためです。

▶ また，次のように，ケーブル外装と絶縁被覆をはぎ取ります。

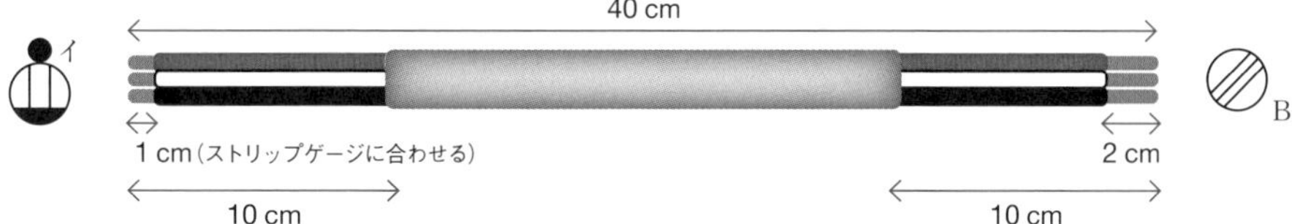

▶ わたり線は，余っている VVF 1.6－3C から作ります。ケーブル外装をはぎ取り，黒線だけ取り出して次のように絶縁被覆をはぎ取ります。

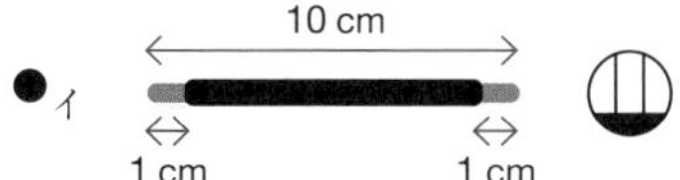

▶ あとで作業がしやすいように曲げておきます。

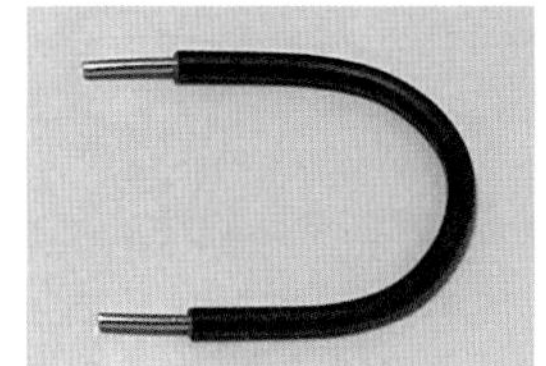

▶埋込連用取付枠にスイッチとコンセントを取り付けます。 単位作業 03 埋込連用取付枠 (p.34)

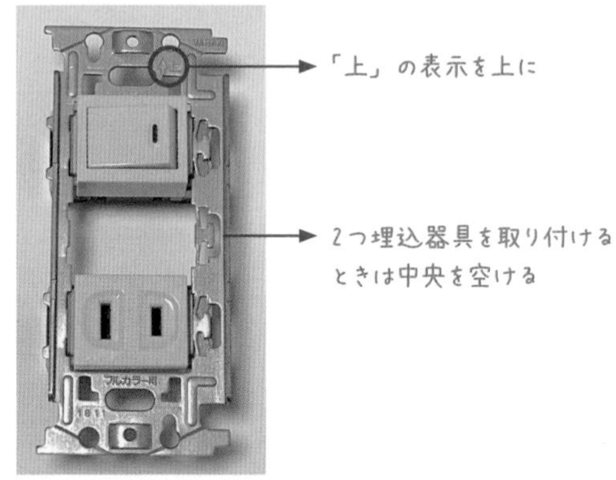
「上」の表示を上に
2つ埋込器具を取り付けるときは中央を空ける

▶複線図を見ながら，スイッチにVVFケーブルの黒線と赤線，コンセントの接地側極端子(Wと表示)には必ず白線を取り付けます。わたり線は次のようにつなぎます。

単位作業 06 コンセント (p.52)　単位作業 07 わたり線 (p.60)　単位作業 09 スイッチ (p.70)

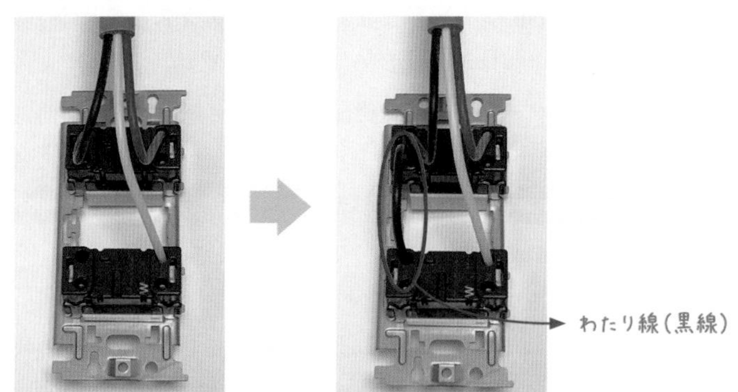
わたり線(黒線)

▶心線が2 mm以上出ていないか，ケーブル外装が枠内に収まっているかを確認します。

▶結線作業がしやすいように曲げておきます。パーツ❻は，これで完成です。

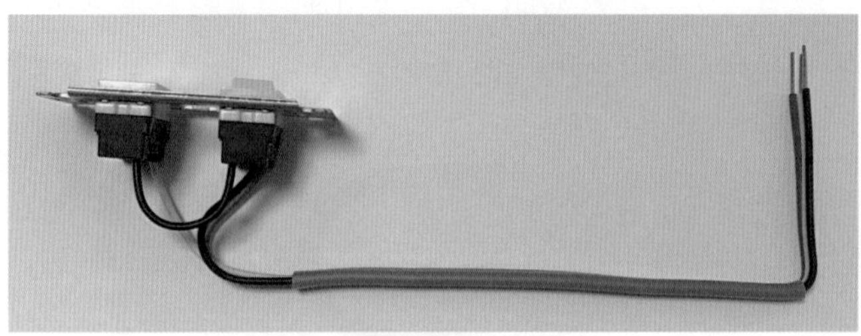

STEP 7 A部分を差込形コネクタでジョイントする

ポイント 配線のイメージ

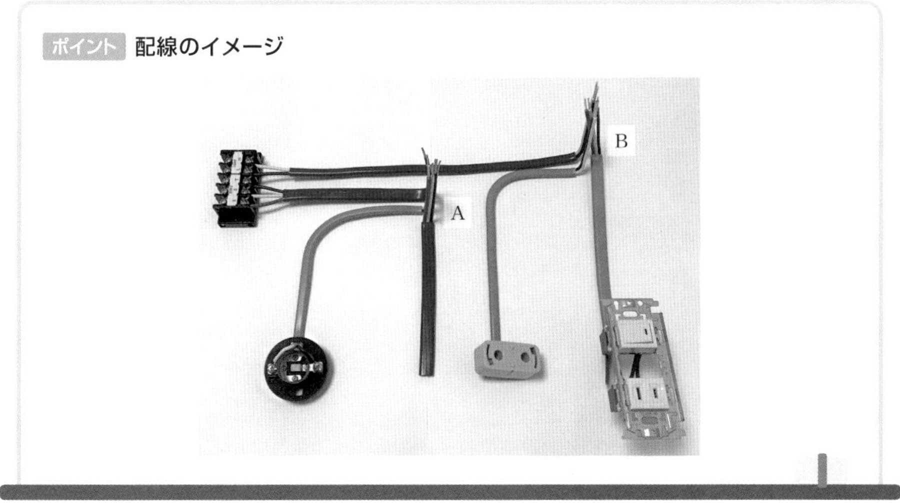
B
A

▶ A部分は問題文の指示より，接続する電線本数に応じた差込形コネクタでジョイントします。

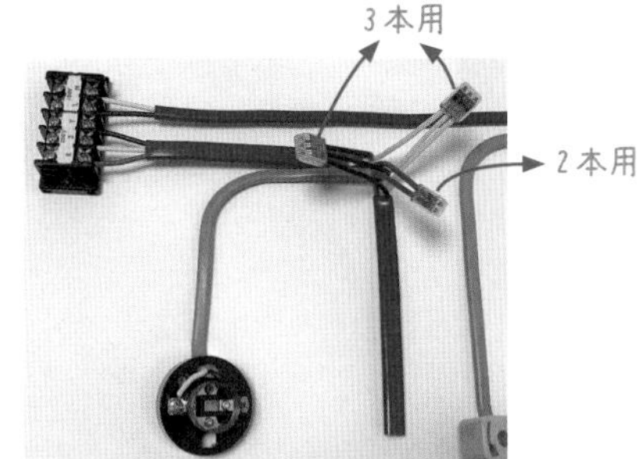
3本用
2本用

▶心線をストリップゲージに合わせて切断し，しっかりと奥まで差し込みます。

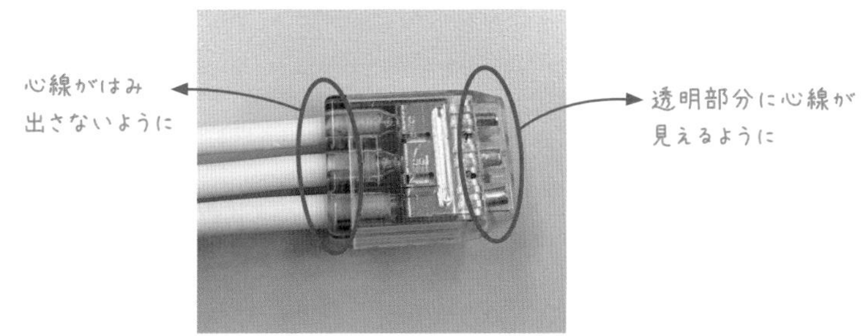
心線がはみ
出さないように
透明部分に心線が
見えるように

▶複線図を描く手順と同様に接地側電線(白線)を接続します。そして，非接地側電線(黒線)を接続します。さらに，R相の赤線と施工省略部分(モータ)の赤線を接続してA部分は完成です。

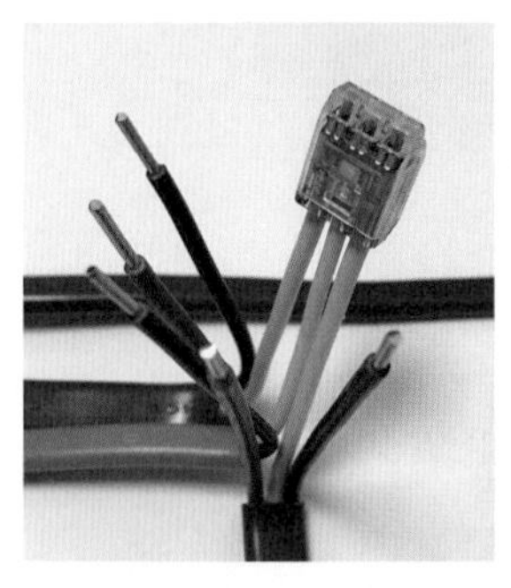

ひとこと 差込形コネクタは，心線の頭がコネクタから見えるようになるまでしっかりと差し込みます。見えていないと欠陥事項になるので注意しましょう。

ひとこと 問題の施工条件より，電源表示灯(ランプレセプタクル)はS相とT相の間に接続します。S相が接地されているので，S相から出ている接地側電線(白線)にランプレセプタクルから出ている白線を接続します。

ひとこと モータから出ている赤線，白線，黒線は，電源のR相，S相，T相の電線の色に合わせて接続します。

STEP 8 B部分をリングスリーブでジョイントする

▶ B部分は問題文の指示より，複線図を見ながらリングスリーブでジョイントします。VVF 2.0−2Cと接続する箇所は刻印「小」で圧着をし，それ以外は直径1.6 mmの電線2本の圧着なので刻印「○(極小)」で圧着を行います。

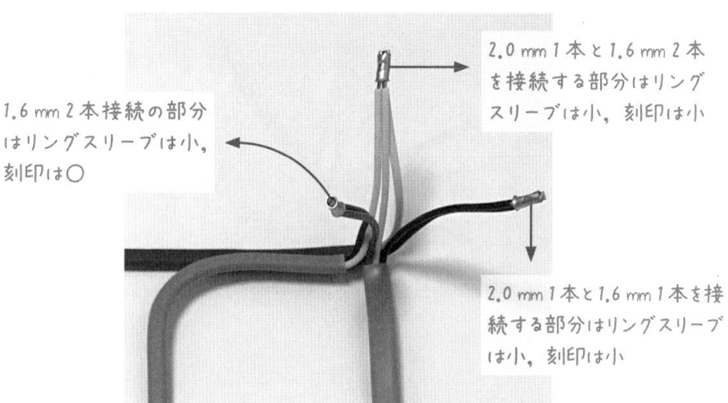
2.0 mm 1本と1.6 mm 2本を接続する部分はリングスリーブは小，刻印は小
1.6 mm 2本接続の部分はリングスリーブは小，刻印は○
2.0 mm 1本と1.6 mm 1本を接続する部分はリングスリーブは小，刻印は小

▶リングスリーブでジョイントした後は，先端の心線を3 mm程度残して切断しましょう。

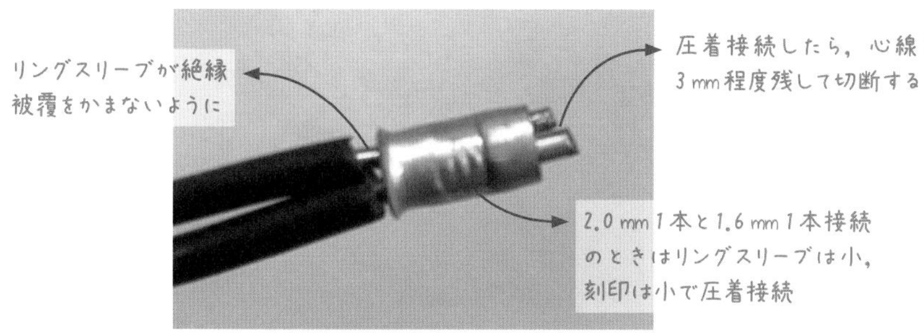
リングスリーブが絶縁被覆をかまないように
圧着接続したら，心線を3 mm程度残して切断する
2.0 mm 1本と1.6 mm 1本接続のときはリングスリーブは小，刻印は小で圧着接続

▶複線図を描く手順と同様に接地側電線（白線）を接続します。そして，非接地側電線（黒線）を接続します。さらに，イのスイッチとそれに対応する引掛シーリングのための電線を接続します。

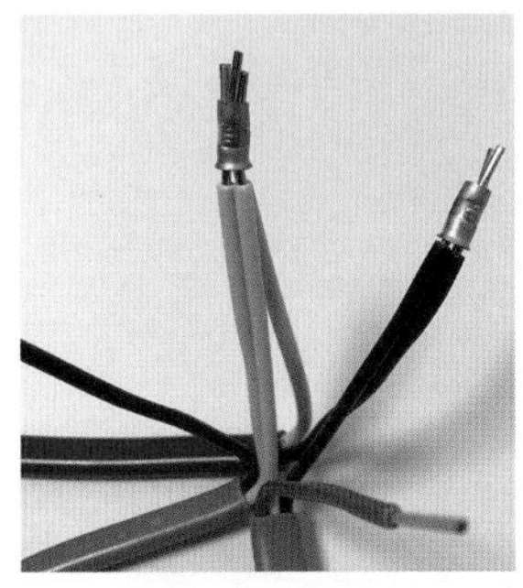

▶最後に，リングスリーブの頭から出た心線の余りを切断してＢ部分は完成です。

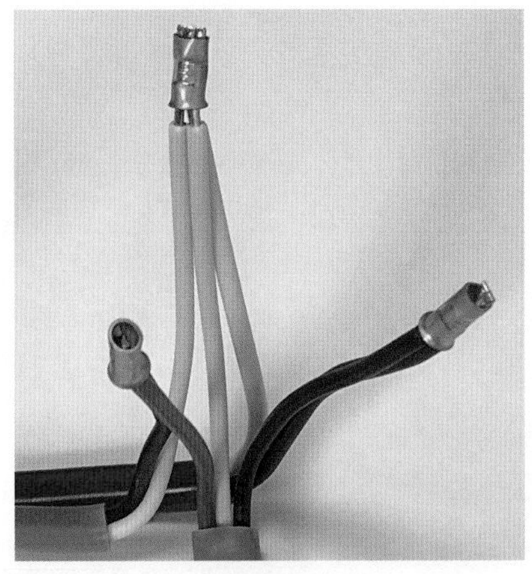

ひとこと　全ての心線をリングスリーブに通しましょう。圧着すべき心線が全て通っていないと欠陥事項になります。

全て接続すると完成です。きれいに整えておきましょう。

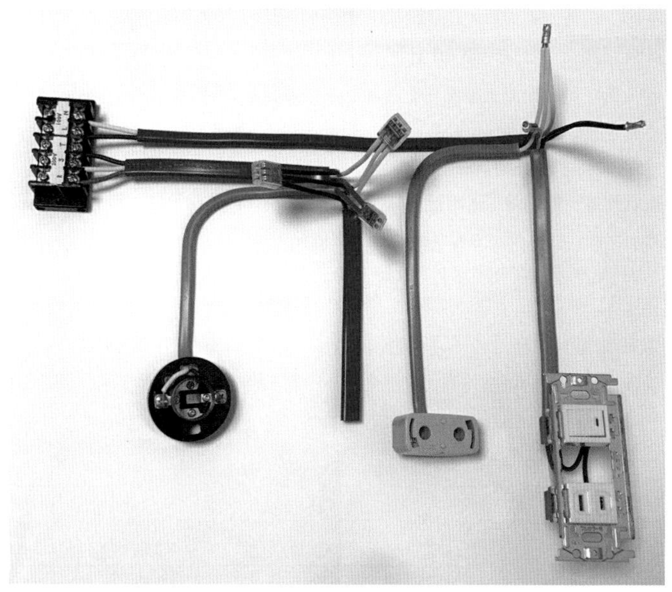

200 V接地極付コンセントの回路

技能試験問題　[試験時間 40 分]

図に示す低圧屋内配線工事を与えられた全ての材料（予備品を除く）を使用し，〈**施工条件**〉に従って完成させなさい。

なお，

1．配線用遮断器，漏電遮断器（過負荷保護付）及び接地端子は，端子台で代用するものとする。
2．------------ で示した部分は施工を省略する。
3．VVF 用ジョイントボックス及びスイッチボックスは支給していないので，その取り付けは省略する。
4．電線接続箇所のテープ巻きや絶縁キャップによる絶縁処理は省略する。
5．作品は保護板（板紙）に取り付けないものとする。

図 1．配線図

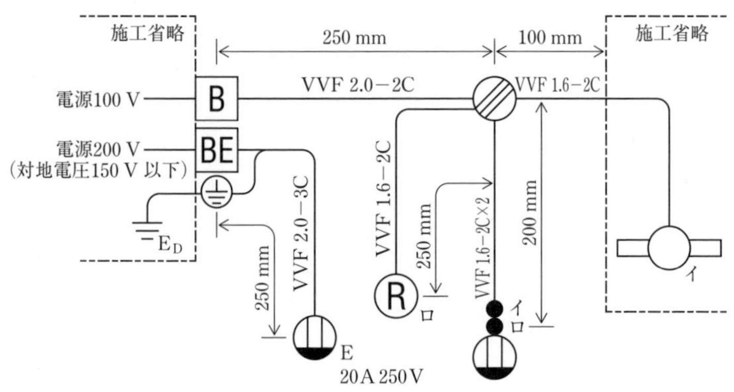

注：1. 図記号は，原則として JIS C 0303：2000 に準拠している。
　　また，作業に直接関係のない部分等は省略又は簡略化してある。
　2. Ⓡは，ランプレセプタクルを示す。

図 2．配線用遮断器，漏電遮断器及び接地端子代用の端子台の説明図

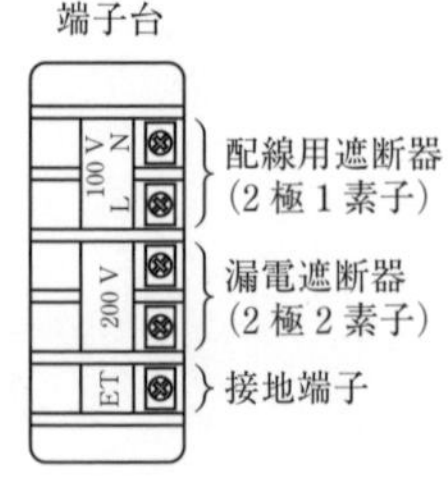

注意　本書に記載している施工条件，支給材料，施工寸法は想定です。
試験では，問題用紙に記載されている内容に従って作業してください。

施工条件

1．配線及び器具の配置は，図１に従って行うこと。
なお，「ロ」のタンブラスイッチは，取付枠の中央に取り付けること。

2．配線用遮断器，漏電遮断器及び接地端子代用の端子台は，図２に従って使用すること。

3．電線の色別（絶縁被覆の色）は，次によること。

①電源からの接地側電線には，すべて白色を使用する。

② 100 V 回路の電源から点滅器及びコンセントまでの非接地側電線には，すべて黒色を使用する。

③接地線には，緑色を使用する。

④次の器具の端子には，白色の電線を結線する。

・コンセントの接地側極端子（W と表示）

・ランプレセプタクルの受金ねじ部の端子

・配線用遮断器（端子台）の記号 N の端子

4．VVF 用ジョイントボックス部分を経由する電線は，その部分ですべて接続箇所を設け，接続方法は，次によること。

① 4 本の接続箇所は，差込形コネクタによる接続とする。

②その他の接続箇所は，リングスリーブによる接続とする。

支給材料

材　　料	
1．600 V ビニル絶縁ビニルシースケーブル平形（シース青色），2.0 mm，2 心，長さ約 350 mm	1本
2．600 V ビニル絶縁ビニルシースケーブル平形，2.0 mm，3 心，長さ約 350 mm	1本
3．600 V ビニル絶縁ビニルシースケーブル平形，1.6 mm，2 心，長さ約 1650 mm	1本
4．端子台（配線用遮断器，漏電遮断器（過負荷保護付）及び接地端子の代用），5 極	1個
5．ランプレセプタクル（カバーなし）	1個
6．埋込連用タンブラスイッチ	2個
7．埋込コンセント（20 A250 V 接地極付）	1個
8．埋込連用コンセント	1個
9．埋込連用取付枠	1枚
10．リングスリーブ（小）（予備品を含む）	5個
11．差込形コネクタ（4本用）	1個
・受験番号札	1枚
・ビニル袋	1枚

《追加支給について》

ランプレセプタクル用端子ねじ，リングスリーブ及び差込形コネクタは，作業のやり直し等により不足が生じた場合，申し出（挙手をする）があれば追加支給します。

1 使用する材料

ポイント 注意すべきポイント

①コンセント，端子台に使用する接地線には緑線を使用しましょう。

2 複線図

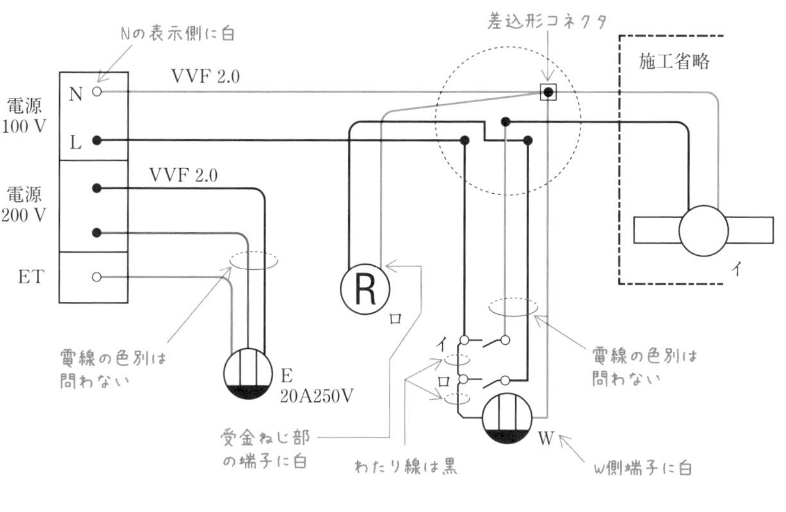

公表問題 05 複線図 (p.138)

3 完成写真

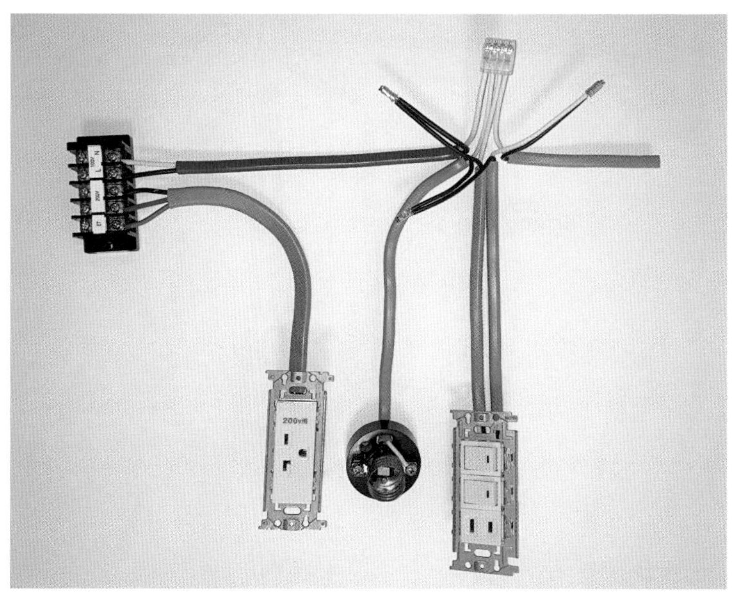

4 作成手順の概要

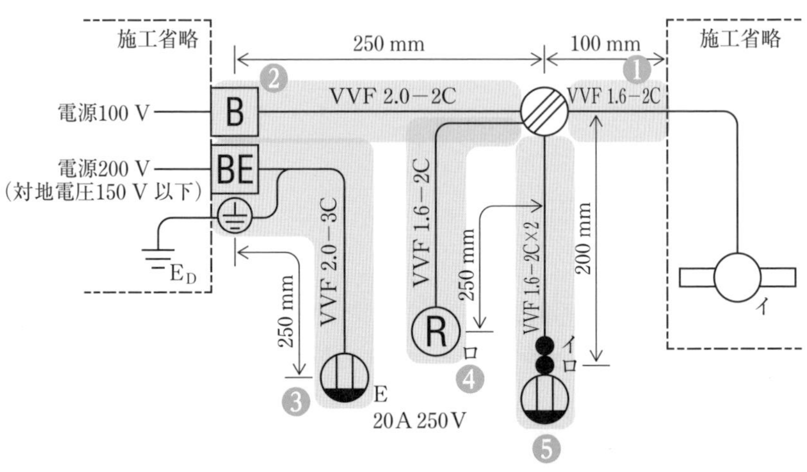

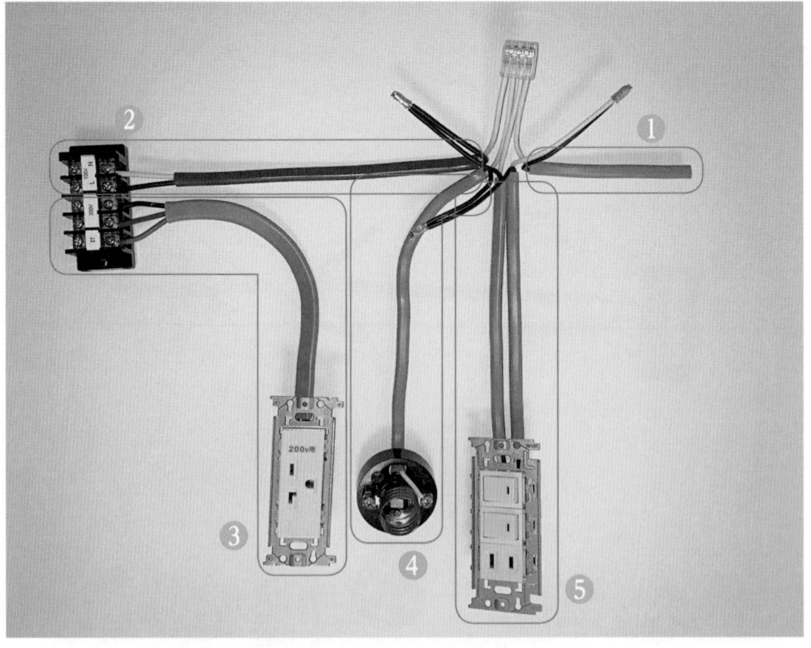

❶～❺のパーツを作成し，ジョイントさせます。

5 作成手順

STEP 1 ❶施工省略部分のパーツを作成する

切断 VVF 1.6-2C（長さ：10 cm＋10 cm＝20 cm）

▶ VVF 1.6－2C を 20 cm に切断します。10 cm にプラスして，ジョイント側は 10 cm 長めにとるためです。

▶また，次のように，ケーブル外装と絶縁被覆をはぎ取ります。

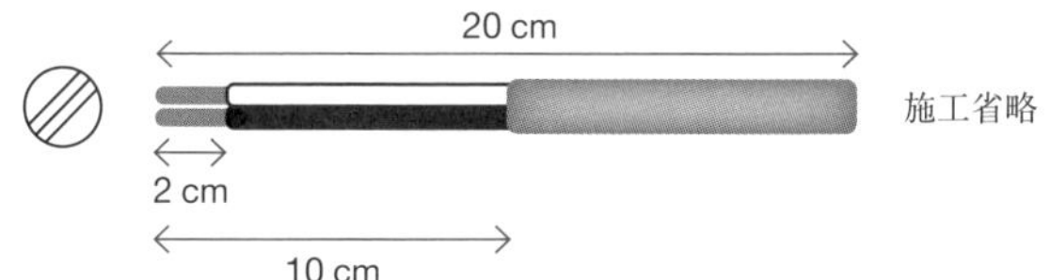

▶結線作業がしやすいように次のように曲げておきます。パーツ❶は，これで完成です。

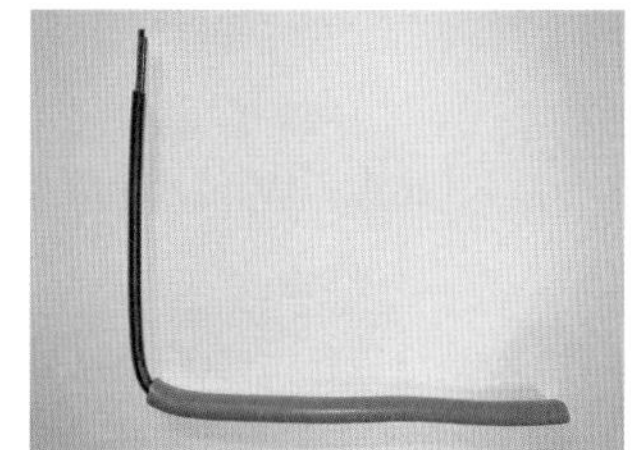

STEP 2 ❷端子台（配線用遮断器）のパーツを作成する（VVF 2.0-2C（切断は不要））

▶切断は不要です。次のように，ケーブル外装と絶縁被覆をはぎ取ります。

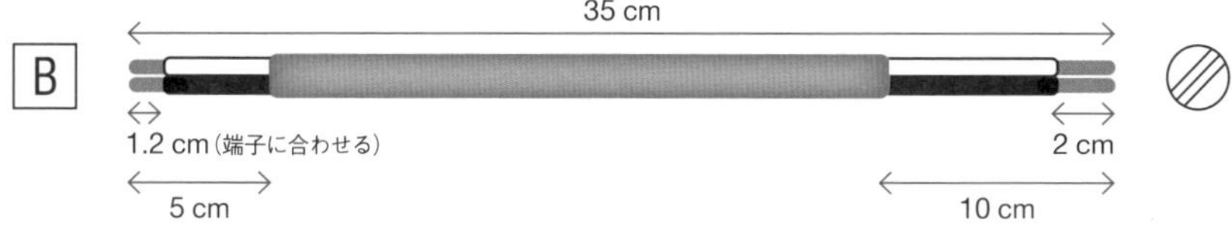

▶端子台に電線を取り付けます。 単位作業 10 端子台（p.80）

▶問題の施工条件より，端子台の記号 N の端子には接地側電線（白線）を取り付けます。

▶結線作業がしやすいように曲げておきます。パーツ❷は，これで完成です。

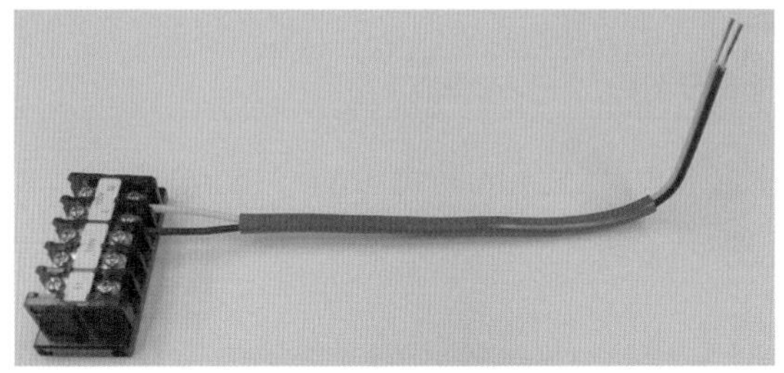

STEP 3 ❸コンセント（20A250V 接地極付）のパーツを作成する（VVF 2.0-3C（切断は不要））

▶切断は不要です。次のように，ケーブル外装と絶縁被覆をはぎ取ります。

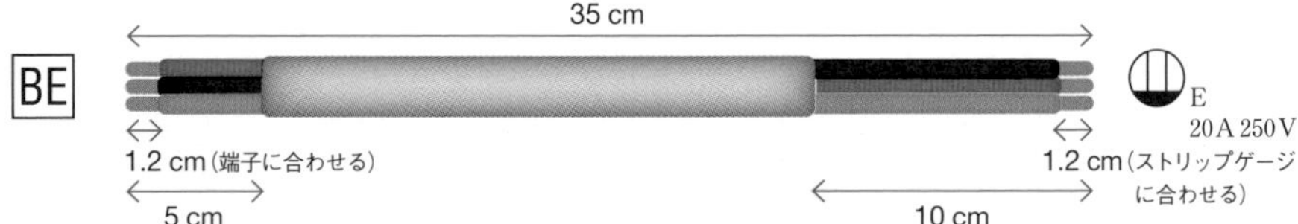

▶問題の施工条件に従い，コンセント（20A250V 接地極付）に電線を接続します。

単位作業 06 コンセント（p.52）

▶コンセント（20A250V 接地極付）の接地線には必ず緑線を使用します。

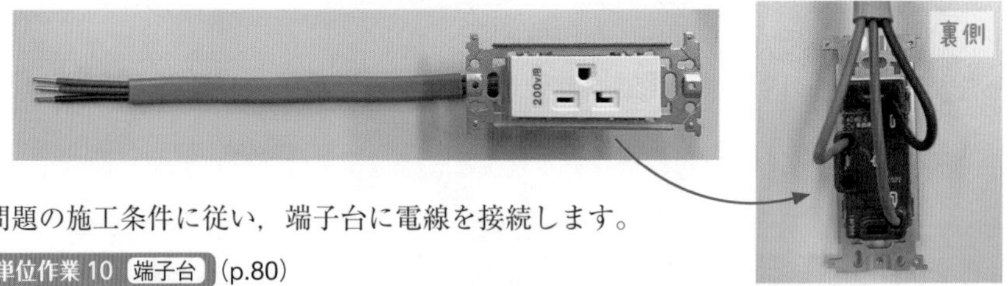

▶問題の施工条件に従い，端子台に電線を接続します。

単位作業 10 端子台（p.80）

▶接地端子（記号 ET の端子）には必ず緑線を使用します。

▶黒線と赤線は指示がないため，どちらの端子に接続しても構いません。

▶結線作業がしやすいように次のように曲げておきます。パーツ❸は，これで完成です。

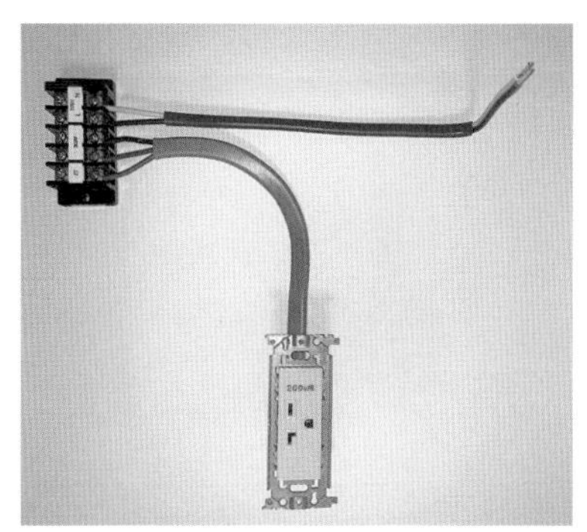

STEP 4 ❹ランプレセプタクルのパーツを作成する

切断 VVF 1.6-2C（長さ：25 cm＋10 cm＋5 cm＝40 cm）

▶VVF 1.6－2C を 40 cm に切断します。25 cm にプラスして，ジョイント側は 10 cm，ランプレセプタクル側は 5 cm 長めにとるためです。

▶また，次のように，ケーブル外装と絶縁被覆をはぎ取ります。

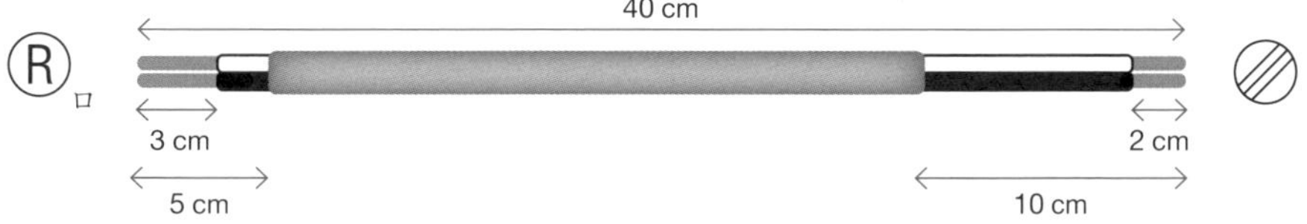

▶ランプレセプタクルに電線を取り付けます。 単位作業 05 ランプレセプタクル（p.44）

▶必ず，受金ねじ部の端子（W と表示）側に白線を用います。右巻きで輪を作り，取り付けた後，ケーブル外装部分を穴から出るように押し出します。

▶ねじの緩み，ねじに絶縁被覆が巻き込まれていないか，心線が 5 mm 以上出ていないかどうかを確認します。

▶結線作業がしやすいように曲げておきます。パーツ❹は，これで完成です。

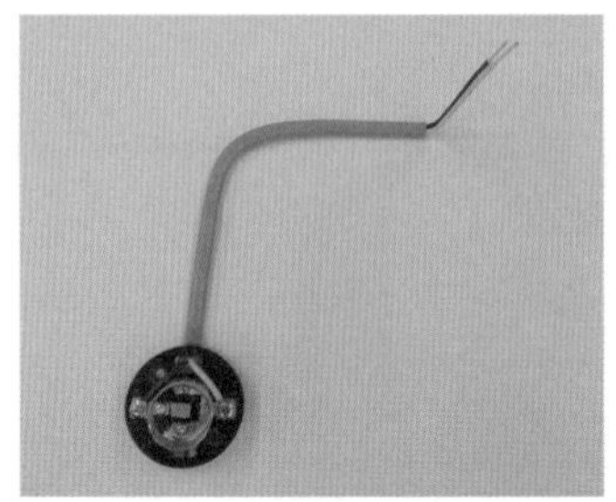

ひとこと ランプレセプタクルは，注意すべきポイントが多いのでしっかりと確認しましょう。

STEP 5 ❺スイッチ，コンセントのパーツを作成する

切断 VVF 1.6-2C（長さ：20 cm＋10 cm＋10 cm＝40 cm）×2本

▶ VVF 1.6−2C を 40 cm に切断します。20 cm にプラスして，ジョイント側は 10 cm，スイッチ，コンセント側は 10 cm 長くとるためです。

▶また，次のように，ケーブル外装と絶縁被覆をはぎ取ります。

▶ 2 本同じものを作ります。

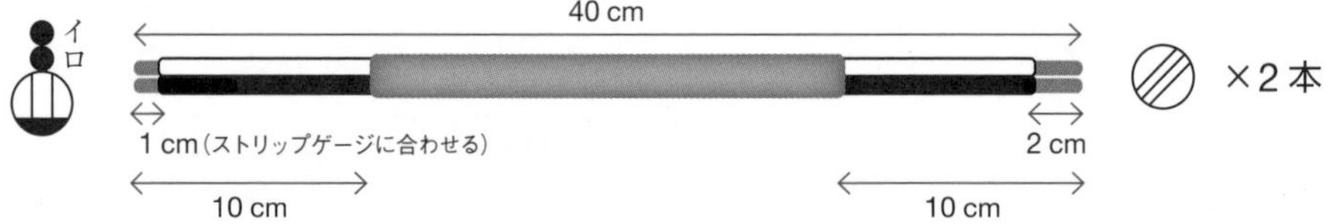

▶わたり線は，余っている VVF 1.6−2C から作ります。ケーブル外装を 5 cm はぎ取り，絶縁電線を切断して黒線だけ取り出して次のように絶縁被覆をはぎ取ります。

▶ 2 本同じものを作ります。

▶あとで作業がしやすいように曲げておきます。

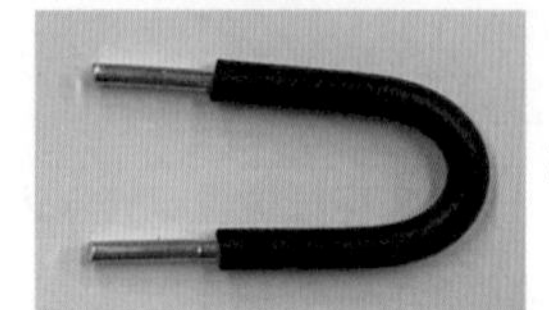

×2本

▶埋込連用取付枠にスイッチとコンセントを取り付けます。

単位作業 03 埋込連用取付枠 (p.34)

▶複線図を見ながら，スイッチに VVF ケーブルの黒線と白線を取り付けます。コンセントの接地側極端子 (W と表示) には必ず白線を取り付けます。わたり線は次のようにつなぎます。

単位作業 06 コンセント (p.52)　単位作業 07 わたり線 (p.60)　単位作業 09 スイッチ (p.70)

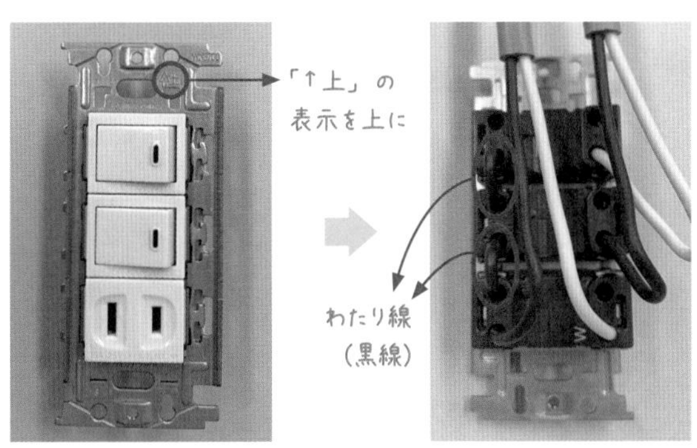

▶最後に，あとで結線作業がしやすいように曲げておきます。パーツ❺は，これで完成です。

STEP 6 4 本の接続箇所を差込形コネクタでジョイントする

ポイント 配線のイメージ

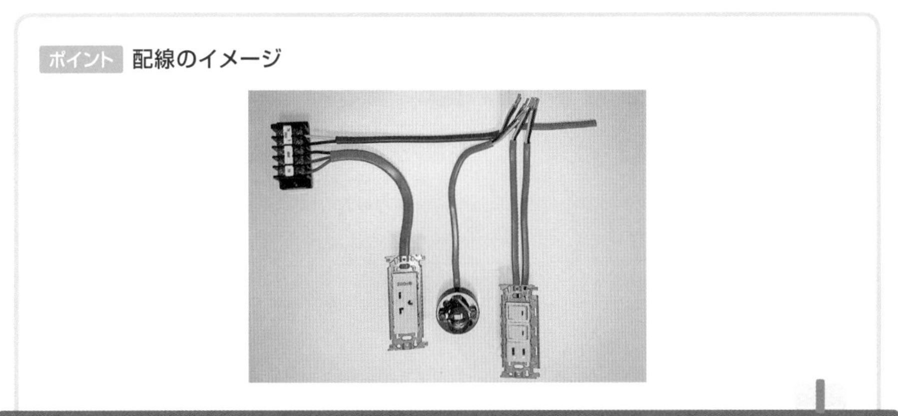

▶問題文の指示より，4本の接続箇所は差込形コネクタでジョイントします。心線をストリップゲージに合わせて切断し，しっかりと奥まで差し込みます。

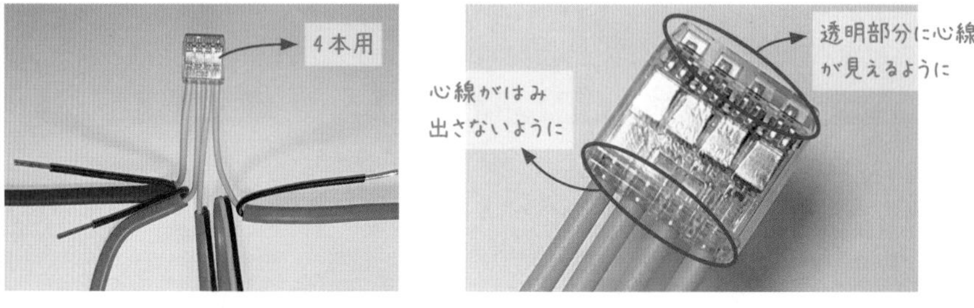
4本用
心線がはみ
出さないように
透明部分に心線
が見えるように

ひとこと 差込形コネクタは，心線の頭がコネクタから見えるようになるまでしっかりと差し込みます。見えていないと欠陥事項になるので注意しましょう。

STEP 7 その他の接続箇所をリングスリーブでジョイントする

▶問題文の指示より，4本の接続箇所以外は複線図を見ながらリングスリーブでジョイントします。VVF 2.0−2C と接続する箇所は刻印「小」で圧着をし，それ以外は直径 1.6 mm の電線2本の圧着なので刻印「○(極小)」で圧着を行います。

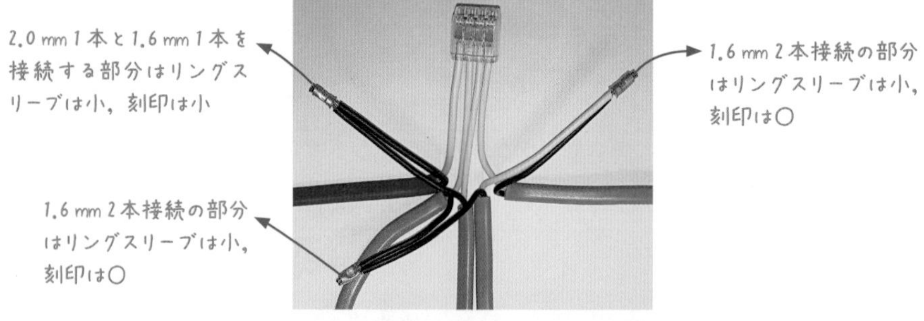
2.0 mm 1本と1.6 mm 1本を
接続する部分はリングス
リーブは小，刻印は小
1.6 mm 2本接続の部分
はリングスリーブは小，
刻印は○
1.6 mm 2本接続の部分
はリングスリーブは小，
刻印は○

▶リングスリーブでジョイントした後は，先端の心線を3 mm 程度残して切断しましょう。

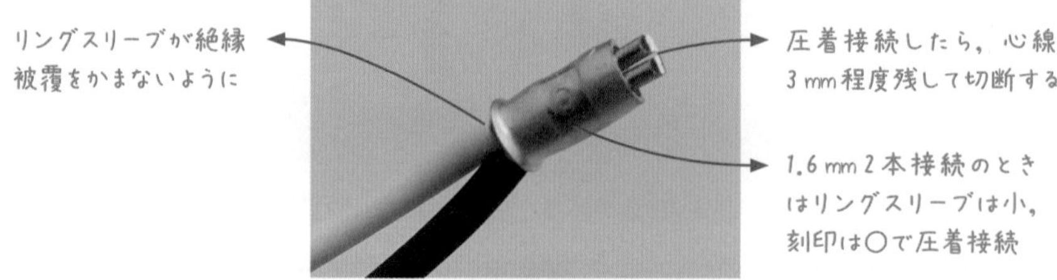
リングスリーブが絶縁
被覆をかまないように
圧着接続したら，心線を
3 mm程度残して切断する
1.6 mm 2本接続のとき
はリングスリーブは小，
刻印は○で圧着接続

▶非接地側電線（黒線）を接続します。そして，イの施工省略部分（蛍光灯）とイのスイッチをつなぎます。さらに，ロのランプレセプタクルとロのスイッチをつなぎます。

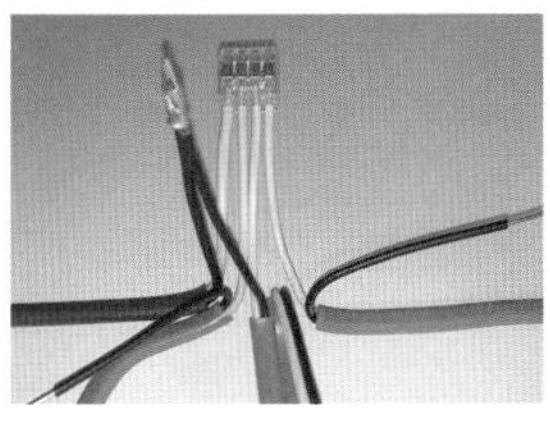
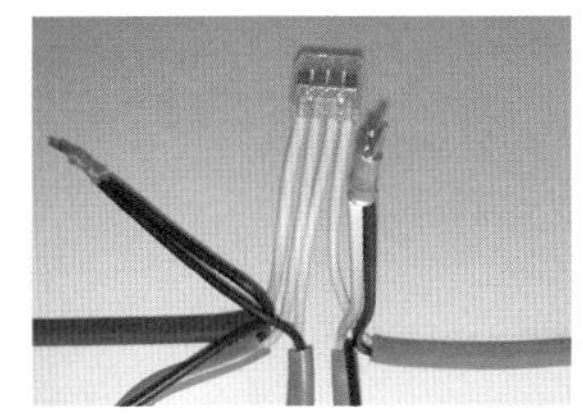
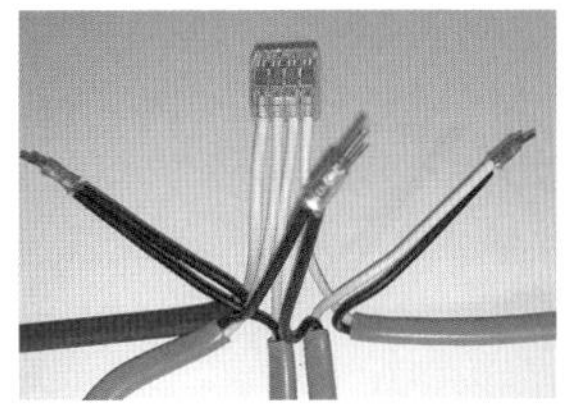

▶最後に，リングスリーブの頭から出た心線の余りを切断してリングスリーブの接続箇所は完成です。

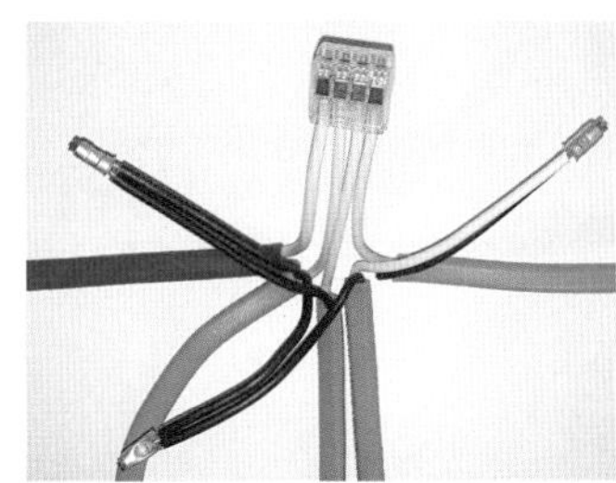

ひとこと 全ての心線をリングスリーブに通しましょう。圧着すべき心線が全て通っていないと欠陥事項になります。

全て接続すると完成です。きれいに整えておきましょう。

完成

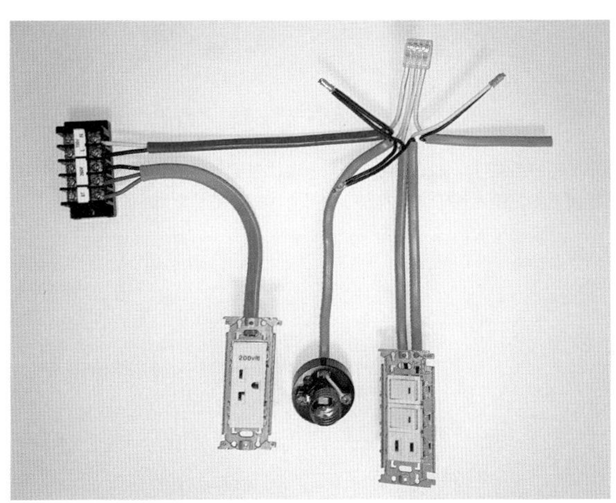

06 露出形コンセントと3路スイッチの回路

技能試験問題 ［試験時間 40 分］

図に示す低圧屋内配線工事を与えられた全ての材料（予備品を除く）を使用し，〈施工条件〉に従って完成させなさい。

なお，

1. ----------- で示した部分は施工を省略する。
2. VVF 用ジョイントボックス及びスイッチボックスは支給していないので，その取り付けは省略する。
3. 電線接続箇所のテープ巻きや絶縁キャップによる絶縁処理は省略する。
4. 作品は保護板（板紙）に取り付けないものとする。

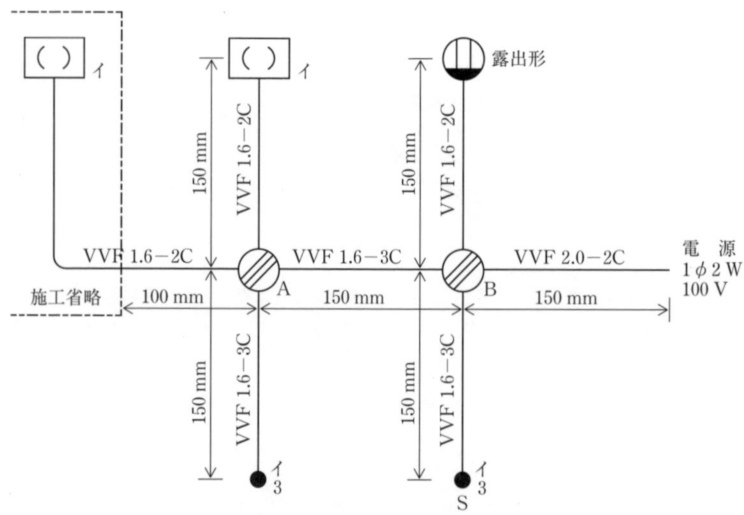

注：図記号は，原則として JIS C 0303：2000 に準拠している。
また，作業に直接関係のない部分等は省略又は簡略化してある。

注意　本書に記載している施工条件，支給材料，施工寸法は想定です。
試験では，問題用紙に記載されている内容に従って作業してください。

施工条件

1. 配線及び器具の配置は，図に従って行うこと。
2. 3路スイッチの配線方法は，次によること。
   3路スイッチの記号「0」の端子には電源側又は負荷側の電線を結線し，記号「1」と「3」の端子にはスイッチ相互間の電線を結線する。
3. 電線の色別（絶縁被覆の色）は，次によること。
   ①電源からの接地側電線には，すべて**白色**を使用する。
   ②電源から3路スイッチS及び露出形コンセントまでの非接地側電線には，すべて**黒色**を使用する。
   ③次の器具の端子には，**白色の電線**を結線する。
   ・露出形コンセントの接地側極端子（Wと表示）
   ・引掛シーリングローゼットの接地側極端子（接地側と表示）
4. VVF用ジョイントボックス部分を経由する電線は，その部分ですべて接続箇所を設け，接続方法は，次によること。
   ①A部分は，差込形コネクタによる接続とする。
   ②B部分は，リングスリーブによる接続とする。
5. 露出形コンセントへの結線は，ケーブルを挿入した部分に近い端子に行うこと。

支給材料

材　　料	
1．600Vビニル絶縁ビニルシースケーブル平形（シース青色），2.0mm，2心，長さ約250mm	1本
2．600Vビニル絶縁ビニルシースケーブル平形，1.6mm，2心，長さ約850mm	1本
3．600Vビニル絶縁ビニルシースケーブル平形，1.6mm，3心，長さ約1050mm	1本
4．露出形コンセント（カバーなし）	1個
5．引掛シーリングローゼット（ボディ（角形）のみ）	1個
6．埋込連用タンブラスイッチ（3路）	2個
7．埋込連用取付枠	2枚
8．リングスリーブ（小）	（予備品を含む）6個
9．差込形コネクタ（2本用）	2個
10．差込形コネクタ（3本用）	2個
・受験番号札	1枚
・ビニル袋	1枚

《追加支給について》

露出形コンセント用端子ねじ，リングスリーブ及び差込形コネクタは，作業のやり直し等により不足が生じた場合，申し出（挙手をする）があれば追加支給します。

1 使用する材料

ポイント 注意すべきポイント

①露出形コンセントは他のコンセントとは違う特殊な単位作業が必要なので注意しましょう。

単位作業 06 コンセント

②3路スイッチの配線に注意しましょう。 単位作業 09 スイッチ

2 複線図

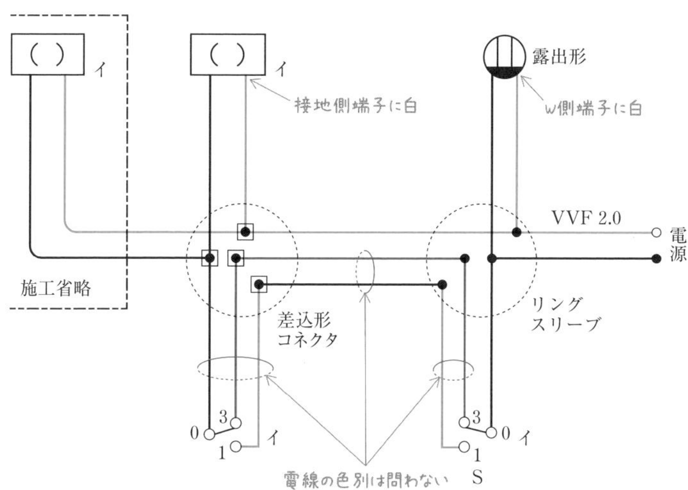

公表問題 06 複線図 (p.140)

3 完成写真

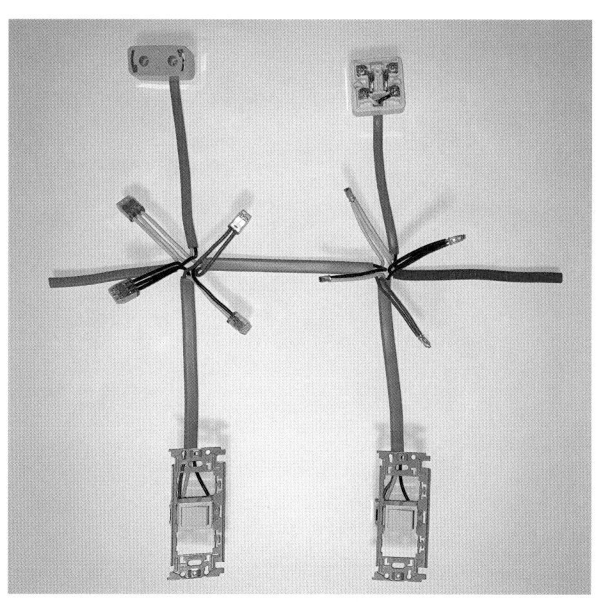

4 作成手順の概要

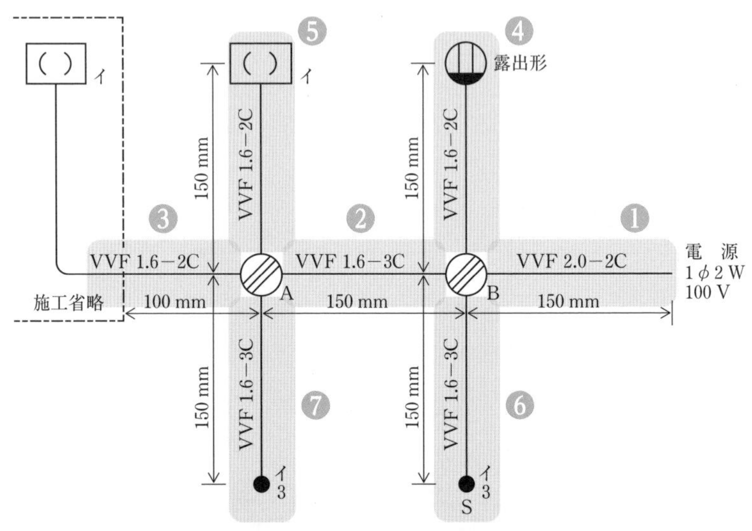

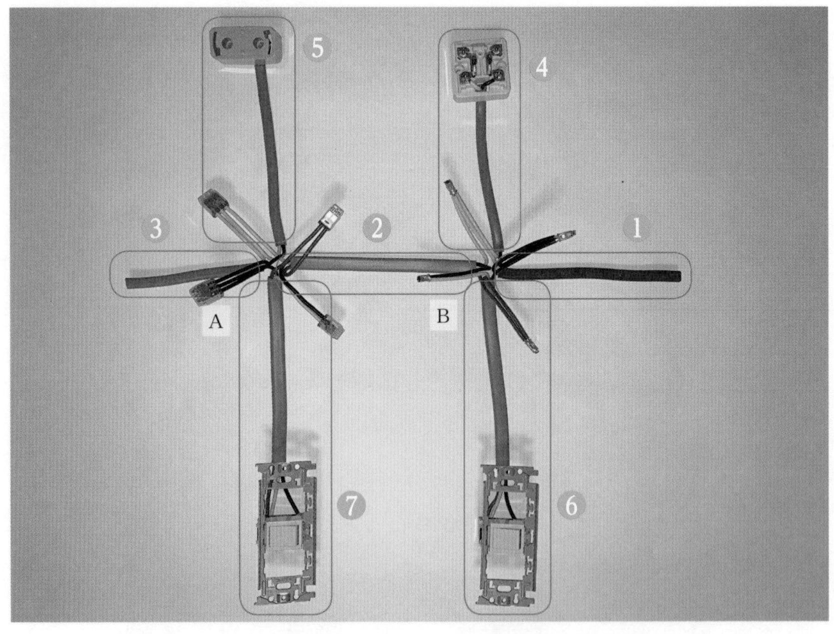

❶～❼のパーツを作成し，A，B でジョイントさせます。

5 作成手順

STEP 1 ❶電源部分のパーツを作成する（VVF 2.0-2C（切断は不要））

▶切断は不要です。次のように，ケーブル外装と絶縁被覆をはぎ取ります。

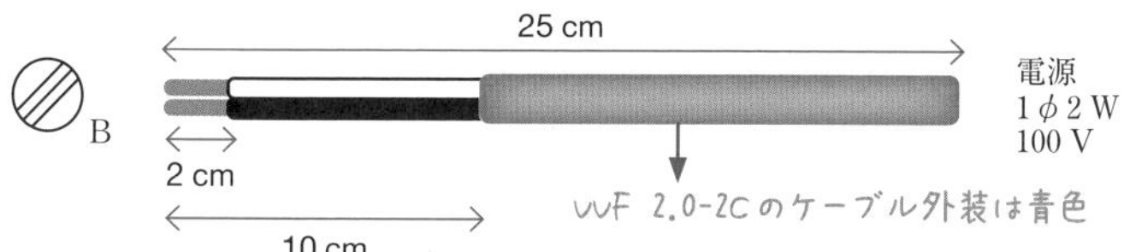

▶あとで結線作業がしやすいように次のように曲げておきます。パーツ❶は，これで完成です。

STEP 2 ❷ボックス間部分のパーツを作成する

切断 VVF 1.6-3C（長さ：15 cm＋10 cm＋10 cm＝35 cm）

▶ VVF 1.6−3C を 35 cm に切断します。15 cm にプラスして，両側のジョイント部分を 10 cm ずつ長めにとるためです。

▶また，次のように，ケーブル外装と絶縁被覆をはぎ取ります。

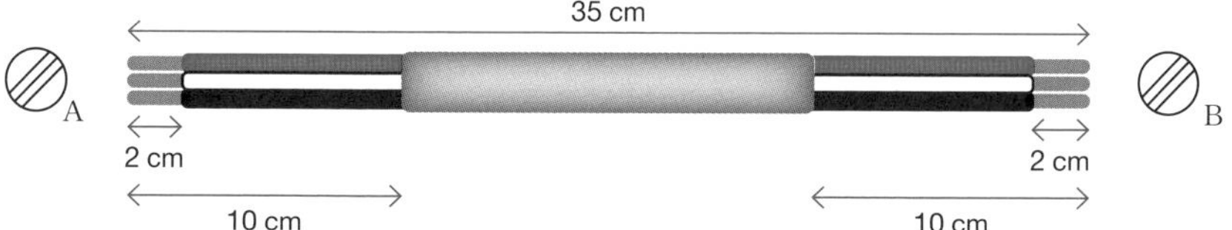

▶結線作業がしやすいように次のように曲げておきます。パーツ❷は，これで完成です。

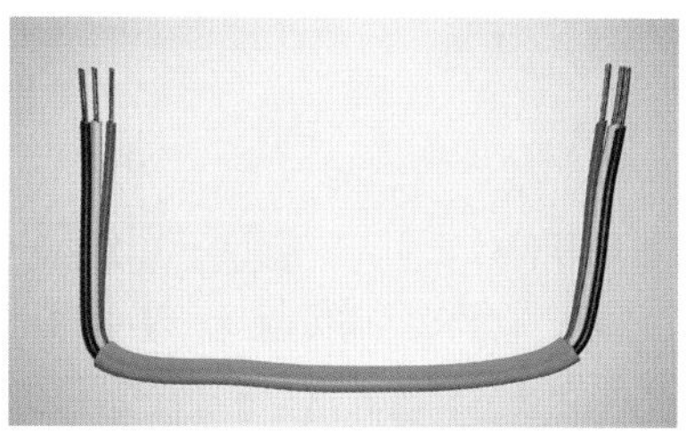

STEP 3 ❸施工省略部分のパーツを作成する

切断 VVF 1.6-2C（長さ：10 cm＋10 cm＝20 cm）

▶ VVF 1.6－2C を 20 cm に切断します。10 cm にプラスして，ジョイント側を 10 cm 長めにとるためです。

▶また，次のように，ケーブル外装と絶縁被覆をはぎ取ります。

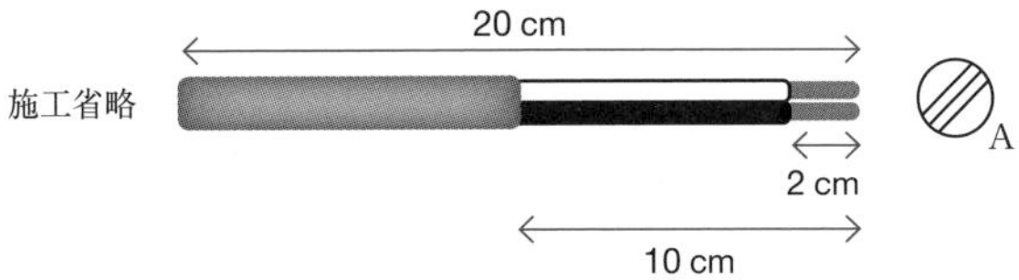

▶結線作業がしやすいように次のように曲げておきます。パーツ❸は，これで完成です。

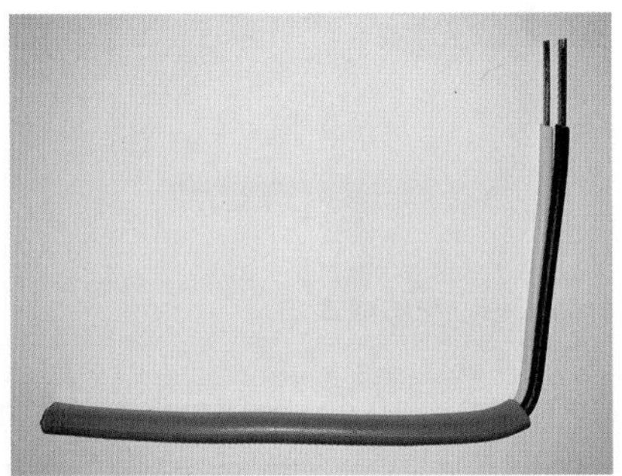

STEP 4 ❹露出形コンセントのパーツを作成する

切断 VVF 1.6-2C（長さ：15 cm＋10 cm＋5 cm＝30 cm）

▶ VVF 1.6－2C を 30 cm に切断します。15 cm にプラスして，ジョイント側は 10 cm，露出形コンセント側は 5 cm 長めにとるためです。

▶また，次のように，ケーブル外装と絶縁被覆をはぎ取ります。

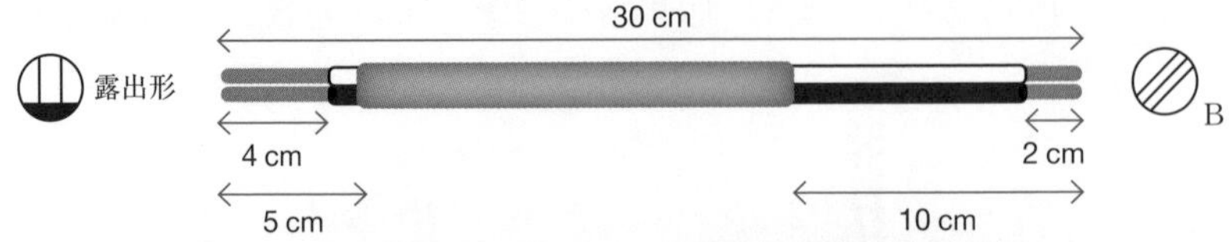

▶露出形コンセントに電線を取り付けます。 単位作業 06 コンセント (p.52)

▶必ず，接地側極端子（W と表示）に白線を用います。右巻きで輪を作り，取り付けた後，ケーブル外装部分を穴から出るように押し出します。

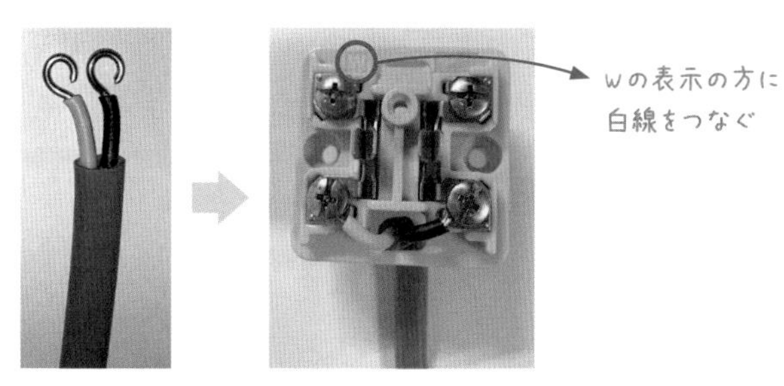

▶ねじの緩み，ねじに絶縁被覆が巻き込まれていないか，心線が5 mm以上出ていないかどうかを確認します。

▶結線作業がしやすいように曲げておきます。パーツ❹は，これで完成です。

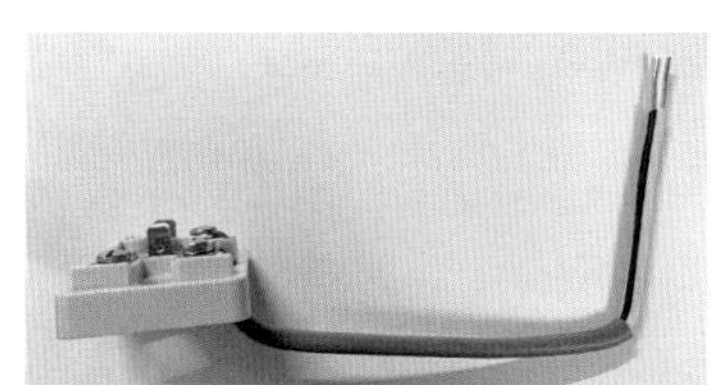

STEP 5 ❺引掛シーリングのパーツを作成する

切断 VVF 1.6-2C（長さ：15 cm＋10 cm＋5 cm＝30 cm）

▶ VVF 1.6－2Cを30 cmに切断します。15 cmにプラスして，ジョイント側は10 cm，引掛シーリング側は5 cm長くとるためです。

▶また，次のように，ケーブル外装と絶縁被覆をはぎ取ります。

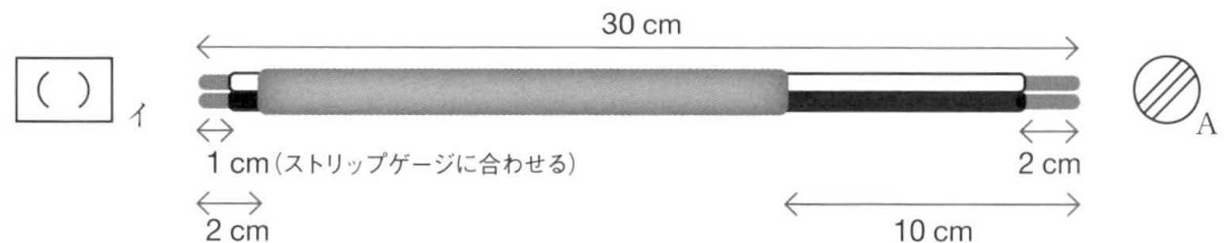

▶引掛シーリングに接続します。 単位作業04 引掛シーリング (p.40)

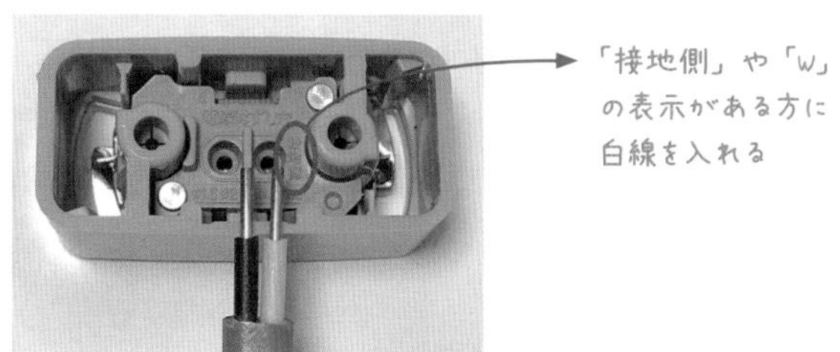

▶結線作業がしやすいように曲げておきます。パーツ❺は，これで完成です。

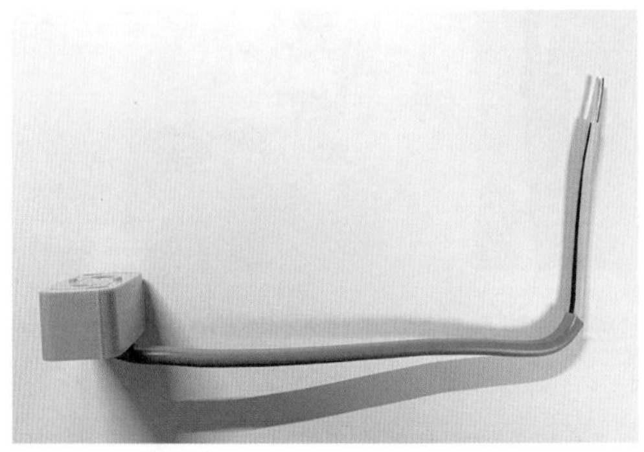

STEP 6 ❻ 3 路スイッチ S のパーツを作成する

切断 VVF 1.6-3C（長さ：15 cm＋10 cm＋5 cm＝30 cm）

▶ VVF 1.6−3C を 30 cm に切断します。15 cm にプラスして，ジョイント側は 10 cm，3 路スイッチ S 側は 5 cm 長めにとるためです。

▶また，次のように，ケーブル外装と絶縁被覆をはぎ取ります。

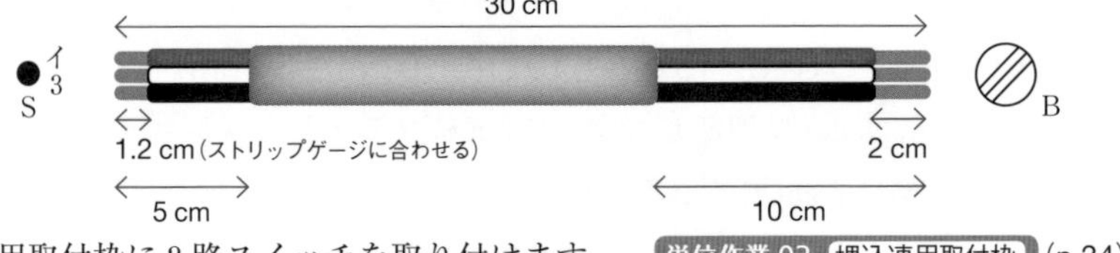

▶埋込連用取付枠に 3 路スイッチを取り付けます。 単位作業 03 埋込連用取付枠 (p.34)

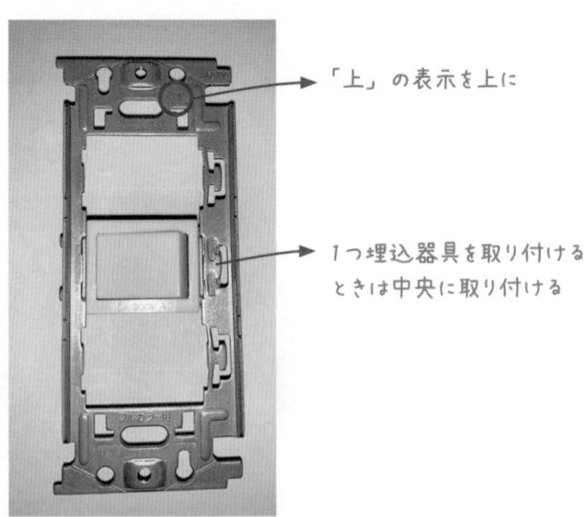

▶複線図を見ながら，スイッチに電線を取り付けます。問題の施工条件から，電源から3路スイッチSにつながる記号「0」の端子には黒線を接続します。単位作業 09 スイッチ (p.70)

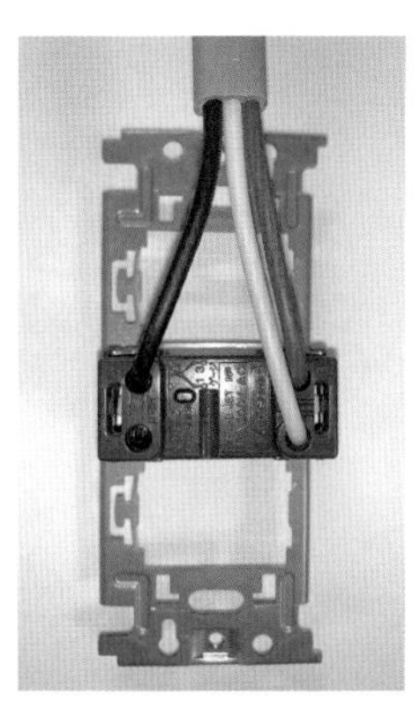

▶心線が2 mm以上出ていないか，ケーブル外装が枠内に収まっているかを確認します。

▶結線作業がしやすいように曲げておきます。パーツ❻は，これで完成です。

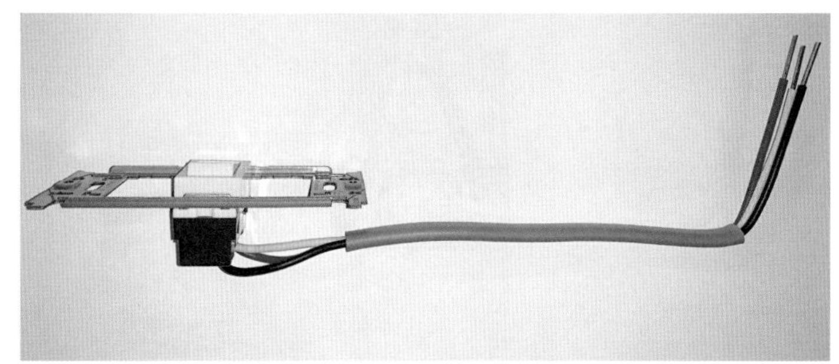

STEP 7 ❼3路スイッチのパーツを作成する

切断 VVF 1.6-3C（長さ：15 cm＋10 cm＋5 cm＝30 cm）

▶VVF 1.6－3Cを30 cmに切断します。15 cmにプラスして，ジョイント側は10 cm，3路スイッチ側は5 cm長めにとるためです。

▶また，次のように，ケーブル外装と絶縁被覆をはぎ取ります。

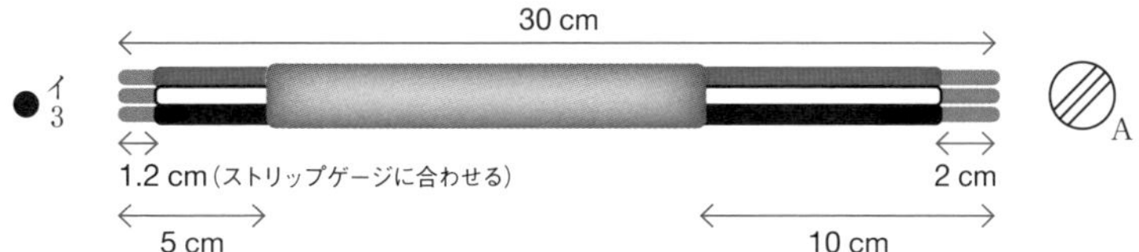

▶埋込連用取付枠に３路スイッチを取り付けます。 単位作業 03 埋込連用取付枠 (p.34)

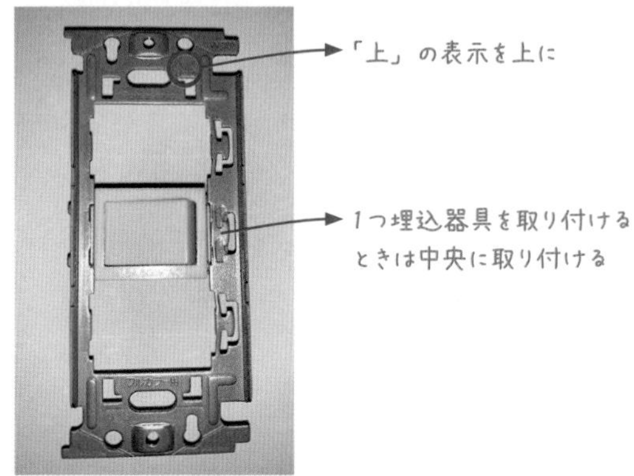
「上」の表示を上に
1つ埋込器具を取り付ける
ときは中央に取り付ける

▶複線図を見ながら，スイッチに電線を取り付けます。❼の３路スイッチに接続する電線の色は指定されていないため，どこにつないでも構いません。 単位作業 09 スイッチ (p.70)

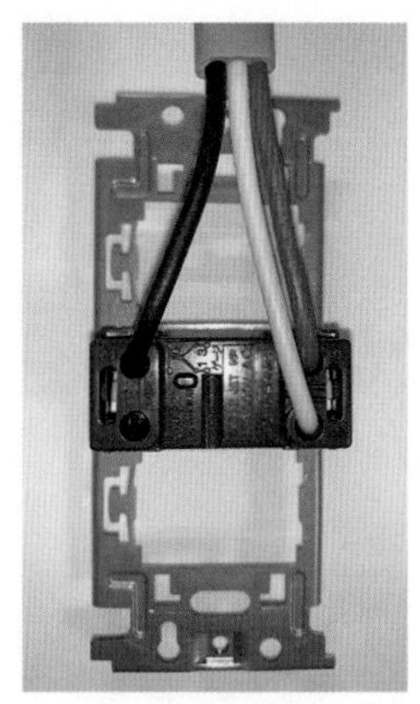

▶心線が２mm 以上出ていないか，ケーブル外装が枠内に収まっているかを確認します。
▶結線作業がしやすいように曲げておきます。パーツ❼は，これで完成です。

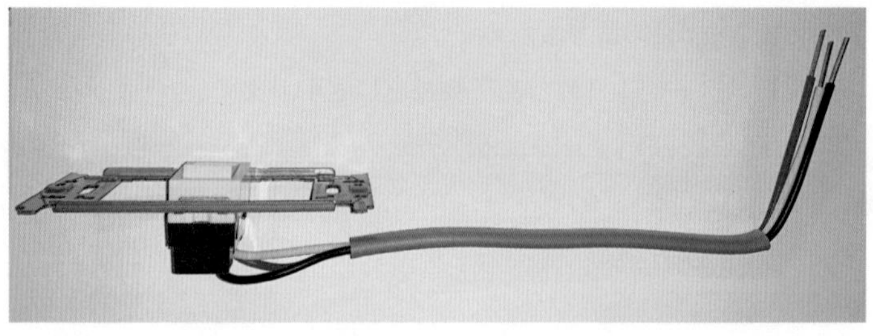

STEP 8 A部分を差込形コネクタでジョイントする

ポイント 配線のイメージ

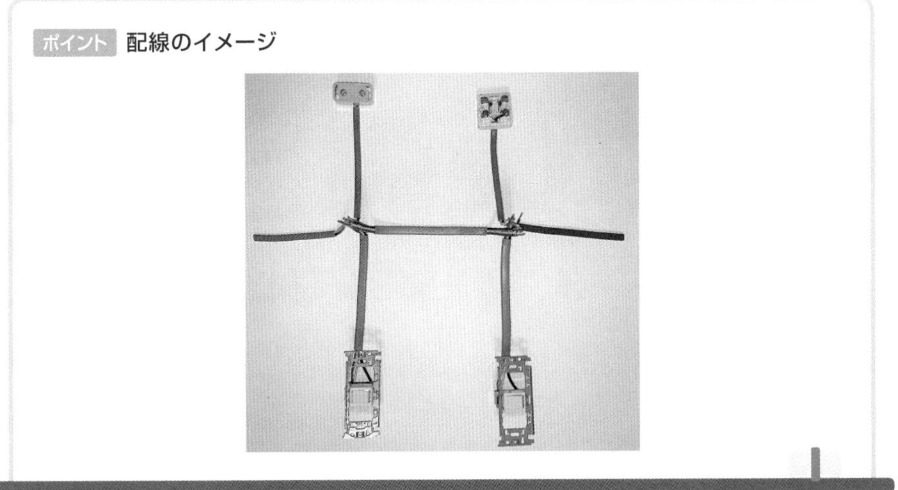

▶ A部分は問題文の指示より，接続する電線本数に応じた差込形コネクタでジョイントします。

3本用
2本用

▶心線をストリップゲージに合わせて切断し，しっかりと奥まで差し込みます。

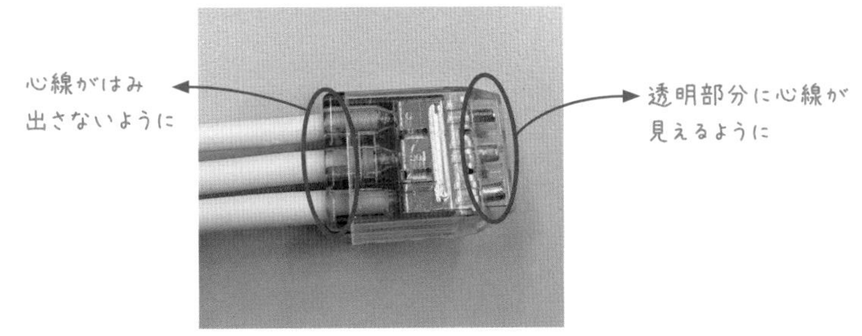
心線がはみ出さないように
透明部分に心線が見えるように

▶複線図を描く手順と同様に接地側電線(白線)を接続します。そして，3路スイッチの0番と，イの引掛シーリング2つ(1つは施工省略部分)をつなぎます。さらに，2つの3路スイッチの1番どうしをつなぎます。最後に，2つの3路スイッチの3番どうしをつないでA部分は完成です。

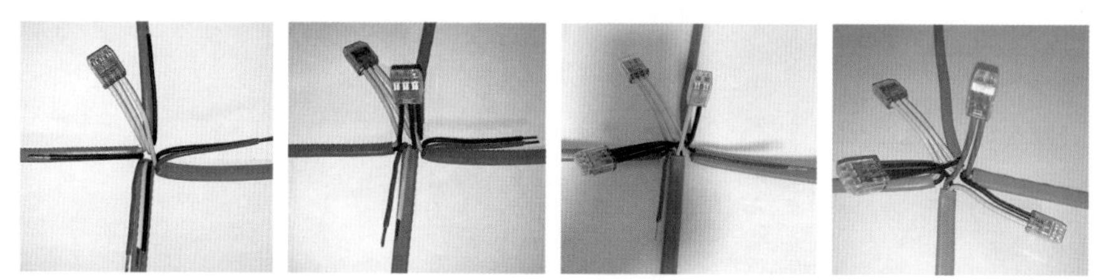

ひとこと 差込形コネクタは，心線の頭がコネクタから見えるようになるまでしっかりと差し込みます。見えていないと欠陥事項になるので注意しましょう。

STEP 9 B部分をリングスリーブでジョイントする

▶B部分は問題文の指示より，複線図を見ながらリングスリーブでジョイントします。VVF 2.0−2Cと接続する箇所は刻印「小」で圧着をし，それ以外は直径1.6 mmの電線2本の圧着なので刻印「○(極小)」で圧着を行います。

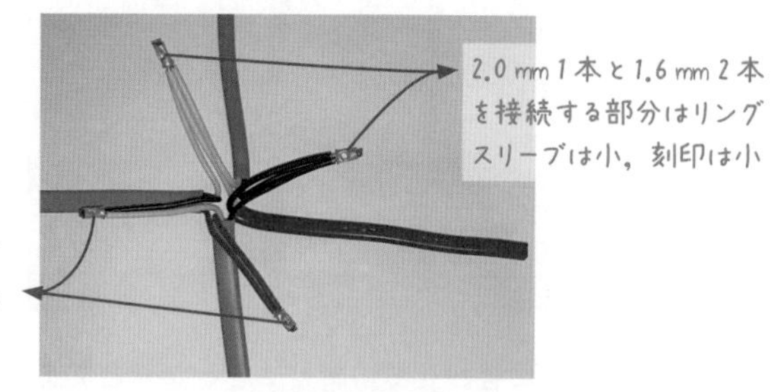
2.0 mm 1本と1.6 mm 2本を接続する部分はリングスリーブは小，刻印は小
1.6 mm 2本接続の部分はリングスリーブは小，刻印は○

▶リングスリーブでジョイントした後は，先端の心線を3 mm程度残して切断しましょう。

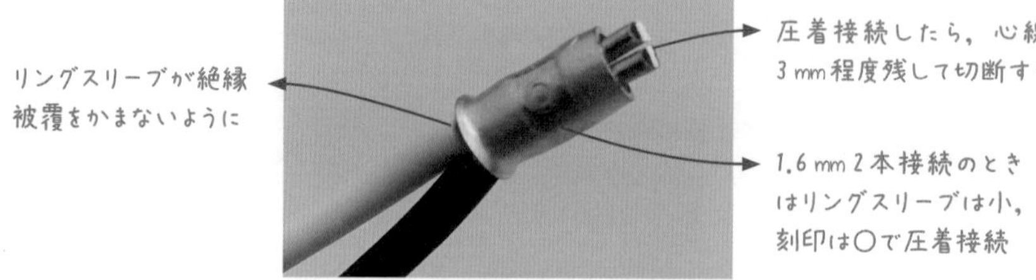
リングスリーブが絶縁被覆をかまないように
圧着接続したら，心線を3 mm程度残して切断する
1.6 mm 2本接続のときはリングスリーブは小，刻印は○で圧着接続

▶複線図を描く手順と同様に接地側電線(白線)を接続します。そして，非接地側電線(黒線)を接続します。さらに，2つの3路スイッチの1番どうしをつなぎ，2つの3路スイッチの3番どうしをつなぎます。最後に，リングスリーブの頭から出た心線の余りを切断してB部分は完成です。

ひとこと 全ての心線をリングスリーブに通しましょう。圧着すべき心線が全て通っていないと欠陥事項になります。

全て接続すると完成です。きれいに整えておきましょう。

完成

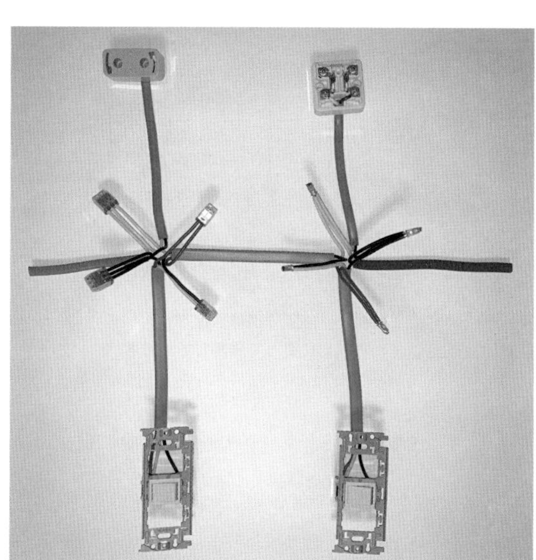

公表問題 07 3路スイッチと4路スイッチの回路

技能試験問題 ［試験時間 40 分］

図に示す低圧屋内配線工事を与えられた全ての材料（予備品を除く）を使用し，〈施工条件〉に従って完成させなさい。

なお，

1．----------- で示した部分は施工を省略する。
2．VVF 用ジョイントボックス及びスイッチボックスは支給していないので，その取り付けは省略する。
3．電線接続箇所のテープ巻きや絶縁キャップによる絶縁処理は省略する。
4．作品は保護板（板紙）に取り付けないものとする。

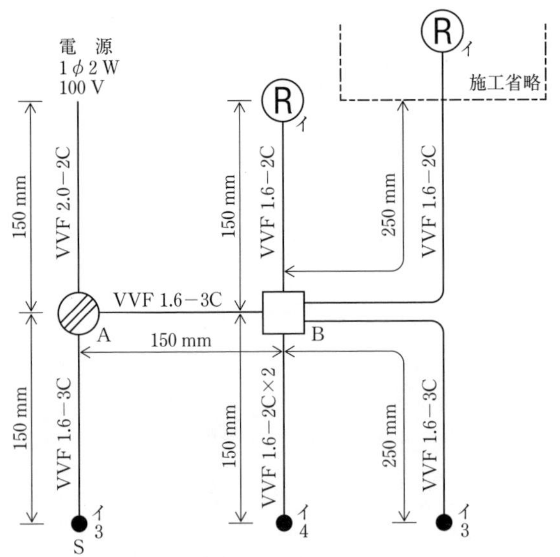

注：1. 図記号は，原則として JIS C 0303：2000 に準拠している。
また，作業に直接関係のない部分等は省略又は簡略化してある。
2. Ⓡは，ランプレセプタクルを示す。

注意　本書に記載している施工条件，支給材料，施工寸法は想定です。
試験では，問題用紙に記載されている内容に従って作業してください。

施工条件

1．配線及び器具の配置は，図に従って行うこと。

2．3路スイッチ及び4路スイッチの配線方法は，次によること。

①3箇所のスイッチをそれぞれ操作することによりランプレセプタクルを点滅できるようにする。

②3路スイッチの記号「0」の端子には電源側又は負荷側の電線を結線し，記号「1」と「3」の端子には4路スイッチとの間の電線を結線する。

3．ジョイントボックス（アウトレットボックス）は，打抜き済みの穴だけをすべて使用すること。

4．電線の色別（絶縁被覆の色）は，次によること。

①電源からの接地側電線には，すべて**白色**を使用する。

②電源から3路スイッチSまでの非接地側電線には，**黒色**を使用する。

③ランプレセプタクルの受金ねじ部の端子には，**白色の電線**を結線する。

5．VVF用ジョイントボックスA部分及びジョイントボックスB部分を経由する電線は，その部分ですべて接続箇所を設け，接続方法は，次によること。

①**A部分は，リングスリーブによる接続とする。**

②**B部分は，差込形コネクタによる接続とする。**

6．**埋込連用取付枠は，4路スイッチ部分に使用すること。**

支給材料

材　　料	
1．600Vビニル絶縁ビニルシースケーブル平形（シース青色），2.0mm，2心，長さ約250mm	1本
2．600Vビニル絶縁ビニルシースケーブル平形，1.6mm，2心，長さ約1400mm	1本
3．600Vビニル絶縁ビニルシースケーブル平形，1.6mm，3心，長さ約1150mm	1本
4．ジョイントボックス（アウトレットボックス）（19mm 3箇所，25mm 2箇所ノックアウト打抜き済み）	1個
5．ランプレセプタクル（カバーなし）	1個
6．埋込連用タンブラスイッチ（3路）	2個
7．埋込連用タンブラスイッチ（4路）	1個
8．埋込連用取付枠	1枚
9．ゴムブッシング（19）	3個
10．ゴムブッシング（25）	2個
11．リングスリーブ（小）（予備品を含む）	6個
12．差込形コネクタ（2本用）	4個
13．差込形コネクタ（3本用）	2個
・受験番号札	1枚
・ビニル袋	1枚

《追加支給について》

ランプレセプタクル用端子ねじ，リングスリーブ及び差込形コネクタは，作業のやり直し等により不足が生じた場合，申し出（挙手をする）があれば追加支給します。

1 使用する材料

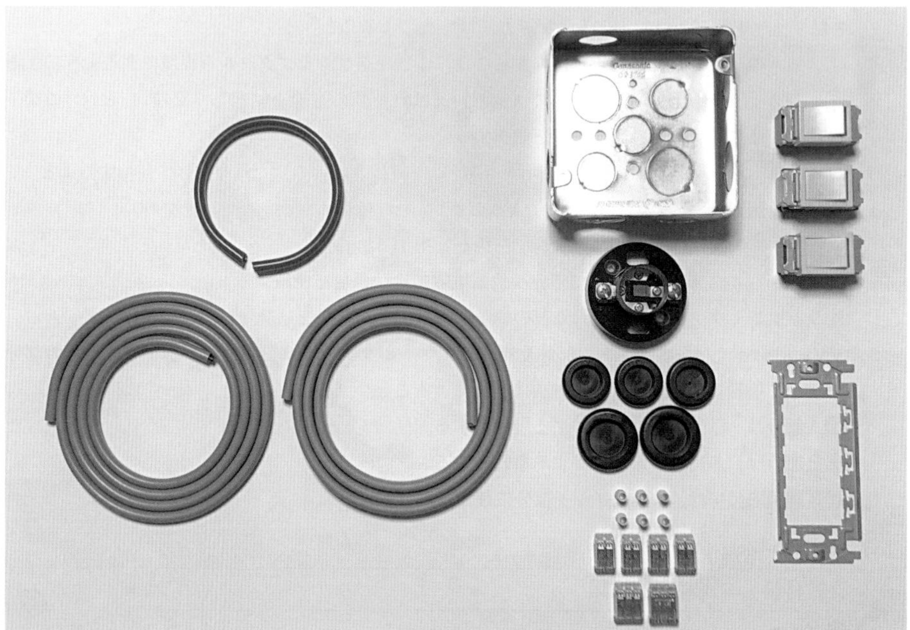

ポイント 注意すべきポイント

①３路スイッチ，４路スイッチの接続方法　単位作業09 スイッチ

②アウトレットボックスの作業　単位作業12 アウトレットボックス

３路スイッチと４路スイッチの接続方法を確認しておきましょう。

2 複線図

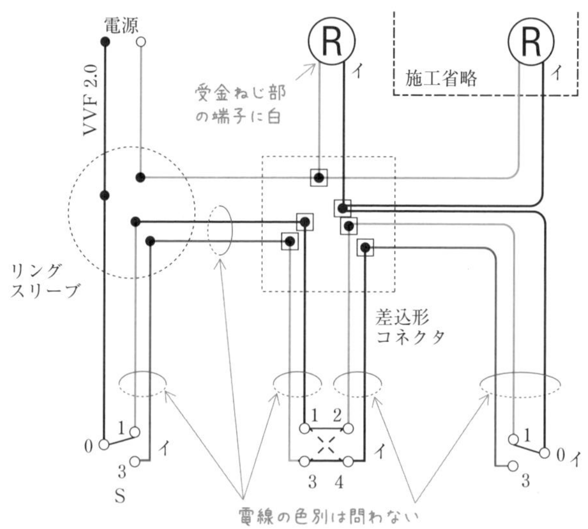

公表問題 07 複線図 (p.142)

3 完成写真

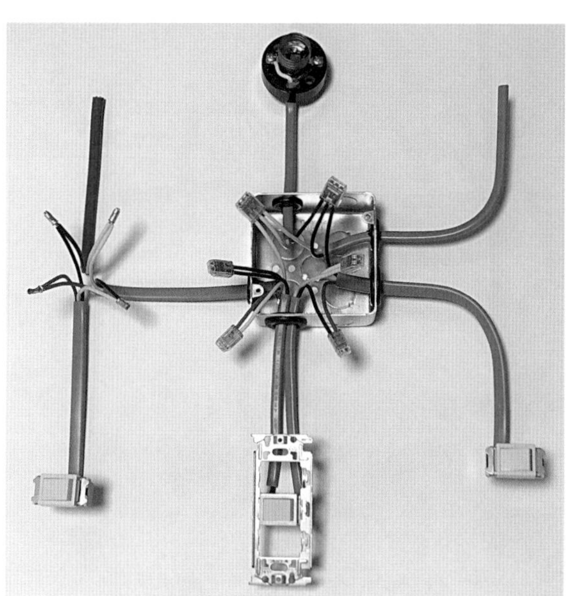

4 作成手順の概要

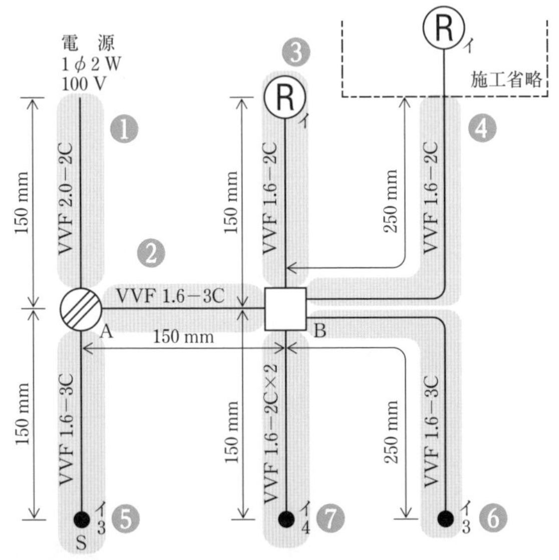

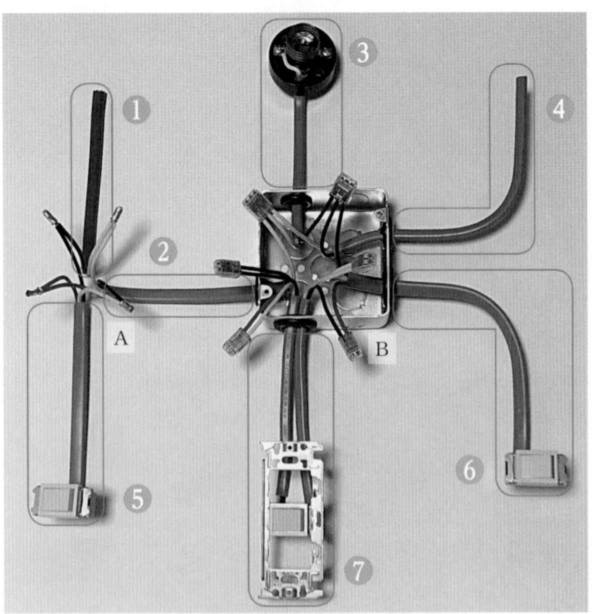

❶～❼のパーツを作成し，A，B でジョイントさせます。

5 作成手順

STEP 1 ❶電源部分のパーツを作成する（VVF 2.0-2C（切断は不要））

▶切断は不要です。次のように，ケーブル外装と絶縁被覆をはぎ取ります。

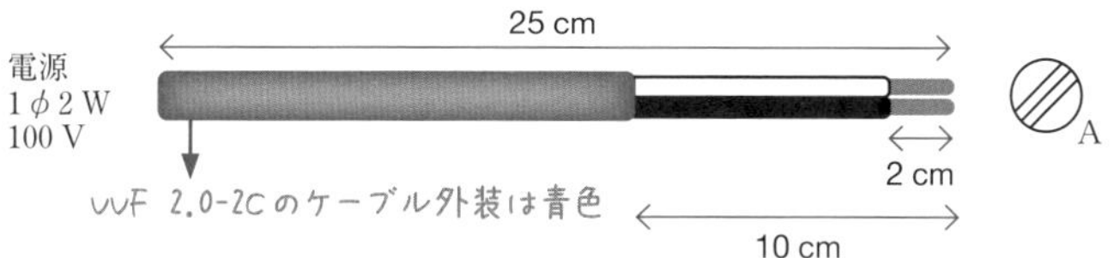

▶結線作業がしやすいように次のように曲げておきます。パーツ❶は，これで完成です。

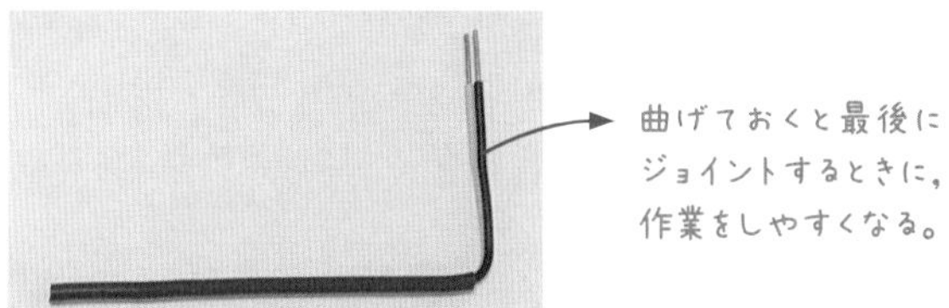

STEP 2 ❷ボックス間部分のパーツを作成する

切断　VVF 1.6-3C（長さ：15 cm＋10 cm＋10 cm＝35 cm）

▶ VVF 1.6－3Cを35 cmに切断します。15 cmにプラスして，両側のジョイント部分のために10 cmずつ長めにとるからです。また，次のように，ケーブル外装と絶縁被覆をはぎ取ります。

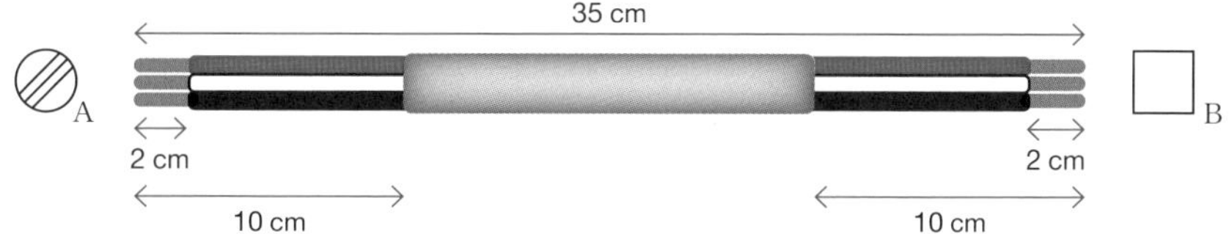

▶結線作業がしやすいように次のように曲げておきます。パーツ❷は，これで完成です。

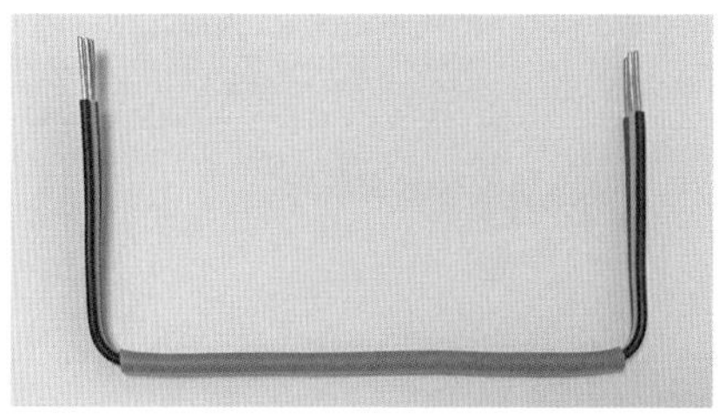

STEP 3 ❸ランププレセプタクルのパーツを作成する

切断 VVF 1.6-2C（長さ：15 cm＋10 cm＋5 cm＝30 cm）

▶ VVF 1.6−2C を 30 cm に切断します。15 cm にプラスして，ジョイント側は 10 cm，ランプレセプタクル側は 5 cm 長めにとるためです。

▶また，次のように，ケーブル外装と絶縁被覆をはぎ取ります。

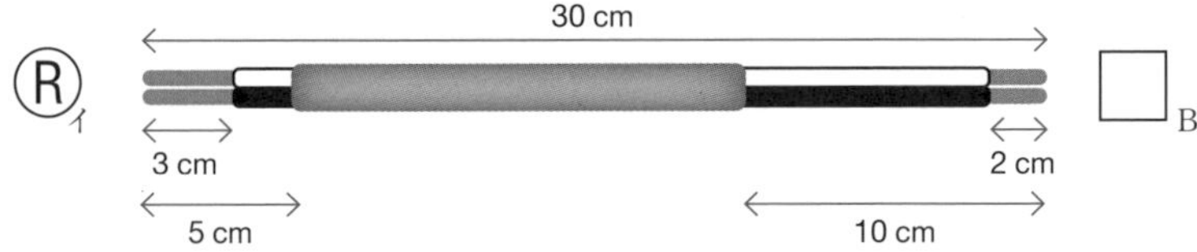

▶ランプレセプタクルに電線を取り付けます。 単位作業 05 ランプレセプタクル（p.44）

▶必ず，受金ねじ部の端子（W と表示）側に白線を用います。右巻きで輪を作り，取り付けた後，シース部分を穴から出るように押し出します。

▶ねじの緩み，ねじに絶縁被覆が巻き込まれていないか，心線が 5 mm 以上出ていないかどうかを確認します。

▶結線作業がしやすいように曲げておきます。パーツ❸はこれで完成です。

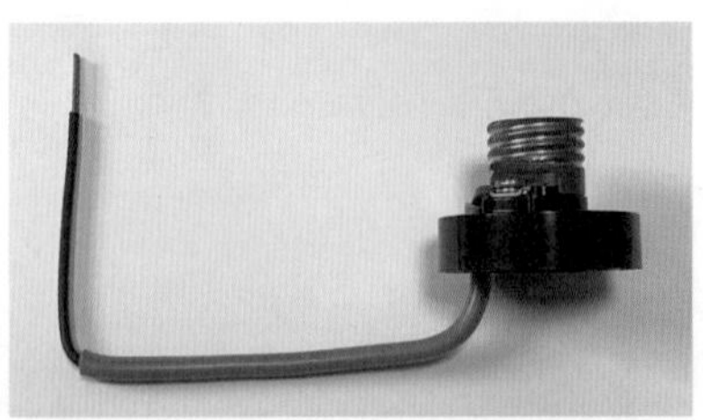

ひとこと ランプレセプタクルは，注意すべきポイントが多いのでしっかりと確認しましょう。

STEP 4 ❹施工省略部分のパーツを作成する

切断 VVF 1.6-2C（長さ：25 cm＋10 cm＝35 cm）

▶ VVF 1.6−2C を 35 cm に切断します。25 cm にプラスして，ジョイント側は 10 cm 長めにとるためです。

▶また，次のように，ケーブル外装と絶縁被覆をはぎ取ります。

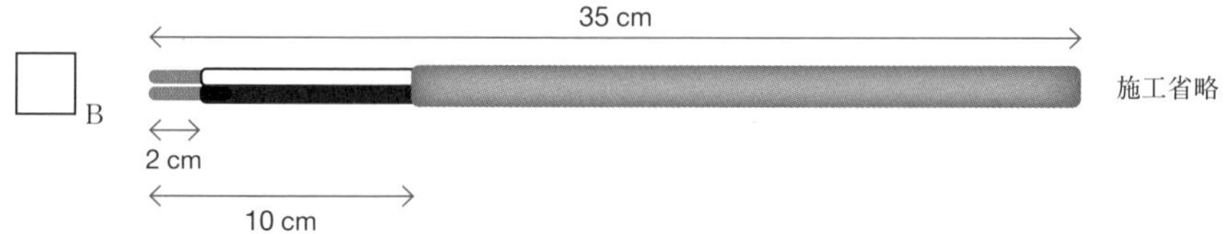

ひとこと 施工省略部分は切断するだけでよいです。切断箇所を曲げておき，心線が抜けないようにするとジョイント側の施工をしやすくなります。

▶結線作業がしやすいように次のように曲げておきます。パーツ❹はこれで完成です。

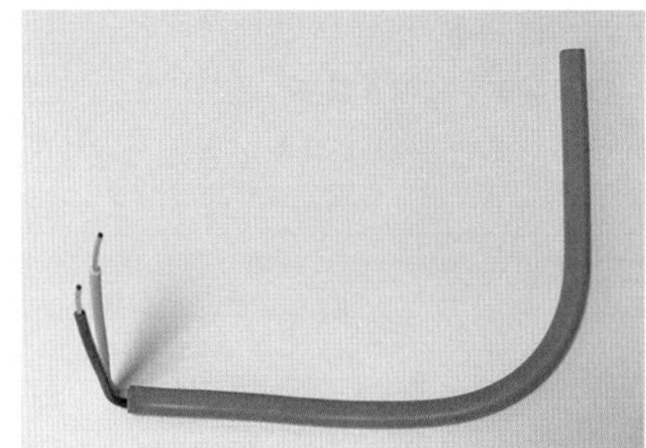

STEP 5 ❺3 路スイッチ S のパーツを作成する

切断 VVF 1.6-3C（長さ：15 cm＋10 cm＋5 cm＝30 cm）

▶ VVF 1.6−3C を 30 cm に切断します。15 cm にプラスして，ジョイント側は 10 cm，3 路スイッチ S 側は 5 cm 長めにとるためです。

▶また，次のように，ケーブル外装と絶縁被覆をはぎ取ります。

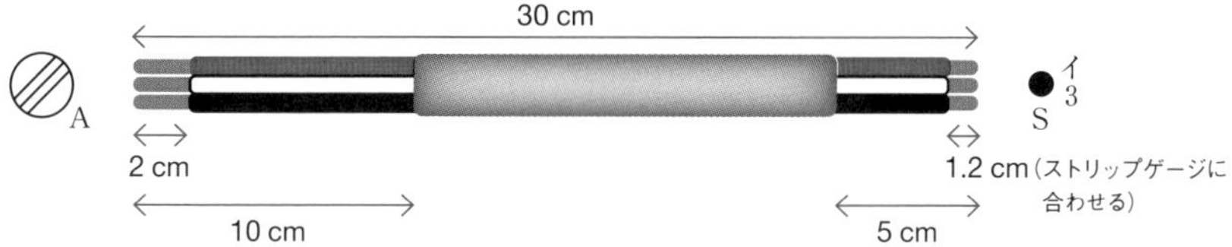

▶ 3 路スイッチを接続します。 単位作業 09 スイッチ (p.70)

▶結線作業がしやすいように曲げておきます。パーツ❺は，これで完成です。

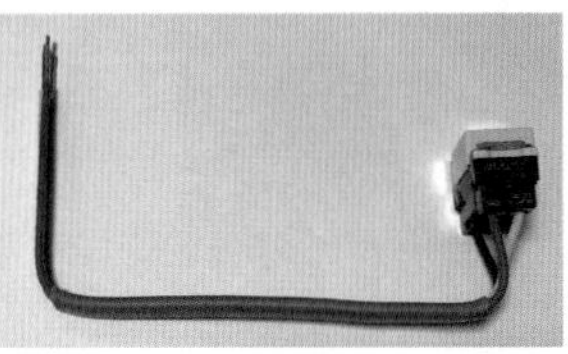

ひとこと 問題の施工条件から，3 路スイッチの記号「0」の端子には電源側又は負荷側の電線を接続する必要があり，電源から 3 路スイッチ S までの非接地側電線には必ず黒線を用いて接続します。間違った色の電線で接続すると欠陥事項になります。

STEP 6 ❻ 3 路スイッチのパーツを作成する

切断 VVF 1.6-3C（長さ：25 cm ＋ 10 cm ＋ 5 cm ＝ 40 cm）

▶ VVF 1.6－3C を 40 cm に切断します。25 cm にプラスして，ジョイント側は 10 cm，3 路スイッチ側は 5 cm 長めにとるためです。

▶また，次のように，ケーブル外装と絶縁被覆をはぎ取ります。

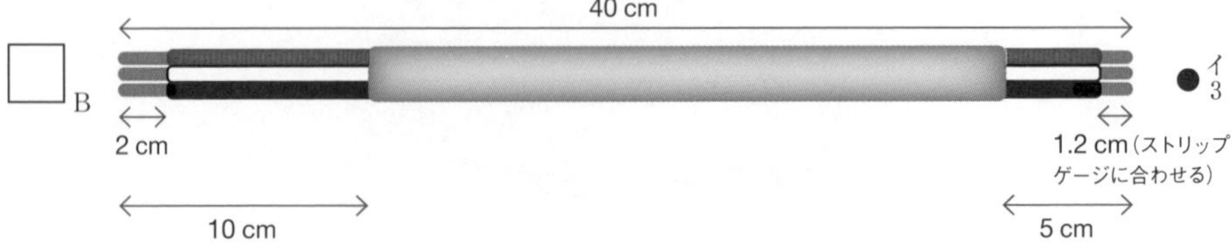

▶ 3 路スイッチを接続します。 単位作業 09 スイッチ (p.70)

▶結線作業がしやすいように曲げておきます。パーツ❻は，これで完成です。

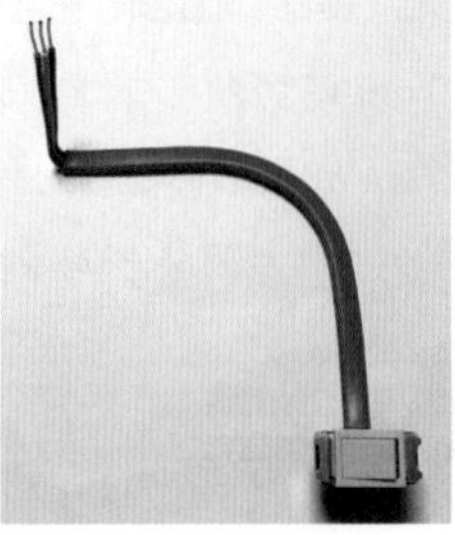

ひとこと こちらの3路スイッチに接続する電線の色は指定されていないため，何色の線を使ってもかまいません。

STEP 7 ⑦4路スイッチのパーツを作成する

切断 VVF 1.6-2C（長さ：15 cm＋10 cm＋5 cm＝30 cm）×2本

▶ VVF 1.6−2Cを30 cmに切断します。15 cmにプラスして，ジョイント側は10 cm，4路スイッチ側は5 cm長めにとるためです。

▶また，次のように，ケーブル外装と絶縁被覆をはぎ取ります。同じものを2つ作ります。

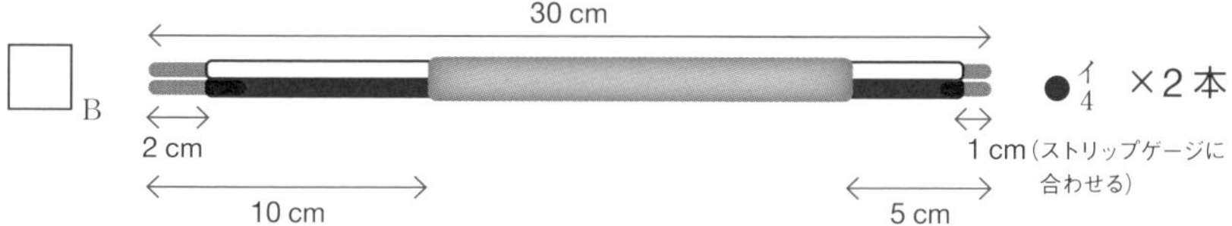

▶ 4路スイッチを埋込連用取付枠に取り付け，接続します。 単位作業09 スイッチ (p.70)

▶結線作業がしやすいように曲げておきます。パーツ⑦は，これで完成です。

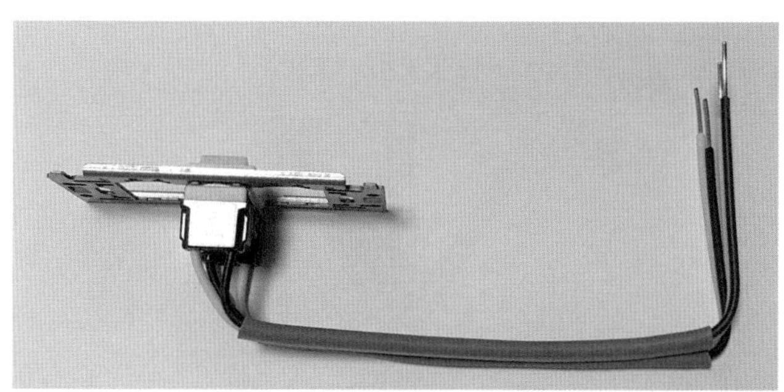

ひとこと 4路スイッチには極性がないため，何色の線を使っても構いません。

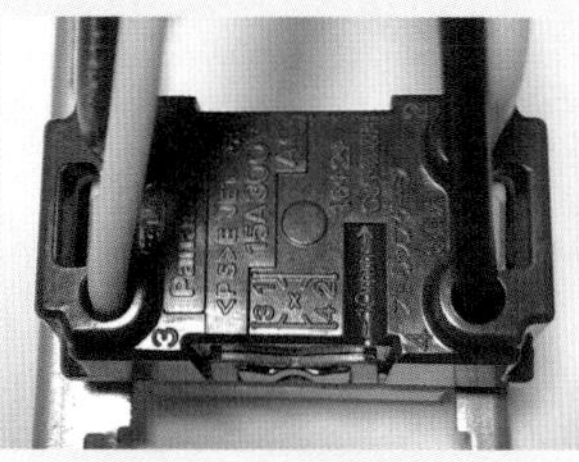

STEP 8 A部分をリングスリーブでジョイントする

ポイント **配線のイメージ**

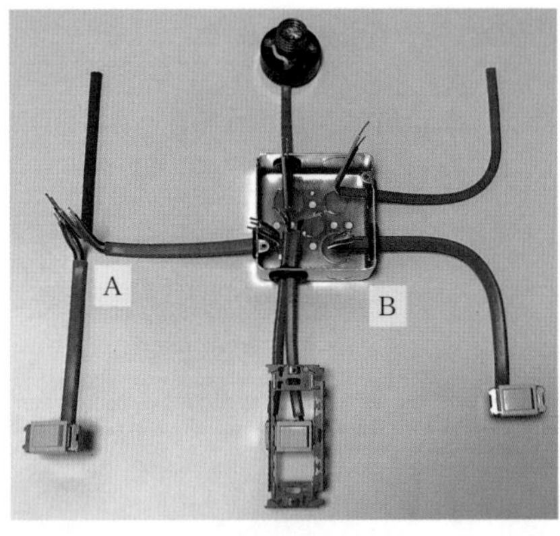

▶ A部分は問題文の指示より，複線図を見ながらリングスリーブでジョイントします。VVF 2.0－2Cと接続する箇所は刻印「小」で圧着をし，それ以外は直径1.6 mmの電線2本の圧着なので刻印「○（極小）」で圧着を行います。

2.0 mm 1本と1.6 mm 1本を接続する部分はリングスリーブは小，刻印は小
1.6 mm 2本接続の部分はリングスリーブは小，刻印は○

▶リングスリーブでジョイントした後は，先端の心線を3 mm程度残して切断しましょう。

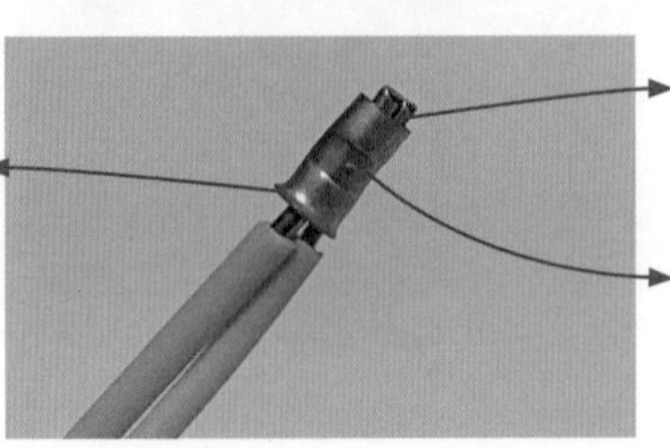

▶複線図を描く手順と同様に接地側電線（白線）を接続します。そして，非接地側電線（黒線）を接続します。さらに，イの3路スイッチSとそれに対応する4路スイッチとの電線を接続します。

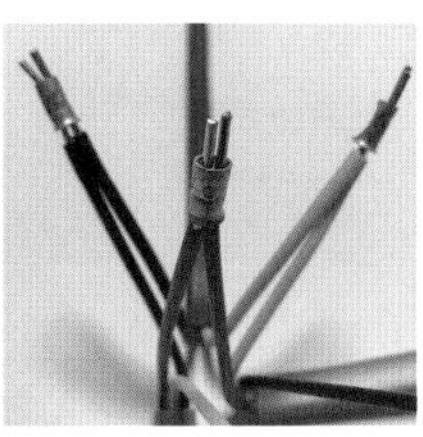

▶最後に，リングスリーブの頭から出た心線の余りを切断してA部分は完成です。

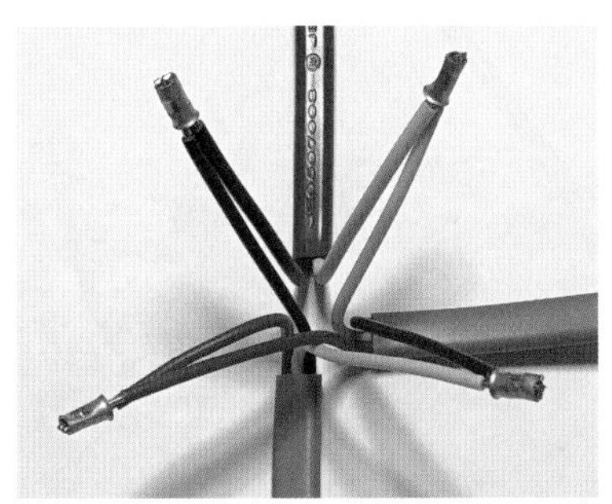

ひとこと 全ての心線をリングスリーブに通しましょう。圧着すべき心線が全て通っていないと欠陥事項になります。

STEP 9 B部分を差込形コネクタでジョイントする

▶B部分は問題文の指示より，接続する電線本数に応じた差込形コネクタでジョイントします。

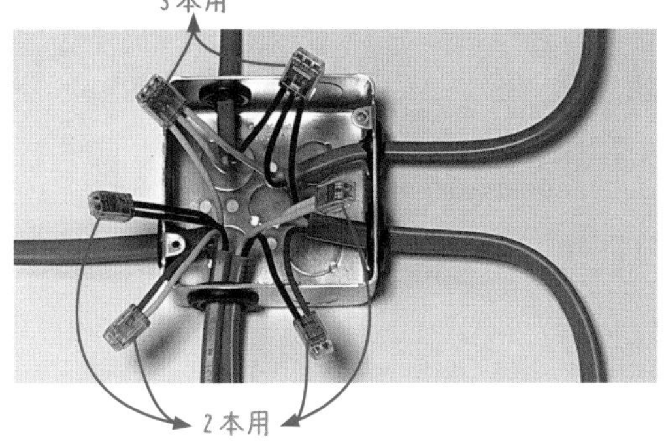

▶心線をストリップゲージに合わせて切断し，しっかりと奥まで差し込みます。

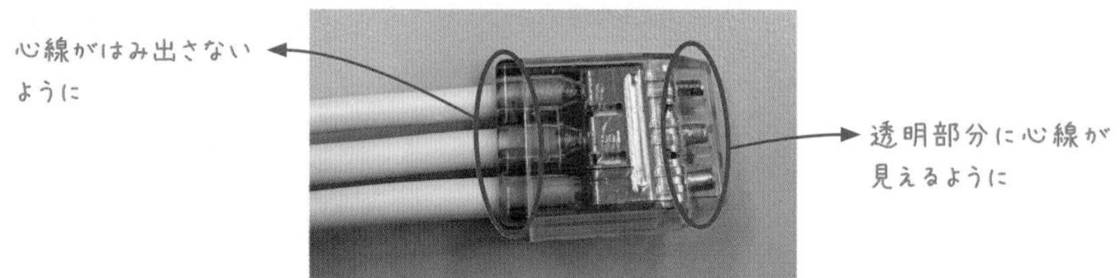
心線がはみ出さないように
透明部分に心線が見えるように

▶複線図を描く手順と同様に接地側電線（白線）を接続します。そして，イの3路スイッチの記号「0」の端子とそれに対応するランプレセプタクル，施工省略部分との電線を接続します。

▶最後に，イの3路スイッチ，3路スイッチSとそれに対応する4路スイッチとの電線を接続してB部分は完成です。

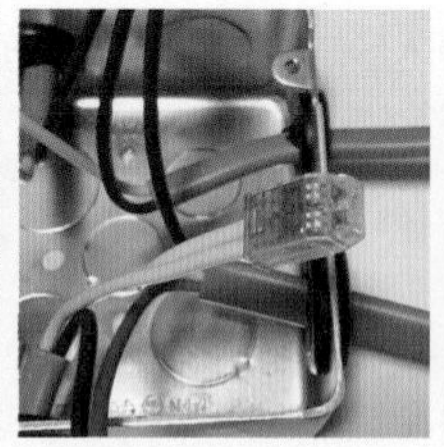
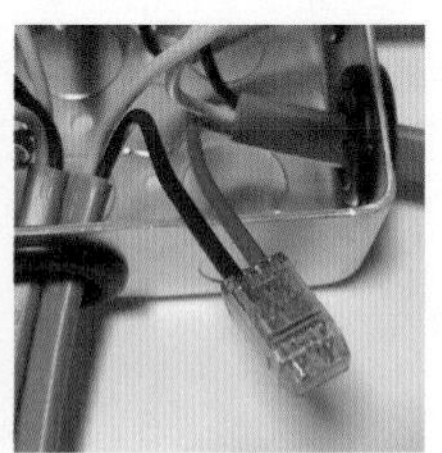

ひとこと 差込形コネクタは，心線の頭がコネクタから見えるようになるまでしっかりと差し込みます。見えていないと欠陥事項になるので注意しましょう。

全て接続すると完成です。きれいに整えておきましょう。

完成

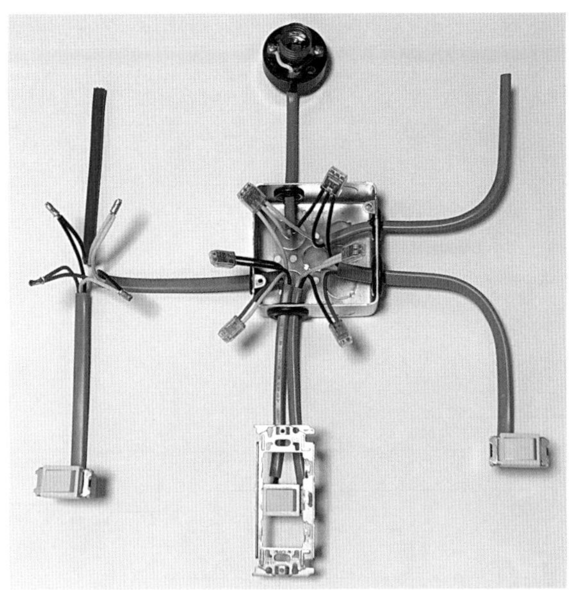

公表問題

08 リモコンリレーの回路

技能試験問題 ［試験時間 40 分］

図に示す低圧屋内配線工事を与えられた全ての材料（予備品を除く）を使用し，〈**施工条件**〉に従って完成させなさい。

なお，

1．リモコンリレーは端子台で代用するものとする。
2．－－－－－－－－－ で示した部分は施工を省略する。
3．電線接続箇所のテープ巻きや絶縁キャップによる絶縁処理は省略する。
4．作品は保護板（板紙）に取り付けないものとする。

図 1．配線図

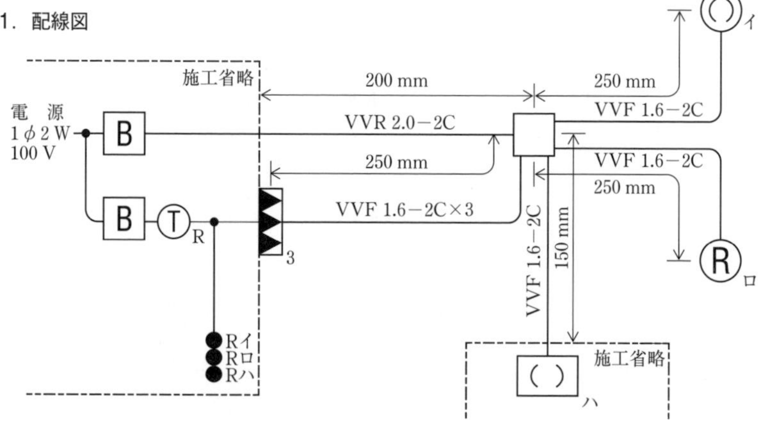

注：1. 図記号は，原則として JIS C 0303：2000 に準拠している。
また，作業に直接関係のない部分等は省略又は簡略化してある。
2. Ⓡは，ランプレセプタクルを示す。

図 2．リモコンリレー代用の端子台の説明図

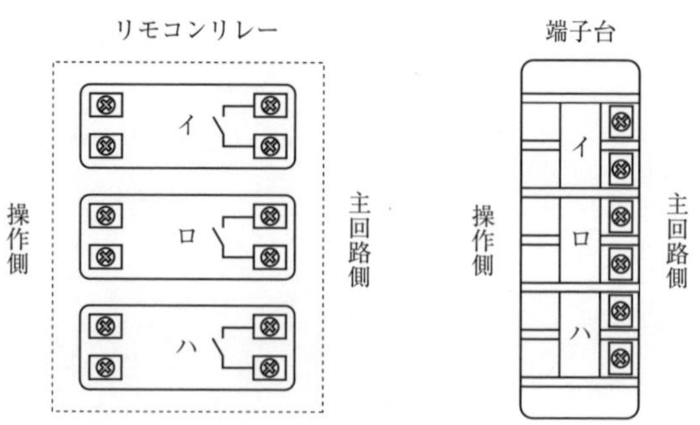

注意 本書に記載している施工条件，支給材料，施工寸法は想定です。
試験では，問題用紙に記載されている内容に従って作業してください。

施工条件

1. 配線及び器具の配置は，図１に従って行うこと。
2. リモコンリレー代用の端子台は，図２に従って使用すること。
3. 各リモコンリレーに至る電線には，それぞれ２心ケーブル１本を使用すること。
4. ジョイントボックス（アウトレットボックス）は，打抜き済みの穴だけをすべて使用すること。
5. 電線の色別（絶縁被覆の色）は，次によること。
   ①電源からの接地側電線には，すべて白色を使用する。
   ②電源からリモコンリレーまでの非接地側電線には，すべて黒色を使用する。
   ③次の器具の端子には，白色の電線を結線する。
   ・ランプレセプタクルの受金ねじ部の端子
   ・引掛シーリングローゼットの接地側極端子（W と表示）
6. ジョイントボックス部分を経由する電線は，その部分ですべて接続箇所を設け，接続方法は，次によること。
   ①４本の接続箇所は，差込形コネクタによる接続とする。
   ②その他の接続箇所は，リングスリーブによる接続とする。

支給材料

材　料	
1．600 V ビニル絶縁ビニルシースケーブル丸形，2.0 mm，2心，長さ約300 mm	1本
2．600 V ビニル絶縁ビニルシースケーブル平形，1.6 mm，2心，長さ約1100 mm	2本
3．ジョイントボックス（アウトレットボックス）（19 mm 2箇所，25 mm 3箇所ノックアウト打抜き済み）	1個
4．端子台（リモコンリレーの代用），6極	1個
5．ランプレセプタクル（カバーなし）	1個
6．引掛シーリングローゼット（ボディ（丸形）のみ）	1個
7．ゴムブッシング（19）	2個
8．ゴムブッシング（25）	3個
9．リングスリーブ（小）（予備品を含む）	5個
10．差込形コネクタ（4本用）	2個
・受験番号札	1枚
・ビニル袋	1枚

《追加支給について》

ランプレセプタクル用端子ねじ，リングスリーブ及び差込形コネクタは，作業のやり直し等により不足が生じた場合，申し出（挙手をする）があれば追加支給します。

1 使用する材料

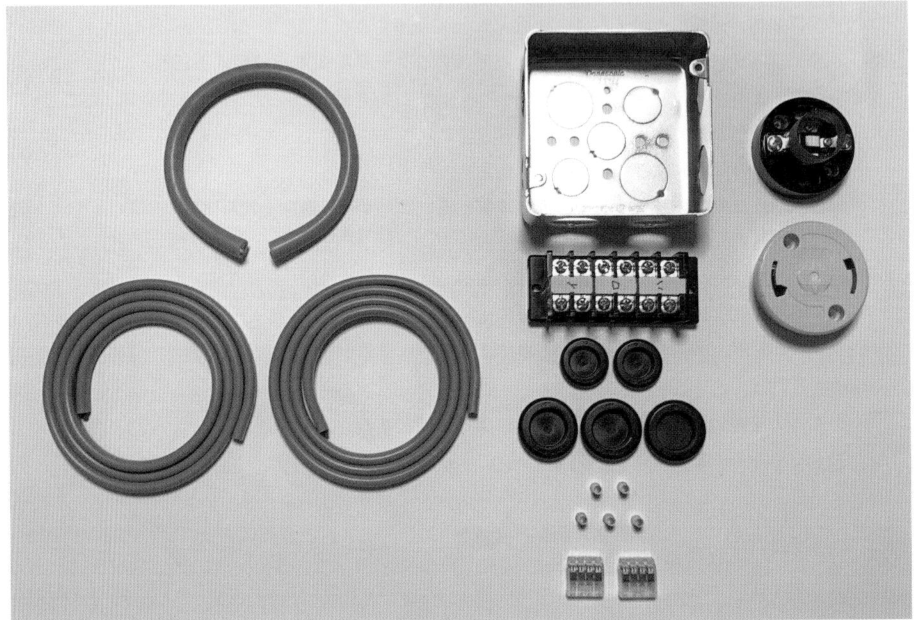

ポイント 注意すべきポイント

①VVR 2.0-2Cは，シースが青くないので注意！

→ 公表問題 8 のみの特別なパターン

②端子台の接続方法 類題 公表問題 3,4,5,13 単位作業 10 端子台

2 複線図

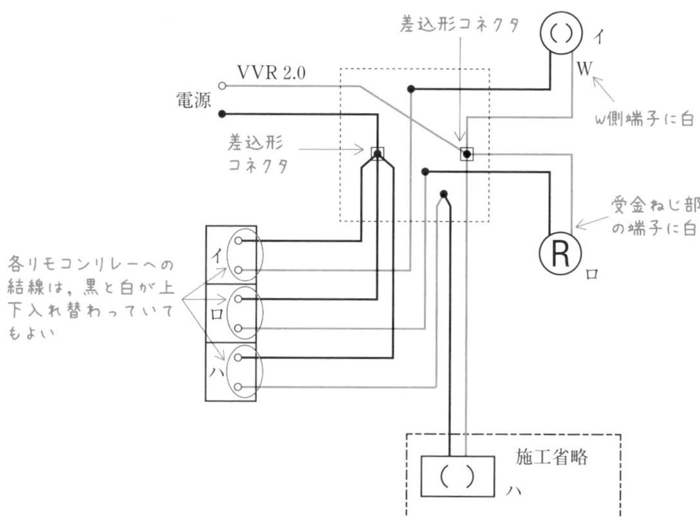

公表問題 08 複線図 (p.144)

3 完成写真

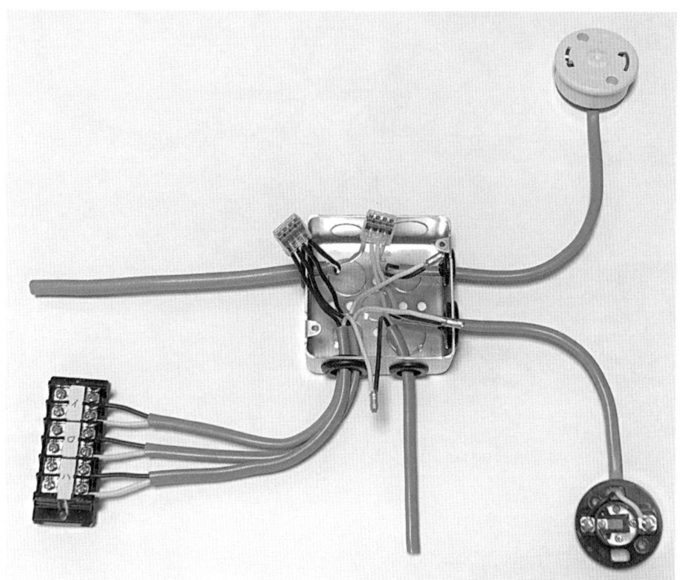

4 作成手順の概要

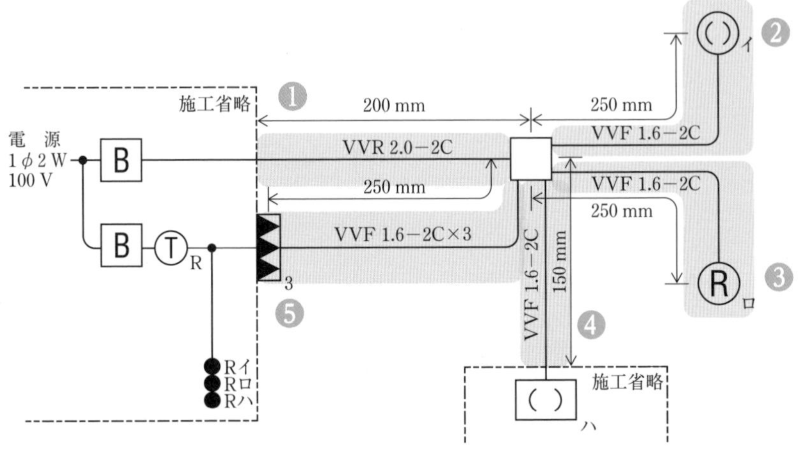

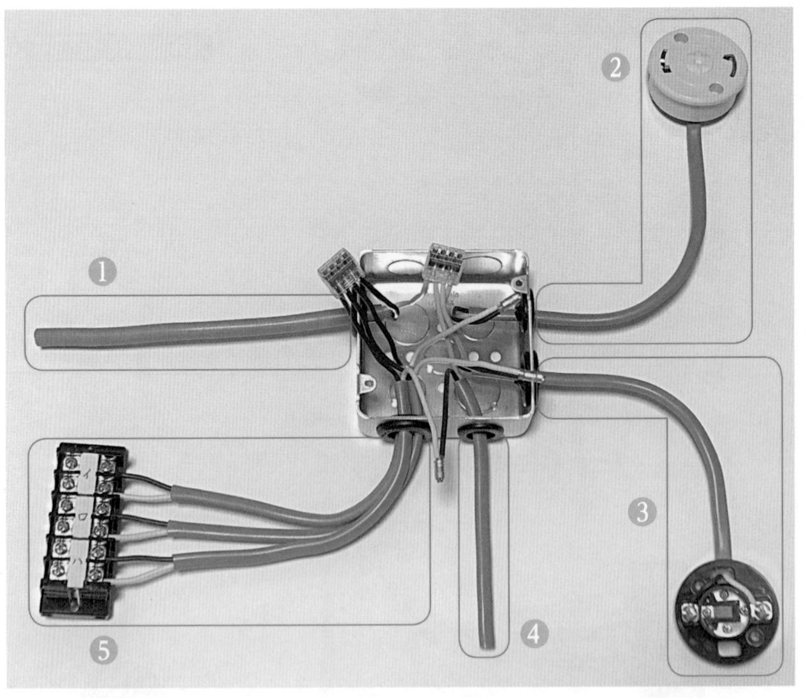

❶～❺のパーツを作成し，ジョイントさせます。

5 作成手順

STEP 1 ❶電源部分のパーツを作成する（VVR 2.0-2C（切断は不要））

▶切断は不要です。次のように，ケーブル外装と絶縁被覆をはぎ取ります。VVR 2.0−2C は，公表問題 8 でしか使わないケーブルです。

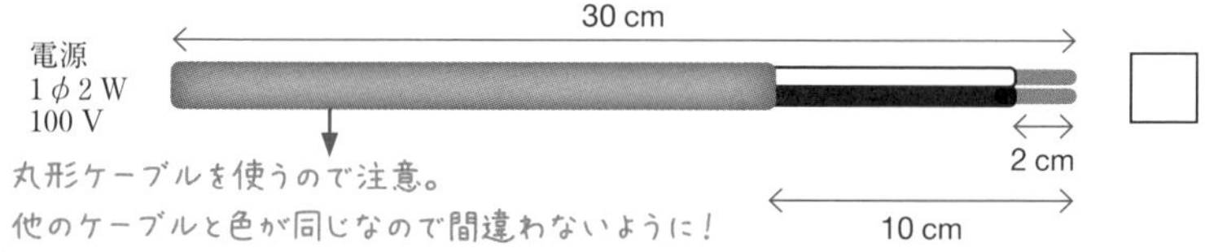

▶あとで結線作業がしやすいように曲げておきます。パーツ❶は，これで完成です。

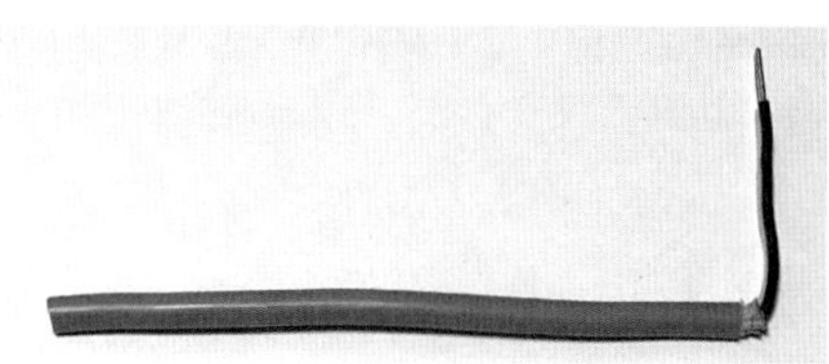

STEP 2 ❷引掛シーリングのパーツを作成する

切断 VVF 1.6-2C（長さ：25 cm＋10 cm＋5 cm＝40 cm）

▶ VVF 1.6−2C を 40 cm に切断します。25 cm にプラスして，ジョイント側は 10 cm，引掛シーリング側は 5 cm 長めにとるからです。また，ケーブル外装と絶縁被覆をはぎ取ります。

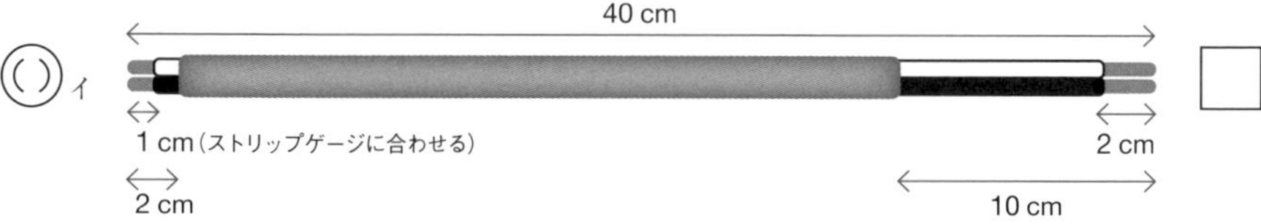

▶次に，引掛シーリングに接続します。 単位作業 04 引掛シーリング（p.40）

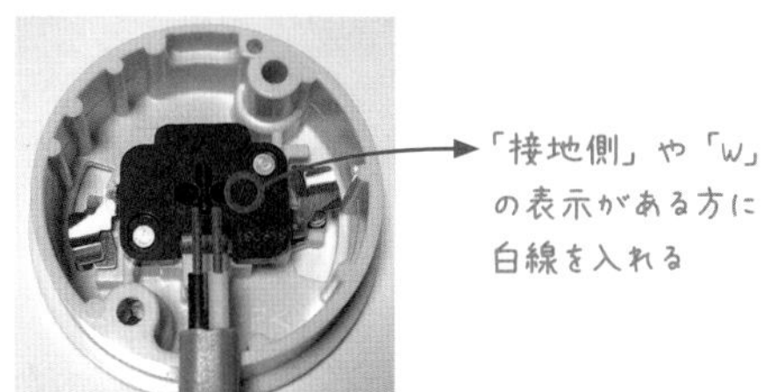

▶結線作業がしやすいように曲げておきます。パーツ❷は，これで完成です。

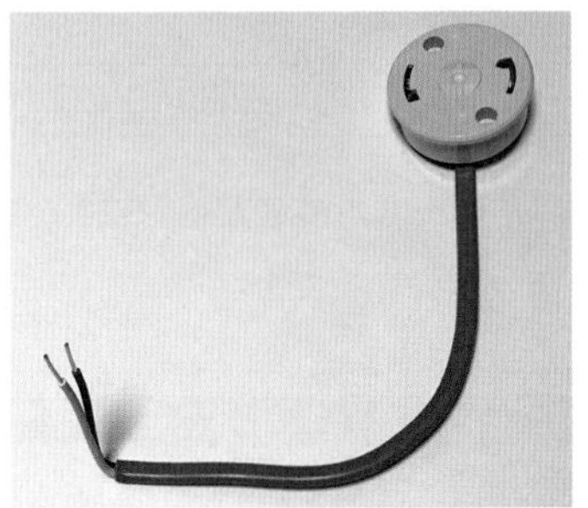

STEP 3 ❸ランププレセプタクルのパーツを作成する

切断 VVF 1.6-2C（長さ：25 cm＋10 cm＋5 cm＝40cm）

▶ VVF 1.6－2C を 40 cm に切断します。25 cm にプラスして，ジョイント側は 10 cm，ランプレセプタクル側は 5 cm 長めにとるためです。

▶また，次のように，ケーブル外装と絶縁被覆をはぎ取ります。

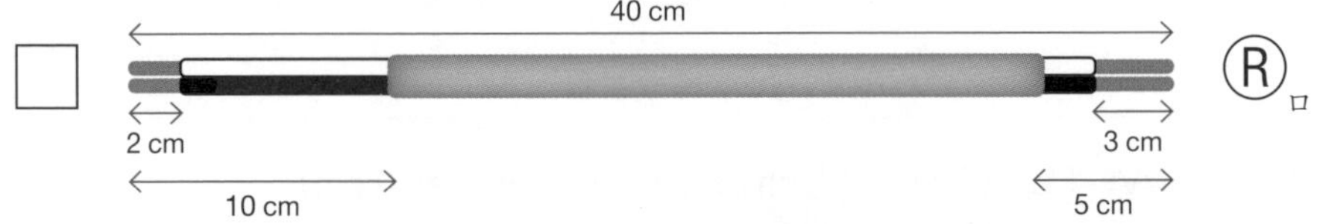

▶ランプレセプタクルに電線を取り付けます。 単位作業 05 ランプレセプタクル（p.44）

▶必ず，受金ねじ部の端子（W と表示）側に白線を用います。右巻きで輪を作り，取り付けた後，ケーブル外装部分を穴から出るように押し出します。

▶ねじの緩み，ねじに絶縁被覆が巻き込まれていないか，心線が 5 mm 以上出ていないかどうかを確認します。

▶結線作業がしやすいように曲げておきます。パーツ❸はこれで完成です。

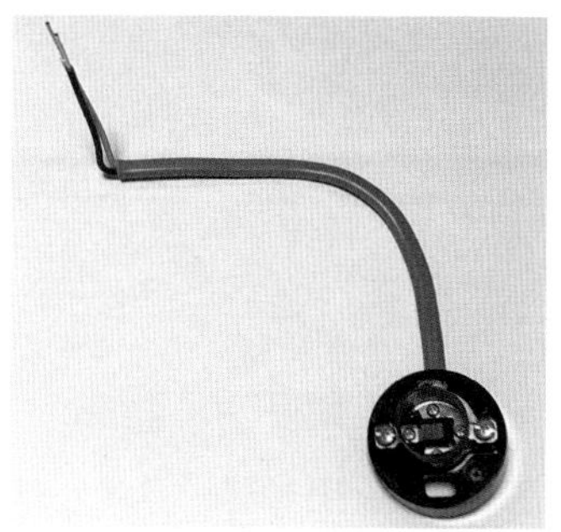

STEP 4 ❹施工省略部分のパーツを作成する

切断 VVF 1.6-2C（長さ：15 cm＋10 cm＝25 cm）

▶ VVF 1.6－2C を 25 cm に切断します。15 cm にプラスして，ジョイントのために 10 cm 長めにとるためです。

▶また，次のように，ケーブル外装と絶縁被覆をはぎ取ります。

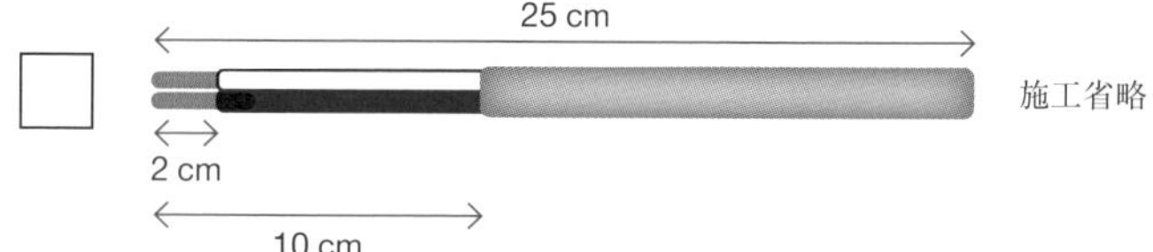

▶結線作業がしやすいように曲げておきます。パーツ❹は，これで完成です。

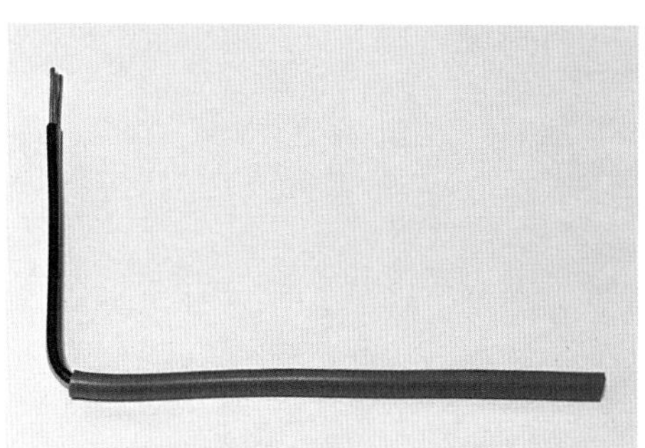

STEP 5 ❺端子台のパーツを作成する

切断 VVF 1.6-2C×3 本（長さ：25 cm＋10 cm＋0 cm＝35 cm）

▶ VVF 1.6－2C を 3 本 35 cm に切断します。25 cm にプラスして，ジョイント側は 10 cm，端子台（リモコンリレーの代用）側は 0 cm 長めにとるためです。

▶また，次のように，ケーブル外装と絶縁被覆をはぎ取ります。同じものを3つ作ります。

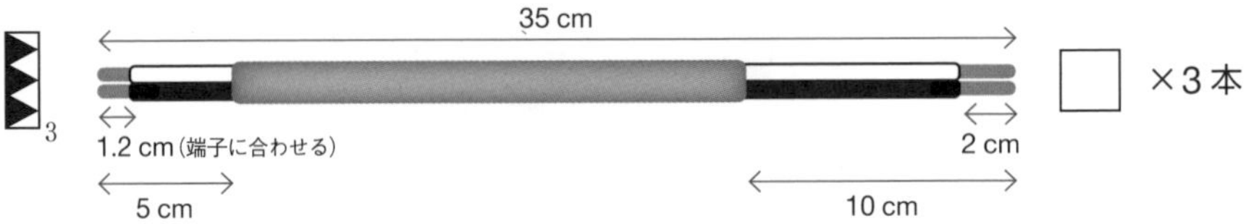

▶次に，端子台に接続します。 単位作業10 端子台 (p.80)

▶結線作業がしやすいように次のように曲げておきます。パーツ❺はこれで完成です。

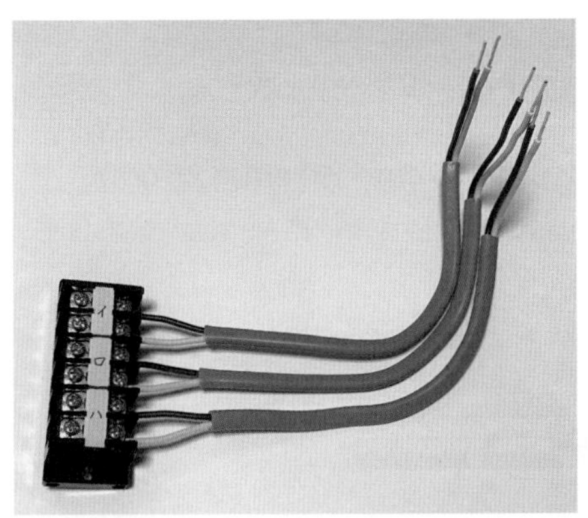

STEP 6 4本の接続箇所を差込形コネクタでジョイントする

ポイント 配線のイメージ

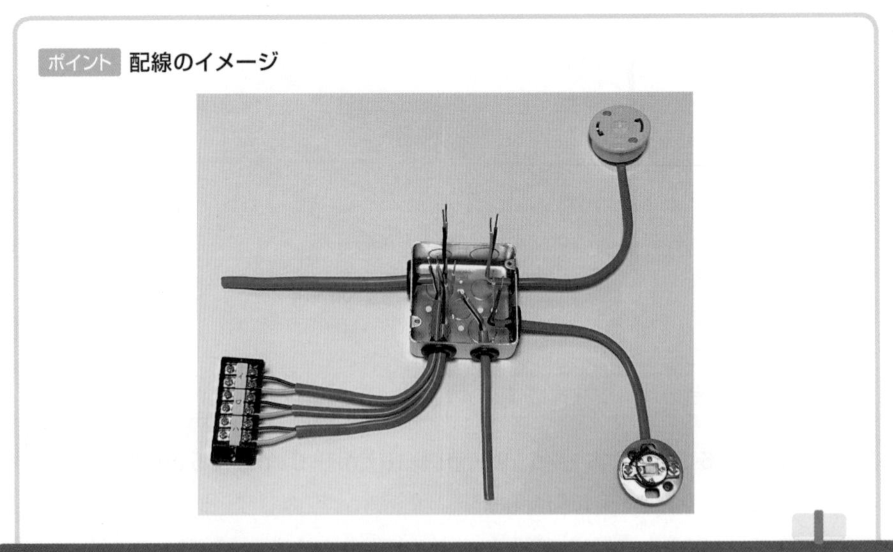

▶ 4本の接続箇所は問題文の指示より，接続する電線本数に応じた差込形コネクタでジョイントします。

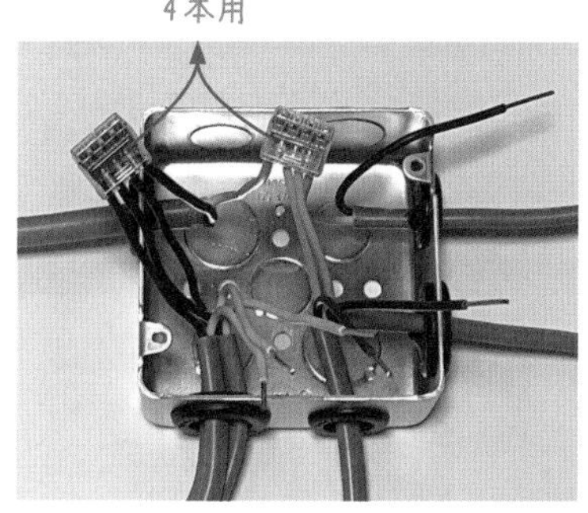
4本用

▶心線をストリップゲージに合わせて切断し，しっかりと奥まで差し込みます。

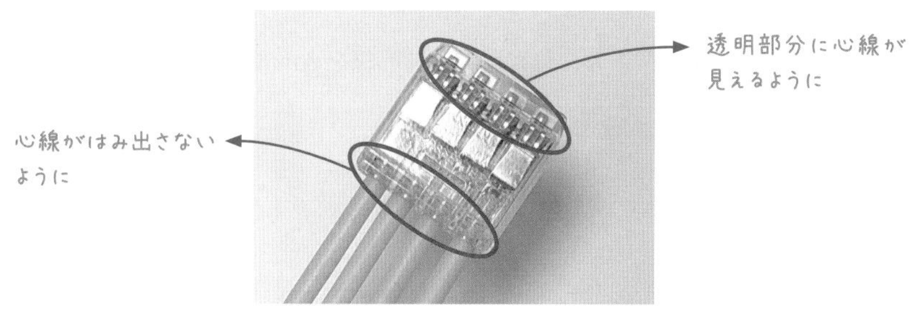
透明部分に心線が
見えるように
心線がはみ出さない
ように

▶複線図を描く手順と同様に接地側電線（白線）を接続します。そして，非接地側電線（黒線）を接続して4本の接続箇所は完成です。

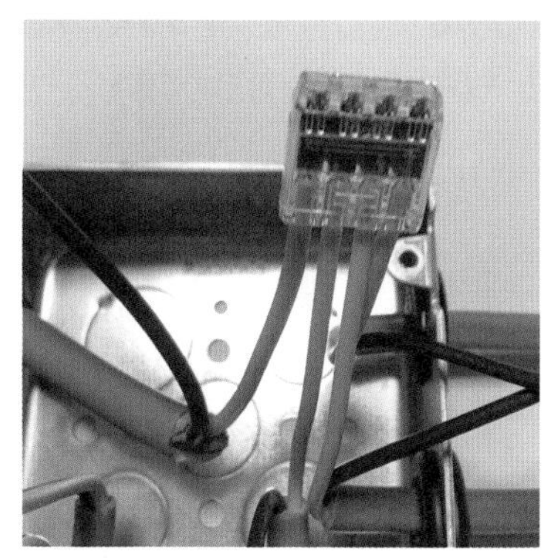

ひとこと 差込形コネクタは，心線の頭がコネクタから見えるようになるまでしっかりと差し込みます。見えていないと欠陥事項になるので注意しましょう。

STEP 7 他の接続箇所をリングスリーブでジョイントする

▶その他の接続箇所は問題文の指示より，複線図を見ながらリングスリーブでジョイントします。全て直径 1.6 mm の電線 2 本の圧着なので刻印「○（極小）」の圧着を行います。

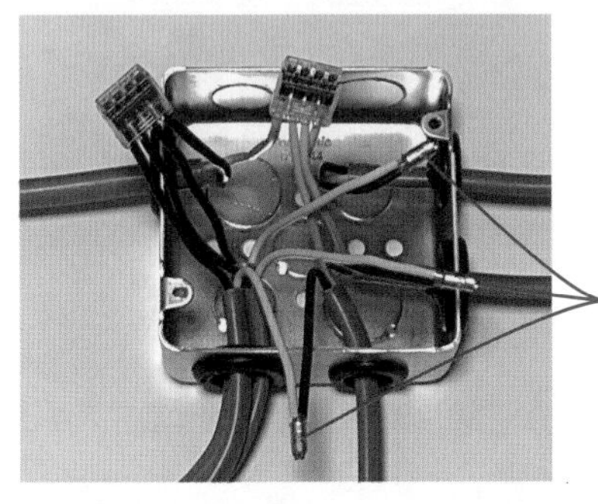

1.6 mm 2本接続の部分はリングスリーブは小，刻印は○

▶リングスリーブでジョイントした後は，先端の心線を 3 mm 程度残して切断しましょう。

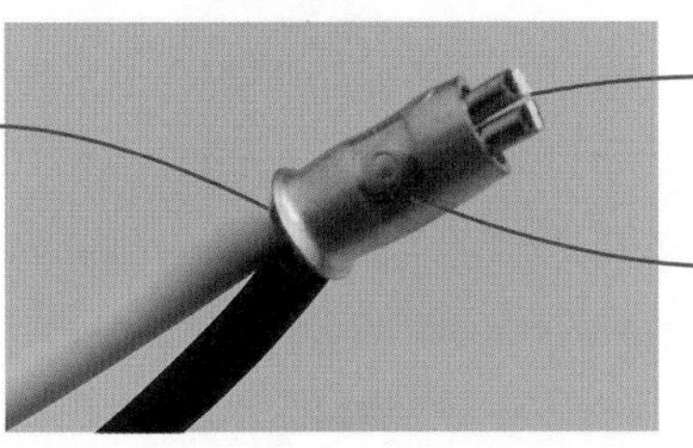

リングスリーブが絶縁被覆をかまないように

圧着接続したら，心線を3 mm程度残して切断する

1.6 mm 2本接続のときはリングスリーブは小，刻印は○で圧着接続

▶イのリモコンリレーの端子とそれに対応する引掛シーリングとの電線を接続します。そして，ロのリモコンリレーの端子とそれに対応するランプレセプタクルとの電線を接続します。さらに，ハのリモコンリレーの端子とそれに対応する角形の引掛シーリング（施工省略部分）との電線を接続します。

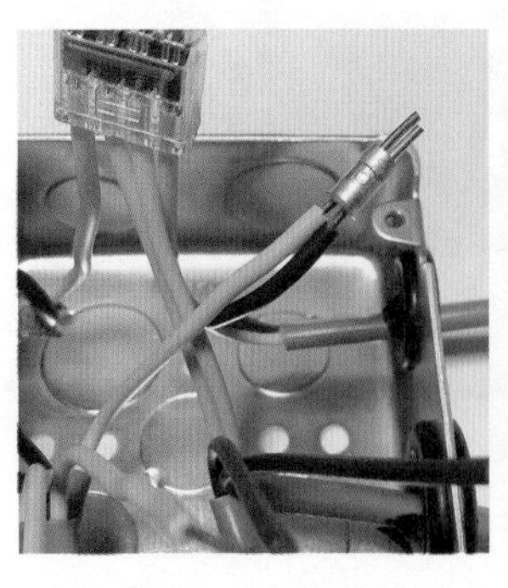

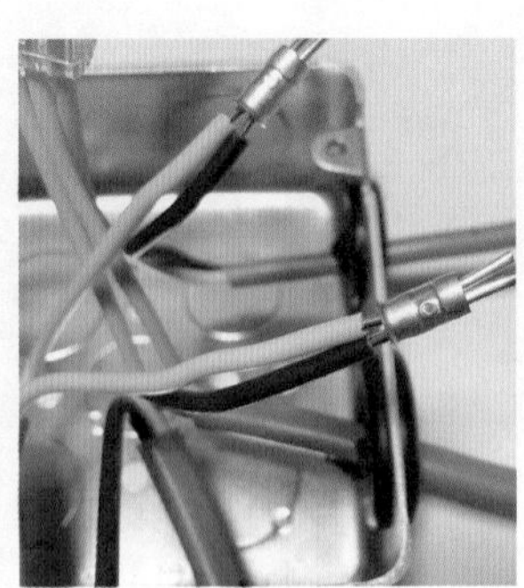

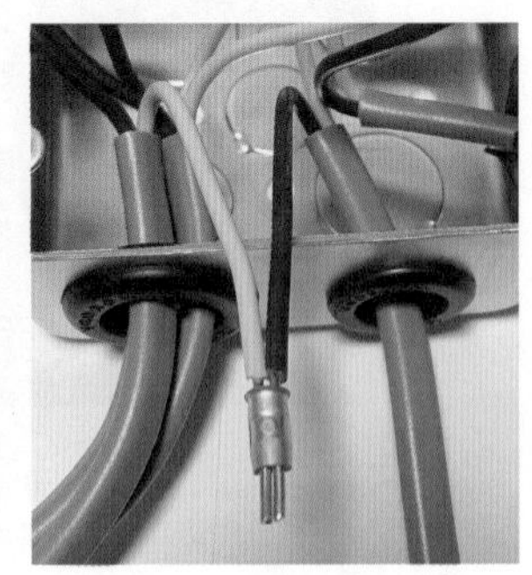

▶最後に，リングスリーブの頭から出た心線の余りを切断して完成です。

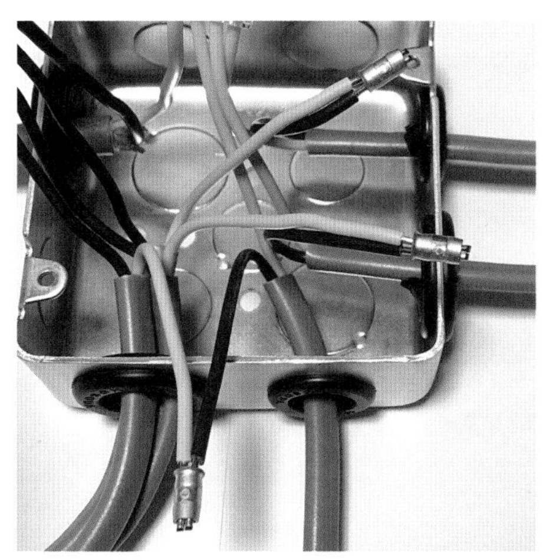

ひとこと 全ての心線をリングスリーブに通しましょう。圧着すべき心線が全て通っていないと欠陥事項になります。

全て接続すると完成です。きれいに整えておきましょう。

完成

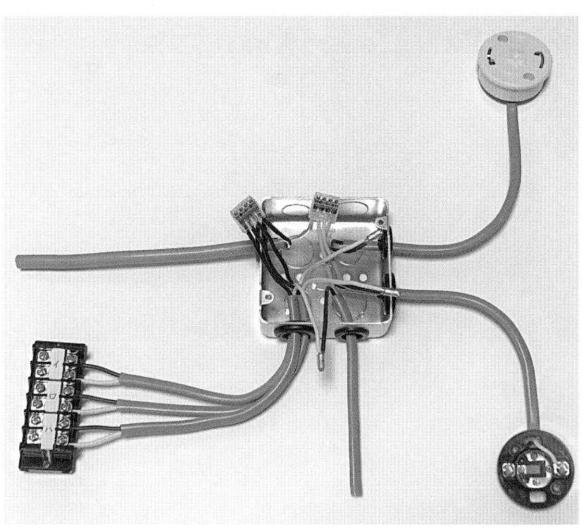

09 EETコンセントの回路

技能試験問題 ［試験時間 40 分］

図に示す低圧屋内配線工事を与えられた全ての材料（予備品を除く）を使用し，〈**施工条件**〉に従って完成させなさい。

なお，

1．------------ で示した部分は施工を省略する。
2．VVF 用ジョイントボックス及びスイッチボックスは支給していないので，その取り付けは省略する。
3．電線接続箇所のテープ巻きや絶縁キャップによる絶縁処理は省略する。
4．作品は保護板（板紙）に取り付けないものとする。

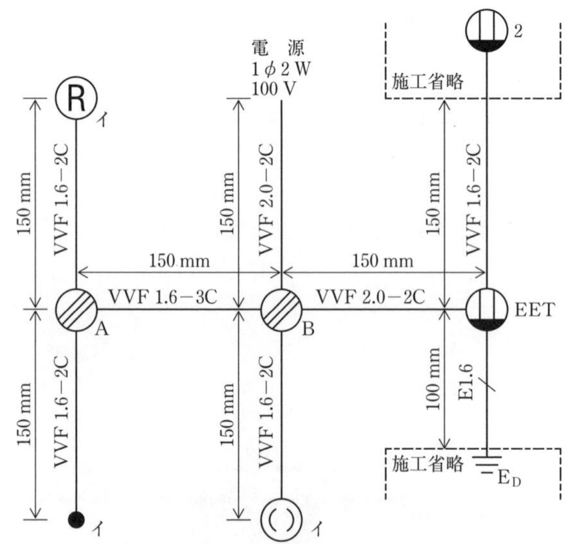

注：1. 図記号は，原則として JIS C 0303：2000 に準拠している。
また，作業に直接関係のない部分等は省略又は簡略化してある。
2. Ⓡは，ランプレセプタクルを示す。

注意　本書に記載している施工条件，支給材料，施工寸法は想定です。
試験では，問題用紙に記載されている内容に従って作業してください。

施工条件

1．配線及び器具の配置は，図に従って行うこと。
2．電線の色別(絶縁被覆の色)は，次によること。
　①電源からの接地側電線には，すべて**白色**を使用する。
　②電源からコンセント及び点滅器までの非接地側電線には，すべて**黒色**を使用する。
　③接地線には，**緑色**を使用する。
　④次の器具の端子には，**白色の電線**を結線する。
　　・コンセントの接地側極端子(W と表示)
　　・ランプレセプタクルの受金ねじ部の端子
　　・引掛シーリングローゼットの接地側極端子(W と表示)
3．VVF 用ジョイントボックス部分を経由する電線は，その部分ですべて接続箇所を設け，接続方法は，次によること。
　①A部分は，差込形コネクタによる接続とする。
　②B部分は，リングスリーブによる接続とする。

支給材料

材　　料	
1．600 Vビニル絶縁ビニルシースケーブル平形（シース青色），2.0 mm，2心，長さ約600 mm	1本
2．600 Vビニル絶縁ビニルシースケーブル平形，1.6 mm，2心，長さ約1250 mm	1本
3．600 Vビニル絶縁ビニルシースケーブル平形，1.6 mm，3心，長さ約350 mm	1本
4．600 Vビニル絶縁電線（緑），1.6 mm，長さ約150 mm	1本
5．ランプレセプタクル（カバーなし）	1個
6．引掛シーリングローゼット（ボディ（丸形）のみ）	1個
7．埋込連用タンブラスイッチ	1個
8．埋込コンセント（15 A125 V接地極付接地端子付）	1個
9．埋込連用取付枠	1枚
10．リングスリーブ（小）	（予備品を含む）2個
11．リングスリーブ（中）	（予備品を含む）3個
12．差込形コネクタ（2本用）	2個
13．差込形コネクタ（3本用）	1個
・受験番号札	1枚
・ビニル袋	1枚

《追加支給について》

ランプレセプタクル用端子ねじ，リングスリーブ及び差込形コネクタは，作業のやり直し等により不足が生じた場合，申し出(挙手をする)があれば追加支給します。

1 使用する材料

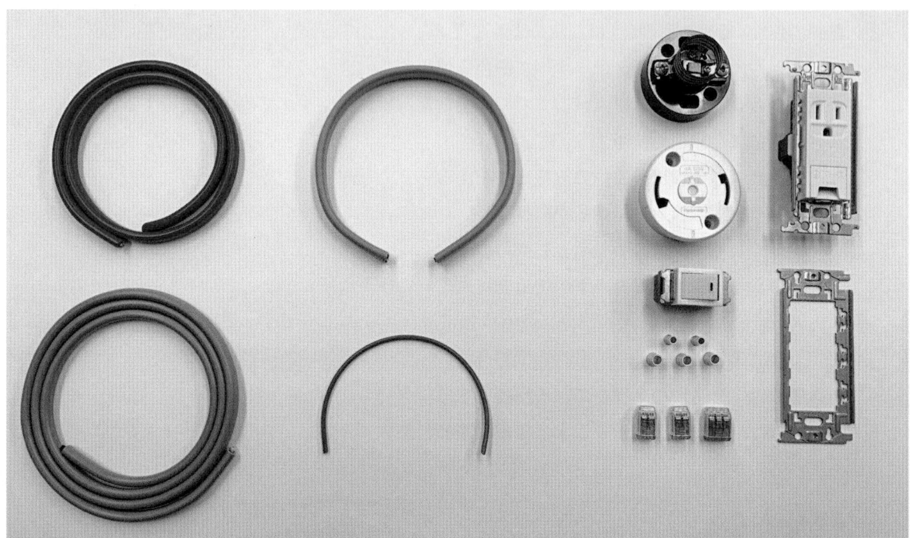

ポイント 注意すべきポイント

① ランプレセプタクルの接続方法 単位作業 05 ランプレセプタクル

→ 輪作りのポイントは押さえておこう！

② 接地線の接続方法 単位作業 06 コンセント

2 複線図

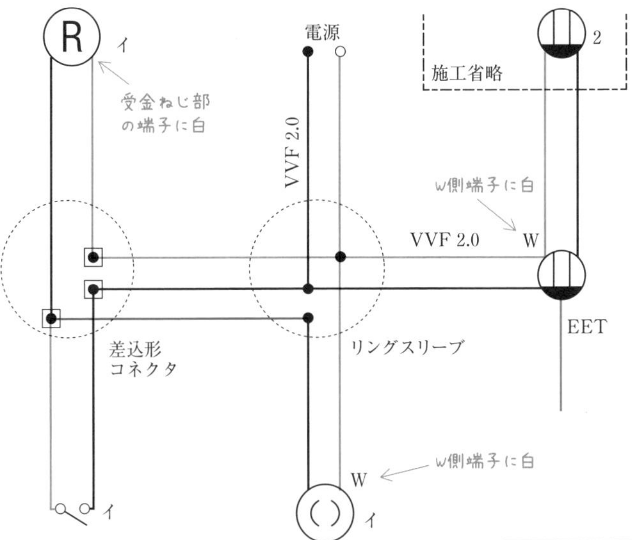

公表問題 09 複線図 (p.146)

3 完成写真

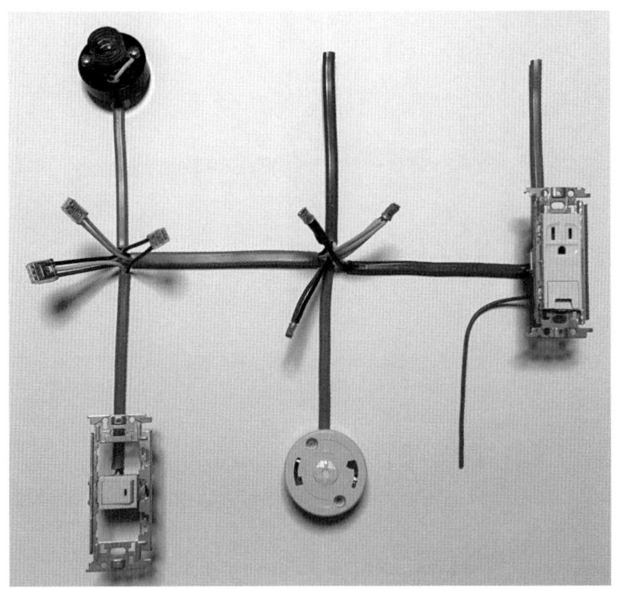

4 作成手順の概要

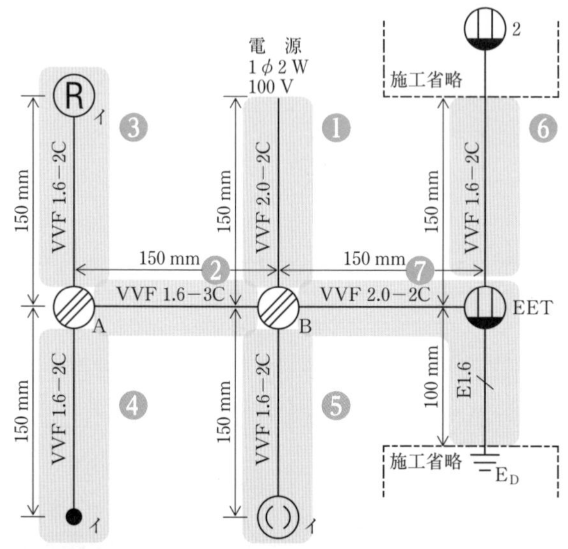

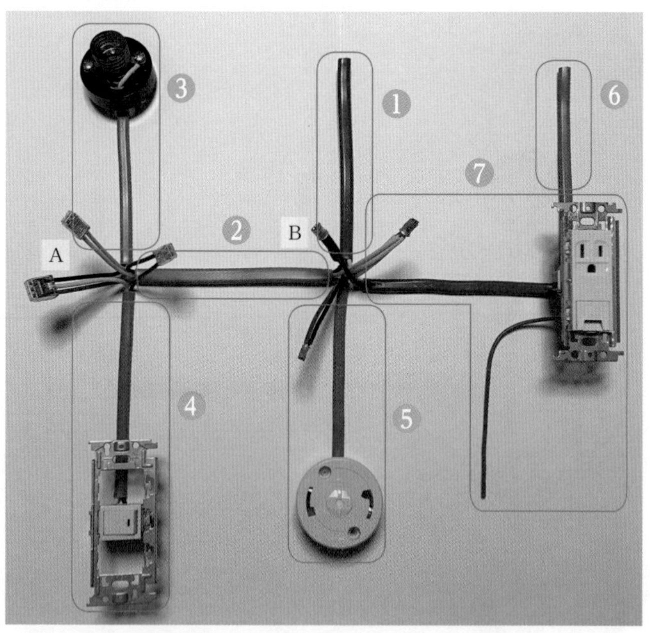

❶～❼のパーツを作成し，A，B でジョイントさせます。

5 作成手順

STEP 1 ❶電源部分のパーツを作成する

切断 VVF 2.0-2C（長さ：15 cm＋10 cm＝25 cm）

▶ VVF 2.0－2C を 25 cm に切断します。15 cm にプラスして，ジョイント側は 10 cm 長めにとるためです。

▶また，次のように，ケーブル外装と絶縁被覆をはぎ取ります。

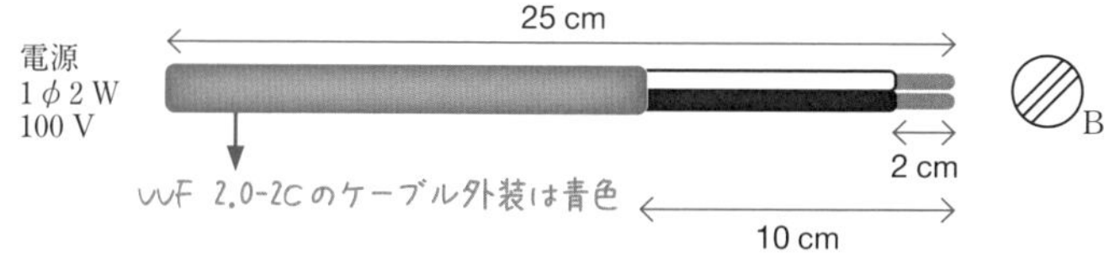

▶結線作業がしやすいように次のように曲げておきます。パーツ❶は，これで完成です。

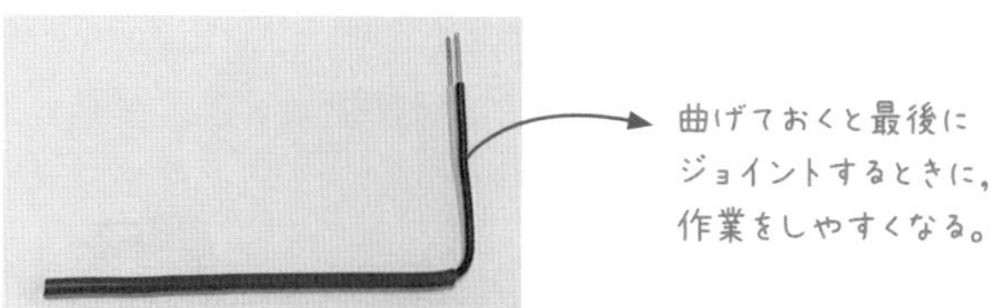

STEP 2 ❷ボックス間のケーブルのパーツを作成する（VVF 1.6-3C（切断は不要））

▶切断は不要です。次のように，ケーブル外装と絶縁被覆をはぎ取ります。

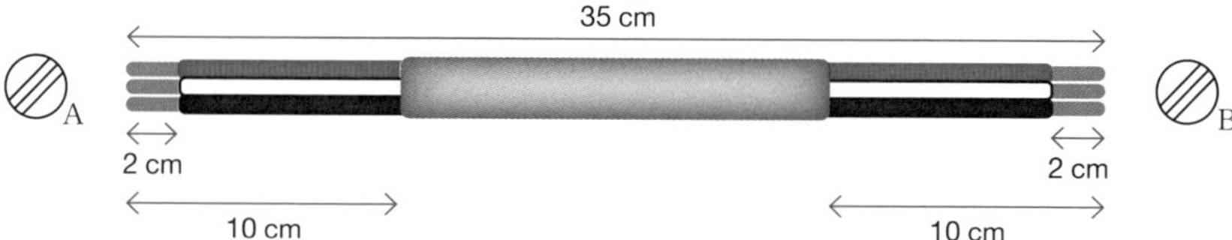

▶結線作業がしやすいように曲げておきます。パーツ❷は，これで完成です。

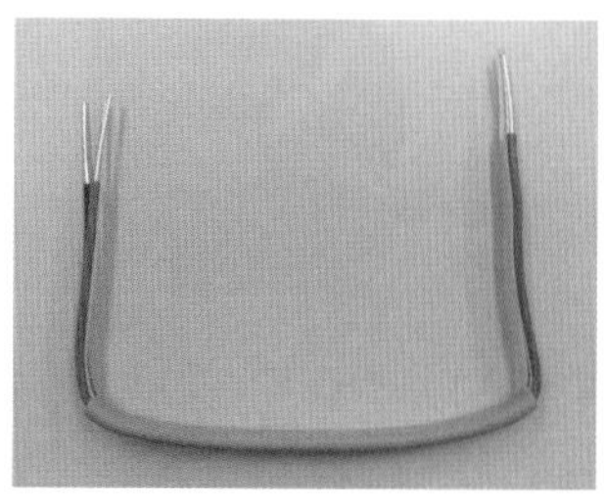

STEP 3 ③ランプレセプタクルのパーツを作成する

切断 VVF 1.6-2C（長さ：15 cm＋10 cm＋5 cm＝30 cm）

▶ VVF 1.6−2C を 30 cm に切断します。15 cm にプラスして，ジョイント側は 10 cm，ランプレセプタクル側は 5 cm 長めにとるためです。

▶ また，次のように，ケーブル外装と絶縁被覆をはぎ取ります。

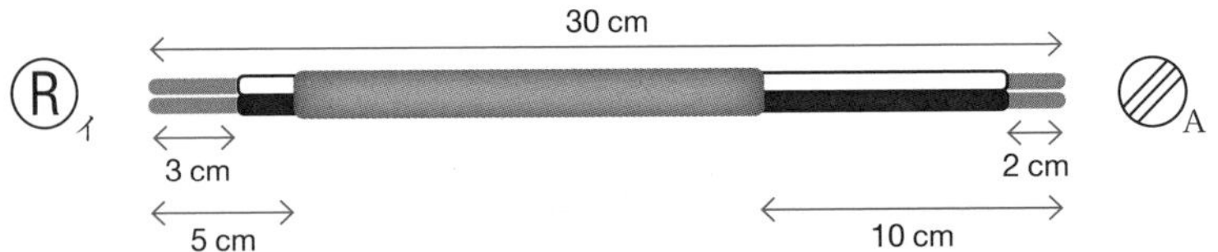

▶ ランプレセプタクルに電線を取り付けます。 単位作業 05 ランプレセプタクル (p.44)

▶ 絶縁被覆から 3 mm 離れた位置をペンチでつまみ，90 度折り曲げます。

▶ ペンチからはみ出た部分を，反対側に折り曲げます。

▶ 先端を少し残して，切り落とします。

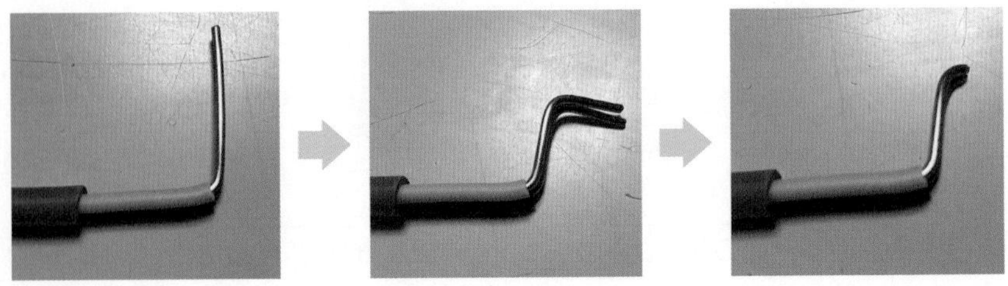

▶ 先端をペンチでつまみ，手前に輪を作るように曲げます。

▶ 受金ねじ部側の「W」と表示されている部分に接地側電線（白線）を，反対側に非接地側電線（黒線）を取り付けます。

▶ ケーブル外装部分を穴から出るように下から押し出します。

▶ ねじの緩み，ねじに絶縁被覆が巻き込まれていないか，心線が 5 mm 以上出ていないかどうかを確認します。

▶結線作業がしやすいように曲げておきます。パーツ❸は，これで完成です。

ランプレセプタクルは，注意すべきポイントが多いのでしっかりと確認しましょう。

STEP 4 ❹スイッチのパーツを作成する

切断 VVF 1.6-2C（長さ：15 cm＋10 cm＋5 cm＝30 cm）

▶ VVF 1.6－2C を 30 cm に切断します。15 cm にプラスして，ジョイント側は 10 cm，スイッチ側は 5 cm 長めにとるためです。

▶また，次のように，ケーブル外装と絶縁被覆をはぎ取ります。

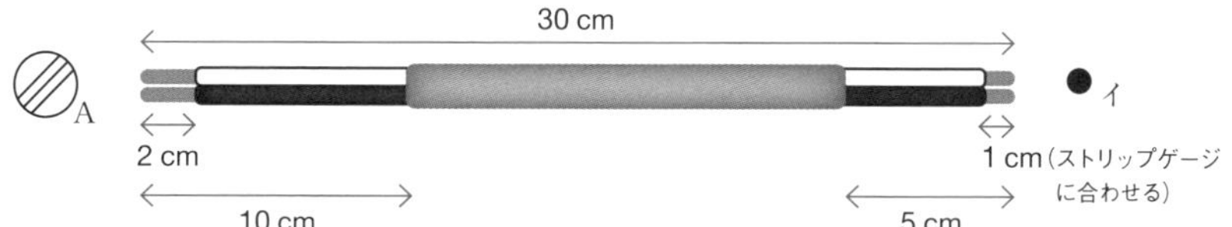

▶埋込連用取付枠にスイッチを取り付けます。 単位作業 03 埋込連用取付枠（p.34）

▶スイッチに電線を取り付けます。 単位作業 09 スイッチ（p.70）

「↑上」の表示を上に

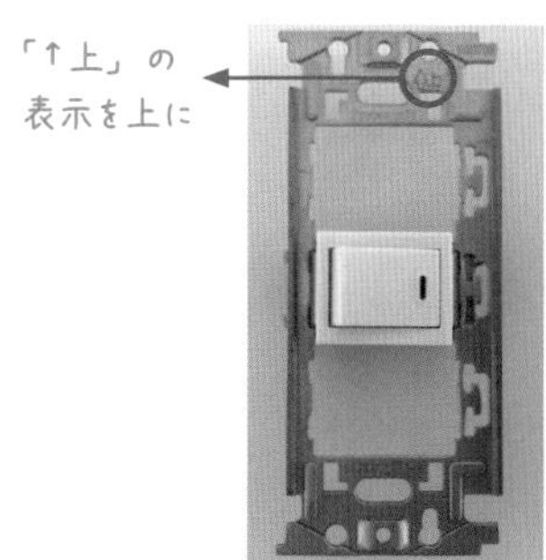

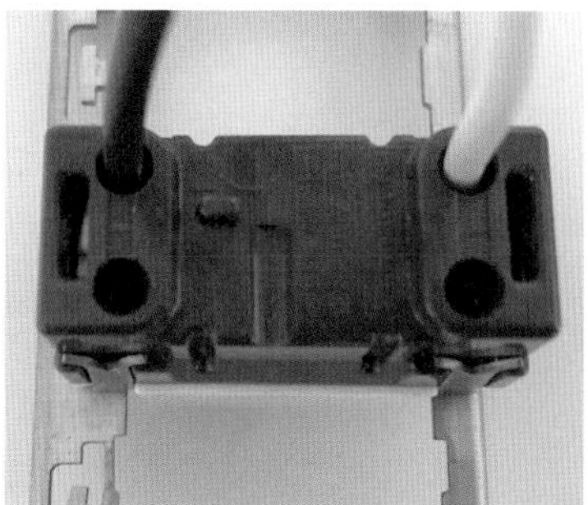

▶心線が 2 mm 以上出ていないか，ケーブル外装が枠内に収まっているかを確認します。

▶結線作業がしやすいように曲げておきます。パーツ❹は，これで完成です。

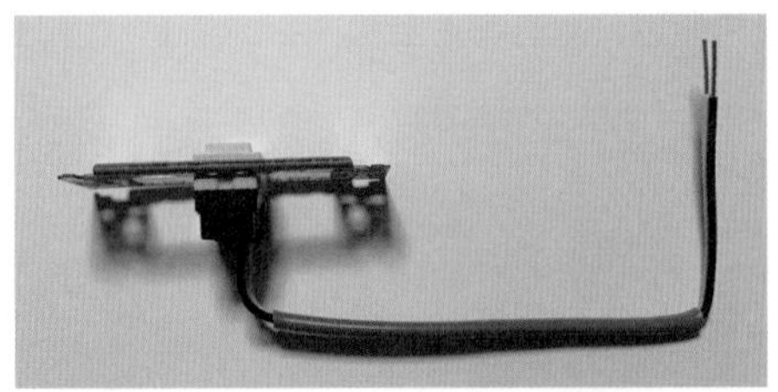

STEP 5 ❺引掛シーリングのパーツを作成する

切断　VVF 1.6-2C（長さ：15 cm＋10 cm＋5 cm＝30 cm）

▶ VVF 1.6－2C を 30 cm に切断します。15 cm にプラスして，ジョイント側は 10 cm，引掛シーリング側は 5 cm 長めにとるためです。

▶また，次のように，ケーブル外装と絶縁被覆をはぎ取ります。

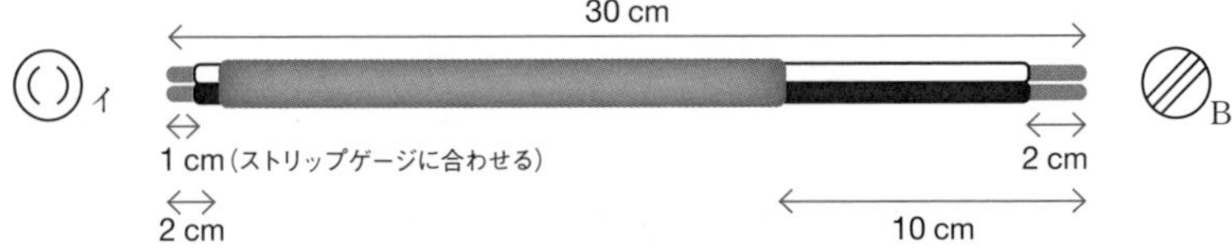

▶引掛シーリングに電線を接続します。 単位作業 04 引掛シーリング（p.40）

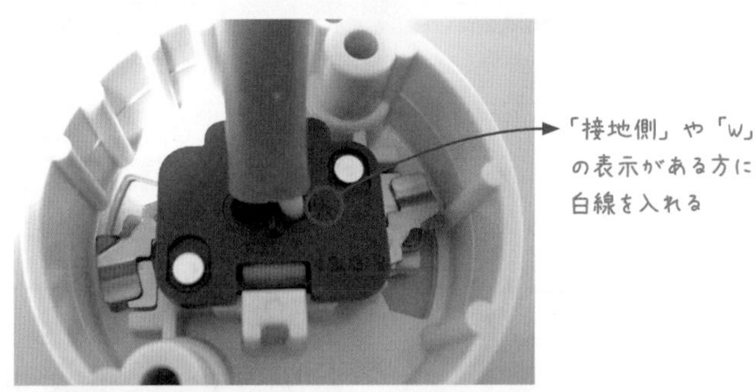

▶結線作業がしやすいように曲げておきます。パーツ❺は，これで完成です。

STEP 6 ❻施工省略部分のパーツを作成する

切断 VVF 1.6-2C (長さ：15 cm + 5 cm = 20 cm)

▶ VVF 1.6−2C を 20 cm に切断します。15 cm にプラスして，コンセント側のために 5 cm 長めにとるためです。

▶また，次のように，ケーブル外装と絶縁被覆をはぎ取ります。

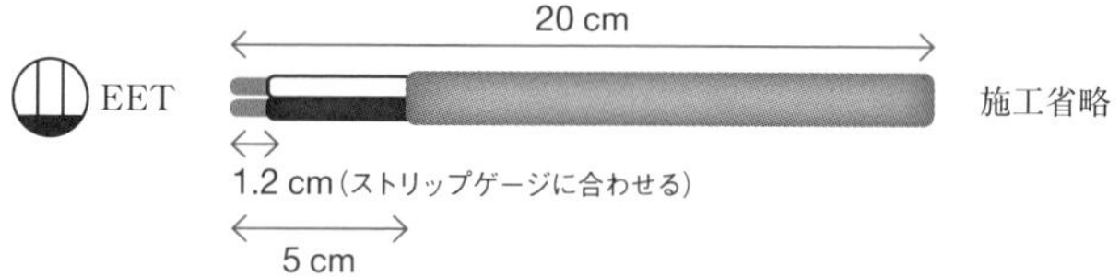

▶ EET コンセントに電線を取り付けます。 単位作業 06 コンセント (p.52)

▶問題の施工条件から，非接地側電線には必ず黒線を用い，コンセントの接地側極端子（W と表示）には必ず白線を用いて接続します。

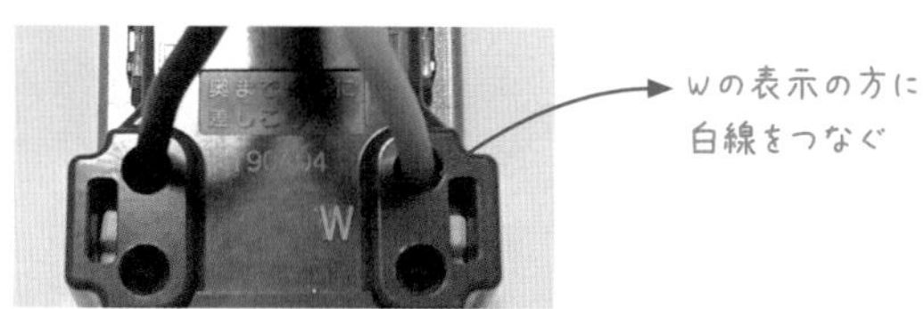

▶心線が 2 mm 以上出ていないか，ケーブル外装が枠内に収まっているかを確認します。パーツ❻は，これで完成です。

STEP 7 ❼EET コンセントのパーツを作成する

切断 VVF 2.0-2C (長さ：15 cm + 10 cm + 5 cm = 30 cm)
絶縁電線（緑）（切断は不要）

▶ VVF 2.0−2C を 30 cm に切断します。15 cm にプラスして，ジョイント側は 10 cm，コンセント側は 5 cm 長めにとるためです。

▶また，次のように，ケーブル外装と絶縁被覆をはぎ取ります。

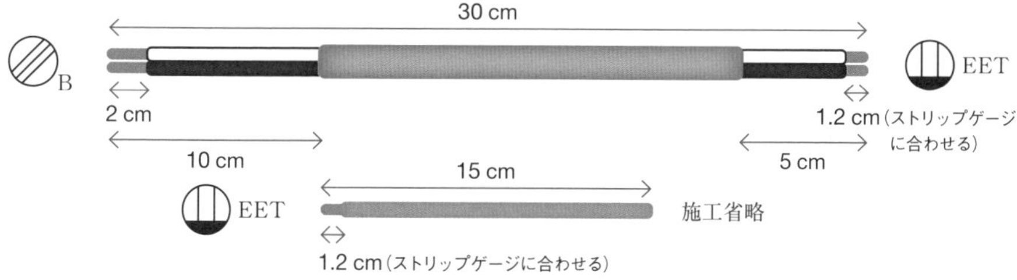

▶ EETコンセントの接地記号のある端子（⏚と表示）に接地線（緑色の絶縁電線）を取り付けます。 単位作業06 コンセント （p.52）

▶ EETコンセントに電線を取り付けます。コンセントの接地側極端子（Wと表示）には必ず白線を用いて接続します。

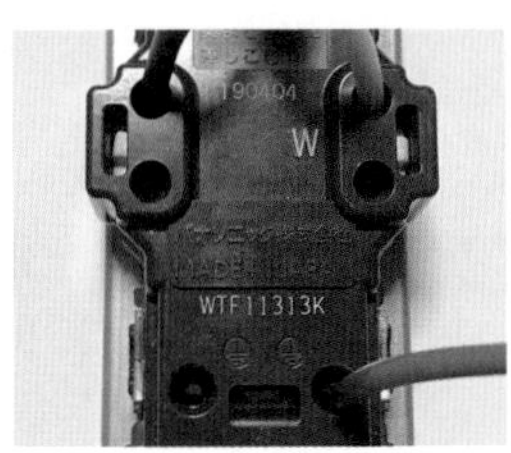

▶心線が2 mm以上出ていないか，ケーブル外装が枠内に収まっているかを確認します。

▶結線作業がしやすいように曲げておきます。パーツ❼は，これで完成です。

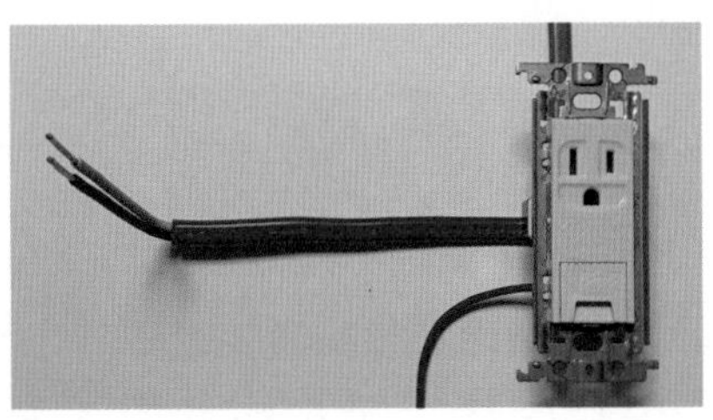

STEP 8 》A部分を差込形コネクタでジョイントする

ポイント **配線のイメージ**

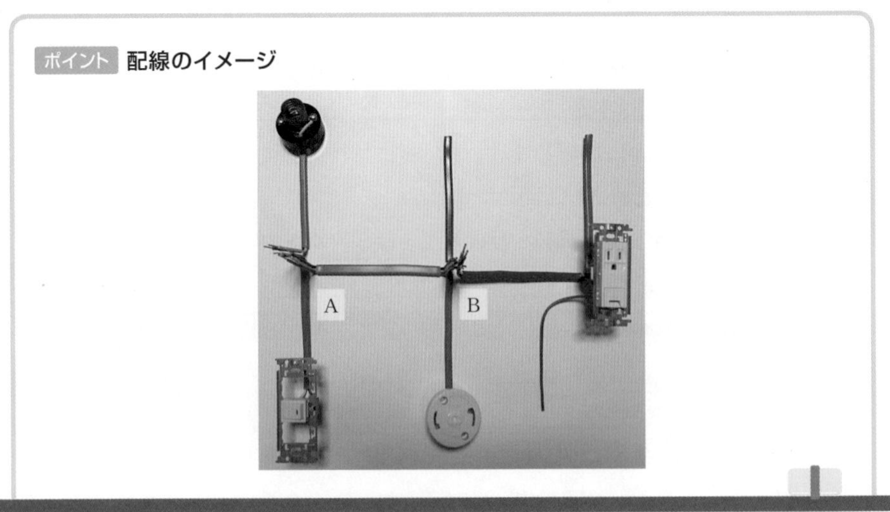

▶ A 部分は問題文の指示より，接続する電線本数に応じた差込形コネクタでジョイントします。

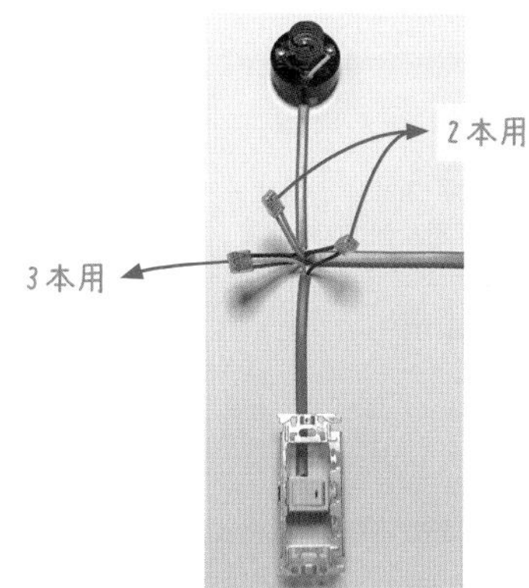
2本用
3本用

▶心線をストリップゲージに合わせて切断し，しっかりと奥まで差し込みます。

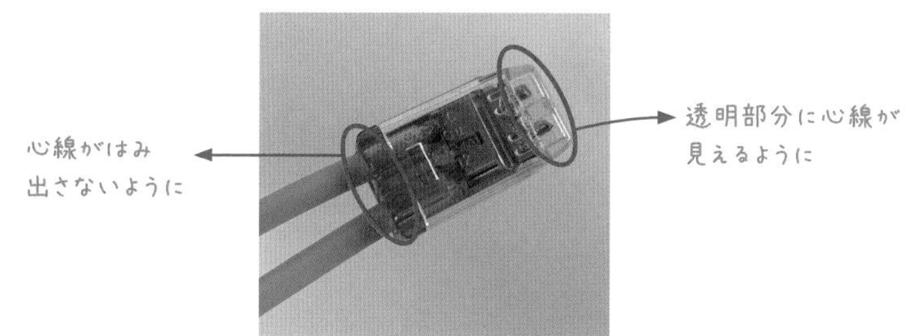
心線がはみ出さないように
透明部分に心線が見えるように

▶複線図を描く手順と同様に接地側電線（白線）を接続します。次に，非接地側電線（黒線）を接続します。そして，イのスイッチとそれに対応する器具のための電線を接続して A 部分は完成です。

ひとこと 差込形コネクタは，心線の頭がコネクタから見えるようになるまでしっかりと差し込みます。見えていないと欠陥事項になるので注意しましょう。

STEP 9 B部分をリングスリーブでジョイントする

▶B部分は問題文の指示より，複線図を見ながらリングスリーブでジョイントします。VVF 2.0−2Cと接続する箇所は中の圧着をし，それ以外は直径1.6 mmの電線2本の圧着なので○(極小)の圧着を行います。

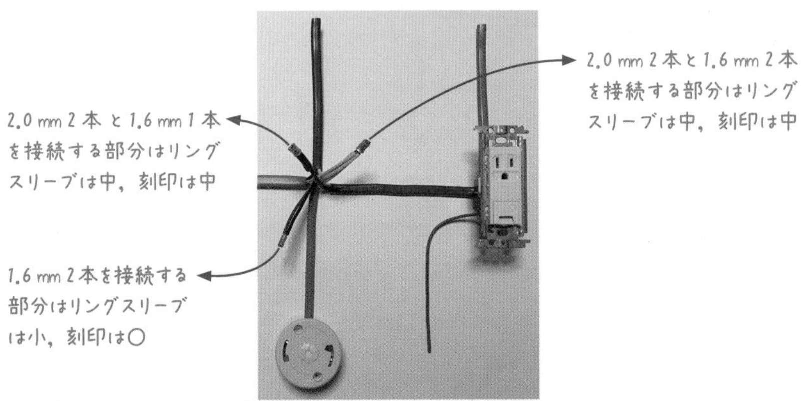

2.0 mm 2本と1.6 mm 1本を接続する部分はリングスリーブは中，刻印は中
2.0 mm 2本と1.6 mm 2本を接続する部分はリングスリーブは中，刻印は中
1.6 mm 2本を接続する部分はリングスリーブは小，刻印は○

▶リングスリーブでジョイントした後は，先端の心線を3 mm程度残して切断しましょう。

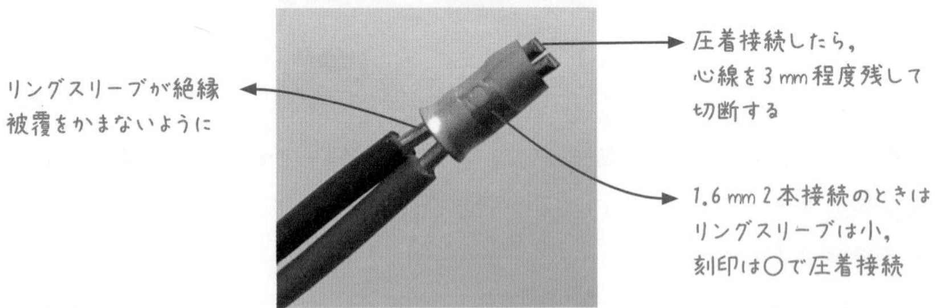

リングスリーブが絶縁被覆をかまないように
圧着接続したら，心線を3 mm程度残して切断する
1.6 mm 2本接続のときはリングスリーブは小，刻印は○で圧着接続

▶複線図を描く手順と同様に接地側電線(白線)を接続します。次に，非接地側電線(黒線)を接続します。そして，イのスイッチと対応する引掛シーリングとの線を接続します。

▶最後に，リングスリーブの頭から出た心線の余りを切断してＢ部分は完成です。

ひとこと 全ての心線をリングスリーブに通しましょう。圧着すべき心線が全て通っていないと欠陥事項になります。

全て接続すると完成です。きれいに整えておきましょう。

完成

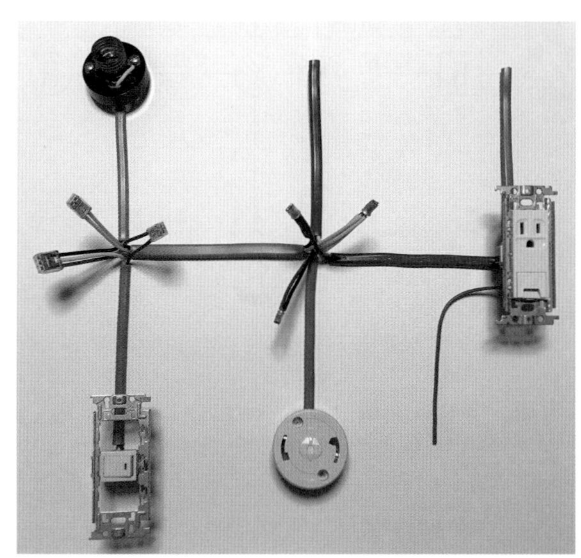

公表問題
10 同時点滅の回路

技能試験問題 ［試験時間 40 分］

図に示す低圧屋内配線工事を与えられた全ての材料（予備品を除く）を使用し，〈**施工条件**〉に従って完成させなさい。

なお,

1．------------ で示した部分は施工を省略する。
2．VVF 用ジョイントボックス及びスイッチボックスは支給していないので，その取り付けは省略する。
3．電線接続箇所のテープ巻きや絶縁キャップによる絶縁処理は省略する。
4．作品は保護板（板紙）に取り付けないものとする。

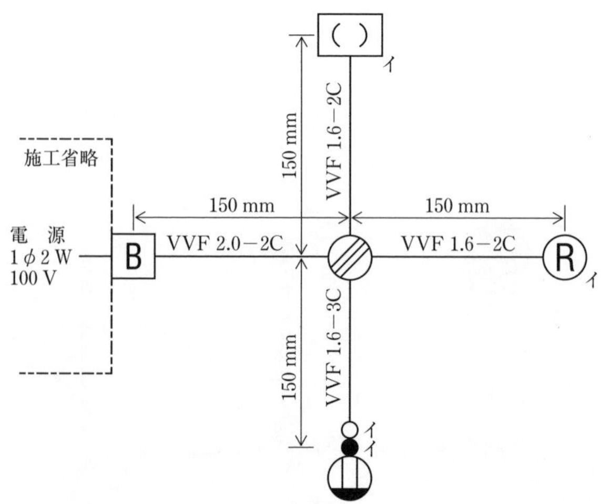

注：1. 図記号は，原則として JIS C 0303：2000 に準拠している。
　　また，作業に直接関係のない部分等は省略又は簡略化してある。
　2. Ⓡは，ランプレセプタクルを示す。

注意　本書に記載している施工条件，支給材料，施工寸法は想定です。
試験では，問題用紙に記載されている内容に従って作業してください。

施工条件

1．配線及び器具の配置は，図に従って行うこと。
2．**確認表示灯（パイロットランプ）は，引掛シーリングローゼット及びランプレセプタクルと同時点滅とすること。**
3．電線の色別（絶縁被覆の色）は，次によること。
①電源からの接地側電線には，すべて**白色**を使用する。
②電源から点滅器及びコンセントまでの非接地側電線には，すべて**黒色**を使用する。
③次の器具の端子には，**白色の電線**を結線する。
・コンセントの接地側極端子（W と表示）
・ランプレセプタクルの受金ねじ部の端子
・引掛シーリングローゼットの接地側極端子（接地側と表示）
・配線用遮断器の接地側極端子（N と表示）
4．VVF 用ジョイントボックス部分を経由する電線は，その部分ですべて接続箇所を設け，接続方法は，次によること。
①３本の接続箇所は，差込形コネクタによる接続とする。
②その他の接続箇所は，リングスリーブによる接続とする。

支給材料

材　　料
1．600 V ビニル絶縁ビニルシースケーブル平形（シース青色），2.0 mm，2心，長さ約300 mm ……… 1本
2．600 V ビニル絶縁ビニルシースケーブル平形，1.6 mm，2心，長さ約650 mm ……… 1本
3．600 V ビニル絶縁ビニルシースケーブル平形，1.6 mm，3心，長さ約450 mm ……… 1本
4．配線用遮断器（100 V，2極1素子） ……… 1個
5．ランプレセプタクル（カバーなし） ……… 1個
6．引掛シーリングローゼット（ボディ（角形）のみ） ……… 1個
7．埋込連用タンブラスイッチ ……… 1個
8．埋込連用パイロットランプ ……… 1個
9．埋込連用コンセント ……… 1個
10．埋込連用取付枠 ……… 1枚
11．リングスリーブ（小） ……… （予備品を含む）2個
12．リングスリーブ（中） ……… （予備品を含む）2個
13．差込形コネクタ（3本用） ……… 1個
・受験番号札 ……… 1枚
・ビニル袋 ……… 1枚

《追加支給について》
ランプレセプタクル用端子ねじ，リングスリーブ及び差込形コネクタは，作業のやり直し等により不足が生じた場合，申し出（挙手をする）があれば追加支給します。

1 使用する材料

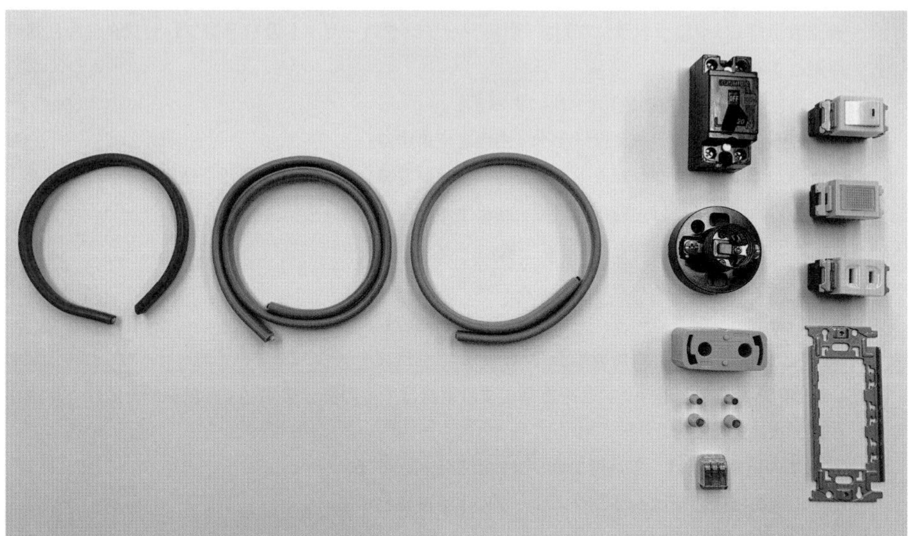

ポイント 注意すべきポイント

①配線用遮断器の接続方法 単位作業 11 配線用遮断器

②パイロットランプ(同時点滅)の接続方法 単位作業 08 パイロットランプ

③ランプレセプタクルの接続方法 単位作業 05 ランプレセプタクル

→ 輪作りのポイントは押さえておこう!

④わたり線の接続方法 類題 公表問題 1,2,4,5,11,12 単位作業 07 わたり線

2 複線図

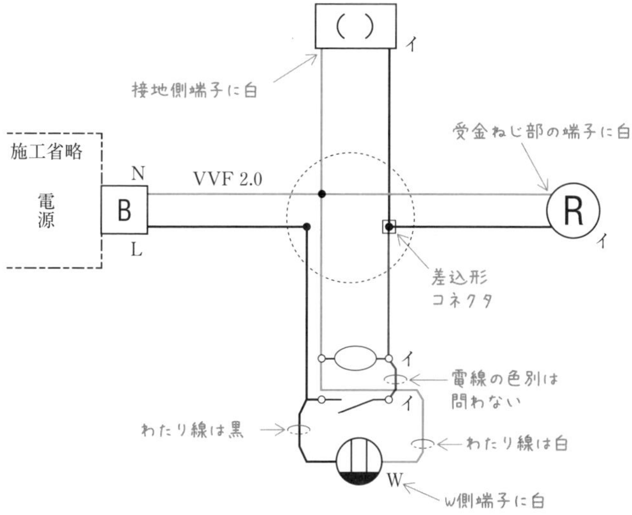

公表問題 10 複線図 (p.148)

3 完成写真

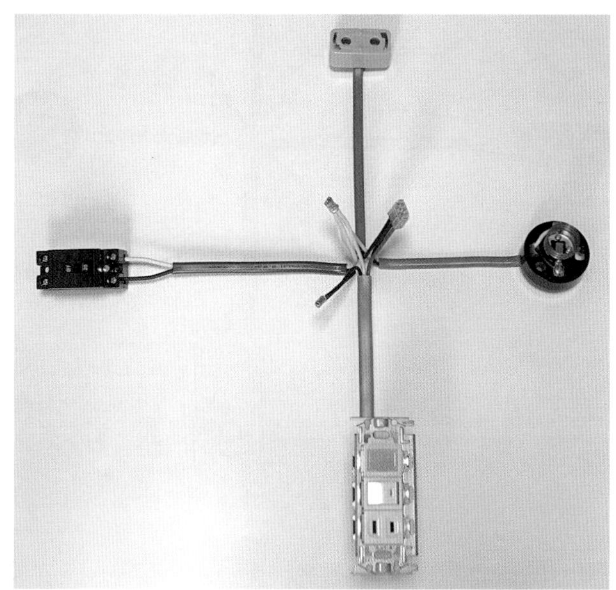

4 作成手順の概要

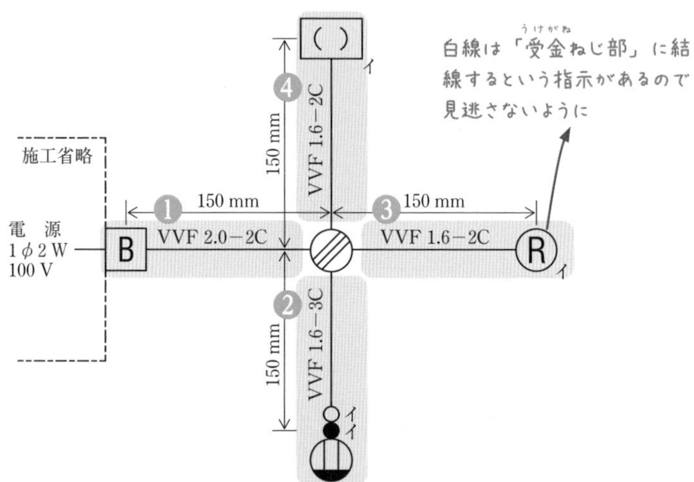

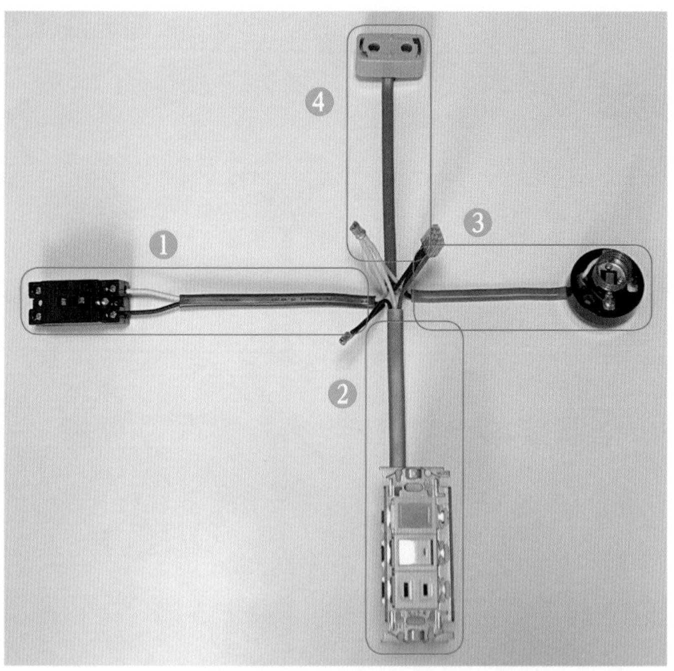

❶〜❹のパーツを作成し，ジョイントさせます。

5 作成手順

STEP 1 ❶配線用遮断器のパーツを作成する（VVF 2.0-2C（切断は不要））

▶切断は不要です。次のように，ケーブル外装と絶縁被覆をはぎ取ります。

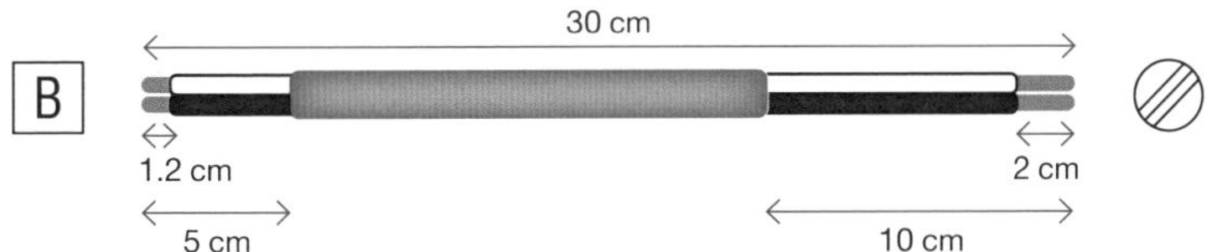

ひとこと VVF 2.0-2C はこの部分でしか使用しないため，時間短縮のために切断作業を省略しています。15 cm にプラスしてジョイント側を 10 cm，配線用遮断器側を 0 cm 長めにとって 25 cm に切断してもかまいません。

▶次に，配線用遮断器に接続します。 単位作業 11 配線用遮断器（p.84）

▶ねじの緩み，絶縁被覆が巻き込まれていないか，心線が 5 mm 以上出ていないかどうかを確認します。

▶結線作業がしやすいように曲げておきます。パーツ❶は，これで完成です。

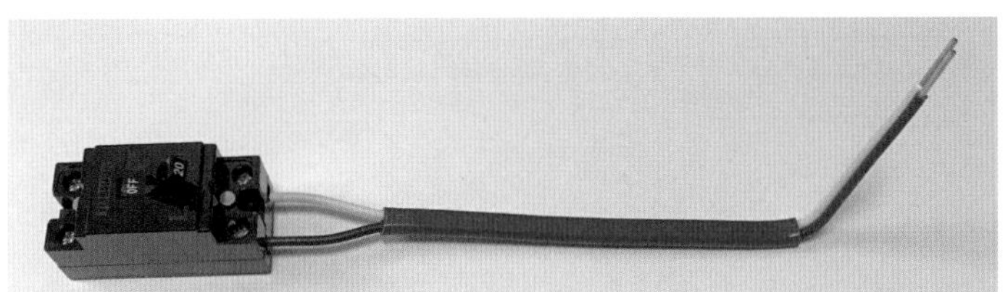

STEP 2 ❷埋込連用器具のパーツを作成する

切断 VVF 1.6-3C（長さ：15 cm＋10 cm＋10 cm＝35 cm）

▶ VVF 1.6−3C を 35 cm に切断します。15 cm にプラスして，ジョイント側は 10 cm，埋込連用取付枠側は 10 cm 長くとるからです。また，次のように，ケーブル外装と絶縁被覆をはぎ取ります。

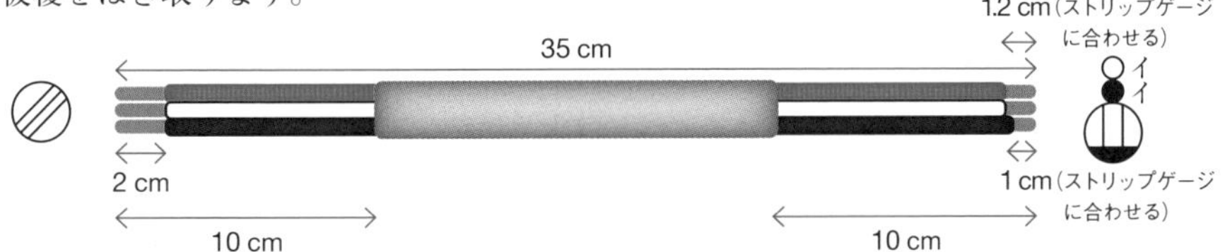

▶わたり線は，余っているVVF 1.6−3Cから作ります。ケーブル外装をはぎ取り，絶縁電線を取り出します。

▶次のように絶縁被覆をはぎ取ります。同じようにして，わたり線を3本作ります。

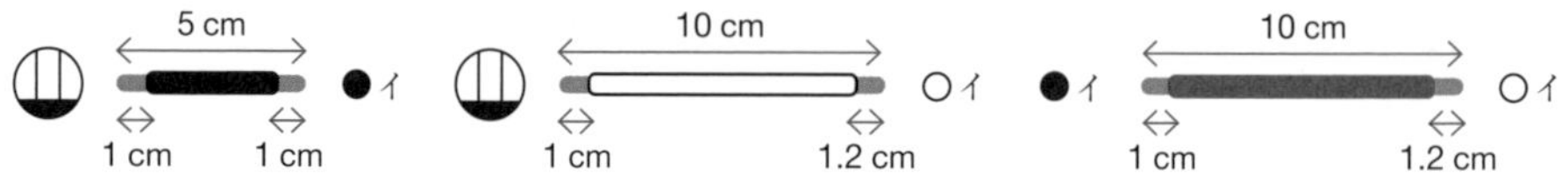

▶あとで作業がしやすいように曲げておきます。

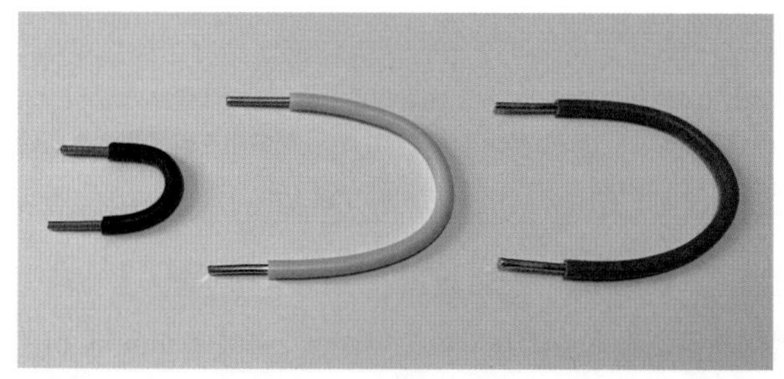

▶埋込連用取付枠にパイロットランプ，スイッチ，コンセントを取り付けます。

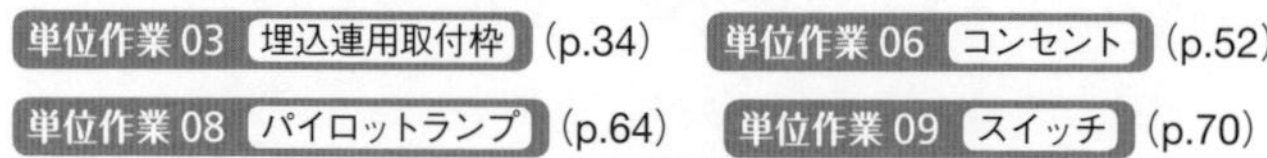

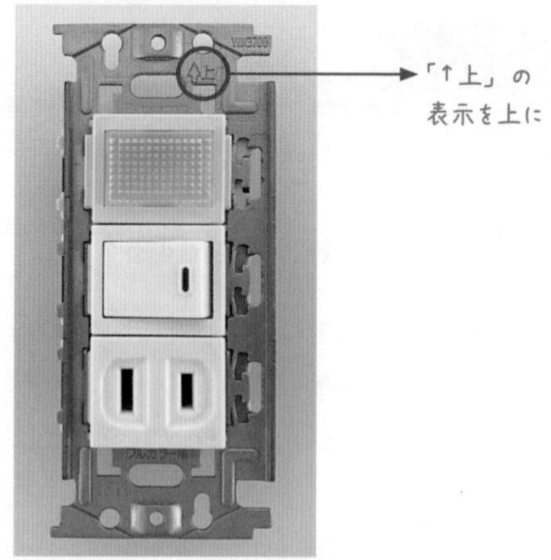

ひとこと 施工条件より，パイロットランプは同時点滅にしなければならない点に注意して作業しましょう。

▶パイロットランプ，スイッチにVVFケーブルを取り付けます。接地側電線(白線)と赤線をパイロットランプに，非接地側電線(黒線)をスイッチに取り付けます。

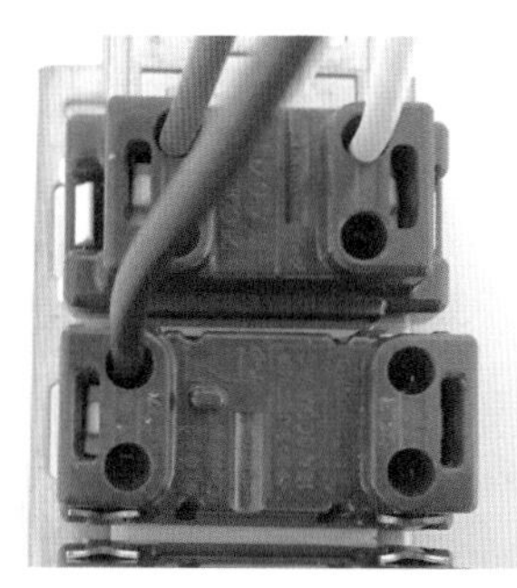

▶パイロットランプとコンセントの接地側をわたり線(白線)でつなぎます。

単位作業07 わたり線 (p.60)

▶スイッチとコンセントの非接地側をわたり線(黒線)でつなぎます。

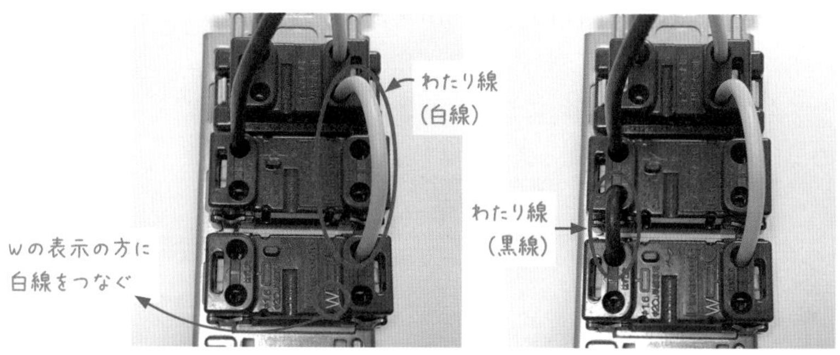

▶パイロットランプとスイッチをわたり線(赤線)でつなぎます。
この作業により，スイッチをオンにするとパイロットランプは点灯し，スイッチをオフにすると消灯するため，同時点滅になります。

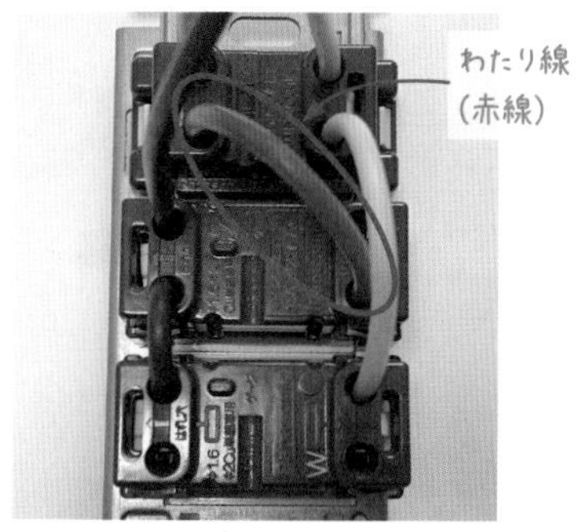

▶心線が 2 mm 以上出ていないか，ケーブル外装が枠内に収まっているかを確認します。

▶結線作業がしやすいように曲げておきます。パーツ❷は，これで完成です。

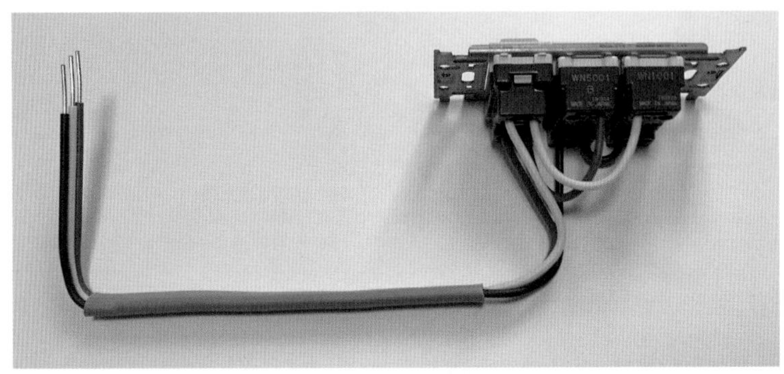

STEP 3 ❸ランプレセプタクルのパーツを作成する

切断 VVF 1.6-2C（長さ：15 cm＋10 cm＋5 cm＝30 cm）

▶ VVF 1.6－2C を 30 cm に切断します。15 cm にプラスして，ジョイント側は 10 cm，ランプレセプタクル側は 5 cm 長めにとるためです。

▶また，次のように，ケーブル外装と絶縁被覆をはぎ取ります。

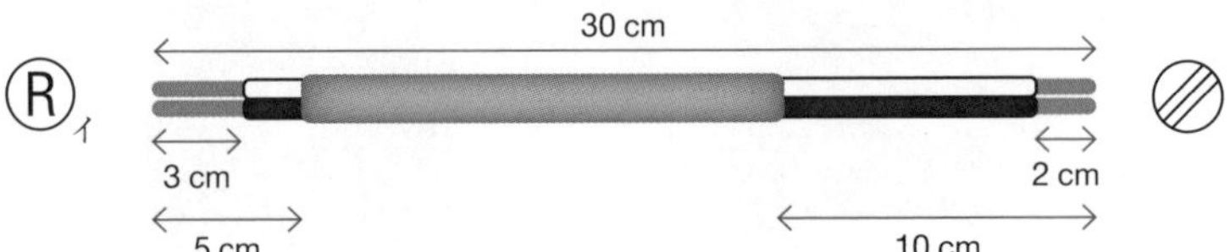

▶ランプレセプタクルに電線を取り付けます。 単位作業 05 ランプレセプタクル (p.44)

▶絶縁被覆から 3 mm 離れた位置をペンチでつまみ，90 度折り曲げます。

▶ペンチからはみ出た部分を，反対側に折り曲げます。

▶先端を少し残して，切り落とします。

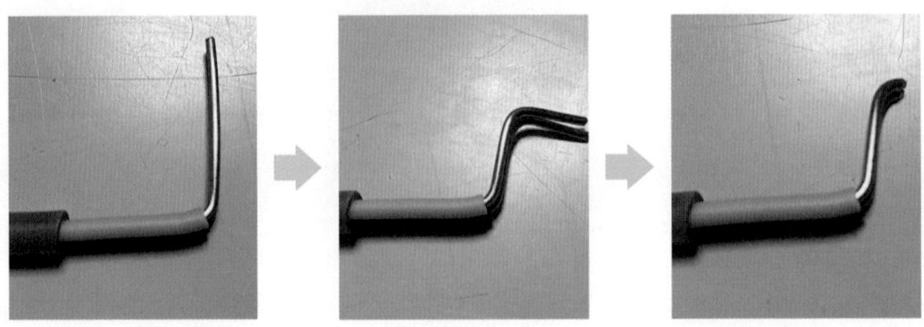

▶先端をペンチでつまみ，手前に輪を作るように曲げます。

▶受金ねじ部側の「W」と表示されている部分に接地側電線（白線）を，反対側に非接地側電線（黒線）を取り付けます。

▶ケーブル外装部分を穴から出るように下から押し出します。

▶ねじの緩み，ねじに絶縁被覆が巻き込まれていないか，心線が5 mm以上出ていないかどうかを確認します。

▶結線作業がしやすいように曲げておきます。パーツ❸は，これで完成です。

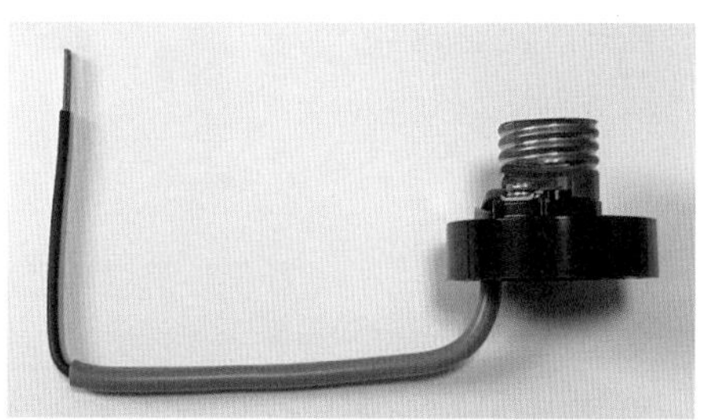

ランプレセプタクルは，注意すべきポイントが多いのでしっかりと確認しましょう。

STEP 4 ❹引掛シーリングのパーツを作成する

切断 VVF 1.6-2C（長さ：15 cm＋10 cm＋5 cm＝30 cm）

▶VVF 1.6−2Cを30 cmに切断します。15 cmにプラスして，ジョイント側は10 cm，引掛シーリング側は5 cm長めにとるためです。

▶また，次のように，ケーブル外装と絶縁被覆をはぎ取ります。

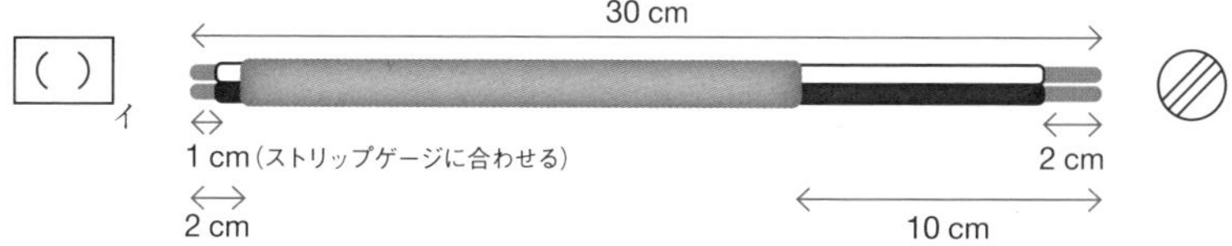

▶次に，引掛シーリングに接続します。 単位作業04 引掛シーリング (p.40)

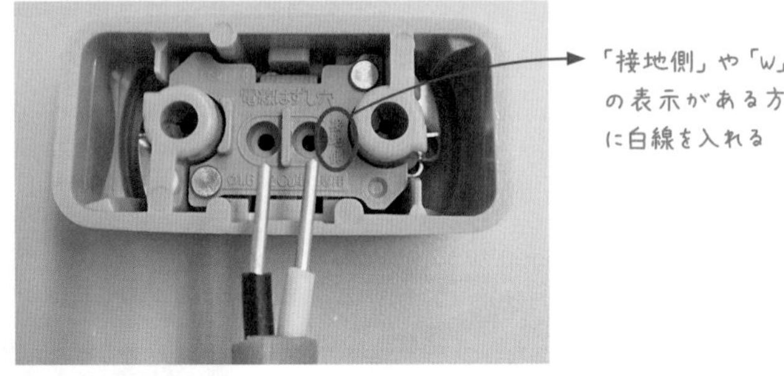

▶結線作業がしやすいように曲げておきます。パーツ❹は，これで完成です。

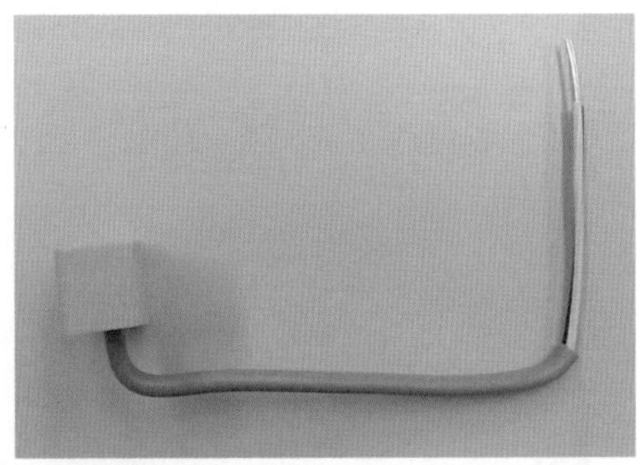

STEP 5 3本の接続箇所を差込形コネクタでジョイントする

ポイント **配線のイメージ**

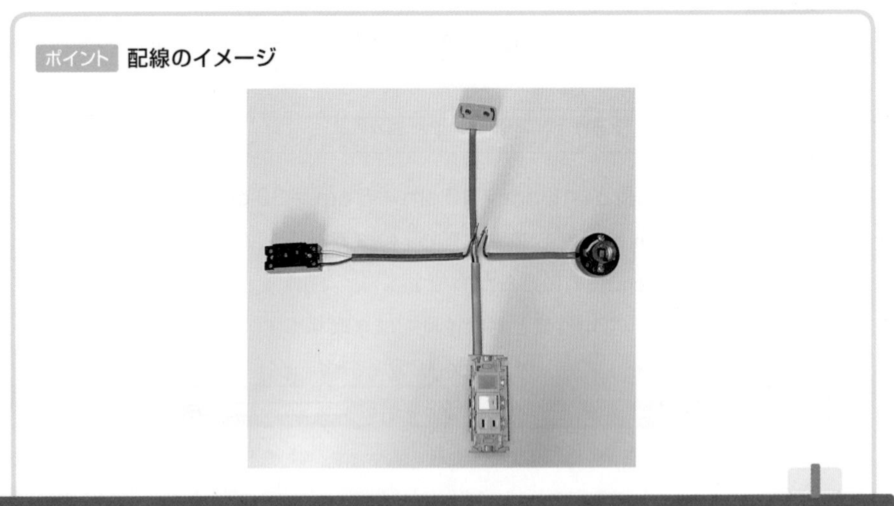

▶３本の接続箇所は問題文の指示より，複線図を見ながら差込形コネクタでジョイントします。

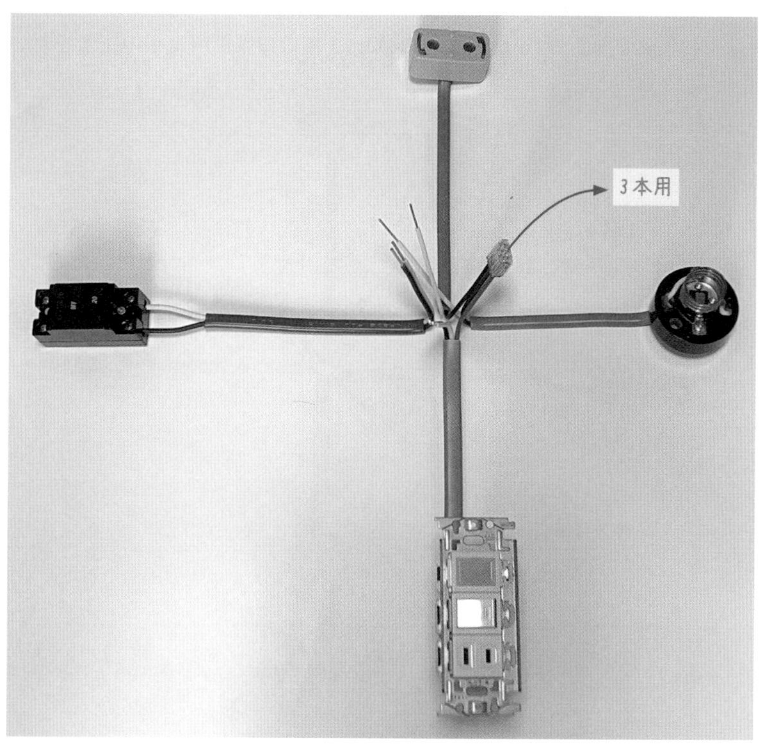
3本用

▶心線をストリップゲージに合わせて切断し，しっかりと奥まで差し込みます。

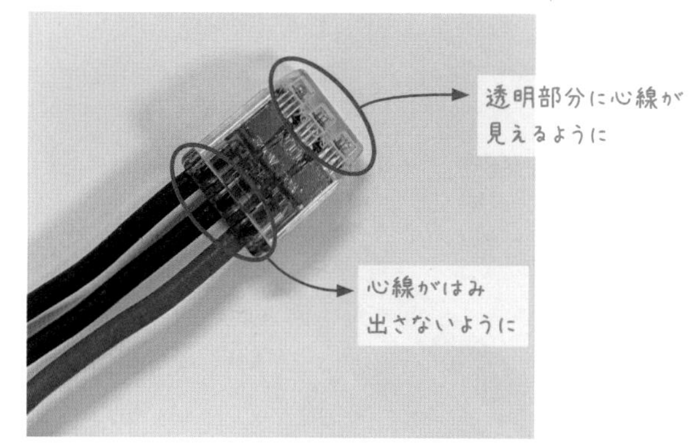
透明部分に心線が
見えるように
心線がはみ
出さないように

STEP 6 その他の接続箇所をリングスリーブでジョイントする

▶その他の接続箇所は問題文の指示より，リングスリーブでジョイントします。4 本の接続箇所は中の圧着をし，2.0 mm 1 本と 1.6 mm 1 本の接続箇所は小の圧着を行います。

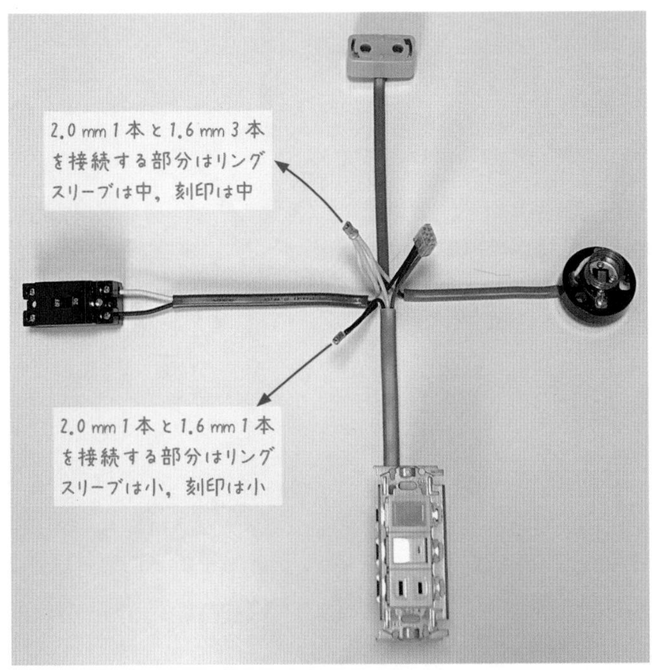
2.0 mm 1 本と 1.6 mm 3 本
を接続する部分はリング
スリーブは中，刻印は中
2.0 mm 1 本と 1.6 mm 1 本
を接続する部分はリング
スリーブは小，刻印は小

▶リングスリーブでジョイントした後は，忘れずに先端の心線を 3 mm 程度残して切断しましょう。

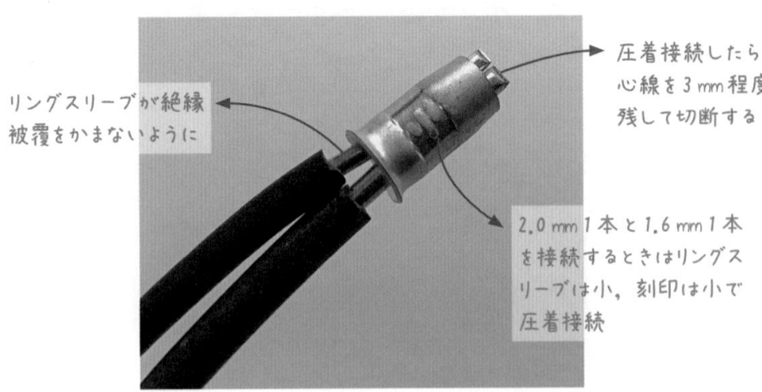
リングスリーブが絶縁
被覆をかまないように
圧着接続したら，
心線を 3 mm 程度
残して切断する
2.0 mm 1 本と 1.6 mm 1 本
を接続するときはリングス
リーブは小，刻印は小で
圧着接続

▶複線図を描く手順と同様に接地側電線(白線)を接続します。そして，非接地側電線(黒線)を接続します。最後に，リングスリーブの頭から出た心線の余りを切断します。

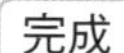

全ての心線をリングスリーブに通しましょう。圧着すべき心線が全て通っていないと欠陥事項になります。

全て接続すると完成です。きれいに整えておきましょう。

完成

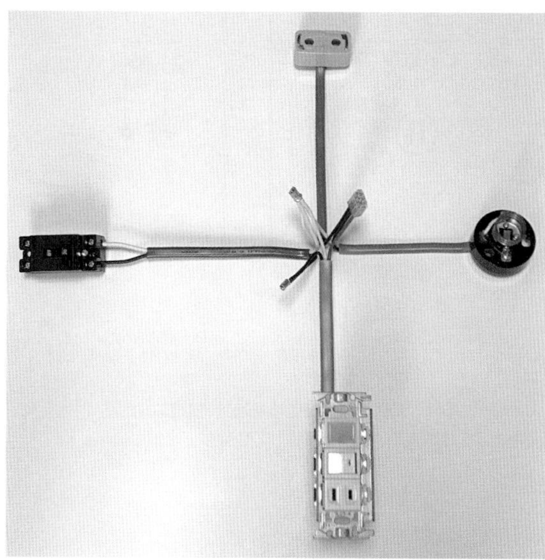

公表問題 11

ねじなし電線管の回路

技能試験問題 [試験時間 40 分]

図に示す低圧屋内配線工事を与えられた全ての材料（予備品を除く）を使用し，〈施工条件〉に従って完成させなさい。

なお，

1．金属管とジョイントボックス（アウトレットボックス）とを電気的に接続することは省略する。
2．スイッチボックスは支給していないので，その取り付けは省略する。
3．電線接続箇所のテープ巻きや絶縁キャップによる絶縁処理は省略する。
4．作品は保護板（板紙）に取り付けないものとする。

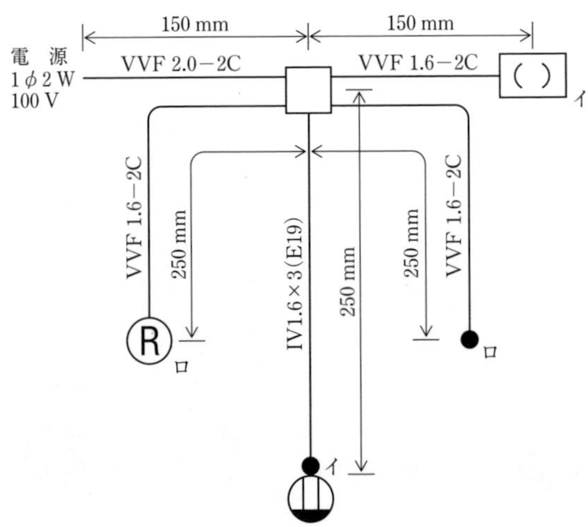

注：1. 図記号は，原則として JIS C 0303：2000 に準拠している。
　　また，作業に直接関係のない部分等は省略又は簡略化してある。
　2. Ⓡは，ランプレセプタクルを示す。

注意　本書に記載している施工条件，支給材料，施工寸法は想定です。
試験では，問題用紙に記載されている内容に従って作業してください。

施工条件

1．配線及び器具の配置は，図に従って行うこと。
2．ジョイントボックス（アウトレットボックス）は，打抜き済みの穴だけをすべて使用すること。
3．電線の色別（絶縁被覆の色）は，次によること。
　①電源からの接地側電線には，すべて**白色**を使用する。
　②電源から点滅器及びコンセントまでの非接地側電線には，すべて**黒色**を使用する。
　③次の器具の端子には，**白色の電線**を結線する。
　　・コンセントの接地側極端子（W と表示）

・ランプレセプタクルの受金ねじ部の端子

・引掛シーリングローゼットの接地側極端子(接地側と表示)

4．ジョイントボックス部分を経由する電線は，その部分ですべて接続箇所を設け，接続方法は，次によること。

①電源側電線(電源からの電線・シース青色)との接続箇所は，リングスリーブによる接続とする。

②その他の接続箇所は，差込形コネクタによる接続とする。

5．ねじなしボックスコネクタは，ジョイントボックス側に取り付けること。

6．埋込連用取付枠は，タンブラスイッチ(イ)及びコンセント部分に使用すること。

支給材料

材　料
1．600 Vビニル絶縁ビニルシースケーブル平形（シース青色），2.0 mm，2心，長さ約250 mm ……… 1本
2．600 Vビニル絶縁ビニルシースケーブル平形，1.6 mm，2心，長さ約1200 mm ……… 1本
3．600 Vビニル絶縁電線（黒），1.6 mm，長さ約550 mm ……… 1本
4．600 Vビニル絶縁電線（白），1.6 mm，長さ約450 mm ……… 1本
5．600 Vビニル絶縁電線（赤），1.6 mm，長さ約450 mm ……… 1本
6．ジョイントボックス（アウトレットボックス19 mm 3箇所，25 mm 2箇所ノックアウト打抜き済み）……… 1個
7．ねじなし電線管（E19），長さ約120 mm（端口処理済み）……… 1本
8．ねじなしボックスコネクタ（E19），ロックナット付，接地用端子は省略 ……… 1個
9．ランプレセプタクル（カバーなし）……… 1個
10．引掛シーリングローゼット（ボディ（角形）のみ）……… 1個
11．埋込連用タンブラスイッチ ……… 2個
12．埋込連用コンセント ……… 1個
13．埋込連用取付枠 ……… 1枚
14．絶縁ブッシング（19）……… 1個
15．ゴムブッシング（19）……… 2個
16．ゴムブッシング（25）……… 2個
17．リングスリーブ（小）……… （予備品を含む）2個
18．リングスリーブ（中）……… （予備品を含む）2個
19．差込形コネクタ（2本用）……… 2個
・受験番号札 ……… 1枚
・ビニル袋 ……… 1枚

《追加支給について》

ねじなしボックスコネクタ用止めねじ，ランプレセプタクル用端子ねじ，リングスリーブ及び差込形コネクタは，作業のやり直し等により不足が生じた場合，申し出(挙手をする)があれば追加支給します。

1 使用する材料

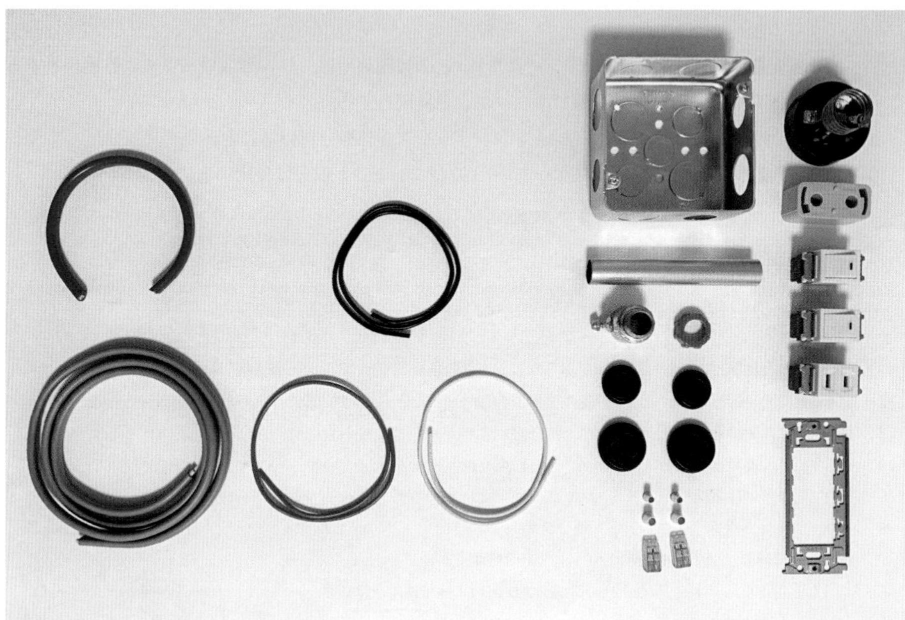

ポイント 注意すべきポイント

①ランプレセプタクルの接続方法 単位作業 05 ランプレセプタクル

→輪作りのポイントは押さえておこう!

②わたり線の接続方法 類題 公表問題 1,2,4,5,10,12 単位作業 07 わたり線

③ねじなし電線管の取り付け方 単位作業 14 ねじなし電線管

④ゴムブッシングの取り付け方 単位作業 12 アウトレットボックス

2 複線図

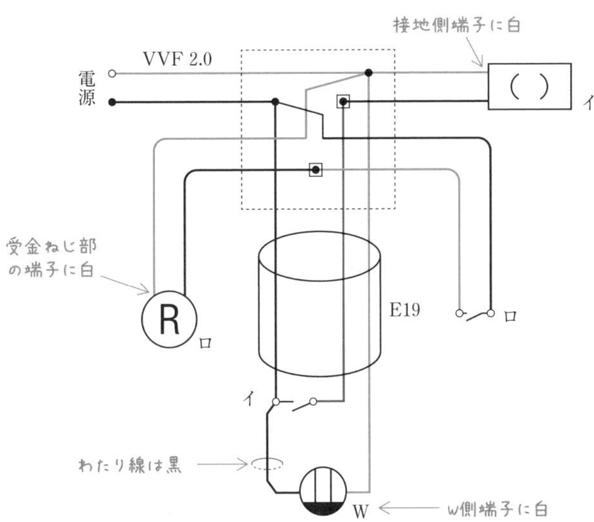

公表問題 11 複線図 (p.150)

3 完成写真

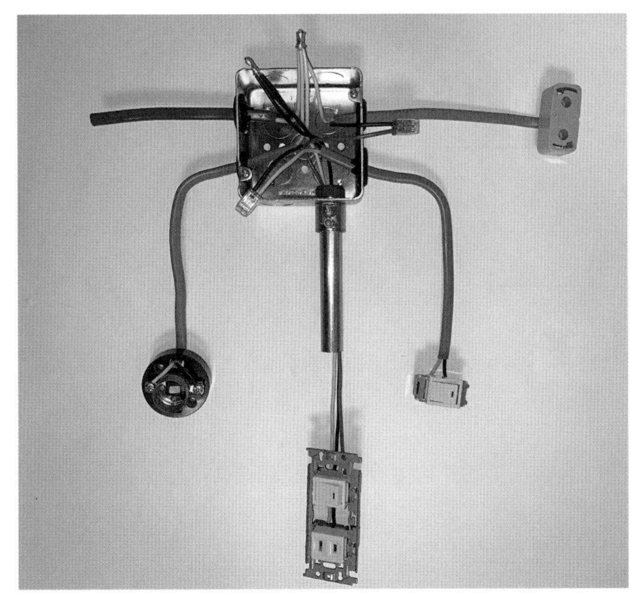

4 作成手順の概要

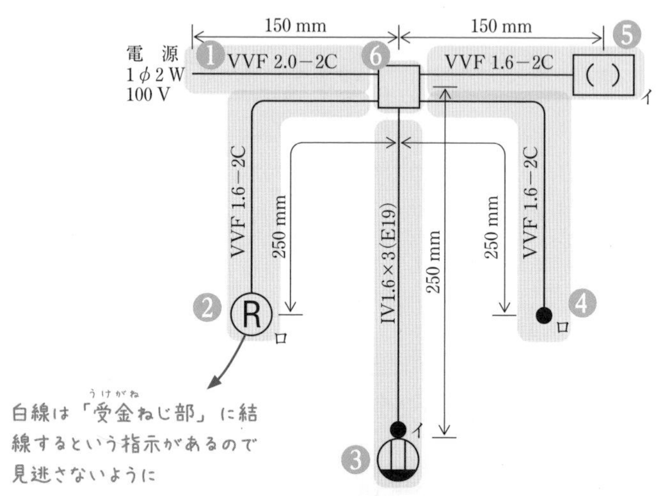

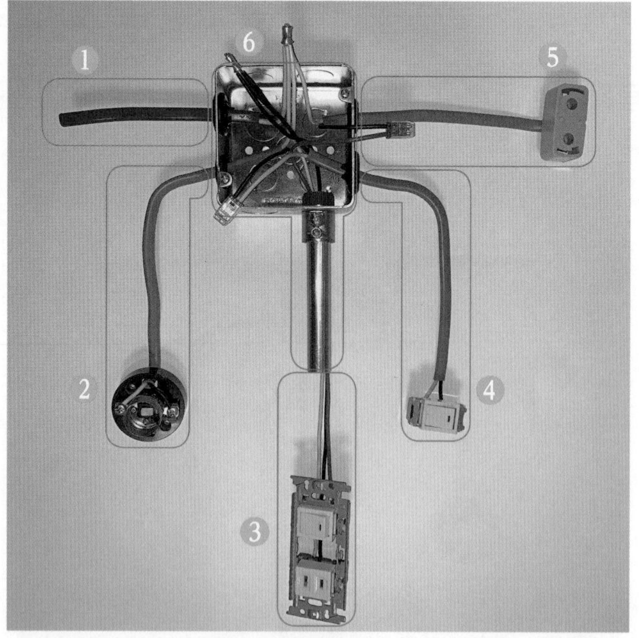

1～6のパーツを作成し，ジョイントさせます。

5 作成手順

STEP 1 ❶電源部分のパーツを作成する（VVF 2.0-2C（切断は不要））

▶切断は不要です。次のように，ケーブル外装と絶縁被覆をはぎ取ります。

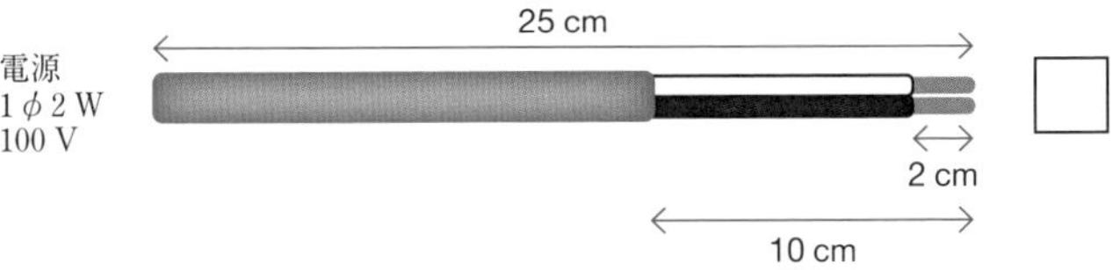

▶結線作業がしやすいように曲げておきます。パーツ❶は，これで完成です。

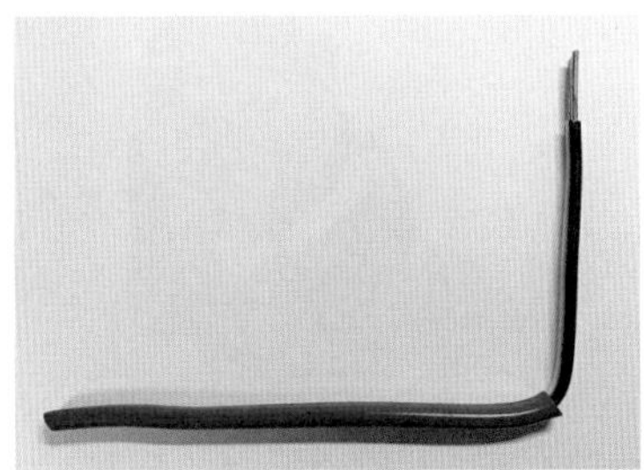

STEP 2 ❷ランププレセプタクルのパーツを作成する

切断 VVF 1.6-2C（長さ：25 cm＋10 cm＋5 cm＝40 cm）

▶ VVF 1.6−2C を 40 cm に切断します。25 cm にプラスして，ジョイント側は 10 cm，ランプレセプタクル側は 5 cm 長めにとるためです。また，次のように，ケーブル外装と絶縁被覆をはぎ取ります。

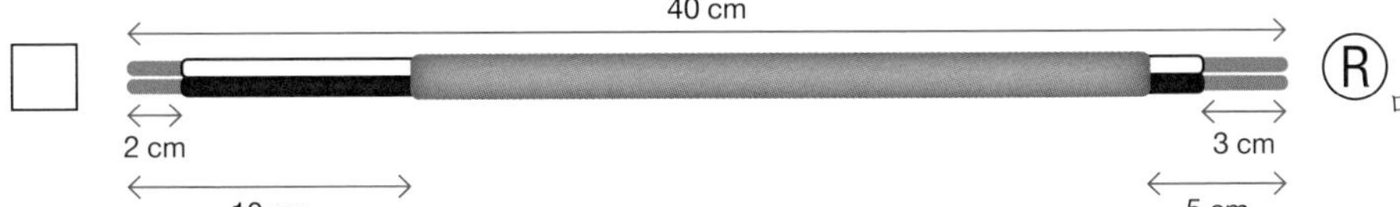

▶ランプレセプタクルに電線を取り付けます。 単位作業 05 ランプレセプタクル (p.44)

▶絶縁被覆から 3 mm 離れた位置をペンチでつまみ，90 度折り曲げます。

▶ペンチからはみ出た部分を，反対側に折り曲げます。

▶先端を少し残して，切り落とします。

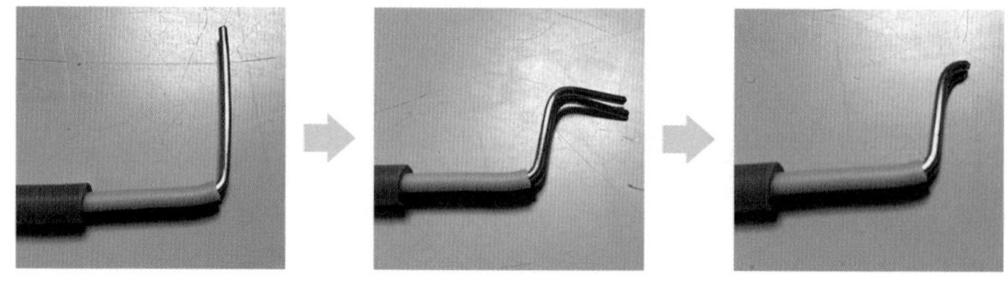

▶先端をペンチでつまみ，手前に輪を作るように曲げます。

▶受金ねじ部側の「W」と表示されている部分に接地側電線（白線）を，反対側に非接地側電線（黒線）を取り付けます。

▶ケーブル外装部分を穴から出るように下から押し出します。

▶ねじの緩み，ねじに絶縁被覆が巻き込まれていないか，心線が5 mm 以上出ていないかどうかを確認します。

▶結線作業がしやすいように曲げておきます。パーツ❷は，これで完成です。

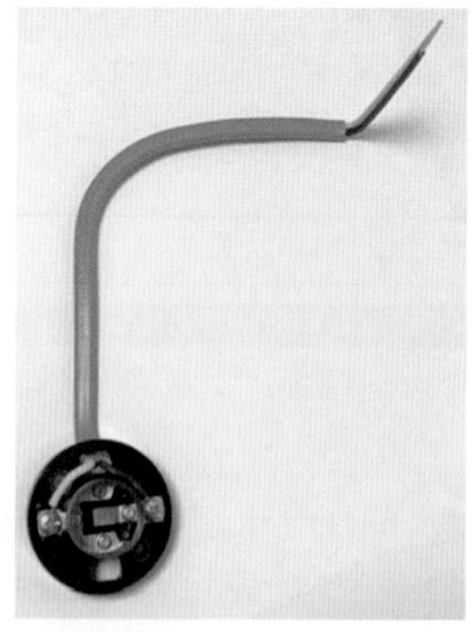

ひとこと　ランプレセプタクルは，注意すべきポイントが多いのでしっかりと確認しましょう。

STEP 3 ③埋込連用取付枠のパーツを作成する

切断 IV 1.6×3 本（長さ：25 cm＋10 cm＋10 cm＝45 cm）

▶ IV 1.6（黒）を 45 cm に切断します。25 cm にプラスして，ジョイント側は 10 cm，埋込連用取付枠側は 10 cm 長めにとるためです。

▶ IV 1.6（白）と IV 1.6（赤）の切断は不要です。次のように，絶縁被覆をはぎ取ります。

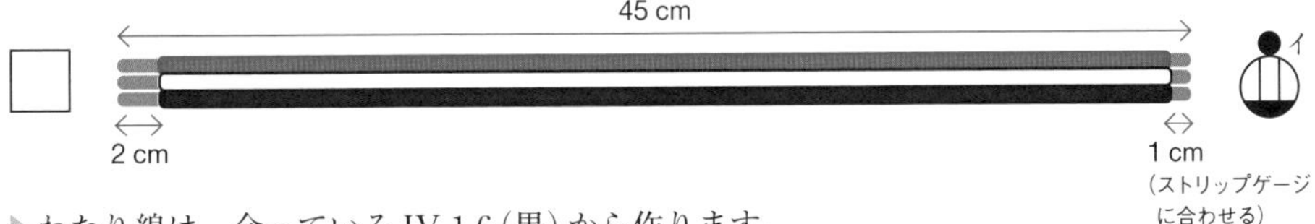

▶ わたり線は，余っている IV 1.6（黒）から作ります。

▶ 次のように絶縁被覆をはぎ取ります。

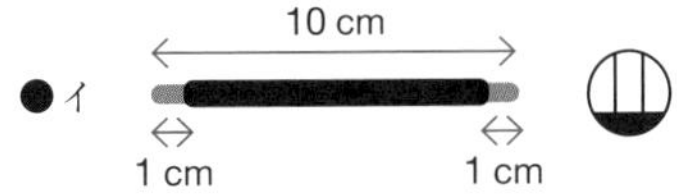

▶ あとで作業がしやすいように曲げておきます。

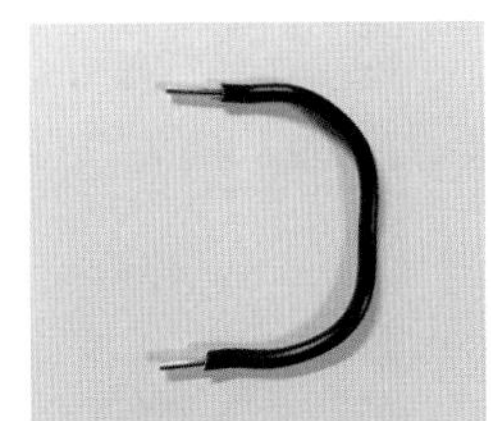

ひとこと 問題の施工条件から，電源から点滅器（スイッチ）およびコンセントまでの非接地側電線には，全て必ず黒色の電線を結線する必要があります。そのため，スイッチのわたり線も黒色でなければなりません。間違った色の電線で接続すると欠陥事項になります。

▶ 埋込連用取付枠にコンセント，スイッチを取り付けます。

単位作業 03 埋込連用取付枠（p.34）

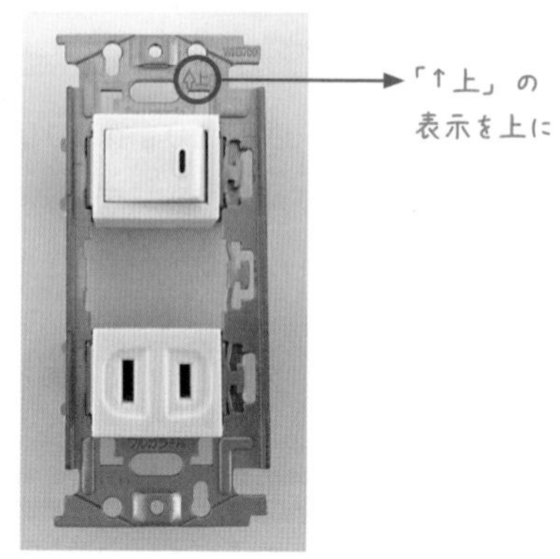
「↑上」の
表示を上に

▶コンセントとスイッチに電線を取り付けます。

単位作業 06 コンセント (p.52)　単位作業 09 スイッチ (p.70)

▶白の絶縁電線をコンセントに，赤と黒の絶縁電線をスイッチに取り付けます。わたり線は次のようにつなぎます。 単位作業 07 わたり線 (p.60)

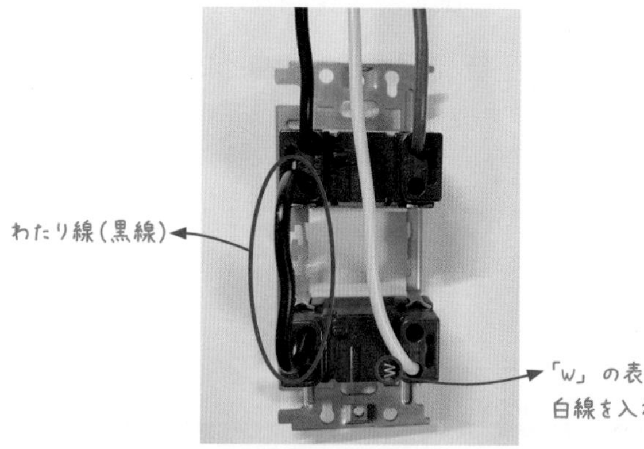
わたり線（黒線）
「W」の表示がある方に
白線を入れる

▶心線が 2 mm 以上出ていないかを確認します。パーツ❸は，これで完成です。

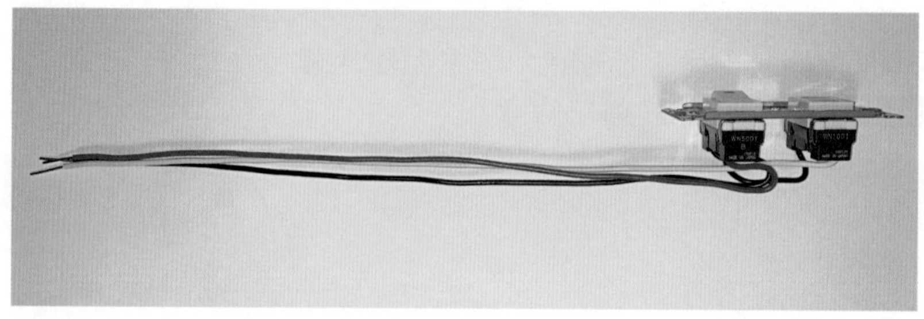

STEP 4 ❹スイッチのパーツを作成する

切断 VVF 1.6-2C（長さ：25 cm + 10 cm + 5 cm = 40 cm）

▶ VVF 1.6－2C を 40 cm に切断します。25 cm にプラスして，ジョイント側は 10 cm，スイッチ側は 5 cm 長めにとるためです。

▶また，次のように，ケーブル外装と絶縁被覆をはぎ取ります。

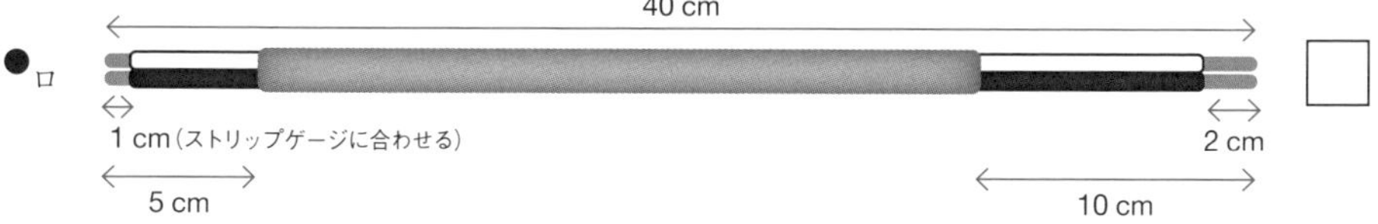

▶スイッチに電線を取り付けます。 単位作業 09 スイッチ（p.70）

▶結線作業がしやすいように曲げておきます。パーツ❹は，これで完成です。

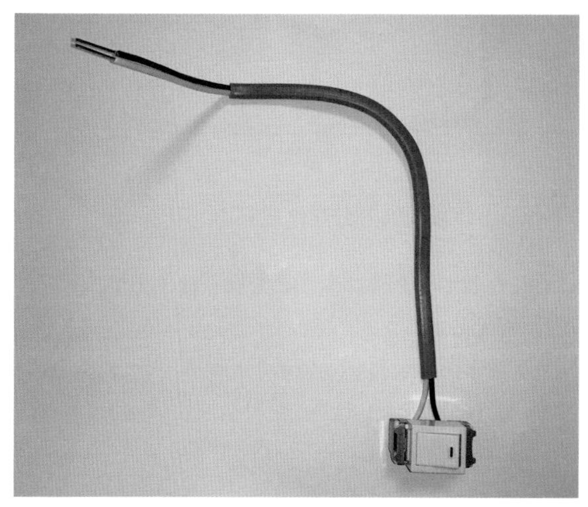

STEP 5 ❺引掛シーリングのパーツを作成する

切断 VVF 1.6-2C（長さ：15 cm＋10 cm＋5 cm＝30 cm）

▶ VVF 1.6−2C を 30 cm に切断します。15 cm にプラスして，ジョイント側は 10 cm，引掛シーリング側は 5 cm 長めにとるためです。

▶また，次のように，ケーブル外装と絶縁被覆をはぎ取ります。

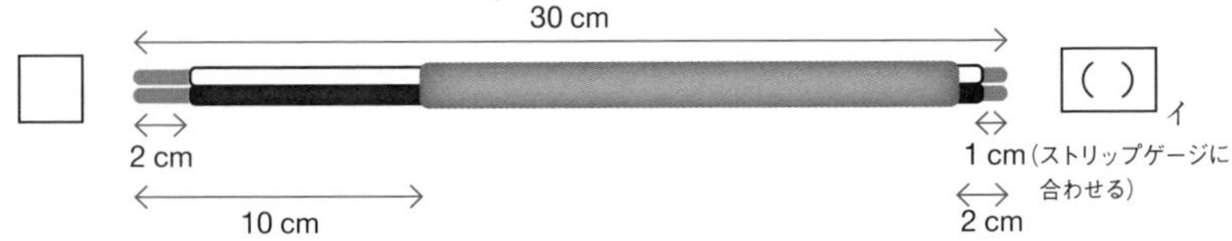

▶引掛シーリングに電線を取り付けます。 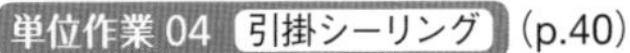

(p.40)

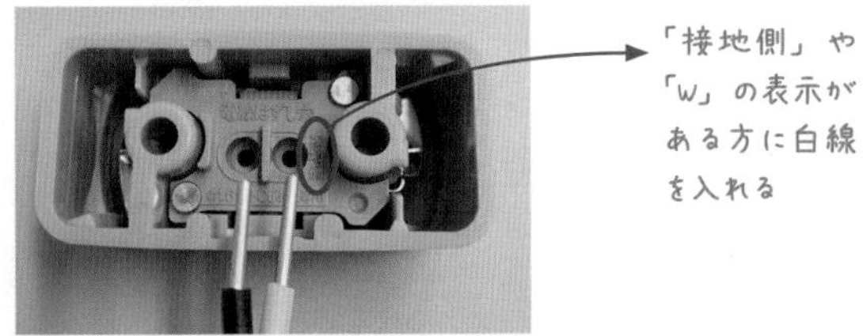

▶結線作業がしやすいように曲げておきます。パーツ❺は，これで完成です。

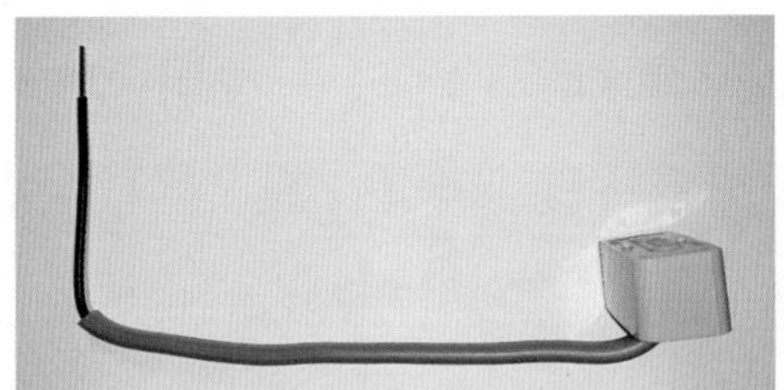

STEP 6 ❻アウトレットボックス部分を作成する

▶ねじなし電線管にねじなしボックスコネクタを取り付けます。

単位作業 14 ねじなし電線管 (p.96)

▶ねじなしボックスコネクタの止めねじを緩め，ねじなし電線管をしっかりと差し込みます。

▶止めねじをしっかりと締めます。

▶止めねじをウォータポンププライヤで締め，ねじ切ります。

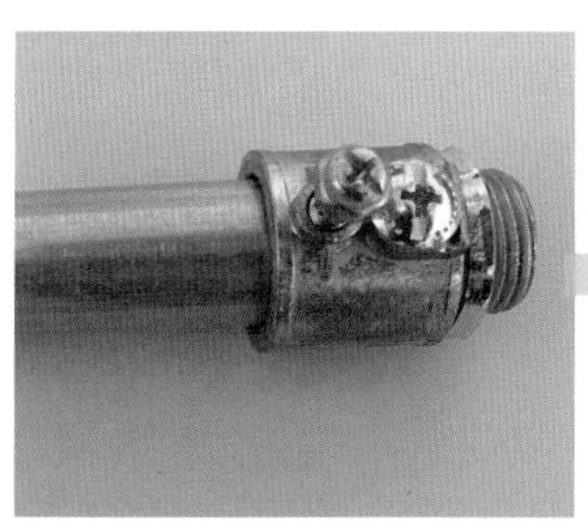

▶ねじなしボックスコネクタのロックナットを外します。

▶アウトレットボックスの穴に先端を差し込み，ロックナットを取り付け，ウォータポンププライヤでしっかりと締めます。

▶絶縁ブッシングを取り付け，ウォータポンププライヤでしっかりと締めます。

▶アウトレットボックスにゴムブッシングを取り付けます。

単位作業 12 アウトレットボックス (p.88)

▶ゴムブッシングの中央に電工ナイフ等で十字に切り込みを入れ，アウトレットボックスの対象の大きさの穴に取り付けます。

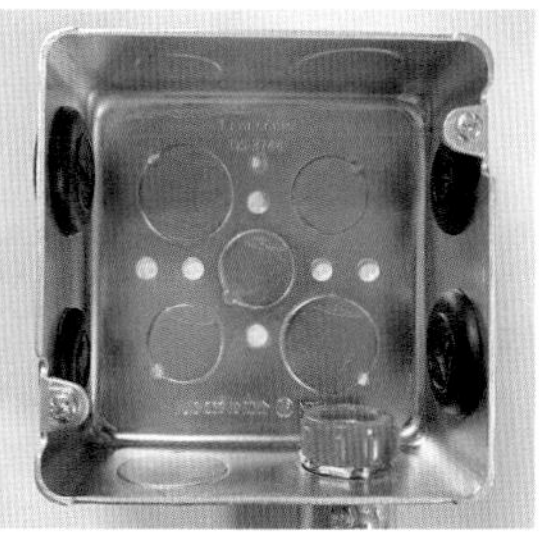

STEP 7 電源側電線との接続箇所をリングスリーブでジョイントする

ポイント 配線のイメージ

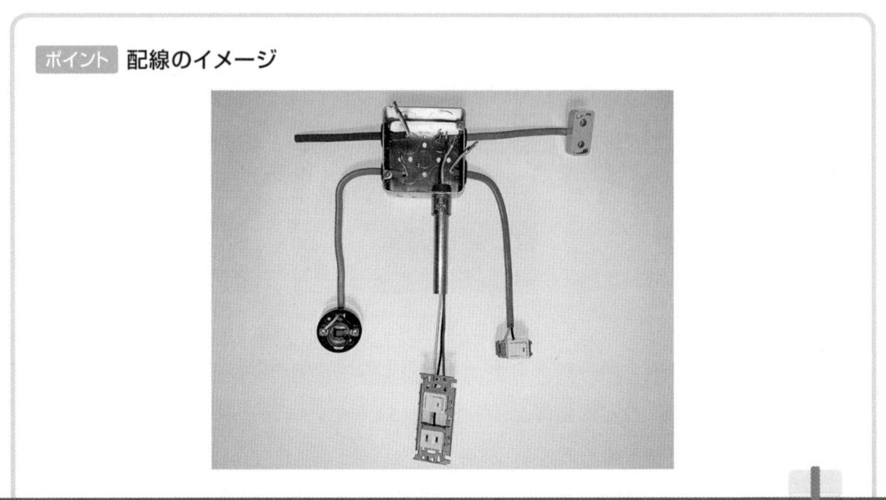

▶電源側電線との接続箇所は問題文の指示より，複線図を見ながらリングスリーブでジョイントします。白線を接続する箇所は中の圧着をし，黒線は小の圧着を行います。

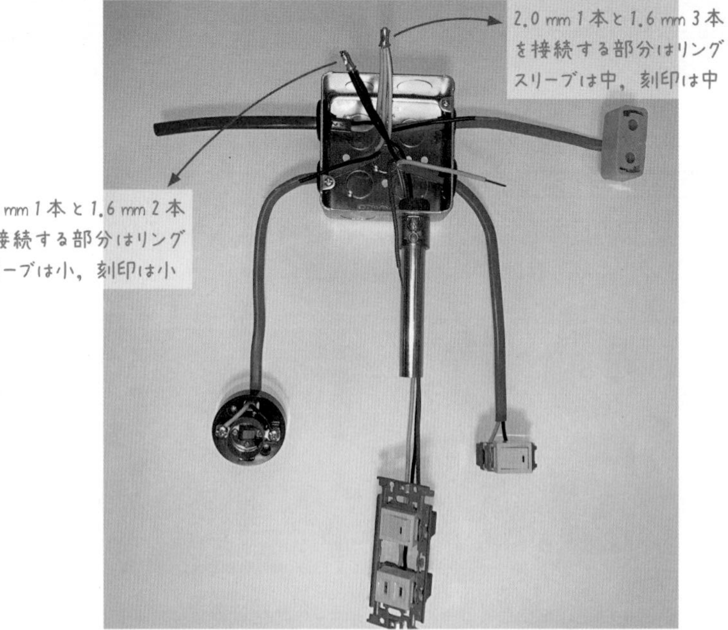
2.0 mm 1 本と 1.6 mm 3 本
を接続する部分はリング
スリーブは中，刻印は中
2.0 mm 1 本と 1.6 mm 2 本
を接続する部分はリング
スリーブは小，刻印は小

▶リングスリーブでジョイントした後は，先端の心線を 3 mm 程度残して切断しましょう。

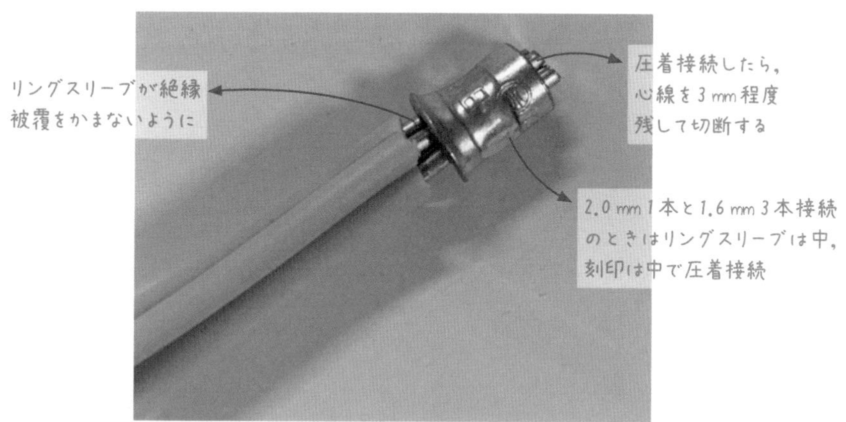
リングスリーブが絶縁
被覆をかまないように
圧着接続したら，
心線を 3 mm 程度
残して切断する
2.0 mm 1 本と 1.6 mm 3 本接続
のときはリングスリーブは中，
刻印は中で圧着接続

▶複線図を描く手順と同様に接地側電線（白線）を接続します。そして，非接地側電線（黒線）を接続します。最後に，リングスリーブの頭から出た心線の余りを切断します。

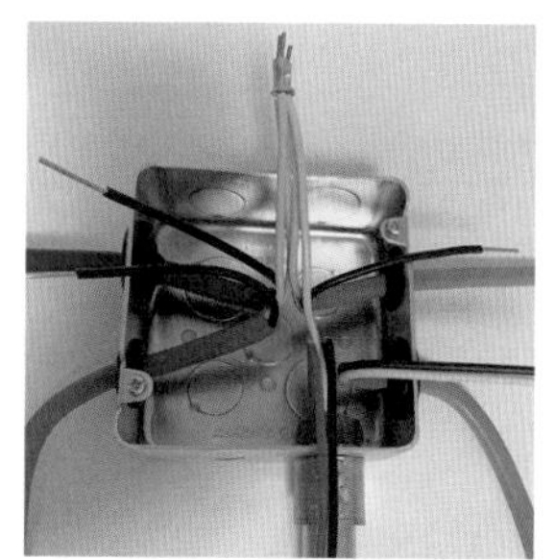
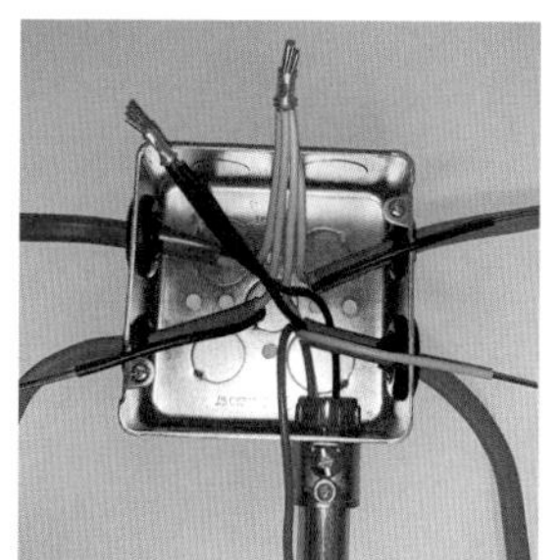
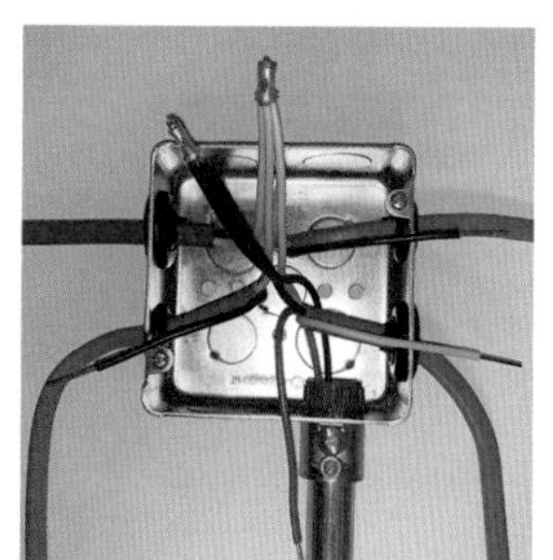

ひとこと 全ての心線をリングスリーブに通しましょう。圧着すべき心線が全て通っていないと欠陥事項になります。

STEP 8 その他の接続箇所を差込形コネクタでジョイントする

▶その他の接続箇所は問題文の指示より，接続する電線本数に応じた差込形コネクタでジョイントします。

▶心線をストリップゲージに合わせて切断し，しっかりと奥まで差し込みます。

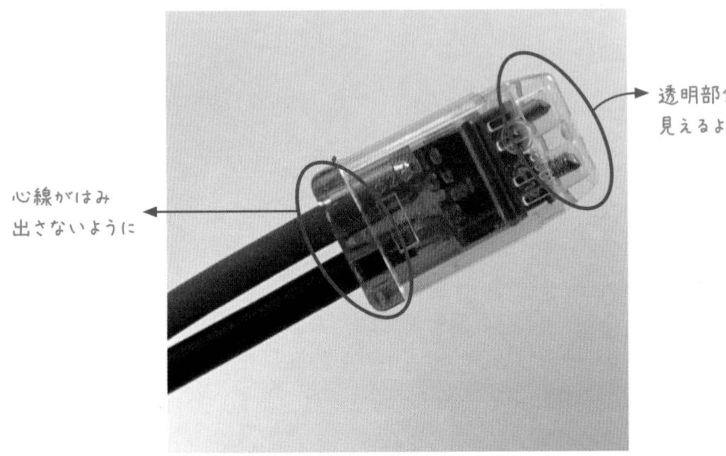
透明部分に心線が
見えるように
心線がはみ
出さないように

▶イのスイッチとそれに対応する引掛シーリングのための電線を接続します。そして，ロのスイッチとそれに対応するランプレセプタクルのための電線を接続します。

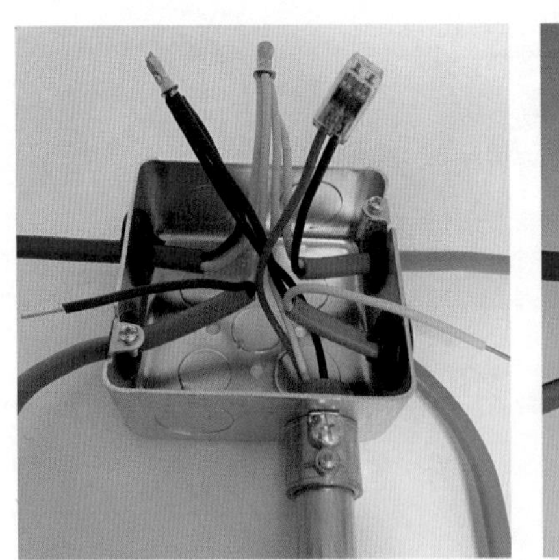

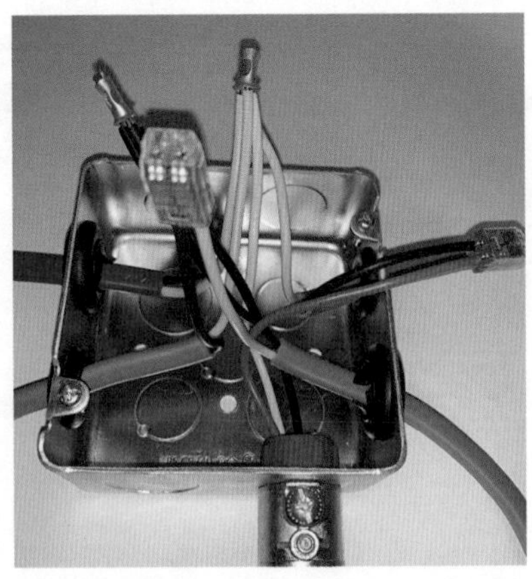

ひとこと 差込形コネクタは，心線の頭がコネクタから見えるようになるまでしっかりと差し込みます。見えていないと欠陥事項になるので注意しましょう。

全て接続すると完成です。きれいに整えておきましょう。

完成

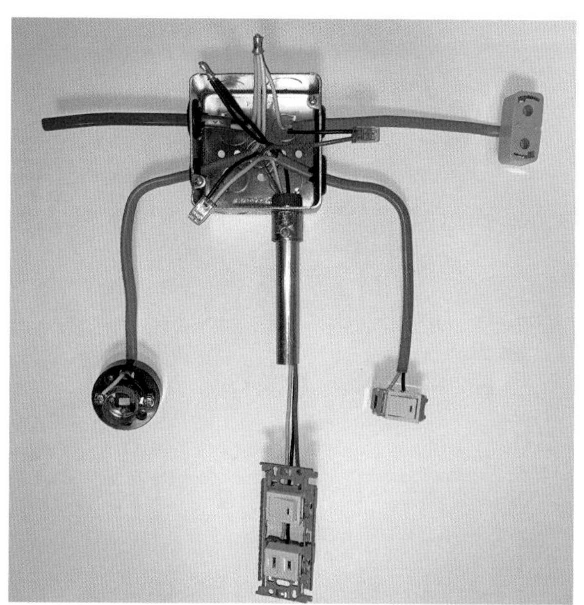

公表問題

12 PF管の回路

技能試験問題 ［試験時間 40 分］

図に示す低圧屋内配線工事を与えられた全ての材料（予備品を除く）を使用し，〈**施工条件**〉に従って完成させなさい。

なお，

1．VVF 用ジョイントボックス及びスイッチボックスは支給していないので，その取り付けは省略する。
2．電線接続箇所のテープ巻きや絶縁キャップによる絶縁処理は省略する。
3．作品は保護板（板紙）に取り付けないものとする。

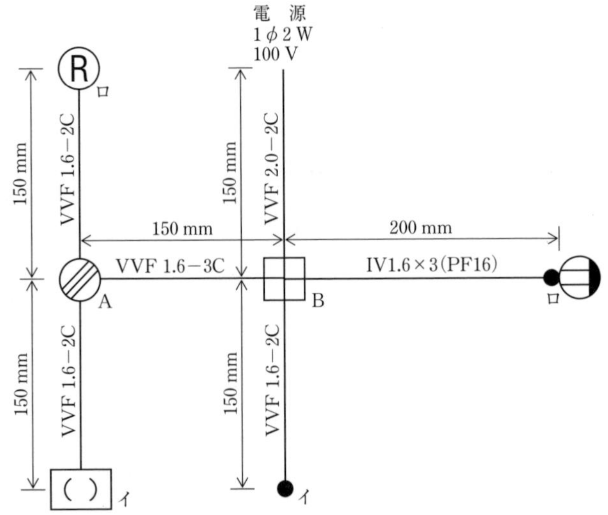

注：1. 図記号は，原則として JIS C 0303：2000 に準拠している。
また，作業に直接関係のない部分等は省略又は簡略化してある。
2. Ⓡは，ランプレセプタクルを示す。

注意　本書に記載している施工条件，支給材料，施工寸法は想定です。
試験では，問題用紙に記載されている内容に従って作業してください。

施工条件

1．配線及び器具の配置は，図に従って行うこと。
2．ジョイントボックス（アウトレットボックス）は，打抜き済みの穴だけをすべて使用すること。
3．電線の色別（絶縁被覆の色）は，次によること。
①電源からの接地側電線には，すべて**白色**を使用する。
②電源から点滅器及びコンセントまでの非接地側電線には，すべて**黒色**を使用する。
③次の器具の端子には，**白色の電線**を結線する。
・コンセントの接地側極端子（W と表示）

・ランプレセプタクルの受金ねじ部の端子

・引掛シーリングローゼットの接地側極端子（接地側と表示）

4．VVF 用ジョイントボックスＡ部分及びジョイントボックスＢ部分を経由する電線は，その部分ですべて接続箇所を設け，接続方法は，次によること。

①Ａ部分は，差込形コネクタによる接続とする。

②Ｂ部分は，リングスリーブによる接続とする。

5．電線管用ボックスコネクタは，ジョイントボックス側に取り付けること。

6．埋込連用取付枠は，タンブラスイッチ（ロ）及びコンセント部分に使用すること。

支給材料

材　料
1．600 V ビニル絶縁ビニルシースケーブル平形（シース青色），2.0 mm，2 心，長さ約 250 mm ……… 1 本
2．600 V ビニル絶縁ビニルシースケーブル平形，1.6 mm，2 心，長さ約 1000 mm ……… 1 本
3．600 V ビニル絶縁ビニルシースケーブル平形，1.6 mm，3 心，長さ約 350 mm ……… 1 本
4．600 V ビニル絶縁電線（黒），1.6 mm，長さ約 500 mm ……… 1 本
5．600 V ビニル絶縁電線（白），1.6 mm，長さ約 400 mm ……… 1 本
6．600 V ビニル絶縁電線（赤），1.6 mm，長さ約 400 mm ……… 1 本
7．ジョイントボックス（アウトレットボックス）（19 mm 4 箇所ノックアウト打抜き済み）……… 1 個
8．合成樹脂製可とう電線管（PF16），長さ約 70 mm ……… 1 本
9．合成樹脂製可とう電線管用ボックスコネクタ（PF16）……… 1 個
10．ランプレセプタクル（カバーなし）……… 1 個
11．引掛シーリングローゼット（ボディ（角形）のみ）……… 1 個
12．埋込連用タンブラスイッチ ……… 2 個
13．埋込連用コンセント ……… 1 個
14．埋込連用取付枠 ……… 1 枚
15．ゴムブッシング（19）……… 3 個
16．リングスリーブ（小）………（予備品を含む）6 個
17．差込形コネクタ（2 本用）……… 2 個
18．差込形コネクタ（3 本用）……… 1 個
・受験番号札 ……… 1 枚
・ビニル袋 ……… 1 枚

《追加支給について》

ランプレセプタクル用端子ねじ，リングスリーブ及び差込形コネクタは，作業のやり直し等により不足が生じた場合，申し出（挙手をする）があれば追加支給します。

1 使用する材料

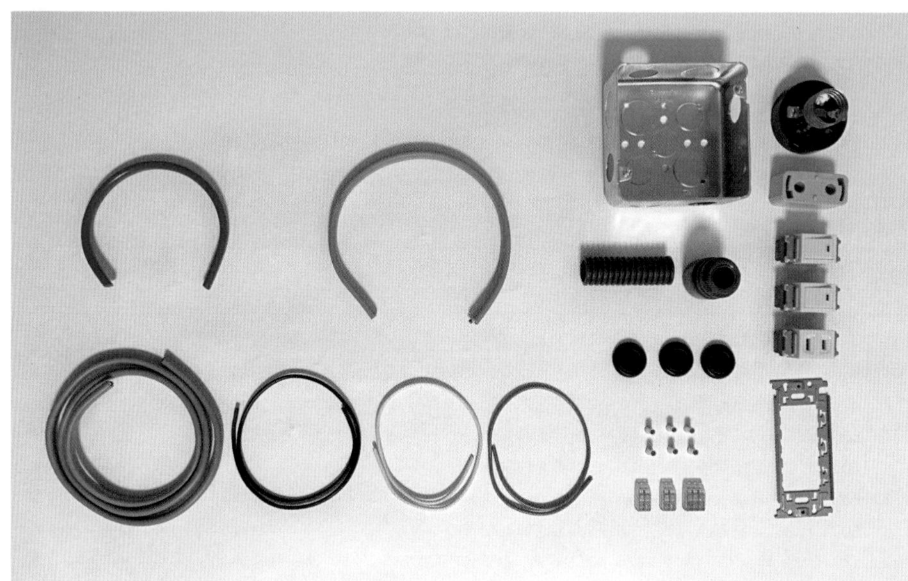

ポイント 注意すべきポイント

①ランプレセプタクルの接続方法 単位作業 05 ランプレセプタクル

→輪作りのポイントは押さえておこう！

②わたり線の接続方法 類題 公表問題 1,2,4,5,10,11 単位作業 07 わたり線

③PF管の接続方法 単位作業 13 PF管

④ゴムブッシングの取り付け方 単位作業 12 アウトレットボックス

2 複線図

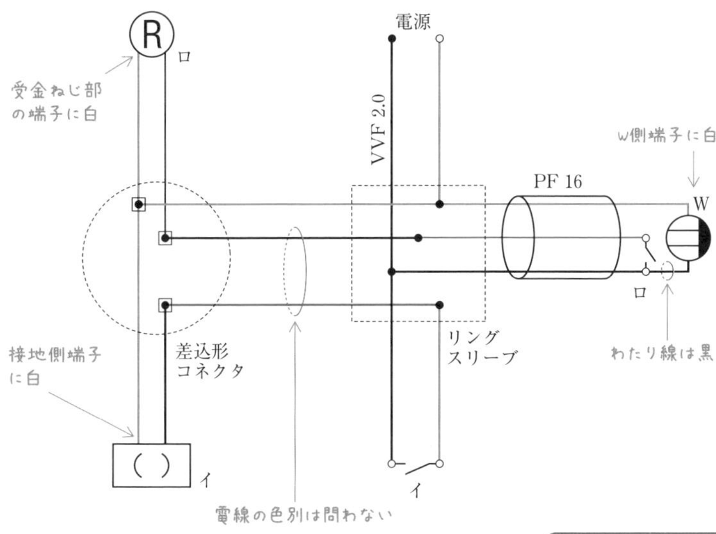

公表問題 12 複線図 (p.152)

3 完成写真

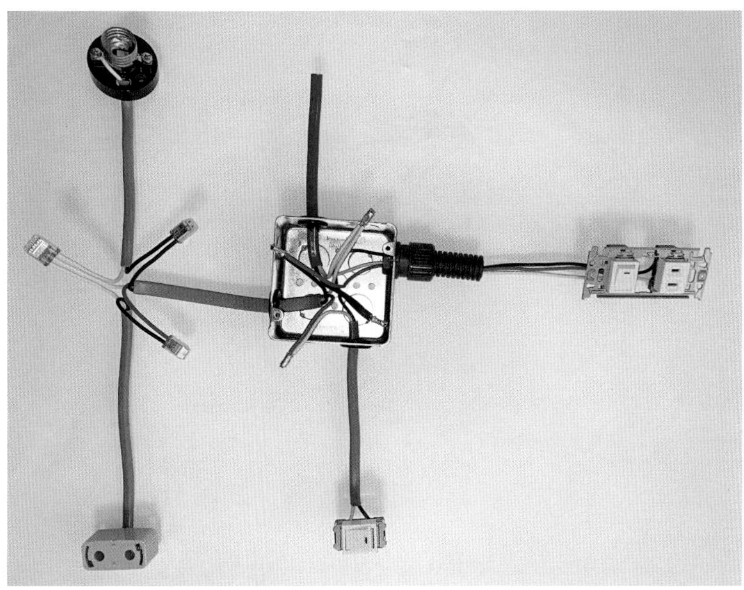

4 作成手順の概要

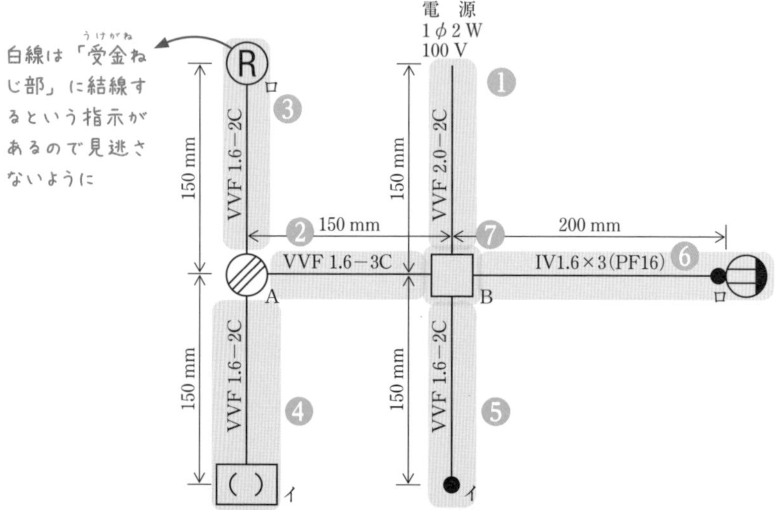

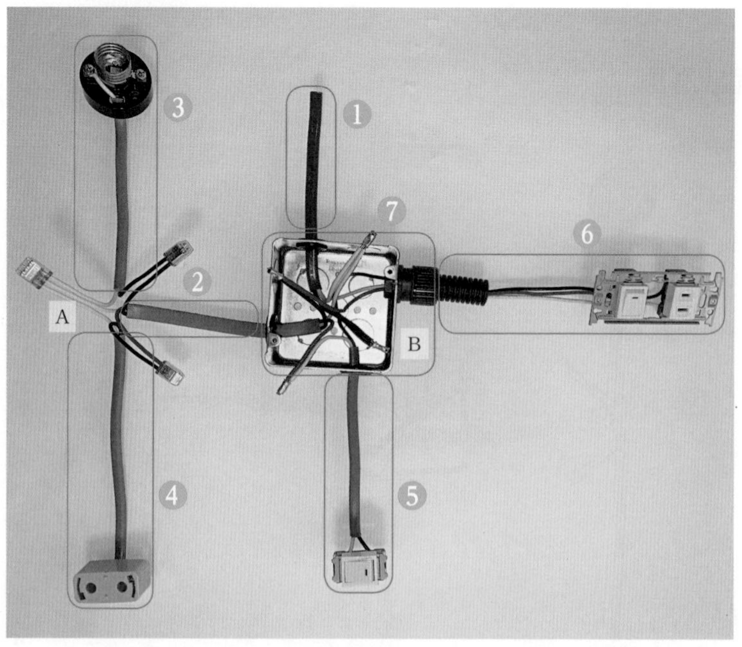

❶〜❼のパーツを作成し，A，Bでジョイントさせます。

5 作成手順

STEP 1 ❶電源部分のパーツを作成する（VVF 2.0-2C（切断は不要））

▶切断は不要です。次のように，ケーブル外装と絶縁被覆をはぎ取ります。

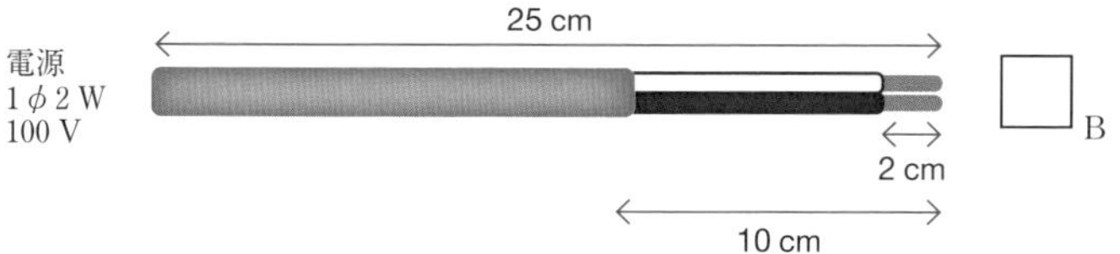

▶結線作業がしやすいように次のように曲げておきます。パーツ❶は，これで完成です。

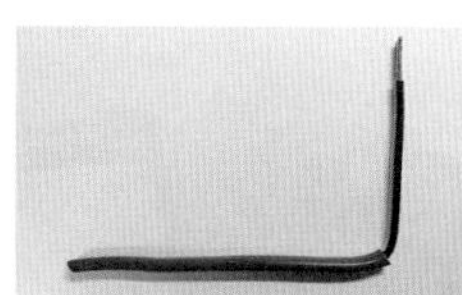

STEP 2 ❷ボックス間部分のパーツを作成する（VVF 1.6-3C（切断は不要））

▶切断は不要です。次のように，ケーブル外装と絶縁被覆をはぎ取ります。

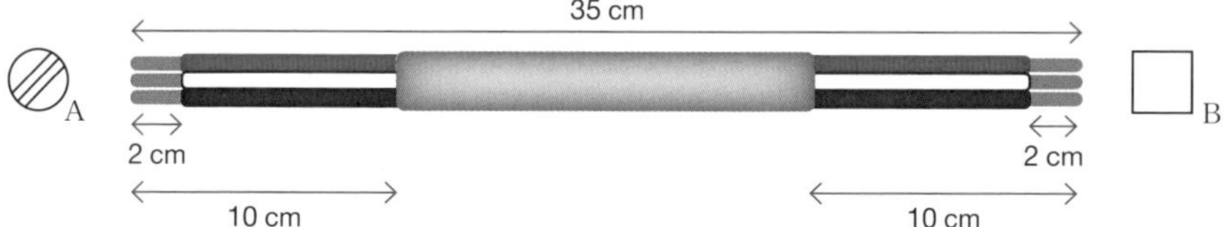

▶結線作業がしやすいように次のように曲げておきます。パーツ❷は，これで完成です。

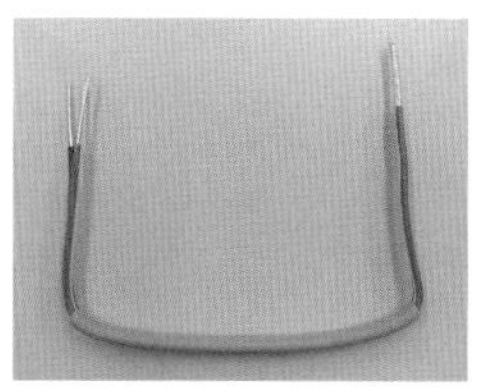

STEP 3 ❸ランプレセプタクルのパーツを作成する

切断 VVF 1.6-2C（長さ：15 cm＋10 cm＋5 cm＝30 cm）

▶VVF 1.6−2C を 30 cm に切断します。15 cm にプラスして，ジョイント側は 10 cm，ランプレセプタクル側は 5 cm 長めにとるためです。

▶また，次のように，ケーブル外装と絶縁被覆をはぎ取ります。

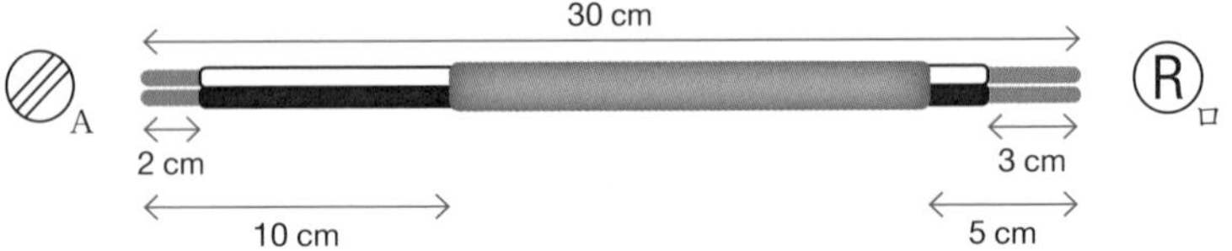

▶ランプレセプタクルに電線を取り付けます。 単位作業 05 ランプレセプタクル (p.44)

▶絶縁被覆から 3 mm 離れた位置をペンチでつまみ，90 度折り曲げます。

▶ペンチからはみ出た部分を，反対側に折り曲げます。

▶先端を少し残して，切り落とします。

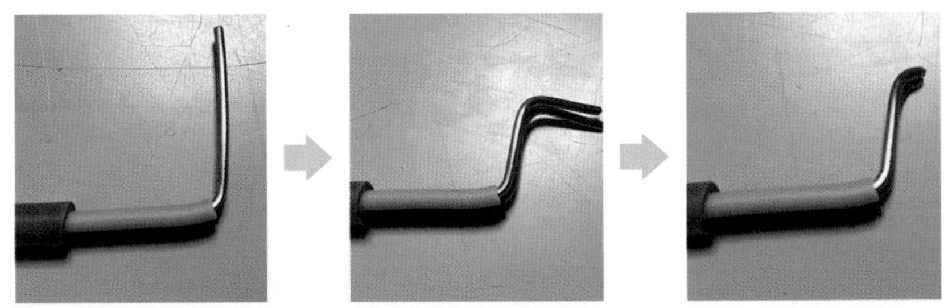

▶先端をペンチでつまみ，手前に輪を作るように曲げます。

▶受金ねじ部側の「W」と表示されている部分に接地側電線（白線）を，反対側に非接地側電線（黒線）を取り付けます。

▶ケーブル外装部分を穴から出るように下から押し出します。

▶ねじの緩み，ねじに絶縁被覆が巻き込まれていないか，心線が 5 mm 以上出ていないかどうかを確認します。最後に，あとで結線作業がしやすいように曲げておきます。パーツ❸は，これで完成です。

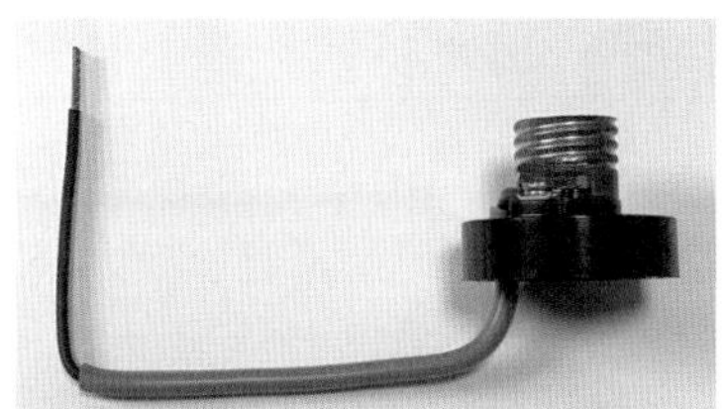

ランプレセプタクルは，注意すべきポイントが多いのでしっかりと確認しましょう。

STEP 4 ❹引掛シーリングのパーツを作成する

切断 VVF 1.6-2C（長さ：15 cm＋10 cm＋5 cm＝30 cm）

▶ VVF 1.6−2C を 30 cm に切断します。15 cm にプラスして，ジョイント側は 10 cm，引掛シーリング側は 5 cm 長めにとるためです。

▶ また，次のように，ケーブル外装と絶縁被覆をはぎ取ります。

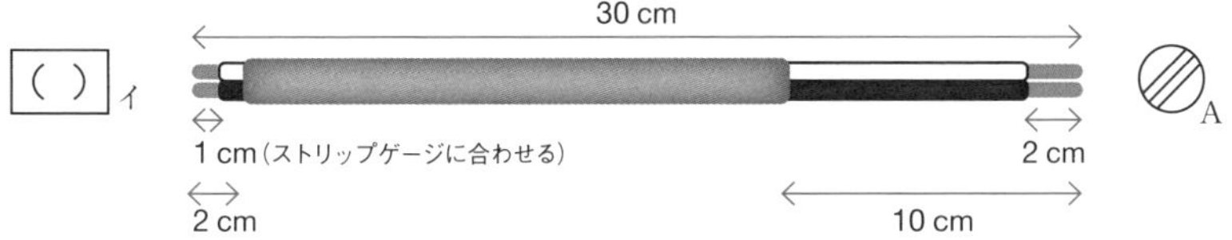

▶ 引掛シーリングに電線を取り付けます。 

(p.40)

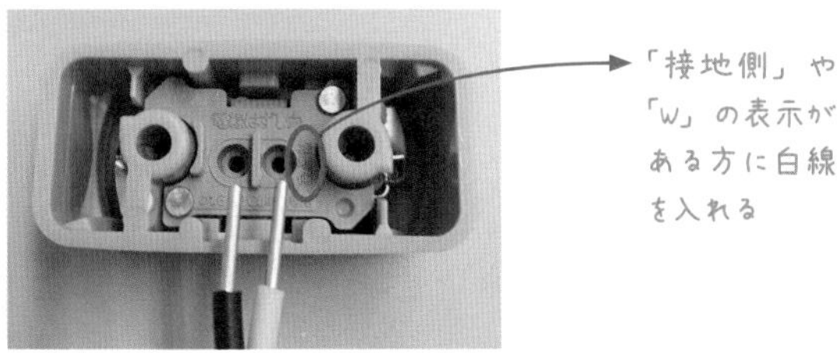

▶ 結線作業がしやすいように曲げておきます。パーツ❹は，これで完成です。

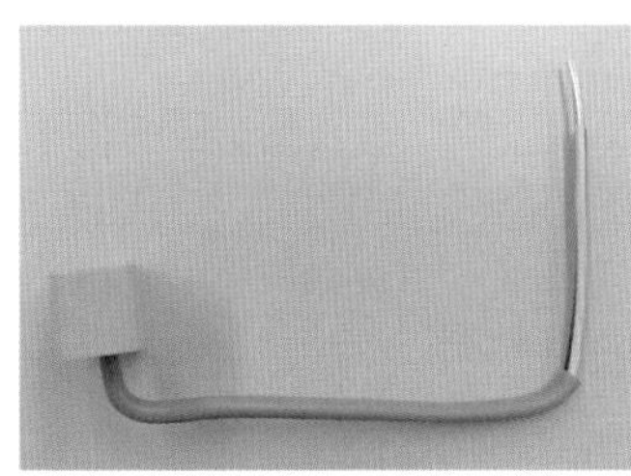

STEP 5 ❺スイッチのパーツを作成する

切断 VVF 1.6-2C（長さ：15 cm＋10 cm＋5 cm＝30 cm）

▶ VVF 1.6−2C を 30 cm に切断します。15 cm にプラスして，ジョイント側は 10 cm，スイッチ側は 5 cm 長めにとるためです。

▶また，次のように，ケーブル外装と絶縁被覆をはぎ取ります。

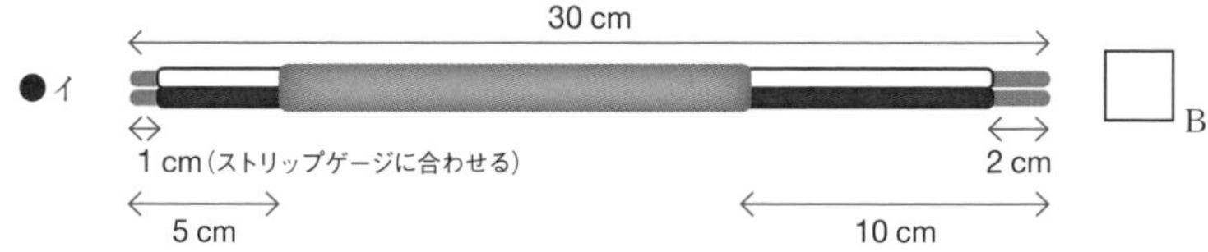

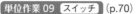

▶スイッチに電線を取り付けます。 単位作業 09 スイッチ（p.70）

▶心線が 2 mm 以上出ていないかを確認します。

▶結線作業がしやすいように曲げておきます。パーツ❺は，これで完成です。

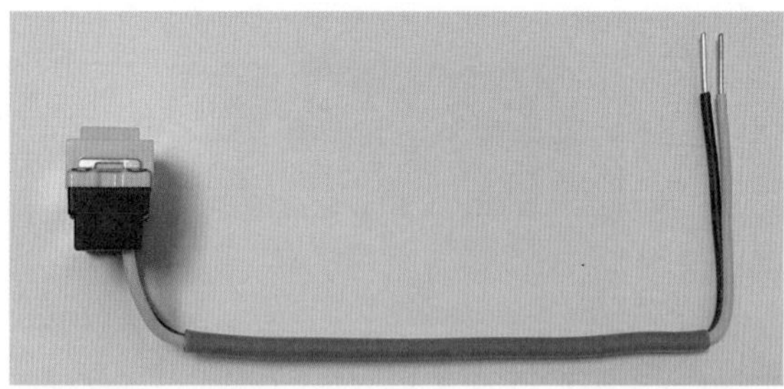

STEP 6 ❻埋込連用取付枠のパーツを作成する

切断 IV 1.6×3 本（長さ：20 cm＋10 cm＋10 cm＝40 cm）

▶ IV 1.6（黒）を 40 cm に切断します。20 cm にプラスして，ジョイント側は 10 cm，埋込連用取付枠側は 10 cm 長めにとるためです。

▶ IV 1.6（白），IV 1.6（赤）の切断は不要です。

▶また，次のように，絶縁被覆をはぎ取ります。

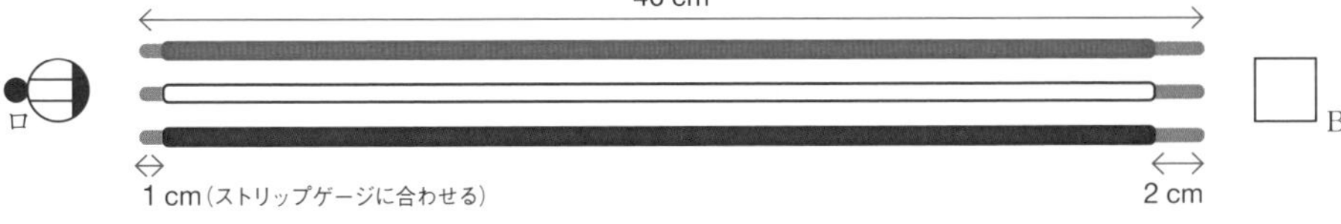

▶わたり線は，余っているIV 1.6（黒）から作ります。

▶次のように絶縁被覆をはぎ取ります。

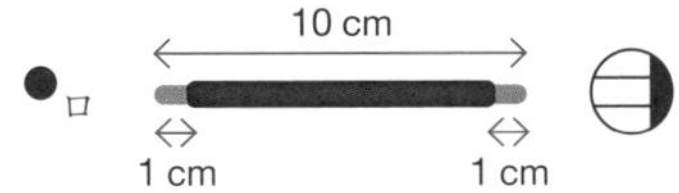

▶あとで作業がしやすいように曲げておきます。

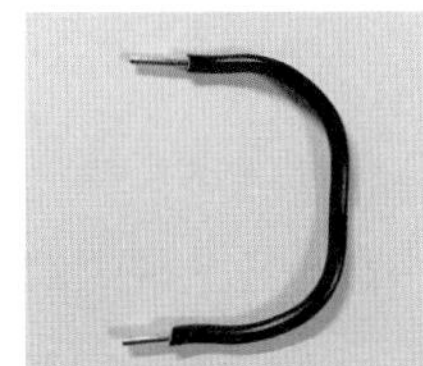

ひとこと 問題の施工条件から，電源から点滅器（スイッチ）およびコンセントまでの非接地側電線には，全て必ず黒色の電線を結線する必要があります。そのため，スイッチのわたり線も黒色でなければなりません。間違った色の電線で接続すると欠陥事項になります。

▶埋込連用取付枠にスイッチ，コンセントを取り付けます。

単位作業 03 埋込連用取付枠 (p.34)

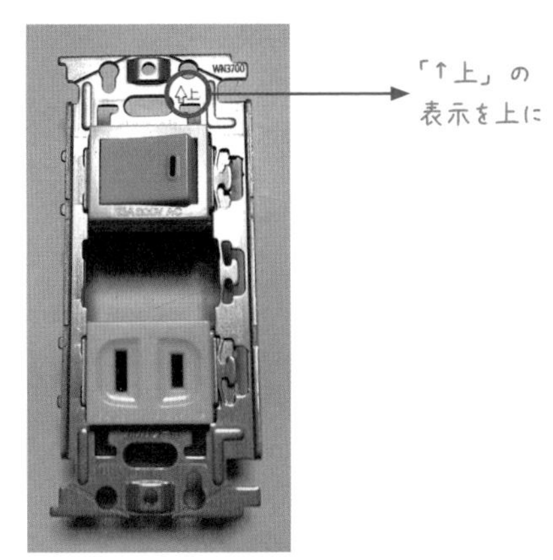

▶スイッチ，コンセントに電線を取り付けます。

単位作業 06 コンセント (p.52)　単位作業 09 スイッチ (p.70)

▶白の IV 絶縁電線をコンセントの接地側端子に，黒，赤の IV 絶縁電線をスイッチに取り付けます。わたり線は次のようにつなぎます。 単位作業 07 わたり線 (p.60)

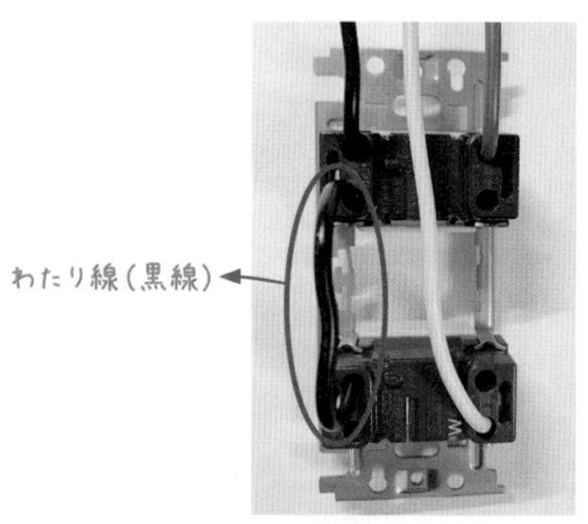

▶心線が 2 mm 以上出ていないかを確認します。

▶結線作業がしやすいように曲げておきます。パーツ⑥は，これで完成です。

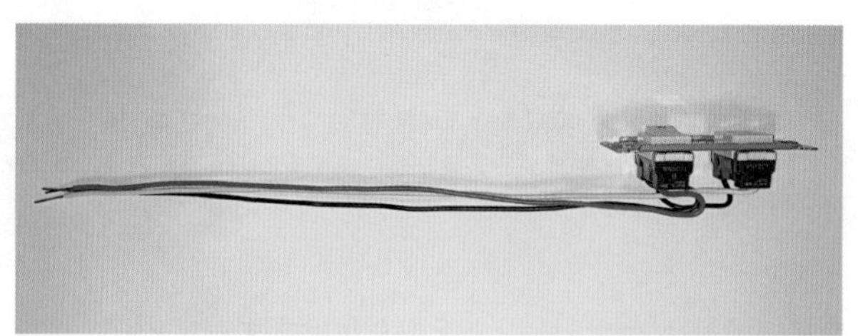

STEP 7 ⑦アウトレットボックスのパーツを作成する

▶アウトレットボックスに PF 管を取り付けます。 単位作業 13 PF 管 (p.92)

▶ PF 管用ボックスコネクタを「解除」側に回し，PF 管を奥までしっかりと差し込みます。

▶ PF 管用ボックスコネクタを「接続」側に回します。

▶ PF 管用ボックスコネクタのロックナットを外します。

▶ アウトレットボックスの穴に先端を差し込み，ロックナットを取り付け，しっかりと締めます。

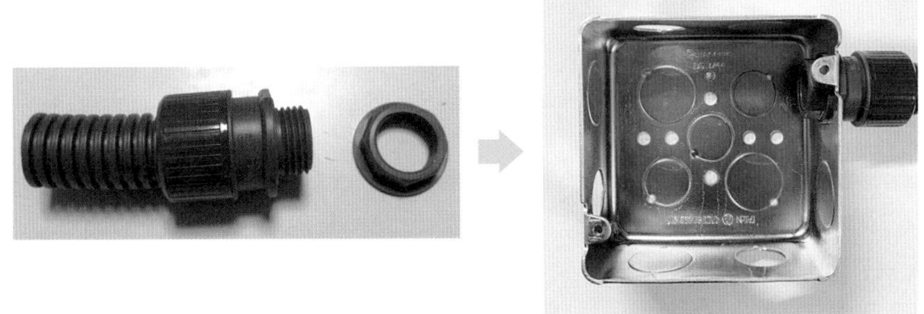

▶ アウトレットボックスにゴムブッシングを取り付けます。

単位作業 12 アウトレットボックス (p.88)

▶ ゴムブッシングの中央に電工ナイフ等で十字に切り込みを入れ，アウトレットボックスの対象の大きさの穴に取り付けます。

STEP 8 A部分を差込形コネクタでジョイントする

ポイント 配線のイメージ

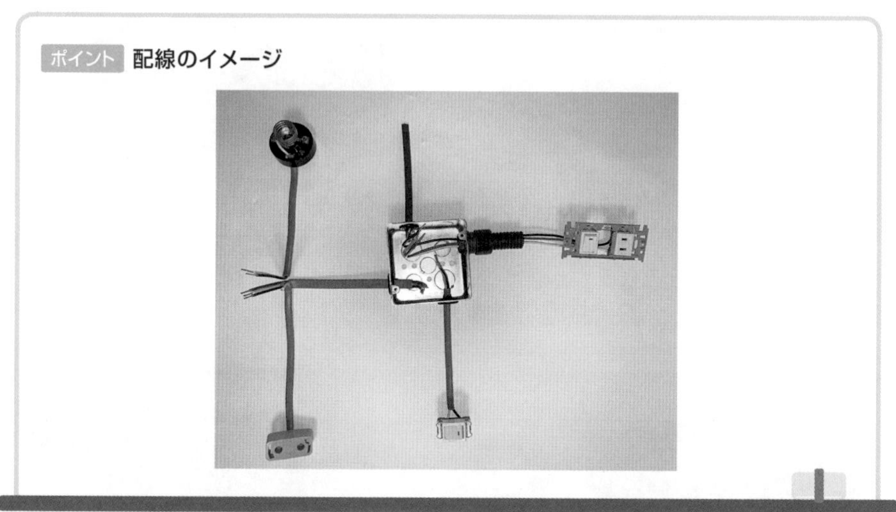

▶ A部分は問題文の指示より，接続する電線本数に応じた差込形コネクタでジョイントします。

▶心線をストリップゲージに合わせて切断し，しっかりと奥まで差し込みます。

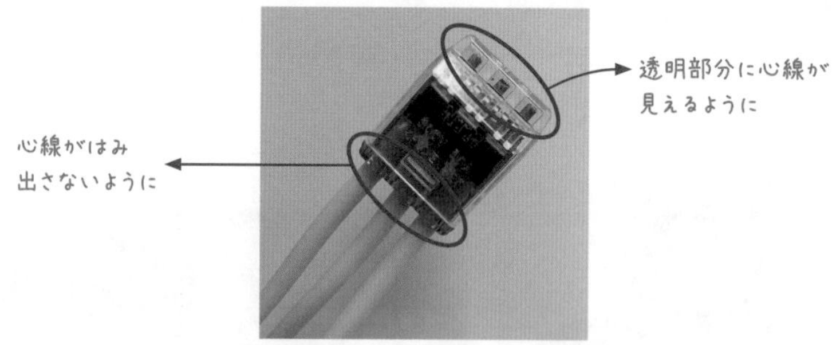
透明部分に心線が
見えるように
心線がはみ
出さないように

▶複線図を描く手順と同様に接地側電線（白線）を接続します。そして，イのスイッチとそれに対応する引掛シーリングのための電線を接続します。最後に，ロのスイッチとそれに対応するランプレセプタクルとの電線を接続します。

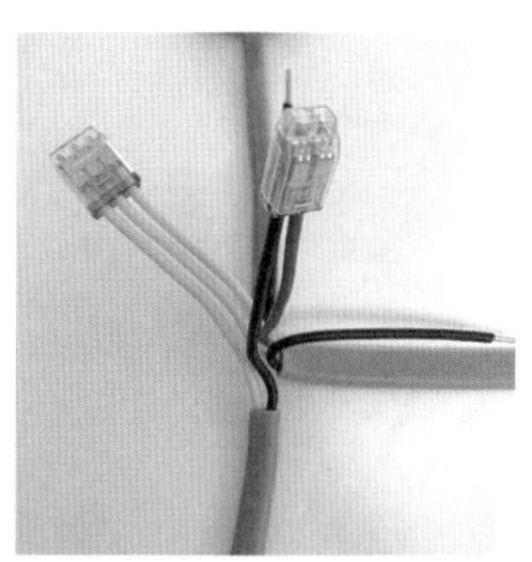

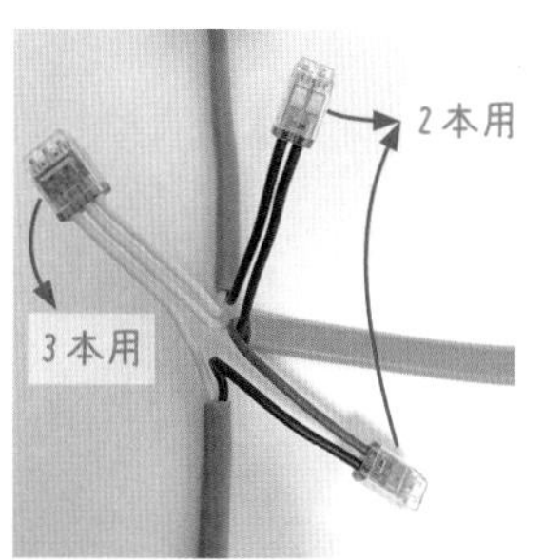
2本用
3本用

ひとこと　差込形コネクタは，心線の頭がコネクタから見えるようになるまでしっかりと差し込みます。見えていないと欠陥事項になるので注意しましょう。

STEP 9　B部分をリングスリーブでジョイントする

▶B部分は問題文の指示より，複線図を見ながらリングスリーブでジョイントします。VVF 2.0−2Cと接続する箇所は小の圧着をし，それ以外は直径1.6 mmの電線2本の圧着なので○（極小）の圧着を行います。

▶リングスリーブでジョイントした後は，先端の心線を3 mm程度残して切断しましょう。

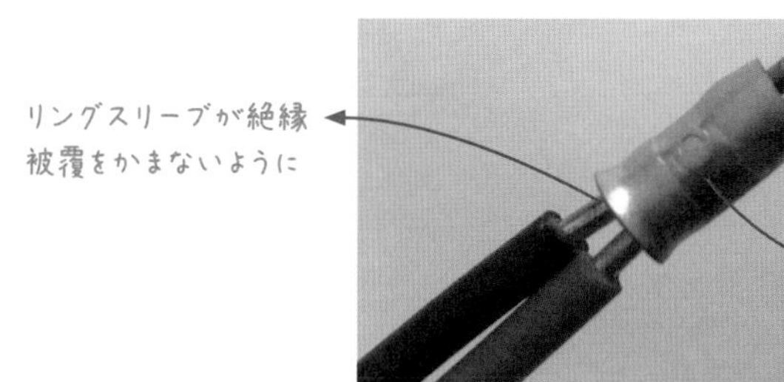
リングスリーブが絶縁
被覆をかまないように
圧着接続したら，
心線を3 mm程度
残して切断する
1.6 mm 2本接続のとき
はリングスリーブは小，
刻印は○で圧着接続

▶複線図を描く手順と同様に接地側電線（白線）を接続します。また，非接地側電線（黒線）を接続します。

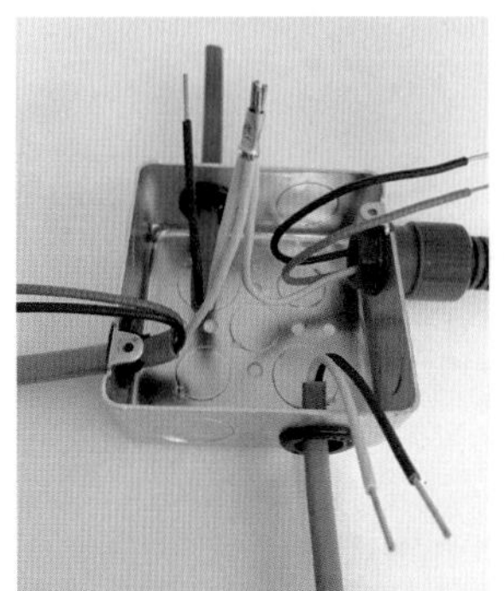
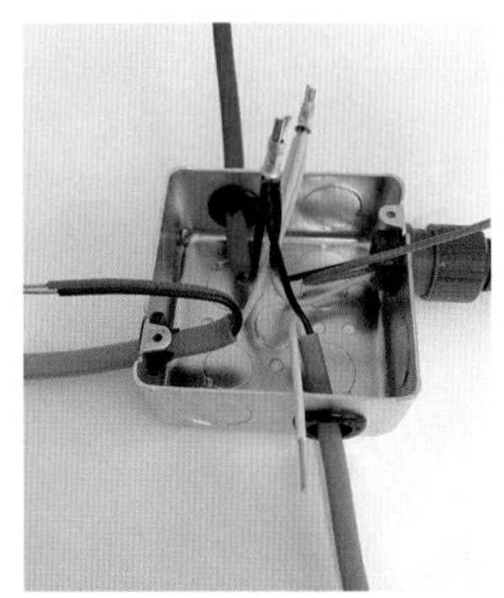

▶そして，イのスイッチとそれに対応する引掛シーリングとの電線を接続します。さらに，ロのスイッチとそれに対応するランプレセプタクルのための電線を接続します。

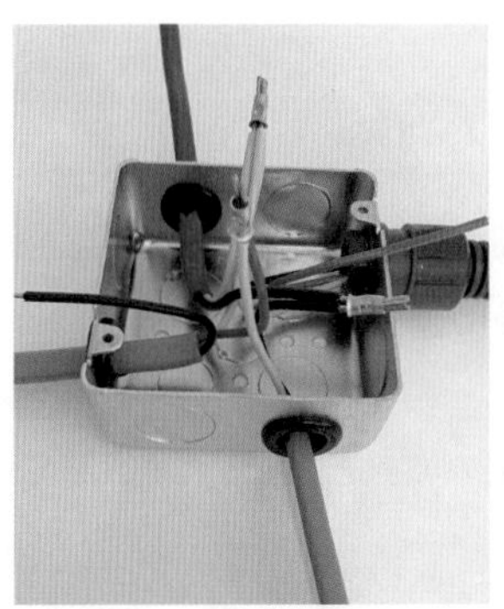
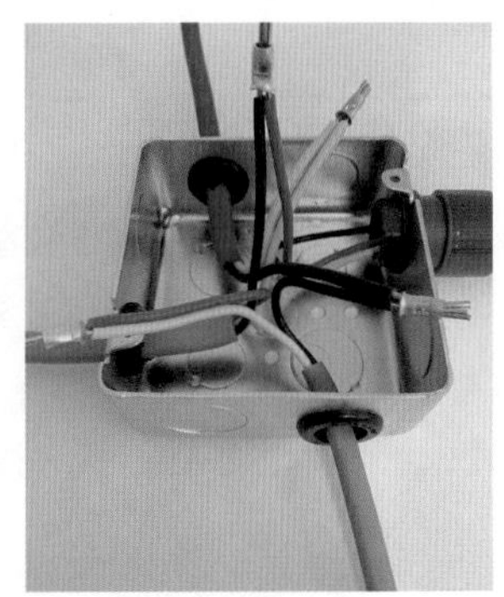

▶最後に，リングスリーブの頭から出た心線の余りを切断します。

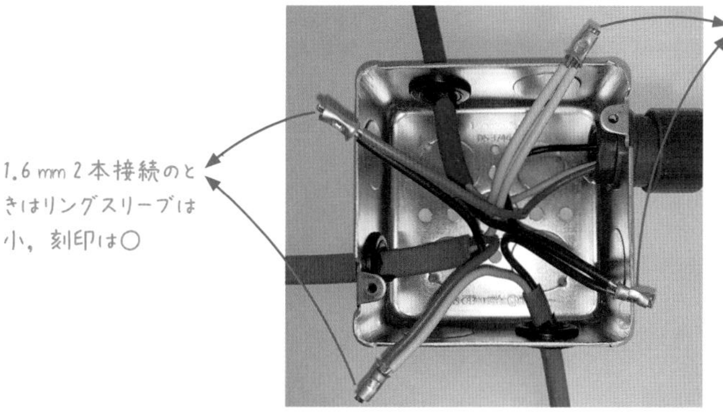
2.0 mm 1本と1.6 mm 2本を接続する部分はリングスリーブは小，刻印は小
1.6 mm 2本接続のときはリングスリーブは小，刻印は○

ひとこと 全ての心線をリングスリーブに通しましょう。圧着すべき心線が全て通っていないと欠陥事項になります。

全て接続すると完成です。きれいに整えておきましょう。

完成

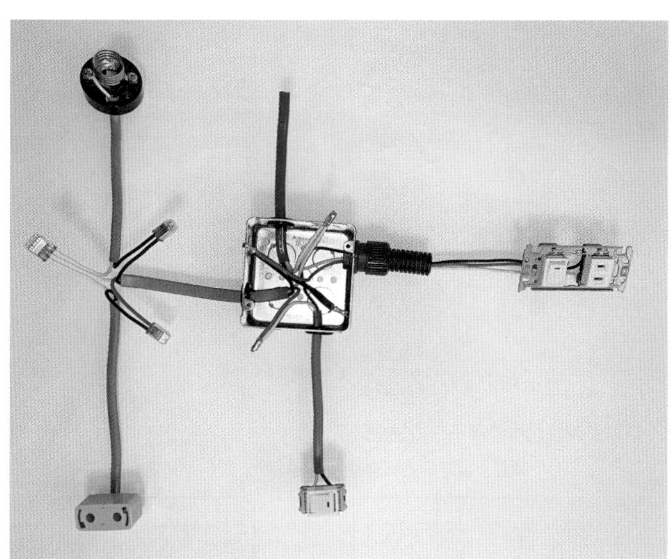

公表問題 13 自動点滅器の回路

技能試験問題 ［試験時間 40 分］

図に示す低圧屋内配線工事を与えられた全ての材料（予備品を除く）を使用し，〈**施工条件**〉に従って完成させなさい。

なお，

1．自動点滅器は端子台で代用するものとする。
2．------------ で示した部分は施工を省略する。
3．VVF 用ジョイントボックス及びスイッチボックスは支給していないので，その取り付けは省略する。
4．電線接続箇所のテープ巻きや絶縁キャップによる絶縁処理は省略する。
5．作品は保護板（板紙）に取り付けないものとする。

図 1．配線図

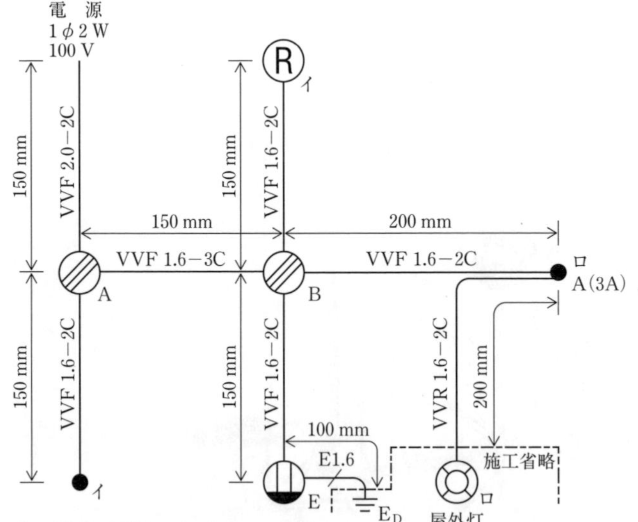

図 2．自動点滅器代用の端子台の説明図

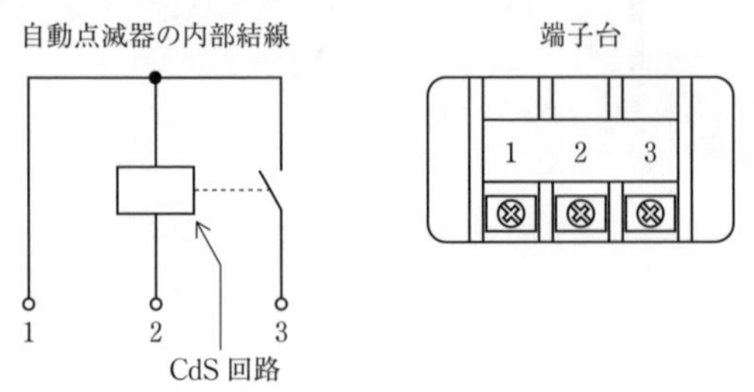

注意　本書に記載している施工条件，支給材料，施工寸法は想定です。
試験では，問題用紙に記載されている内容に従って作業してください。

施工条件

1. 配線及び器具の配置は，図１に従って行うこと。
2. 自動点滅器代用の端子台は，図２に従って使用すること。
3. 電線の色別（絶縁被覆の色）は，次によること。
   ①電源からの接地側電線には，すべて**白色**を使用する。
   ②電源から点滅器，コンセント及び自動点滅器までの非接地側電線には，すべて**黒色**を使用する。
   ③接地線は，**緑色**を使用する。
   ④次の器具の端子には，**白色の電線**を結線する。
   ・コンセントの接地側極端子（W と表示）
   ・ランプレセプタクルの受金ねじ部の端子
   ・自動点滅器（端子台）の記号 2 の端子
4. VVF 用ジョイントボックス部分を経由する電線は，その部分ですべて接続箇所を設け，接続方法は，次によること。
   ①A部分は，リングスリーブによる接続とする。
   ②B部分は，差込形コネクタによる接続とする。
5. **埋込連用取付枠は，コンセント部分に使用すること。**

支給材料

材　　料	
1．600 V ビニル絶縁ビニルシースケーブル平形（シース青色），2.0 mm，2 心，長さ約 250 mm	1本
2．600 V ビニル絶縁ビニルシースケーブル平形，1.6 mm，2 心，長さ約 1400 mm	1本
3．600 V ビニル絶縁ビニルシースケーブル平形，1.6 mm，3 心，長さ約 350 mm	1本
4．600 V ビニル絶縁ビニルシースケーブル丸形，1.6 mm，2 心，長さ約 250 mm	1本
5．600 V ビニル絶縁電線（緑），1.6 mm，長さ約 150 mm	1本
6．端子台（自動点滅器の代用），3 極	1個
7．ランプレセプタクル（カバーなし）	1個
8．埋込連用タンブラスイッチ	1個
9．埋込連用接地極付コンセント	1個
10．埋込連用取付枠	1枚
11．リングスリーブ（小）	（予備品を含む）5個
12．差込形コネクタ（2本用）	1個
13．差込形コネクタ（3本用）	1個
14．差込形コネクタ（4本用）	1個
・受験番号札	1枚
・ビニル袋	1枚

《追加支給について》

ランプレセプタクル用端子ねじ，リングスリーブ及び差込形コネクタは，作業のやり直し等により不足が生じた場合，申し出（挙手をする）があれば追加支給します。

1 使用する材料

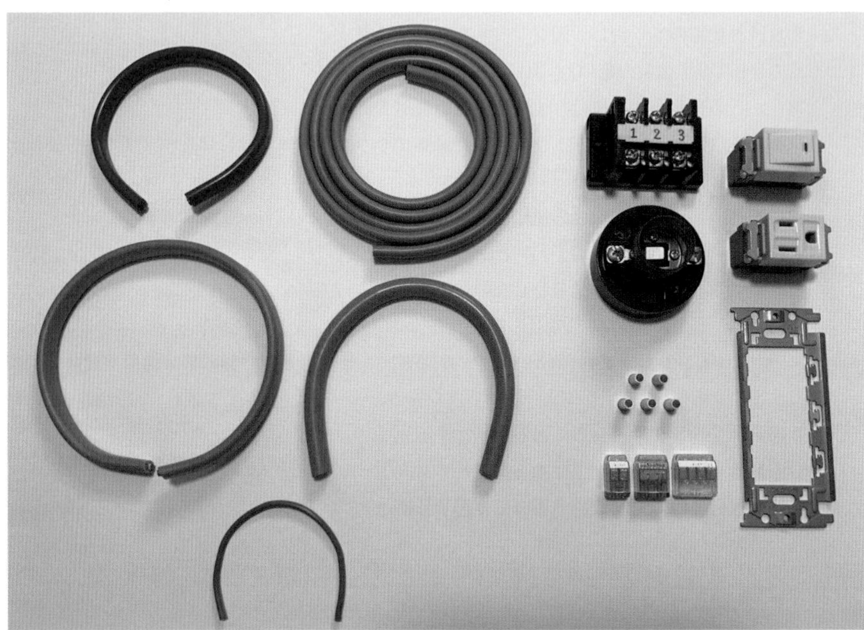

ポイント 注意すべきポイント

①ランプレセプタクルの接続方法 単位作業 05 ランプレセプタクル

→ 輪作りのポイントは押さえておこう！

②端子台の接続方法 単位作業 10 端子台

2 複線図

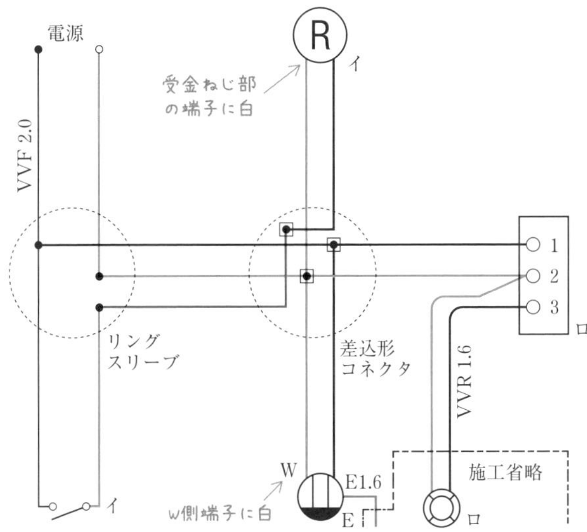

公表問題 13 複線図 (p.154)

3 完成写真

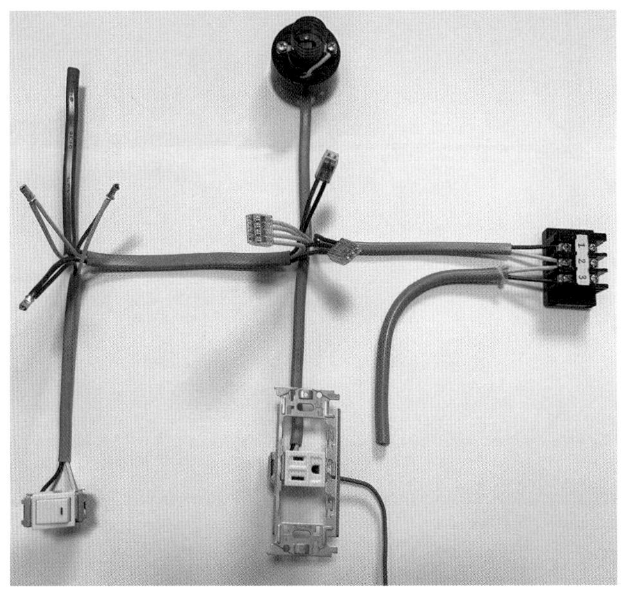

4 作成手順の概要

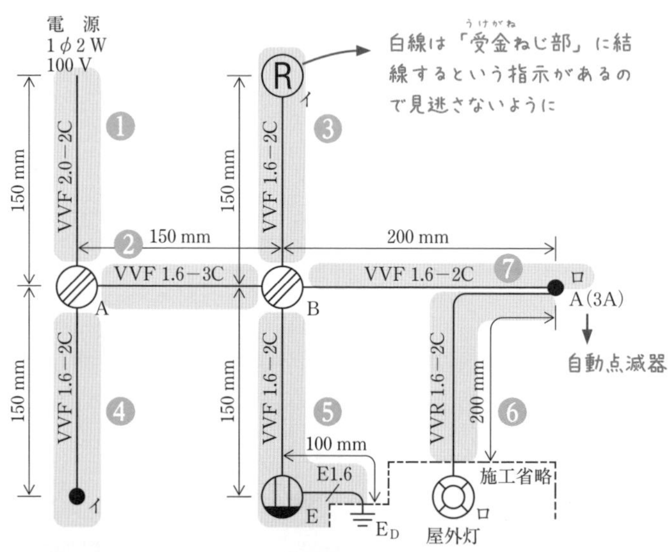

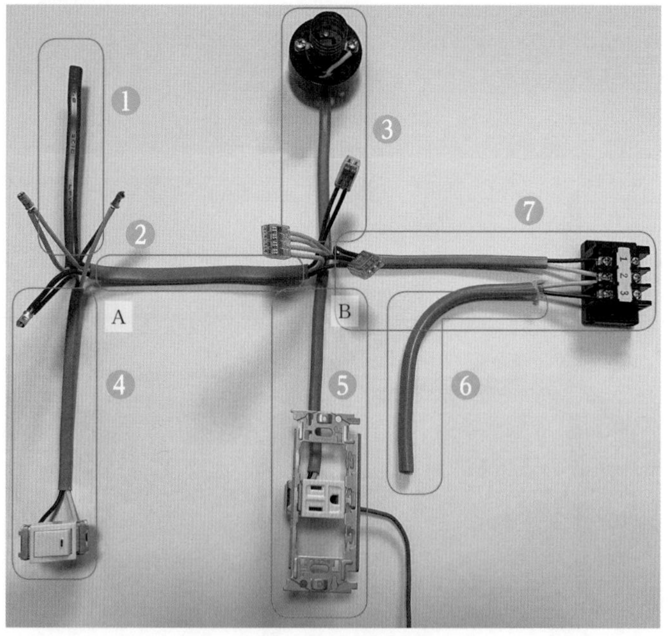

❶～❼のパーツを作成し，ジョイントさせます。

5 作成手順

STEP 1 ❶電源部分のパーツを作成する(VVF 2.0-2C(切断は不要))

▶切断は不要です。次のように，ケーブル外装と絶縁被覆をはぎ取ります。

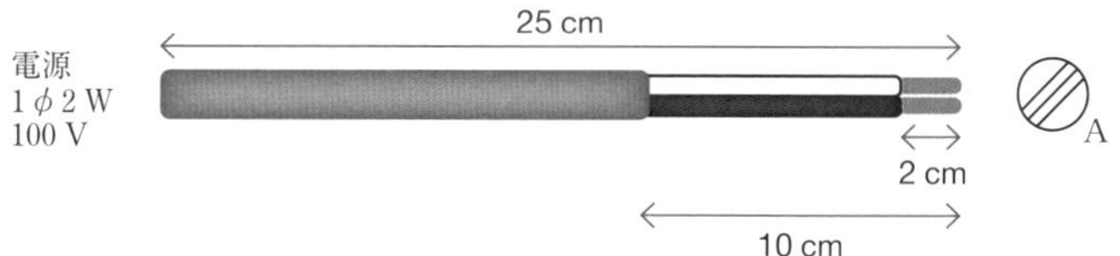

▶結線作業がしやすいように次のように曲げておきます。パーツ❶は，これで完成です。

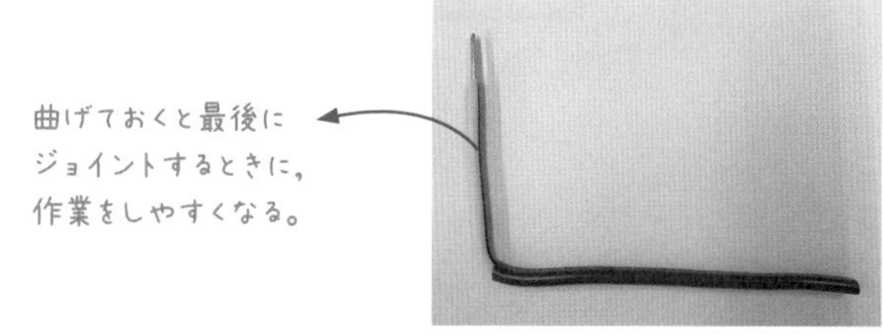

STEP 2 ❷ボックス間部分のパーツを作成する(VVF 1.6-3C(切断は不要))

▶切断は不要です。次のように，ケーブル外装と絶縁被覆をはぎ取ります。

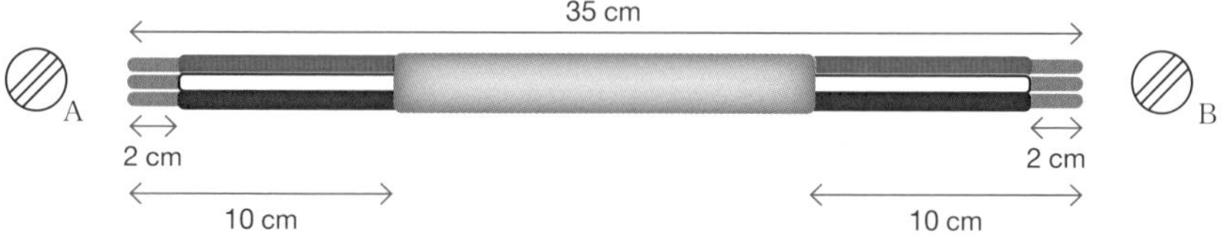

▶結線作業がしやすいように次のように曲げておきます。パーツ❷は，これで完成です。

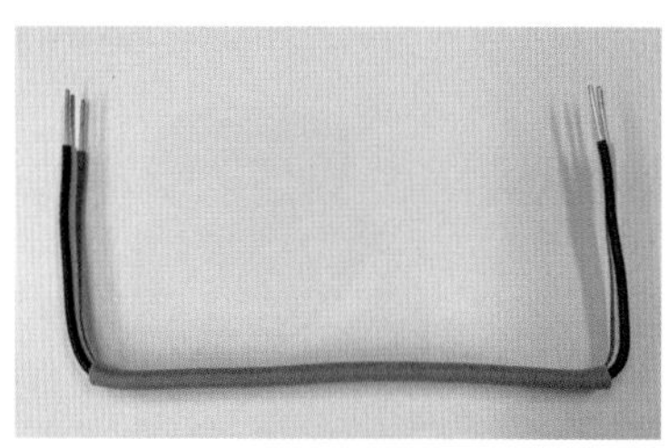

STEP 3 ③ランププレセプタクルのパーツを作成する

切断 VVF 1.6-2C（長さ：15 cm＋10 cm＋5 cm＝30 cm）

▶ VVF 1.6−2C を 30 cm に切断します。15 cm にプラスして，ジョイント側は 10 cm，ランプレセプタクル側は 5 cm 長めにとるためです。

▶また，次のように，ケーブル外装と絶縁被覆をはぎ取ります。

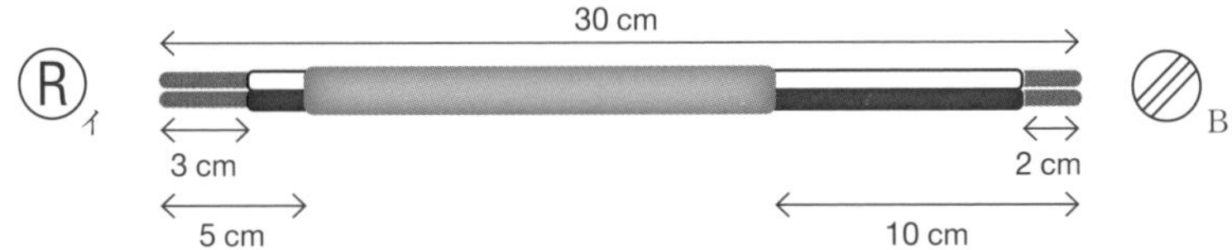

▶ランプレセプタクルに電線を取り付けます。 単位作業 05 ランプレセプタクル (p.44)

▶絶縁被覆から 3 mm 離れた位置をペンチでつまみ，90 度折り曲げます。

▶ペンチからはみ出た部分を，反対側に折り曲げます。

▶先端を少し残して，切り落とします。

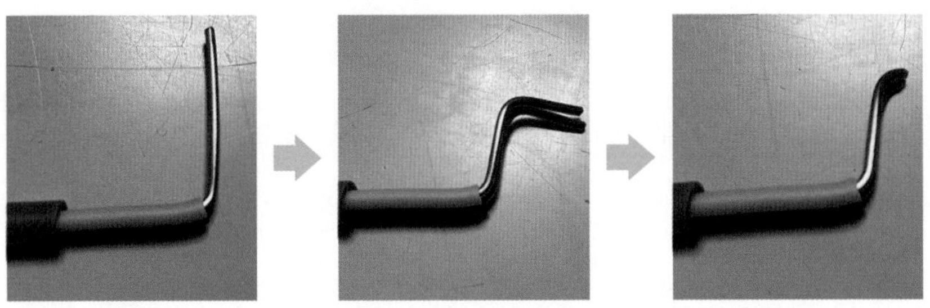

▶先端をペンチでつまみ，手前に輪を作るように曲げます。

▶受金ねじ部側の「W」と表示されている部分に接地側電線（白線）を，反対側に非接地側電線（黒線）を取り付けます。

▶ケーブル外装部分を穴から出るように下から押し出します。

▶ねじの緩み，ねじに絶縁被覆が巻き込まれていないか，心線が5 mm以上出ていないかどうかを確認します。最後に，結線作業がしやすいように曲げておきます。パーツ❸は，これで完成です。

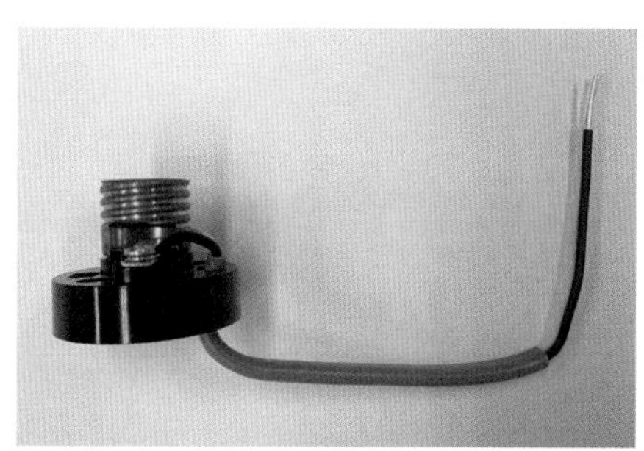

ランプレセプタクルは，注意すべきポイントが多いのでしっかりと確認しましょう。

STEP 4 ❹スイッチのパーツを作成する

切断 VVF 1.6-2C（長さ：15 cm＋10 cm＋5 cm＝30 cm）

▶ VVF 1.6－2Cを30 cmに切断します。15 cmにプラスして，ジョイント側は10 cm，埋込連用タンブラスイッチ側は5 cm長めにとるためです。

▶また，次のようにケーブル外装と絶縁被覆をはぎ取ります。

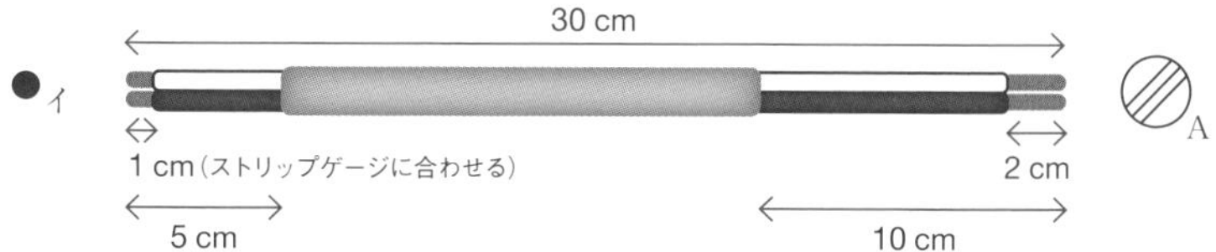

▶スイッチに電線を取り付けます。 単位作業 09 スイッチ (p.70)

この部分は施工条件の色の指定がありませんので，どちらの色でも構いません。

▶心線が2 mm以上出ていないか確認します。最後に，結線作業がしやすいように曲げておきます。パーツ❹はこれで完成です。

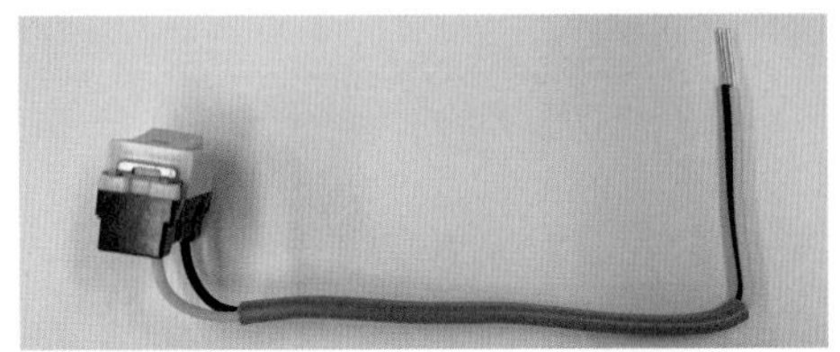

STEP 5 ❺Eコンセントのパーツを作成する

切断 VVF 1.6-2C（長さ：15 cm＋10 cm＋5 cm＝30 cm）

▶VVF 1.6－2Cを30 cmに切断します。15 cmにプラスして，ジョイント側は10 cm，Eコンセント側は5 cm長くとるためです。なお，絶縁電線（緑）の切断は不要です。

▶また，次のように，ケーブル外装と絶縁被覆をはぎ取ります。

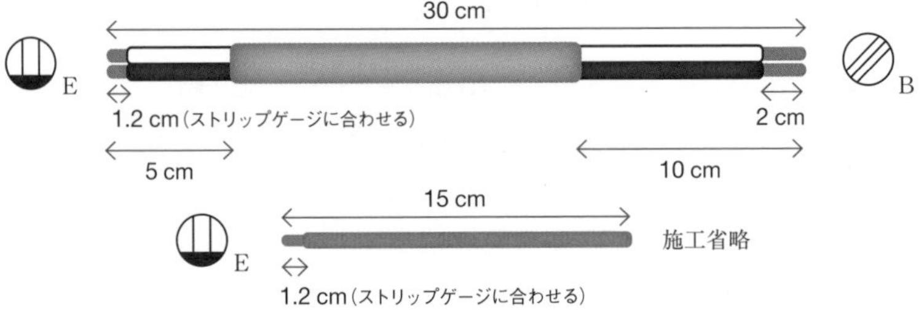

▶埋込連用取付枠の「上」と表示されている方を上にして，中央の枠にEコンセントを取り付けます。 単位作業03 埋込連用取付枠（p.34）

▶複線図を参考に，白線をEコンセントの「W」と表示されている側に取り付け，黒線を反対側に取り付けます。また，接地記号のある端子（⏚と表示）に接地線（緑色の絶縁電線）を取り付けます。 単位作業06 コンセント（p.52）

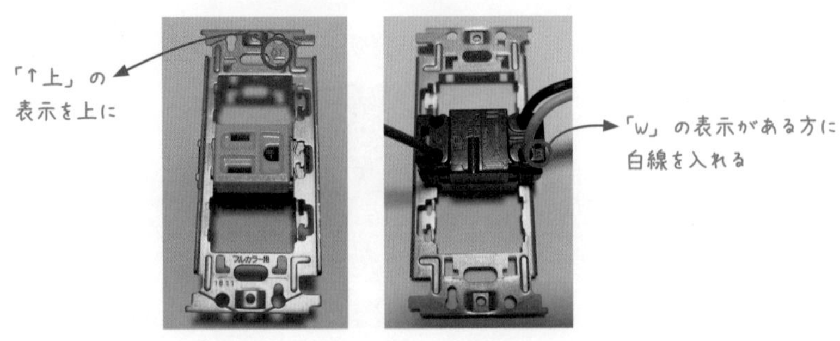

▶心線が2 mm以上出ていないか確認します。最後に，結線作業がしやすいように曲げておきます。パーツ❺はこれで完成です。

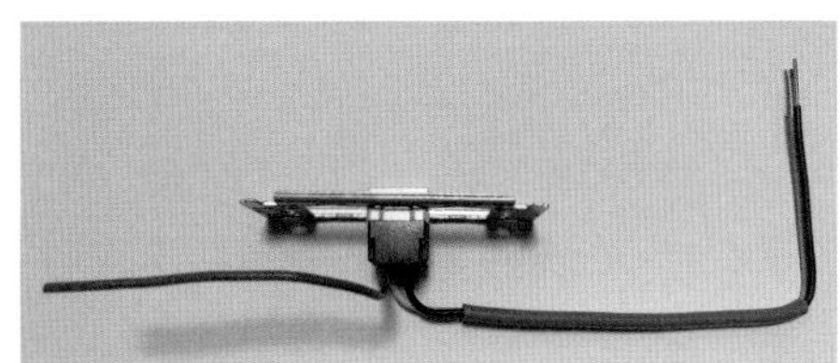

STEP 6 ❻屋外灯のパーツを作成する（VVR 1.6-2C（切断は不要））

▶切断は不要です。ケーブル外装と絶縁被覆をはぎ取ります。

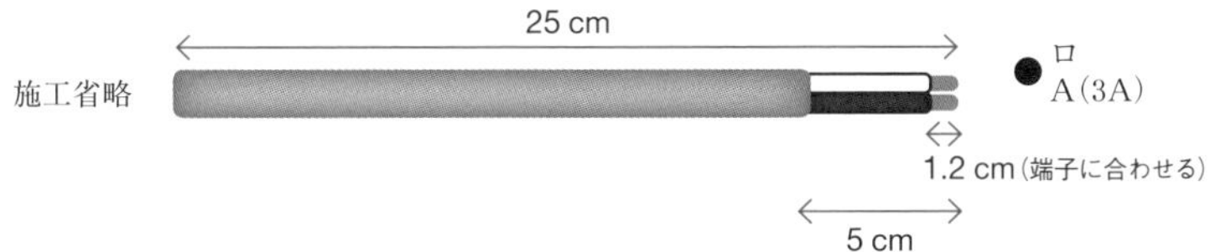

ひとこと 本来，VVR 1.6-2Cを，20 cmにプラスして，施工省略側は0 cm，端子台側（自動点滅器の代用）は0 cm長くとるので，計算上は20 cmに切断することになります。しかし，1箇所しか使用箇所がないので時間短縮をねらって，切断は不要としています。

▶ケーブル外装をはぎ取ると次のように介在物が露出します。

▶介在物をほぐしてから，ペンチを使い，切り取ります。できる限り根元から切り取ることを心掛けましょう。

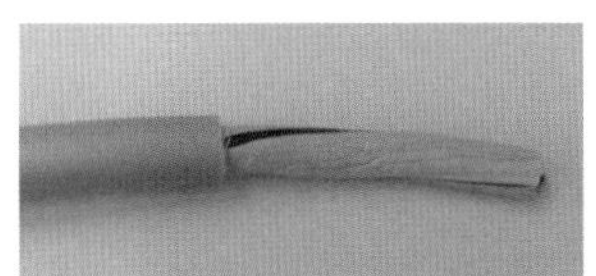

▶絶縁被覆をはぎ取ります。

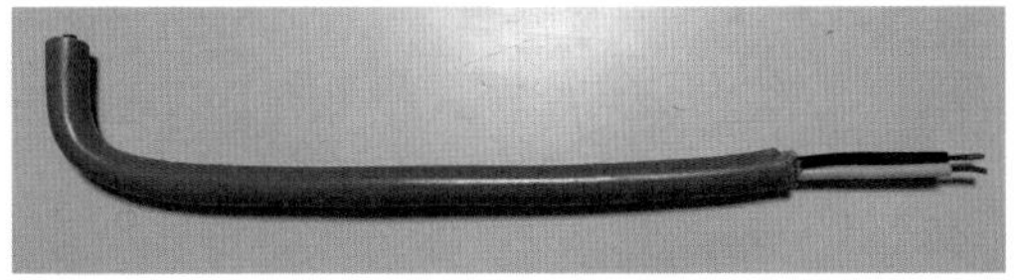

ひとこと 施工省略側を曲げておき，心線が抜けないようにするとジョイント側の施工をしやすくなります。

STEP 7 ⑦端子台のパーツを作成する

切断 VVF 1.6-2C（長さ：20 cm＋10 cm＋0 cm＝30 cm）

▶ VVF 1.6－2C を 30 cm に切断します。20 cm にプラスして，ジョイント側は 10 cm，端子台側は 0 cm 長めにとるためです。

▶また，次のように，ケーブル外装と絶縁被覆をはぎ取ります。

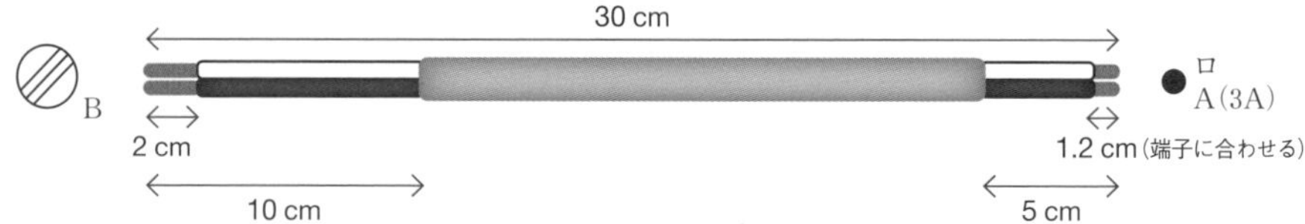

端子台に電線を接続します。 単位作業 10 端子台 （p.80）

▶「2」と表示されている端子台のねじを緩め，接地側電線（白線）と⑥の白線を差し込みます。被覆が巻き込まれないように注意しながら，ねじをしっかりと締めます。

▶「1」と表示されている端子台に非接地側電線（黒線）を取り付けます。

▶「3」と表示されている端子台に⑥の黒線を取り付けます。

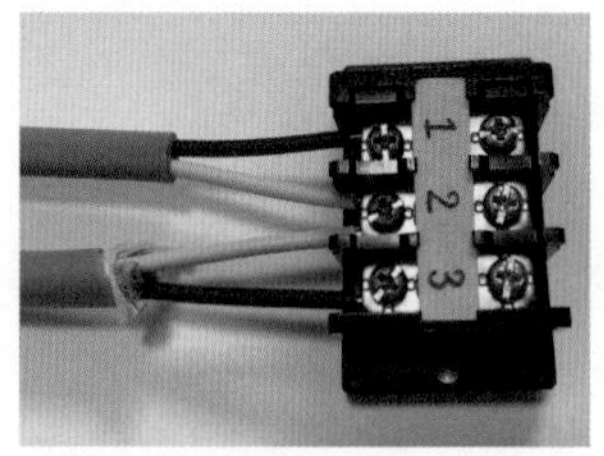

▶結線作業がしやすいように次のように曲げておきます。パーツ⑦は，これで完成です。

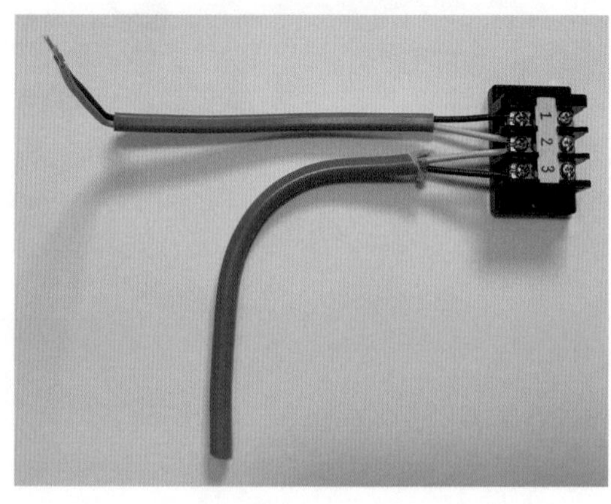

STEP 8 A部分をリングスリーブでジョイントする

ポイント 配線のイメージ

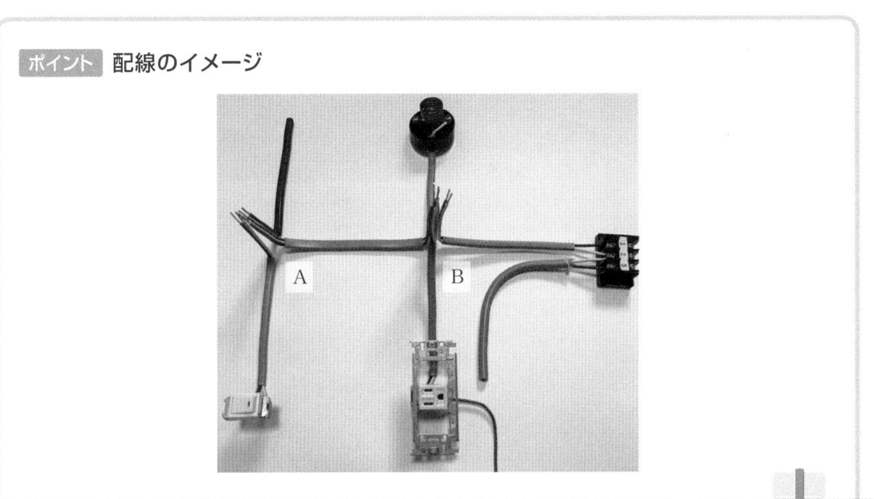

▶複線図を見ながら，リングスリーブで圧着を行います。VVF 2.0−2Cと接続する箇所は小の圧着をし，それ以外は直径1.6 mmの電線2本の圧着なので○（極小）の圧着を行います。圧着が完了したら，リングスリーブの頭から出た心線の余りを切断します。

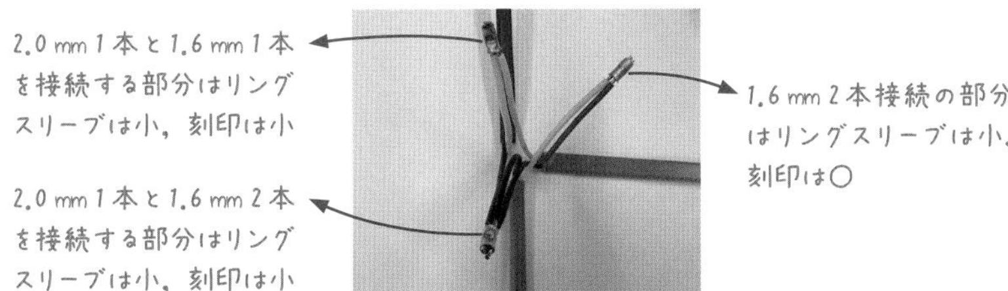

2.0 mm 1本と1.6 mm 1本を接続する部分はリングスリーブは小，刻印は小
1.6 mm 2本接続の部分はリングスリーブは小，刻印は○
2.0 mm 1本と1.6 mm 2本を接続する部分はリングスリーブは小，刻印は小

▶複線図を描く手順と同様に接地側電線（白線）を接続します。次に，非接地側電線（黒線）を接続します。そして，イのスイッチとそれに対応するランプレセプタクルとの電線を接続します。

▶最後に，リングスリーブの頭から出た心線の余りを切断してA部分は完成です。

ひとこと 全ての心線をリングスリーブに通しましょう。圧着すべき心線が全て通っていないと欠陥事項になります。

STEP 9 》B部分を差込形コネクタでジョイントする

▶複線図を見ながら差込形コネクタでジョイントを行います。
心線の先端は，差込形コネクタに接続する前に1.2 cmに切断します。

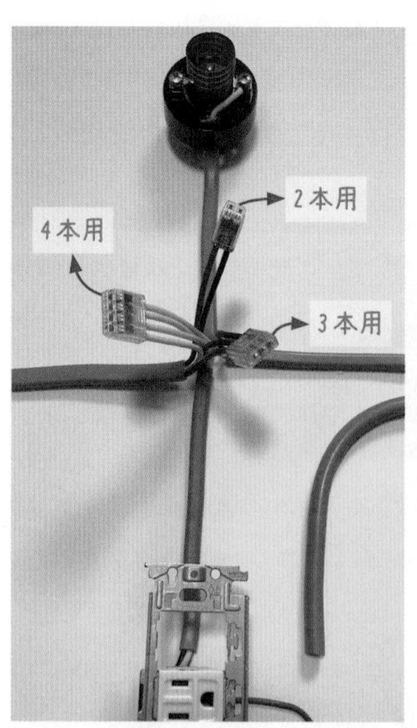
2本用
4本用
3本用

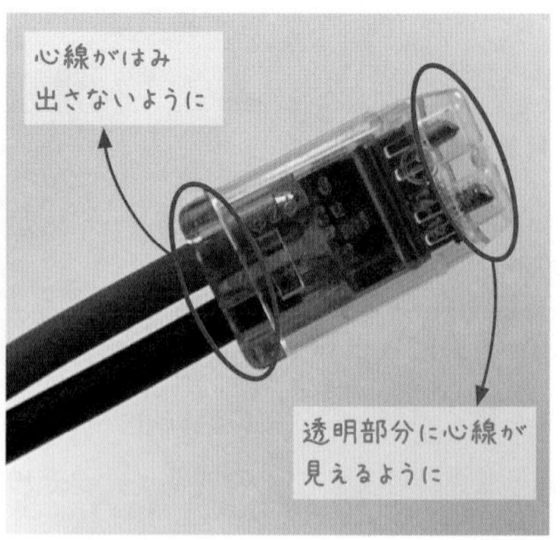
心線がはみ
出さないように
透明部分に心線が
見えるように

▶複線図を描く手順と同様に接地側電線(白線)を接続します。次に，非接地側電線(黒線)を接続します。そして，イのスイッチとそれに対応するランプレセプタクルとの電線を接続します。

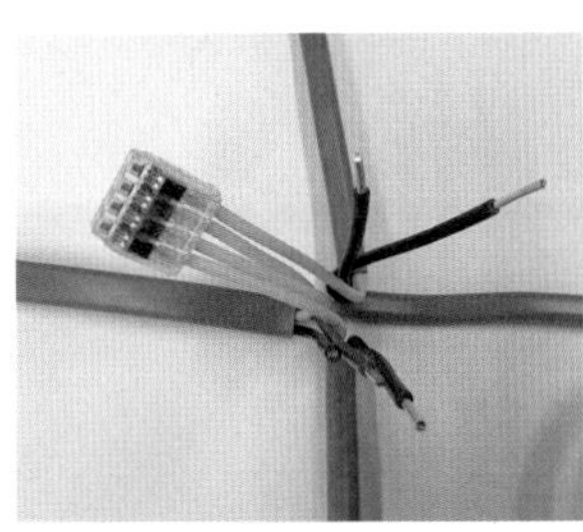

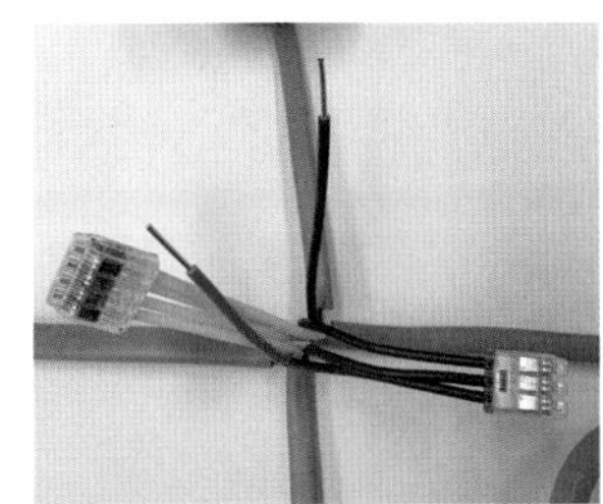

ひとこと 差込形コネクタは，心線の頭がコネクタから見えるようになるまでしっかりと差し込みます。見えていないと欠陥事項になるので注意しましょう。

全て接続すると完成です。きれいに整えておきましょう。

完成

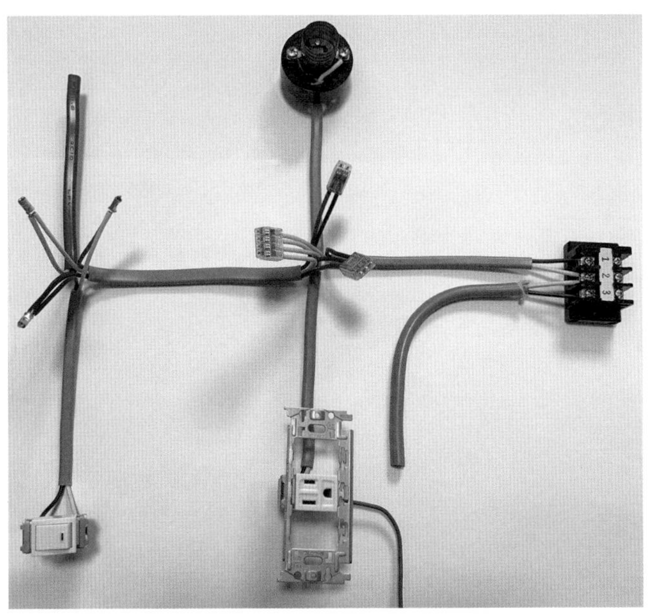

［執筆者］

澤田隆治（代表執筆者）
和田光司
中山義久
武石滉大
山口陽太
田中真実

［装丁］

黒瀬章夫（Nakaguro Graph）

［図版・イラスト］

大知
エイブルデザイン

みんなが欲しかった！　電気工事士シリーズ

2024年度版　みんなが欲しかった！
第二種電気工事士　技能試験の完全攻略

（2020年度試験対策　2020年4月25日　初版　第1刷発行）

2024年3月25日　初　版　第1刷発行

編著者　TAC出版開発グループ
発行者　多田敏男
発行所　TAC株式会社　出版事業部
（TAC出版）

〒101−8383
東京都千代田区神田三崎町3-2-18
電話　03(5276)9492(営業)
FAX　03(5276)9674
https://shuppan.tac-school.co.jp

組　版　株式会社　大知
印　刷　株式会社　光邦
製　本　東京美術紙工協業組合

ISBN 978-4-300-10887-1
N.D.C. 544.07

TAC電気工事士講座のご案内

TACでは、学科試験対策から技能試験対策までしっかり対策！

学科試験対策では、書店で大人気の『みんなが欲しかった！第二種電気工事士学科試験の教科書＆問題集』を教材として使用しますので、すでにお持ちの方はテキストなしコースでお得にお申込みいただけます。また、技能試験対策では、候補問題全13課題すべてに対応！TACオリジナルテキストを使用し、教室講座、通信講座ともに安心のフォロー体制で「わかる、できる」ようになるまで徹底対応します！

「みんなが欲しかった！第二種電気工事士学科試験の教科書＆問題集」（TAC出版）
※写真は2024年度版

- 試験に出るポイントを効率よく学習したい
- 丸暗記ではなく理解した上で覚えたい

- 全13課題を作成できるようになりたい
- 自分の作品を講師に添削してもらいたい

TAC電気工事士講座（学科対策・技能対策）の特徴

TACの電気工事士講座はココが違う！ 特に知っていただきたい3つの特徴をご紹介します！

学科（CBT／筆記）対策

☑ ポイントを凝縮した「**合格するため**」の講義

TACの講義では絵と写真を多用し視覚的に理解できるように工夫されたフルカラーのテキストを使用し、経験豊富な講師が初学者にもわかりやすく丁寧な講義を行います。
さらに、CBT試験対策に役立つ「Webトレーニング」標準装備でしっかり対策できます。

技能対策

☑ 教室講座は複数名の講師・スタッフで**受講生全員を徹底指導**

電気工事士試験で最大の難関「技能試験」。どんなに課題作成の手際が良くても、欠陥が一つでもあったら合格はできません。TACの技能対策教室講座では、全員に目が届くように定員を設け、1教室につき講師・スタッフを複数名配置することで皆様を徹底指導し、合格へ導きます。

技能対策

☑ 通信講座でも安心の技能対策**3つの添削**で皆様をバックアップ

TACでは、通信で学習する皆様にも3つの添削で教室生と同じレベルの指導を行います。
・**「メール」**：課題画像をメールでお送りいただき添削
・**「対面」**：校舎にご来校いただき直接添削
・**「オンライン」**：皆様と講師をオンラインでつなぎ添削
日本中どこにいても、TACの指導を受けることができます。

TACの優秀な講師陣

電気工事士試験を知り尽くした講師陣が、皆様を合格へと導きます。

三原政次 講師

第二種電気工事士は電気関連のベースとなる資格です。試験範囲の中には暗記をする項目が多い科目や計算問題がある科目もありますが、物理や計算が不得意な方でも「暗記をするポイント」「計算問題の解くポイント」を解りやすく説明します。合格を目指して一緒に頑張りましょう。

書籍のご購入は

1 全国の書店、大学生協、ネット書店で

2 TAC各校の書籍コーナーで

資格の学校TACの校舎は全国に展開!
校舎のご確認はホームページにて

資格の学校TAC ホームページ
https://www.tac-school.co.jp

3 TAC出版書籍販売サイトで

TAC 出版 で 検索

24時間
ご注文
受付中

https://bookstore.tac-school.co.jp/

新刊情報を
いち早くチェック!

たっぷり読める
立ち読み機能

学習お役立ちの
特設ページも充実!

TAC出版書籍販売サイト「サイバーブックストア」では、TAC出版および早稲田経営出版から刊行されている、すべての最新書籍をお取り扱いしています。
また、会員登録（無料）をしていただくことで、会員様限定キャンペーンのほか、送料無料サービス、メールマガジン配信サービス、マイページのご利用など、うれしい特典がたくさん受けられます。

サイバーブックストア会員は、特典がいっぱい!（一部抜粋）

通常、1万円（税込）未満のご注文につきましては、送料・手数料として500円（全国一律・税込）頂戴しておりますが、1冊から無料となります。

専用の「マイページ」は、「購入履歴・配送状況の確認」のほか、「ほしいものリスト」や「マイフォルダ」など、便利な機能が満載です。

メールマガジンでは、キャンペーンやおすすめ書籍、新刊情報のほか、「電子ブック版TACNEWS（ダイジェスト版）」をお届けします。

書籍の発売を、販売開始当日にメールにてお知らせします。これなら買い忘れの心配もありません。

書籍の正誤に関するご確認とお問合せについて

書籍の記載内容に誤りではないかと思われる箇所がございましたら、以下の手順にてご確認とお問合せをしてくださいますよう、お願い申し上げます。
なお、正誤のお問合せ以外の**書籍内容に関する解説および受験指導などは、一切行っておりません。**
そのようなお問合せにつきましては、お答えいたしかねますので、あらかじめご了承ください。

1 「Cyber Book Store」にて正誤表を確認する

TAC出版書籍販売サイト「Cyber Book Store」の
トップページ内「正誤表」コーナーにて、正誤表をご確認ください。

CYBER BOOK STORE TAC出版書籍販売サイト

URL:https://bookstore.tac-school.co.jp/

2 1の正誤表がない、あるいは正誤表に該当箇所の記載がない ⇒ 下記①、②のどちらかの方法で文書にて問合せをする

★ご注意ください★

お電話でのお問合せは、お受けいたしません。
①、②のどちらの方法でも、お問合せの際には、「お名前」とともに、
「対象の書籍名(○級・第○回対策も含む)およびその版数(第○版・○○年度版など)」
「お問合せ該当箇所の頁数と行数」
「誤りと思われる記載」
「正しいとお考えになる記載とその根拠」
を明記してください。
なお、回答までに1週間前後を要する場合もございます。あらかじめご了承ください。

① ウェブページ「Cyber Book Store」内の「お問合せフォーム」より問合せをする

【お問合せフォームアドレス】

https://bookstore.tac-school.co.jp/inquiry/

② メールにより問合せをする

【メール宛先　TAC出版】

syuppan-h@tac-school.co.jp

※土日祝日はお問合せ対応をおこなっておりません。
※正誤のお問合せ対応は、該当書籍の改訂版刊行月末日までといたします。

乱丁・落丁による交換は、該当書籍の改訂版刊行月末日までといたします。なお、書籍の在庫状況等により、お受けできない場合もございます。
また、各種本試験の実施の延期、中止を理由とした本書の返品はお受けいたしません。返金もいたしかねますので、あらかじめご了承くださいますようお願い申し上げます。

TACにおける個人情報の取り扱いについて
■お預かりした個人情報は、TAC(株)で管理させていただき、お問合せへの対応、当社の記録保管にのみ利用いたします。お客様の同意なしに業務委託先以外の第三者に開示、提供することはございません(法令等により開示を求められた場合を除く)。その他、個人情報保護管理者、お預かりした個人情報の開示等及びTAC(株)への個人情報の提供の任意性については、当社ホームページ(https://www.tac-school.co.jp)をご覧いただくか、個人情報に関するお問い合わせ窓口(E-mail:privacy@tac-school.co.jp)までお問合せください。

(2022年7月現在)